W0253637

Halbleiter-Elektronik

Eine aktuelle Buchreihe für Studierende und Ingenieure

Halbleiter-Bauelemente beherrschen heute einen großen Teil der Elektrotechnik. Dies äußert sich einerseits in der großen Vielfalt neuartiger Bauelemente und andererseits in den enormen Zuwachsraten der Herstellungsstückzahlen. Ihre besonderen physikalischen und funktionellen Eigenschaften haben komplexe elektronische Systeme z. B. in der Datenverarbeitung und der Nachrichtentechnik ermöglicht. Dieser Fortschritt konnte nur durch das Zusammenwirken physikalischer Grundlagenforschung und elektrotechnischer Entwicklung erreicht werden.

Um mit dieser Vielfalt erfolgreich arbeiten zu können und auch zukünftigen Anforderungen gewachsen zu sein, muß nicht nur der Entwickler von Bauelementen, sondern auch der Schaltungstechniker das breite Spektrum von physikalischen Grundlagenkenntnissen bis zu den durch die Anwendung geforderten Funktionscharakteristiken der Bauelemente beherrschen.

Dieser engen Verknüpfung zwischen physikalischer Wirkungsweise und elektrotechnischer Zielsetzung soll die Buchreihe „Halbleiter-Elektronik" Rechnung tragen. Sie beschreibt die Halbleiter-Bauelemente (Dioden, Transistoren, Thyristoren usw.) in ihrer physikalischen Wirkungsweise, in ihrer Herstellung und in ihren elektrotechnischen Daten.

Um der fortschreitenden Entwicklung am ehesten gerecht werden und den Lesern ein für Studium und Berufsarbeit brauchbares Instrument in die Hand geben zu können, wurde diese Buchreihe nach einem „Baukastenprinzip" konzipiert:

Die ersten beiden Bände sind als Einführung gedacht, wobei Band 1 die physikalischen Grundlagen der Halbleiter darbietet und die entsprechenden Begriffe definiert und erklärt. Band 2 behandelt die heute technisch bedeutsamen Halbleiterbauelemente in einfachster Form. Ergänzt werden diese beiden Bände durch die Bände 3 bis 5, die einerseits eine vertiefte Beschreibung der Bänderstruktur und der Transportphänomene in Halbleitern und andererseits eine Einführung in die technologischen Grundverfahren zur Herstellung dieser Halbleiter bieten. Alle diese Bände haben als Grundlage einsemestrige Grund- bzw. Ergänzungsvorlesungen an Technischen Universitäten.

Fortsetzung und Übersicht über die Reihe: 3. Umschlagseite

Halbleiter-Elektronik
Herausgegeben von W. Heywang und R. Müller
Band 20

Manfred Zerbst

Meß- und Prüftechnik

Mit 154 Abbildungen

Springer-Verlag
Berlin · Heidelberg · NewYork · Tokyo 1986

Dr. rer. nat. WALTER HEYWANG
Leiter der Zentralen Forschung und Entwicklung der Siemens AG, München
Professor an der Technischen Universität München

Dr. techn. RUDOLF MÜLLER
Professor, Inhaber des Lehrstuhls für Technische Elektronik
der Technischen Universität München

Dr. phil. nat. MANFRED ZERBST
Leiter des Fachgebietes Mikroelektronik
Zentrale Forschung und Entwicklung der Siemens AG, München

CIP-Kurztitelaufnahme der Deutschen Bibliothek.
Zerbst, Manfred:
Mess- und Prüftechnik / M. Zerbst. — Berlin; Heidelberg; New York; Tokyo: Springer, 1986.
(Halbleiter-Elektronik; Bd. 20)
ISBN-13: 978-3-540-15878-3

NE: GT

ISBN-13: 978-3-540-15878-3 e-ISBN-13: 978-3-642-82601-6
DOI: 10.1007/978-3-642-82601-6

2362/3020-543210

Vorwort

Seit dem Erscheinen des ersten Bandes der Buchreihe "Halbleiter-Elektronik" im Jahre 1971 hat die Halbleitertechnik eine stürmische Entwicklung genommen. An diesem Wachstum ist die "Meß- und Prüftechnik" besonders beteiligt und mußte vielfältige neue Methoden entwickeln. War es in einem frühen Stadium der Halbleitertechnik sinnvoll, die Meß- und Prüftechnik in einem oder in mehreren Kapiteln eines jeweiligen Buches zu behandeln, so erscheint es uns heute richtig, diesem Gebiet einen eigenen Band zu widmen.

Die Themen des vorliegenden Buches reichen von der Meß- und Prüftechnik und der Zuverlässigkeit der analogen und digitalen integrierten Schaltungen, der Leistungsbauelemente und der optoelektronischen Bauelemente bis hin zu Sondermessungen mit Hilfe von Elektronenstrahlen. Dieses umfassende Gebiet konnte kein Autor allein behandeln. Die einzelnen Kapitel sind deshalb von verschiedenen Mitarbeitern geschrieben worden. Allen ihnen danken wir für das Zustandekommen dieses Buches; ebenso Herrn Dr. Jäntsch für die intensive Betreuung der Endfassung.

Unser Dank geht auch an den Springer-Verlag für die verständnisvolle Geduld und die Sorgfalt beim Druck.

München, im November 1985 M. Zerbst

Mitarbeiterverzeichnis

Cuno, Hans-Hellmuth, Prof. Dr. rer. nat.
Fachhochschule Regensburg

Gerling, Wolfgang, Dipl.-Ing. Dr.-Ing.
Siemens AG, München, Unternehmensbereich Bauelemente, Abt. WIS QA 3

Köppe, Siegmar, Dipl.-Ing.
Universität Hannover, Institut für Theoretische Elektrotechnik

Rehme, Hans, Dipl.-Phys. Dr. rer. nat.
Siemens AG, München, Zentrale Forschung und Entwicklung, Abt. FKE 41

de Rooij, Cornelis, Dipl.-Phys.
Siemens AG, München, Unternehmensbereich Bauelemente, Abt. WIS TE BIP A21

Rydval, Peter, Dipl.-Ing.
Siemens AG, München, Unternehmensbereich Bauelemente, Abt. WIS TE KE 53

Stoisiek, Michael, Dipl.-Phys. Dr. phil. nat.
Siemens AG, München, Zentrale Forschung und Entwicklung, Abt. ME 11

Zerbst, Manfred, Dipl.-Phys. Dr. phil. nat.
Siemens AG, München, Zentrale Forschung und Entwicklung, Fachgebiet ME

Inhaltsverzeichnis

Bezeichnungen und Symbole

Größe	Bezeichnung	Einheit
A	Querschnittsfläche	m^2
A_{U0}	Leerlaufverstärkung	
a_F	Rauschmaß	
a_{GL}	Gleichtaktunterdrückung	
a_{SN}	Signal/Rausch-Abstand (Verhältnis)	
B	Bandbreite	Hz
b	Beschleunigungsfaktor	
C	elektrische Kapazität	F
E	elektrische Feldstärke	Vm^{-1}
E	Energie	Ws
E_g	Bandabstand	eV
E_i	mittlere Ionisationsenergie	eV
E_0	Energie der Primärelektronen	eV
E_s	Energie der Sekundärelektronen	eV
e	Elementarladung	$1{,}602 \cdot 10^{-19}$ As
F	Rauschzahl	
f	Frequenz	Hz
f_{mod}	Modulationsfrequenz	Hz
f_0	Eckfrequenz	Hz
G	Erzeugungsrate für Elektronen-Loch-Paare	

Größe	Bezeichnung	Einheit
g	Erdbeschleunigung	$9{,}81\ ms^{-2}$
I	elektrische Stromstärke	A
I_i	Ladungsstreuungsstrom	A
I_0	Primärelektronenstrom	A
I_P	Probenstrom	A
I_R, I_S	Rückstreu-, Sekundärelektronenstrom	A
j	elektrische Stromdichte	Am^{-2}
j	Indikatorgröße für den Ablauf eines Ausfallprozesses	
k	Boltzmann-Konstante	$1{,}38 \cdot 10^{-23}\ JK^{-1}$
k	Klirrfaktor	
L	Selbstinduktivität	H
MTBF	mittlere Zeit zwischen Ausfallereignissen	h
$n(E_S)$	Energieverteilung der Sekundärelektronen	$s^{-1}\,eV^{-1}$
n_i	Anzahl Bauelemente gleicher Ausfallrate	
n_0	Anfangsmenge von Elementen	
P	Leistung (oder Verlustleistung)	W
q	Ausfallquote	h^{-1}
R	elektrischer Widerstand	Ω
R	Reichweite ($R = z_R \cdot \rho$)	gm^{-2}
R_{thu}	Wärmewiderstand	KW^{-1}
r (als Index)	Rauschen	
S	Steilheit	VA^{-1}
s_r	Anstiegsgeschwindigkeit (Slew rate)	Vs^{-1}
T	Periodendauer	s
T	thermodynamische Temperatur	K

Größe	Bezeichnung	Einheit
t	Zeit	s
t_F	Ausfallzeitpunkt	h
U	elektrische Spannung	V
U_{IO}	Offsetspannung	V
U_0	Beschleunigungsspannung	V
U_S	Versorgungsspannung	V
U_T	Schaltpegel	V
w	Breite der Raumladungszone	m
x,y,z	Ortskoordinaten	m
Z	Wellenwiderstand	Ω
z	Eindringtiefe	m
ΔE	Aktivierungsenergie	eV
Δn	ausgefallene Elemente in einem Zeitintervall	
Δt	Zeitdifferenz	s
ΔU	Spannungsänderung	V
δ	Sekundärelektronenausbeute	
η	Rückstreukoeffizient	
η_i	Ladungstrennungseffektivität	
θ_u	Bauelementumgebungstemperatur	°C
θ_{vj}	mittlere Chiptemperatur (Ersatz-Sperrschichttemperatur)	°C
λ	Ausfallrate	h^{-1}, $fit=10^{-9}h^{-1}$
λ	Wellenlänge	m
ρ	Dichte	gm^{-3}
σ	totale Ausbeute ($\sigma = \delta + \eta$)	
τ	Zeitkonstanten	s
φ	Phase	
ω	Kreisfrequenz	s^{-1}

1 Einleitung

Die Meß- und Prüftechnik für Halbleiterbauelemente umfaßt die Methoden zur Messung elektrischer Funktionen, deren vergleichende Auswertung und die verschiedenen normierten Prüfvorschriften. Damit unterstützt die Meß- und Prüftechnik zunächst die Bauelementeentwicklung, sichert bei der Produktfertigung Ausbeute, Qualität und Zuverlässigkeit und erlaubt dem Anwender die Auswahl und die Funktionskontrolle der Bauelemente nach standardisierten Verfahren.

Dieses methodisch eigenständige Gebiet der Halbleiterelektronik wird selbst bei den Bauelement-orientierten Darstellungen meist nur am Rande betrachtet, hat sich aber wegen der Besonderheiten der Halbleiterbauelemente und insbesondere der integrierten Schaltungen zu einem wissenschaftlich komplexen Problemkreis entwickelt, der daher hier in einem gesonderten Band behandelt werden soll. Der Umfang allein der normierten Meß- und Prüfvorschriften würde allerdings den Rahmen eines Bandes und insbesondere eines Lehrbuches weit übersteigen, zumal diese Einzelvorschriften in nationalen und internationalen Regelungen festgelegt und dort nachzulesen sind. Vielmehr sollen, an Beispielen erläutert, die Methoden und Verfahren zur Messung und Prüfung elektronischer Bauelemente grundlegend vermittelt werden.

Diese Techniken wurden für die klassischen elektrischen Bauelemente, wie z.B. Schalter, Relais, Elektronenröhren, jeweils spezialisiert entwickelt und angewendet. In gleicher Weise geschah dies für die ersten Halbleiterbauelemente wie Dioden und Transistoren - auch nach ähnlichen Verfahrensweisen, die damit nichts grundsätzlich Neues erforderten. Dies ist für z.B. Klein- und Großsignalverhalten, Kapazitäts- und Schaltzeitmessungen in der Literatur ausführlich beschrieben [1.1-1.5] und in den jeweiligen Datenbüchern sowie standardisierten Normen festgelegt [1.6,1.7]. Auf einen Teil dieser Probleme wird bei den analogintegrierten Schaltungen eingegangen werden. Das Thema dieses Bandes werden die typischen Probleme der "modernen" Halbleiterbauteile wie insbesondere der integrierten Schaltungen darstellen.

Bei den hochintegrierten Schaltungen der Mikroelektronik sind qualitativ völlig neue Meß- und Prüfstrategien erforderlich, die sowohl durch die Miniaturisierung als auch die Komplexität bedingt sind. Der den integrierten Halbleiterschaltungen gewidmete Teil muß sich also mit den speziellen Meßproblemen einer zunehmend größeren Zahl von kombinierten, extrem verkleinerten Schaltelementen befassen. Dieser gesamte Problemkreis ist in zwei gesonderten Kapiteln für analoge und digitale Schaltungen dargestellt. Generell gilt, daß die Funktionsprüfung nur noch mit Testsystemen, d.h. vollautomatisierten rechnergekoppelten Meßplätzen möglich ist. Schließlich ist bei hochintegrierten Bausteinen eine Prüfung aller möglichen Schaltzustände nicht mehr durchführbar. Für z.B. einen 16 k Bit-Speicher gibt es insgesamt $2^{16384} \approx 10^{5000}$ Schaltzustände! Das zwingt zur Entwicklung neuer Prüfstrategien, um zumindest kritische Schaltzustände zu erfassen. Darüber hinaus müssen die Entwickler prüfbare Schaltungen entwerfen, denn bei ungünstigem Design kann eine Schaltung prinzipiell unprüfbar sein. Eine besondere Methode zur Lösung dieser Probleme ist, die integrierten Schaltungen mit eingebauten eigenen Prüfschaltungen auszustatten.

Ein eigenes Kapitel befaßt sich mit der Zuverlässigkeit integrierter Schaltungen, für die geeignete Kenngrößen und Erprobungsverfahren erarbeitet werden. Hervorzuheben ist, daß an die Zuverlässigkeit ganzer integrierter Schaltungen Anforderungen gestellt werden, die sich denen von einzelnen Bauelementen nähern, obwohl auch die Zahl der kombinierten Schaltelemente rasch zunimmt.

In zwei weiteren Kapiteln werden neuartige Prüftechniken beschrieben, die in zunehmendem Maße an Bedeutung gewinnen. In beiden Fällen wird ein fokussierter Elektronenstrahl als Meßsonde genutzt. Mit einem Elektronenstrahl-Meßgerät können die elektrischen Potentiale auf den Leitbahnen einer integrierten Schaltung dargestellt und mit hoher Orts- und Zeitauflösung gemessen werden. Dadurch lassen sich Fehler auch im Innern komplexer Schaltungen lokalisieren und analysieren. Mit Hilfe elektronenstrahlinduzierter Ströme ist es außerdem möglich, die elektrisch aktiven Gebiete in einem Halbleiterbauelement darzustellen und zu überprüfen.

Schließlich sollen in zwei abschließenden Kapiteln die Probleme der Sonderbauelemente für die Leistungs- und Optoelektronik betrachtet werden. Es zeigt sich, daß die verschiedenartigen Bauelementgruppen je nach Einsatz, z.B. in der Leistungselektronik, der optischen Signalanzeige bis zur Bilddarstellung, der elektrischen oder optischen Signalübertragung und der Daten- und Signalverarbeitung, ihre speziellen meßtechnischen Probleme aufweisen und somit unterschiedlich charakterisiert werden müssen. Dementsprechend gegliedert sollen daher die Meßprinzipien und entsprechende Meßschaltungen, bezogen auf die Anwendung der Bauelemente, dargestellt und die Meßergebnisse ausgewertet und diskutiert werden.

In einem Kapitel werden daher die Fragestellungen der Leistungshalbleiterbauelemente, besonders der Thyristoren, behandelt, die durch hohe Ströme und Spannungen und damit auch große thermische Belastungen charakterisiert sind. Dabei soll auf eine Reihe von Normen und Meßvorschriften, auch Fragen der Sicherheit, hingewiesen werden. Als besondere Gruppe werden im letzten Kapitel die optoelektronischen Bauelemente behandelt, bei denen wegen der Wechselwirkung mit Licht eine Reihe optischer Meßverfahren, wie Photo- und Radiometrie, Spektralempfindlichkeit, Kontrast u.ä., mit einbezogen werden müssen.

Literatur zu Kapitel 1

1.1 Paul, R.: Transistormeßtechnik. Braunschweig: Vieweg 1966.

1.2 Rothfuß, H.: Transistor-Meßpraxis. Stuttgart: Franckh'sche Verlagsbuchhandlung 1961.

1.3 Schlegel, H.R.: Der Transistor. Allgemeine Grundlagen. Prien: Wintersche Verlagsbuchhandlung 1961.

1.4 Dosse, J.: Der Transistor. München: Oldenbourg 1962.

1.5 Schrenk, H.: Bipolare Transistoren. (Hrsg. Heywang, W.; Müller, R.: Halbleiter-Elektronik, Bd. 6.) Berlin: Springer 1978.

1.6 Halbleiterbauelement für die Nachrichtentechnik - Meßverfahren. DIN 41 792. 1) Richtlinien, 2) Dioden, 3) Wärmewiderstand, 4) Z-Dioden, 5) Mischdioden, 6) Feldeffekttransistoren.

1.7 Elektrische Referenzmeßverfahren - Transistoren. DIN 41 793.

2 Analoge integrierte Schaltungen

Anfang der sechziger Jahre begann die Integration von analogen Schaltungen. Die ersten wesentlichen Schaltungen, die integriert wurden, waren Operationsverstärker. Mit ihnen kam der große Aufschwung für integrierte Analogschaltungen. Hohe Verstärkung, geringe Außenbeschaltung und einfache Handhabung machten den Operationsverstärker zum universell einsetzbaren Baustein. Heute werden Operationsverstärker in nahezu allen Anwendungsgebieten eingesetzt.

Die Vielfalt der Schaltungen hat sich seitdem wesentlich erhöht. Für nahezu jedes Aufgabengebiet werden heute integrierte Analogschaltungen hergestellt. Die Anwendungen reichen von hochprofessionellen Industrieschaltungen wie Thyristorschaltungen zur Zugsteuerung bis zu Standardtypen mit großen Stückzahlen wie einfachen NF-Verstärkern für die Unterhaltungselektronik. Der Frequenzbereich der Schaltungen erstreckt sich von Gleichspannung bis in den GHz-Bereich.

In der Industrie sind es vor allem Steuer- und Regelschaltungen, die eingesetzt werden. Ein großes Anwendungsgebiet ergibt sich hier für Näherungsschalter. Sie funktionieren nach den verschiedensten Prinzipien. Es gibt kapazitiv, induktiv und magnetisch gesteuerte Schalter. Typische Anwendungen sind prellfreie Tasten für Computer-Tastenfelder, Steuerung von Werkzeugmaschinen, Drehzahlregelung in Antiblockiersystemen und Steuerung des Zündzeitpunkts in Kraftfahrzeugen. Ein weiteres großes Anwendungsfeld sind Thyristorschaltungen, die für unterschiedlichste Aufgaben eingesetzt werden.

Auch in der Konsumelektronik ist die Integration im steten Vormarsch. So hat die Elektronik auf dem Kamerasektor die Mechanik weitgehend verdrängt. Durch den Einsatz von IS für die Belichtungs- und Motorsteuerung konnte der Aufwand reduziert und gleichzeitig die Anzahl der Funktionen sowie Komfort und Präzision dieser Geräte wesentlich erhöht werden. Ähnliches geschieht auch auf dem Gebiet der Haushaltsgeräte. Die Elektronik übernimmt immer mehr Steuer- und Regelfunktionen und ermöglicht Komfortsteigerungen bei stabilen Preisen.

Größtes Anwendungsgebiet für die monolithische Integration analoger Schaltungen ist jedoch die Unterhaltungselektronik geworden. In nahezu allen Schaltungsteilen von Radio- und Fernsehgeräten sowie Plattenspielern und Recordern werden heute integrierte Schaltungen eingesetzt. Immer mehr Baugruppen werden zusammengefaßt und auf einem Chip integriert. Um nur einige Beispiele zu nennen: ZF- und HF-Verstärker für Frequenzen bis in den GHz-Bereich, NF-Verstärker bis zu Leistungen von 20 W, komplette Abstimmsysteme mit PLL (phase-locked loop), VCO (voltage-controlled oscillator) und Frequenzteilern, Farb- und Bildaufbereitungssysteme hoher Komplexität, Drehzahlregler für Gleichstrommotoren usw.

Immer größer wird dabei der Anteil von gemischten Schaltungen, bei denen analoge und digitale Funktionsteile ineinandergreifen. Diese Verbindung wird in der bipolaren Schaltungstechnik immer mehr angewandt und erhöht weiter den Komplexitätsgrad der Schaltungen.

Da analoge IS für die verschiedensten Anwendungsgebiete hergestellt werden, ist eine allgemeine Prüfung dieser IS schwierig. Jedes Anwendungsgebiet verlangt ein eigenes Spezialwissen und eigenes Meßequipment. So ist zur Prüfung von Radio-IS eingehendes Wissen über die FM- und AM-Modulation und geeignete HF-Generatoren, zur Prüfung von Farbschaltungen Wissen über die Schaltungs- und Übertragungstechnik des Fernsehens und die entsprechenden TV-Generatoren nötig. Hall-IS wiederum verlangen eingehende Kenntnisse im Bereich der Magnettechnik. Die Prüfung von UHF- und VHF-Tunern ist wegen der hohen Frequenzen schwer zu beherrschen. Aufwendig ist auch die Prüfung von IS, bei denen nichtelektrische Größen ausgewertet werden, wie bei der Messung von Entfernungen bei Näherungsschaltern oder bei der Messung von Drehzahlen entsprechender Regel-IS.

2.1 Informationsgehalt von Datenblättern

Digitale IS können durch die Datenblätter meist gut beschrieben werden. Die für die Funktion wichtigen Daten lassen sich eindeutig in Ein- und Ausgangsdaten sowie Funktionstabellen darstellen. Die Prüfmethoden sind eindeutig. Hier bereitet vor allem der Prüfumfang Schwierigkeiten. So ist z.B. der Prüfumfang bei Speichern so groß, daß es unmöglich ist, alle Kombinationen zu prüfen. Man begnügt sich hier mit Prüfmustern, um die Funktion sicherzustellen.

Bei analogen IS ist die Situation schwieriger. Die Summe der möglichen Veränderlichen läßt eine Vielzahl von Arbeitspunkten entstehen, Arbeitspunkte, die nicht alle überprüft werden können. Hierzu ein Beispiel für eine FM-Rundfunk-IS: Veränderlich sind Speisespannung, Modulationsfrequenz, Temperatur, Eingangsspannung, Ausgangsbelastung, Lautstärkeeinstellung usw. Für die Summe von Veränderlichen ergeben sich zahllose Kennlinienfelder, deren zugehörige Werte unmöglich alle überprüft werden können. Um hier eine Normierung und Vergleichbarkeit der Ergebnisse zu erreichen, werden die Daten auf eine normierte Anwendungs- oder Meßschaltung und einen bestimmten Arbeitspunkt bezogen. Dieser ist in den Kenndaten festgelegt. Die Kenndaten beinhalten alle wichtigen, für diesen Arbeitspunkt sich ergebenden Größen. Die Schwierigkeit für den Anwender besteht darin, daß für einen vom Datenblatt abweichenden Arbeitspunkt auch die Kenndaten abweichen können. Zwar werden für einzelne Parameter Funktionsbereiche zugestanden, die zugehörigen Eckwerte werden aber aus den oben genannten Gründen dabei nicht garantiert. Datenblätter sind meist in vier Blöcke gegliedert:

Die <u>Grenzdaten</u> geben an, welche Werte maximal angelegt werden dürfen, ohne die Schaltung zu schädigen. Typische Größen sind max. Speisespannung, max. Eingangsspannung, max. Verlustleistung, max. Ausgangslast usw. Wichtig ist dabei, daß jeder Grenzwert für sich gilt und nicht überschritten werden darf. So kann z.B. durch die Wahl von Speisespannung und Ausgangslast der Grenzwert der Verlustleistung überschritten werden, obwohl Speisespannung und Ausgangslast jeweils für sich allein unter den zulässigen Grenzwerten sind.

Die Funktionsbereiche geben an, in welchen Bereichen die IS für die benannten Größen funktionstüchtig ist. Die Funktionsbereiche der einzelnen Größen können dabei untereinander verknüpft werden. Die später angegebenen Kenndaten werden für diese Bereiche meist nicht garantiert.

Die Kenndaten beziehen sich auf einen benannten Arbeitspunkt und die angegebene Meßschaltung. Für die wichtigen Größen werden typische Werte sowie der obere und untere Eckwert angegeben. Die angegebenen typischen Werte stellen Mittelwerte dar, die meist über mehrere Fertigungschargen ermittelt wurden. Sie können nicht auf ein Lieferlos angewendet werden. Fehlende Eckdaten lassen sich von den typischen Werten nicht ableiten, da die Streubreite der Verteilungen dem Anwender unbekannt ist.

Die in den Datenblättern angegebenen Kennlinien und Kurven geben Werte von typischen Mustern wieder. Sie sollen dem Anwender in erster Linie bei der Dimensionierung der Schaltung helfen. Streuwerte werden hierzu meist nicht angegeben. Auch wird der typische Kurvenverlauf nicht garantiert!

Neben den in den Datenblättern angegebenen Daten gibt es noch eine Reihe von Sekundärdaten, die oft schwer beschrieben werden können. So z.B. Impedanzverhältnisse, Rückkopplungseigenschaften, Verhalten über den gesamten Frequenzbereich, Verhalten bei Übersteuerung usw. Diese Daten sind zwar für den Anwender oft äußerst wichtig, können aber wegen ihrer Komplexität oder Abhängigkeit vom Meßaufbau nicht angegeben werden. Sie sind jedoch meist durch das Design (d.h. durch Technologie und Topographie der IS) vorgegeben und deshalb in ihrer Qualität unveränderlich. Schwierigkeiten sind hier erst dann zu erwarten, wenn vom Hersteller Designänderungen vorgenommen werden.

2.2 Allgemeine Messungen

In den folgenden Kapiteln werden einige universell anwendbare Messungen beschrieben, so z.B. die Messung von Ein- und Ausgangswiderständen, von Störspannungen und des Klirrfaktors, die für alle IS wichtig sind, deren Signale im Hörbereich liegen. Klirrfaktor- und Störspannungsmessungen sind über DIN- bzw. IEC-Normen standardisiert, die entsprechenden Meßergebnisse deshalb gut vergleichbar.

2.2.1 Eingangs- und Ausgangswiderstände

Eine einfache Betragsmessung kann aus der Vierpoltheorie abgeleitet werden. Annähernd reelle Widerstände lassen sich hiermit schnell und einfach bestimmen (Abb. 2.1). Über einen Vorwiderstand R_V wird ein Steuersignal U_g an den Eingang gelegt. Entsprechend den Anforderungen kann mit Gleich- oder Wechselspannung gearbeitet werden. Aus dem Verhältnis von U_g zu U_i läßt sich der Eingangswiderstand R_i bestimmen.

$$R_i = R_V \frac{U_i}{U_g - U_i} . \tag{2.1}$$

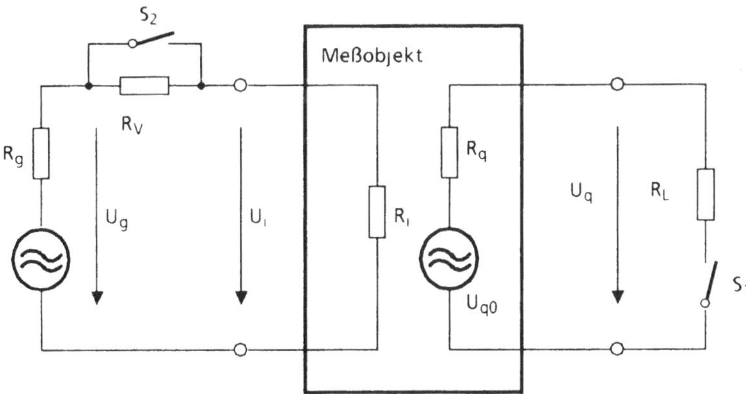

Abb. 2.1. Prinzipschaltung zur Messung der Ein- und Ausgangswiderstände

In gleicher Weise kann auch der Ausgangswiderstand R_q bestimmt werden. Für einen gewählten Arbeitspunkt wird die Ausgangsspannung in unbelastetem Zustand U_{q0} und im belasteten Zustand U_{qL} gemessen. R_q ergibt sich aus der Spannungsteilung an R_q und R_L.

$$R_q = R_L \frac{U_{q0} - U_{qL}}{U_{qL}} . \qquad (2.2)$$

Wenn bei einem Schaltkreis die Ausgangsspannung proportional zur Eingangsspannung ist, kann der Eingangswiderstand auch dann gemessen werden, wenn nicht am Eingang, sondern am Ausgang gemessen wird. Dies ist vor allem dann vorteilhaft, wenn mit sehr kleinen Eingangsspannungen gearbeitet werden muß. Der Eingangswiderstand läßt sich aus den Ausgangsspannungen U_{q1} (S_2 ist offen) und U_{q2} (S_2 ist geschlossen) berechnen.

$$R_i = R_V \frac{U_{q1}}{U_{q2} - U_{q1}} - R_g . \qquad (2.3)$$

2.2.2 Messung von komplexen Widerständen

Bei monolithisch integrierten Schaltkreisen treten in erster Linie kapazitive Blindanteile auf. Die Kapazitäten liegen für die Eingänge meist unter 10 pF und für die Ausgänge, abhängig von der Ausgangsleistung (d.h. abhängig von der Größe der Ausgangstransistoren), zwischen 5 und 50 pF. Während diese Werte für NF-Anwendungen weitgehend unwirksam bleiben, sind sie in der HF-Technik von großer Bedeutung. Induktive Blindanteile, die vor allem durch die Anschlüsse hervorgerufen werden, spielen erst im GHz-Bereich eine Rolle.

Eingangsimpedanz

Das Prinzip der angegebenen Verstimmungsmethode beruht darauf, daß bei einem LC-Schwingkreis, bei dem L oder C bekannt ist, aus der Resonanzfrequenz f_0 und der Bandbreite B Wirkanteil und Blindanteil bestimmt werden können.

Die Kreisfrequenz ist:

$$\omega_0 = \sqrt{\frac{1}{LC}}, \tag{2.4}$$

die Güte:

$$Q = \frac{f_0}{B} = R\omega_0 C, \tag{2.5}$$

woraus sich die Wirkkomponente zu

$$R = \frac{1}{2\pi BC} \tag{2.6}$$

ergibt.

Zur Messung werden ein Generator, ein Frequenzzähler, ein empfindliches Wechselspannungsvoltmeter und eine Kapazitätsmeßbrücke benötigt (Abb. 2.2).

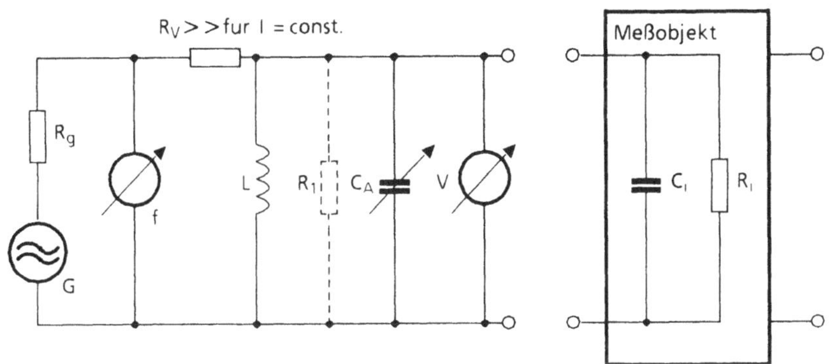

Abb. 2.2. Prinzipschaltung zur Messung von komplexen Widerständen

Das Meßobjekt wird an einen vorhandenen bekannten Schwingkreis angeschlossen. Aus den Änderungen der Resonanzfrequenz oder Schwingkreiskapazität sowie der Bandbreite werden die Wirk- und Blindanteile bestimmt. Besonders vorteilhaft ist, daß die Messung bei der Anwendungsfrequenz ausgeführt werden kann. Da die Güte bei realen Schwingkreisen frequenzabhängig ist, müssen die Messungen zur Bestimmung der Wirkanteile bei konstanter Induktivität und Frequenz ausgeführt werden.

Meßablauf

1. Den Generator auf die gewünschte Frequenz f_0 einstellen.
2. Mit dem Abstimmkondensator C_A den Kreis ohne Meßobjekt auf die Resonanzfrequenz einstellen (Amplitudenmaximum).
3. Die Bandbreite B_1 über die -3dB-Punkte ermitteln.
4. Die Abstimmkapazität C_{A1} mit einer Meßbrücke messen.
5. Das Meßobjekt anschließen, mit C_A erneut auf Resonanz einstellen.
6. Die neue Bandbreite B_2 ermitteln.
7. Die neue Abstimmkapazität C_{A2} messen.

Aus C_{A1} und C_{A2} wird die Eingangskapazität C_i berechnet:

$$C_i = C_{A1} - C_{A2}\,. \tag{2.7}$$

Der Kreiswiderstand R_{K1} ohne Meßobjekt beträgt

$$R_{K1} = \frac{1}{2\pi B_1 C_{A1}}\,. \tag{2.8}$$

Der Kreiswiderstand R_{K2} mit Meßobjekt beträgt

$$R_{K2} = \frac{1}{2\pi B_2 C_{A2}}\,. \tag{2.9}$$

Damit ist der reelle Eingangswiderstand R_i des Meßobjekts

$$\frac{1}{R_i} = \frac{1}{R_{K2}} - \frac{1}{R_{K1}}\,. \tag{2.10}$$

Durch die Substitutionsmethode wird der Fehler bei der Eingangskapazitätsmessung weitgehend durch die Meßgenauigkeit der verwendeten Meßbrücke bestimmt. Die Eingangskapazität des Voltmeters wird dabei eliminiert.

Ausgangsimpedanz

Hier kann die gleiche Meßmethode angewandt werden. Da die Ausgangswiderstände jedoch meist niederohmig sind, wird die Widerstandsbestimmung ungenauer. Die Bestimmung der Bandbreite wird mit abnehmendem Widerstand schwieriger, da im flachen Teil der Resonanzkurve gemessen wird. Da die Blindanteile jedoch nur dann interessieren, wenn sie die Spannungsverhältnisse am Ausgang beeinflussen, also im Verhältnis zum Realteil nicht vernachlässigbar sind, wird in diesem schwer definierbaren Bereich praktisch nicht gemessen.

Der Meßschwingkreis ist wie bereits beschrieben zu definieren. Anschließend wird er an den Ausgang des zu messenden Schaltkreises angeschlossen (Abb. 2.3). Die Speisung des Schaltkreises erfolgt am Eingang. Es ist darauf zu achten, daß die Messungen bei etwa gleichgroßen Amplituden ausgeführt werden.

Meßablauf und Formeln entsprechen der Eingangsimpedanzmessung ($R_i \equiv R_q$, $C_i \equiv C_q$).

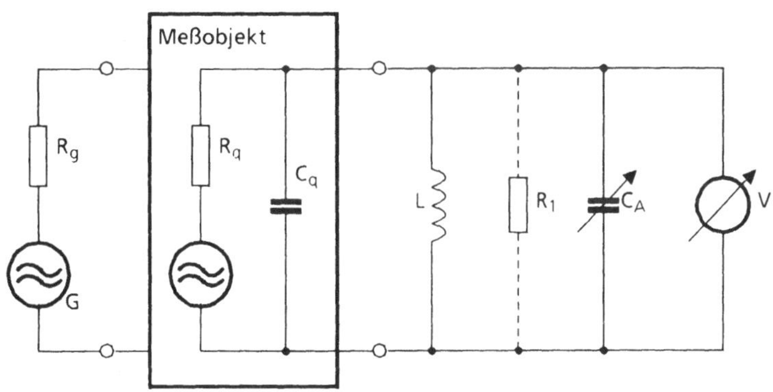

Abb. 2.3. Ausgangsimpedanzmessung

2.2.3 Messung von kleinen Strömen

Im Laboraufbau können Ströme bis in den pA-Bereich noch gut beherrscht werden. Die Messungen lassen sich mit Elektrometern gut ausführen. Hierzu werden am Markt eine Reihe von Geräten bis zu einer Auflösung von 10^{-15} A angeboten. Unter Beachtung der Widerstandsverhältnisse von Meßobjekt und Meßgerät sind mit diesen Geräten gute Ergebnisse zu erzielen.

Probleme treten meist dann auf, wenn derartige Messungen automatisiert werden sollen. Besondere Schwierigkeiten bereiten dabei das Kontaktieren, die Kapazität der Zuleitungen und Störeinstrahlungen. Bei zentralen Meßsystemen, wo mit langen Zuleitungen gearbeitet werden muß, treten diese Schwierigkeiten verstärkt auf. Hier ist es oft günstig, statt der echten Strommessung eine korrelierte Zeit-Spannungs-Messung durchzuführen. Zeitmessungen können meist schnell und ohne große Fehler ausgeführt werden (s. Abschnitt 2.2.5).

Das Prinzip der dargestellten Zeit-Spannungs-Messung (Abb. 2.4) beruht auf der Ermittlung der Ladungsänderung eines mit dem Eingang verbundenen Kondensators. Der FET-OP dient hier als Buffer und soll einen Eingangsstrom haben, der im Vergleich zum erwarteten Meßstrom vernachlässigbar ist.

Da der Eingangsstrom I_E von der Eingangsspannung U_E abhängt, muß der Kondensator auf den Arbeitspunkt vorgeladen werden.

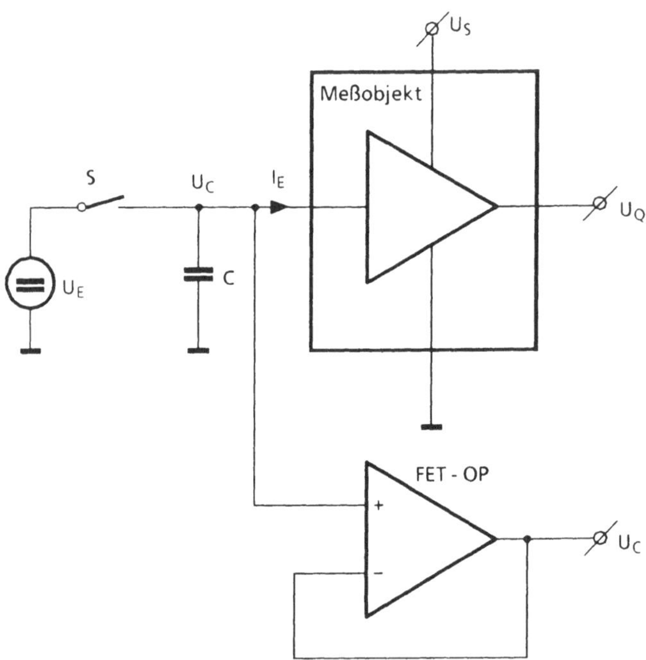

Abb. 2.4. Prinzipschaltung der Eingangsstrommessung durch Zeit-Spannungs-Messung

Nach Öffnen des Schalters S wird der Kondensator durch den Eingangsstrom entladen. Die Spannungsänderung ΔU_C während einer Zeitspanne ΔT wird ermittelt. Für $\Delta U_C \ll U_E$ gilt:

$$I_E = \frac{\Delta U_C}{\Delta T} C . \tag{2.11}$$

Es sind zwei Meßmethoden möglich: eine Zeitmessung für eine vorgegebene Spannungsdifferenz (Impedanzwandler als Schwellwertschalter geschaltet) oder eine Spannungsdifferenzmessung mit einem triggerbaren Voltmeter.

Wenn das Meßobjekt einen bekannten Schaltpegel U_T am Eingang hat, ist die Eingangsstrommessung durch Zeitmessung besonders einfach (Abb. 2.5). Der Kondensator wird hier auf U_S vorgeladen. In einer Zeit T wird der Kondensator bis U_T entladen - der Ausgang schaltet um. Der mittlere Eingangsstrom I_{EM} beträgt:

$$I_{EM} = \frac{U_S - U_T}{T} C . \tag{2.12}$$

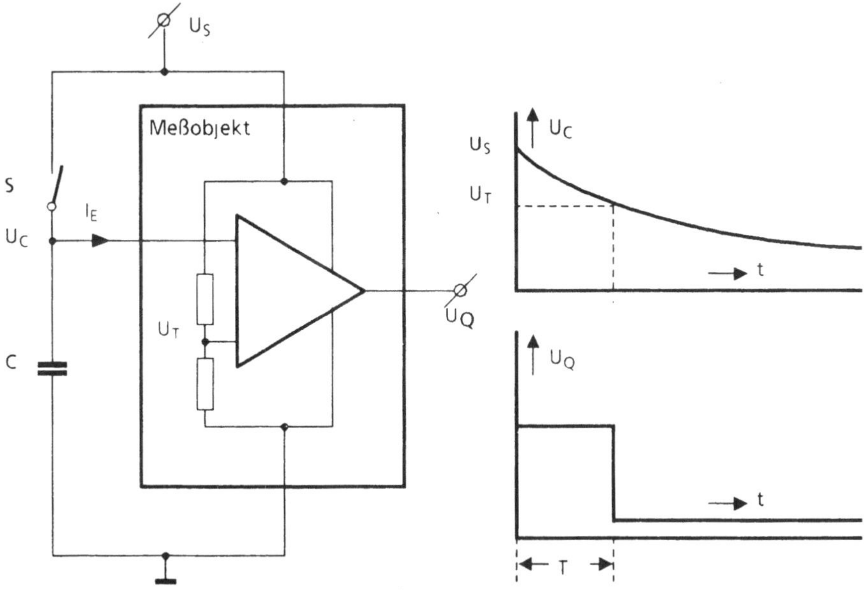

Abb. 2.5. Eingangsstrommessung bei einem Komparator

2.2.4 Messung von kleinen Spannungsdifferenzen

Bei Messungen an IC's ist es oft wichtig, die Änderung eines Parameters als Folge geänderter Bedingungen zu messen. Als Beispiel dient die Eingangsstrommessung aus Abb. 2.4. Die Spannungsänderung ΔU_C kann aus den Absolutwerten bei $t = 0$ und bei $t = T$ rechnerisch ermittelt werden, die Meßgenauigkeit wird jedoch durch die Differenzbildung erheblich verschlechtert.

Abb. 2.6 zeigt die Prinzipschaltung einer Sample- and Difference-Messung, die es ermöglicht, den Absolutwert aus der Messung zu eliminieren und die volle Meßgenauigkeit zu erhalten. Der Meßablauf ist folgender: In der ersten Phase, der Sample-Phase, wird der Schalter S geschlossen, der Kondensator C wird über den Buffer I auf dem Wert U_{Q0} aufgeladen. Die Ausgangsspannung am Buffer II bleibt in dieser Phase 0 V. In der zweiten Phase, der Difference-Phase, wird der Schalter S geöffnet. Da der Kondensator C seine Ladung behält und damit $U_C = U_{Q0}$ bleibt, werden nur die Änderungen am Ausgang der Meßschaltung erscheinen.

Diese Meßmethode ist auch bei Wechselspannungen anwendbar. Hierzu muß der zu messende Parameter über eine geeignete Gleichrichterschaltung in eine Gleichspannung umgewandelt werden. Solche Wandlerschaltungen sind in digitalen Meßgeräten fast immer vorhanden.

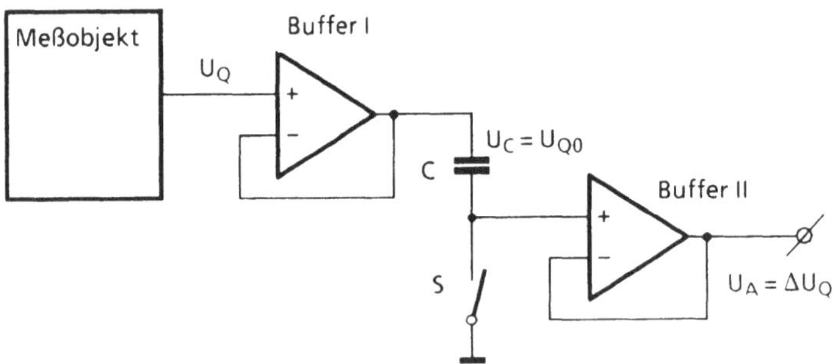

Abb. 2.6. Sample- and Difference-Meßschaltung

2.2.5 Zeit- und Frequenzmessung

Messungen dieser Art müssen bei unterschiedlichsten IC's durchgeführt werden. Als Beispiel wurden hier die Anstiegsgeschwindigkeiten bei Operationsverstärkern und die Oszillatorfrequenz eines AM-Demodulators gewählt.

Zeitmeßgeräte besitzen im allgemeinen die Möglichkeit, die Start- und Stopbedingungen unabhängig voneinander einzustellen. Es können sowohl die Schwellwertpegel als auch die Flankenpolarität eingestellt werden. Ein entsprechendes Zeitmeßgerät ist in der Lage, u.a. folgende Messungen durchzuführen:

- Impulsbreitenmessung. (Für Start und Stop gleiche Pegel, aber unterschiedliche Flankenpolarität.) (Abb. 2.7a)
- Anstiegsgeschwindigkeitsmessung. (Gleiche Flankenpolarität und unterschiedliche Pegel.) (Abb. 2.7b)
- Periodendauermessung. (Gleiche Flankenpolarität und gleiche Pegel.) (Abb. 2.7c)

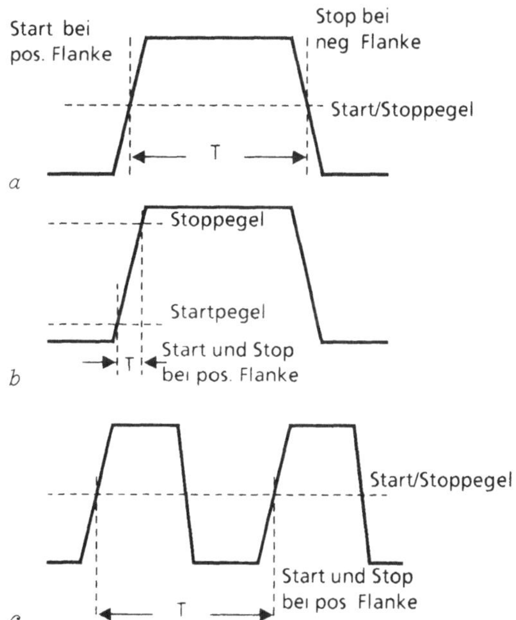

Abb. 2.7. Beispiele von Zeitmessungen. a) Impulsbreitenmessung; b) Flankensteilheitsmessung; c) Periodendauermessung

Die Frequenz des Signals kann aus der Periodendauer berechnet werden: ($f = 1/T$). Für höhere Frequenzen sind jedoch nachstehende Meßmethoden genauer. Bei der Ereignismethode wird eine bestimmte Meßzeit T vorgegeben, ein Zähler zählt während dieser Zeit die Zahl der Nulldurchgänge N in einer Richtung (Abb. 2.8a). Da jedoch bei Meßbeginn wie bei Meßende eine Meßungenauigkeit von einer Periodendauer auftreten kann, ist die Frequenz nicht exakt zu ermitteln:

$$\frac{N-1}{T} < f < \frac{N+1}{T} . \qquad (2.13)$$

Diese Meßmethode eignet sich besonders für hohe Frequenzen. Bei der Zeitmethode entfällt diese Fehlerquelle. Hierbei wird die Zeit T ermittelt, in welcher eine vorgegebene Anzahl N (meist 10, 100 oder 1000) Nulldurchgänge in einer Richtung registriert wurden (Abb. 2.8b). Die Frequenz ist dann

$$f = \frac{N}{T} . \qquad (2.14)$$

Die Meßgenauigkeit hängt nur von der Genauigkeit der Zeitbestimmung ab.

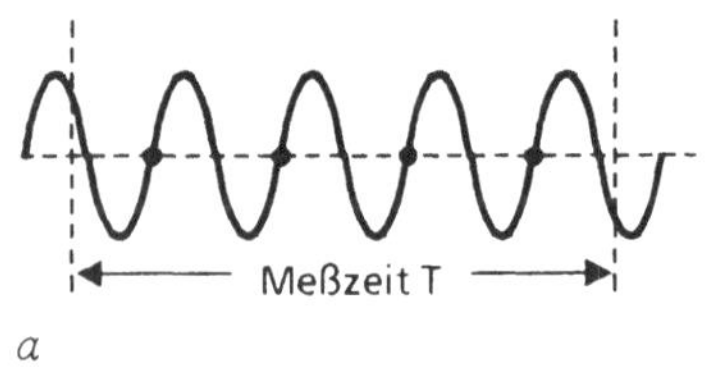

Abb. 2.8. Frequenzmessungen

2.2.6 Störspannungen

Unerwünschte Störspannungen entstehen bei integrierten Schaltkreisen durch Widerstands- und Transistorrauschen, durch Stromverteilungsrauschen sowie durch Kristallfehler. Die Frequenzen dieser Störspannungen liegen zum großen Teil im Hörbereich von 20 Hz bis 20 kHz. Bei allen Schaltungen mit NF-Ausgang verursachen diese Spannungen im nachfolgenden Lautsprecher unangenehme Nebengeräusche. Bei den Messungen wird die subjektiv empfundene Störwirkung, die die Störspannungen hervorrufen, durch unterschiedliche Bewertung der Amplituden für die einzelnen Frequenzen nachgebildet.

Definition, Begriffe und Verlauf der Bewertungsfilter sind in DIN 45405 oder CCIR 468-1 genau festgelegt. Entsprechend der Norm werden die Störspannungen in zwei Gruppen unterteilt.

Die Fremdspannung wird ohne Bewertung im Frequenzbereich 31,5 Hz bis 16 kHz gemessen. Bei der Geräuschspannung wird die frequenzabhängige Empfindlichkeit des "menschlichen Ohrs" berücksichtigt. Die Spannung wird nach einem Bewertungsfilter, das die Ohrempfindlichkeit nachbildet, gemessen. Der Kurvenverlauf des Bewertungsfilters ist in DIN 45 405 oder IEC 468-1 festgelegt. Die Bewertung ist dabei so ausgelegt, daß sich für 1 kHz das Übertragungsmaß 0 dB ergibt.

Neben dem Rauschen tritt bei Halbleitern eine weitere Störspannung, das Prasseln, auf. Dieses wird durch Kristallfehler in den pn-Übergängen verursacht und tritt je nach Technologie und Design unterschiedlich stark auf. Mit Prasseln wird eine Spannung beschrieben, die im Lautsprecher ein ähnliches Geräusch erzeugt wie starker Regen auf einem Resonanzkörper. Die englische Bezeichnung "popcorn noise" vermittelt einen ähnlichen Eindruck. Beim Prasseln schwankt die Amplitude statistisch zwischen diskreten Werten, wobei Pulsfolgefrequenz und Impulsdauer stark unterschiedlich sind. Das Frequenzspektrum reicht von ca. 0,1 Hz bis 10 kHz und die Pulsbreiten von 0,1 bis 100 ms (Abb. 2.9).

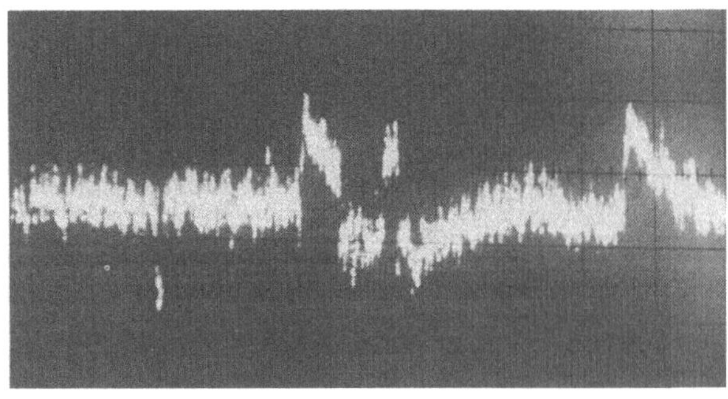

Abb. 2.9. Rausch- und Prasselspannung eines Verstärkers

Aussagen über die Größe von Störspannungen an integrierten Schaltkreisen werden immer im Zusammenhang mit dem Innenwiderstand R_g der Signalquelle oder einem Eingangsabschlußwiderstand gemacht. Dabei denkt man sich den Schaltkreis rauschfrei und das Rauschen im Generatorwiderstand entstanden (Abb. 2.10).

Ohne Berücksichtigung des Verstärkerrauschens ergibt sich die Rauschleistung P_r im Generatorwiderstand R_g zu

$$P_r = 4\,kTB \tag{2.15}$$

und die Rauschspannung zu

$$U_r = \sqrt{4\,kTBR_g}\,, \tag{2.16}$$

wobei k die Boltzmann-Konstante, T die absolute Temperatur und B die Bandbreite ist.

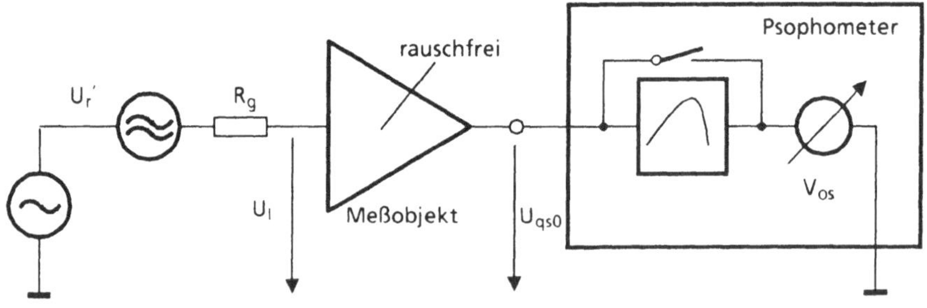

Abb. 2.10. Ersatzbild zur Rauschmessung an IS mit Meßschaltung

Für Zimmertemperatur gilt

$$4\,kT = 1{,}6 \cdot 10^{-20}\ \mathrm{Ws}\,. \qquad (2.17)$$

Folgende Meßgrößen können bestimmt werden:

a) Absolutwert

Die Geräuschspannung wird in V_{0s} gemessen (Abb. 2.10). Die Amplituden werden dabei durch die Messung eines "Quasi-Spitzenwertes" zusätzlich bewertet. Dieser entspricht bei sinusförmigen Spannungen dem Effektivwert, ist aber bei Pulsen wesentlich größer als der entsprechende Effektivwert. Diese Auslegung soll die störenden Einzelimpulse gegenüber einem gleichförmigen Rauschen stärker hervorheben. Der Einfachheit halber wird die Quasi-Spitzenwertmessung auch bei der Fremdspannungsmessung angewendet. Die ermittelten Spannungswerte U_{0s} sind auf den Eingang zu beziehen:

$$U_{rs0} = \frac{U_{qs0}}{A_u}\,. \qquad (2.18)$$

b) Rauschzahl

Die Rauschzahl F gibt an, mit welchem Faktor die Rauschleistung P_r des Widerstandes R_g zu multiplizieren ist, um die auf R_g bezogene (IS ist rauschfrei), tatsächlich auftretende Rauschleistung zu erhalten.

$$F = \frac{P_r}{P_{r0}} = \frac{U^2_{r\,eff}}{U^2_{r0\,eff}} = \frac{U^2_{r\,eff}}{4\,kTBR_g}\,. \qquad (2.19)$$

c) Rauschmaß

Das Rauschmaß a_F ist die entsprechende logarithmische Größe:

$$a_F = 10 \log F \quad \mathrm{dB}\,. \qquad (2.20)$$

d) Signal/Rausch-Abstand (auch Verhältnis genannt)

Zur Beurteilung einer Schaltung ist meist der Signal/Rausch-Abstand wesentlich wichtiger als der Absolutwert der auftretenden Rauschspannung. Der Signal/Rausch-Abstand a_{SN} ist eine logarithmische Größe:

$$a_{SN} = 20 \log \frac{U_{q\,Signal}}{U_{q\,Rauschen}} \quad dB \tag{2.21}$$

e) Prasseln

Von den bekannten Meßmethoden eignet sich die unbewertete Messung (Fremdspannung) noch am ehesten zur Prasselmessung. Es sind hierzu die Maximalwerte innerhalb eines längeren Zeitabschnitts (z.B. 3 s) festzustellen. Am besten eignet sich hierzu ein Komparator mit nachfolgender Zählschaltung. Zur Auswertung kommt die Anzahl der Störimpulse pro Zeiteinheit.

2.2.7 Klirrfaktormessungen

Bei der Übertragung, Verstärkung und Demodulation von Signalen treten neben der linearen Funktion auch unerwünschte nichtlineare Verzerrungen auf. Bei der Klirrfaktormessung werden diese Verzerrungen mit einem Eintonsignal ermittelt. Es wird ein Signal mit der Frequenz f_1 an den Eingang des Vierpols gelegt. Durch nichtlineare Glieder im Vierpol stehen am Ausgang neben dem erwünschten Sollsignal U_{q1} mit der Frequenz f_1 noch die Signale U_{q2}, U_{q3}, U_{q4}, ... mit den Frequenzen f_2, f_3, f_4, ..., wobei diese ein ganzzahliges Vielfaches von f_1 sind ($f_2 = 2\,f_1$, $f_3 = 3\,f_1$, ...).

Der Klirrfaktor ist definiert zu

$$k = \frac{1}{U_q} \sqrt{\sum_{n=2}^{\infty} U_{qn}^2} \tag{2.22}$$

(U_{qn} Effektivwert der Oberschwingungen, U_q Effektivwert des gesamten Ausgangssignals).

Die Messung des Klirrfaktors ist in DIN 45 403 festgelegt. Bei der Messung wird ein sinusförmiges Signal als Steuerspannung angelegt. Der Klirrfaktor dieses Signals soll wesentlich kleiner sein (Faktor 10 oder besser) als der zu messende Klirrfaktor. Am Ausgang des Meßobjekts trennt eine Bandsperre oder ein Hochpaß die Grundschwingung ab, ein 20-kHz-Tiefpaß begrenzt auf den maximalen Übertragungsbereich (Abb. 2.11).

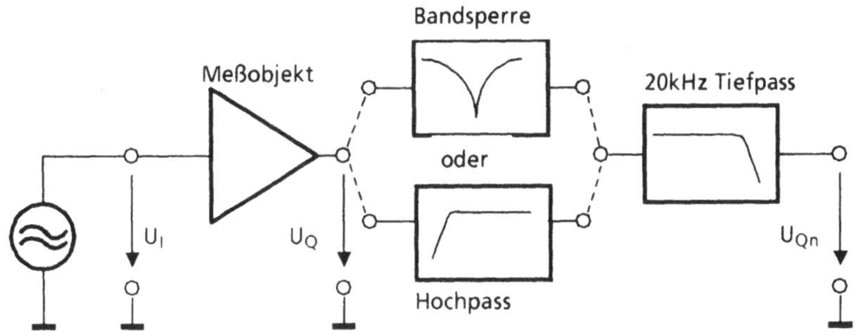

Abb. 2.11. Prinzipschaltung zur Klirrfaktormessung

Die Normfrequenz für Klirrfaktormessungen ist 1 kHz, es werden aber auch andere Meßfrequenzen im Bereich 40 Hz bis 5 kHz angewendet. Gute Klirrfaktormesser haben einen durchstimmbaren Oszillator und einen geringen Eigenklirrfaktor ($k < 0{,}01\,\%$). Der Klirrfaktor wird direkt ohne zusätzlichen Abgleichvorgang angezeigt. Neben der Klirrfaktormessung muß auch eine Signal/Rausch-Abstandsmessung möglich sein, um Verzerrungen vom Rauschen unterscheiden zu können.

Neben den reinen Klirrfaktormessern kann der Klirrfaktor auch mit NF-Analysern bestimmt werden. Diese Geräte zeigen die Amplitude und die Frequenz der einzelnen Schwingungen direkt an. Der wesentliche Vorteil dieser Meßmethode besteht darin, daß Verzerrung und Rauschen getrennt voneinander betrachtet werden können.

2.3 Typenbezogene Messungen

Bei den analogen IS besteht eine besonders große Typenvielfalt. Für nahezu jedes Anwendungsgebiet werden eine Reihe von Schaltungen angeboten. Auf alle Aufgabengebiete oder gar auf alle Typen einzugehen, ist wegen des immensen Umfangs nicht möglich. In den folgenden Kapiteln werden Meßmethoden für einige häufig verwendete Analogschaltungen beschrieben. Hierbei wurden Produkte ausgewählt, die entweder durch ihre allgemeine Verbreitung oder durch das erforderliche Fachwissen interessant erschienen.

2.3.1 Operationsverstärker (OP)

Operationsverstärker werden für die unterschiedlichsten Anwendungen in nahezu allen Geräten eingesetzt. Die monolithische Integration ermöglicht qualitativ hochwertige Verstärker zu niedrigen Preisen. Die Preise für einfache Operationsverstärker liegen heute nicht wesentlich höher als für Transistoren. Die zur Anwendung nötigen theoretischen Kenntnisse sind gering und die Handhabung durch die geringe Außenbeschaltung einfach. Neben dem Einsatz als Verstärker kann durch Veränderung der Außenbeschaltung eine Reihe von Funktionen realisiert werden. Der Name Operationsverstärker kommt aus der Analog-Rechnertechnik, wo Operationsverstärker in früheren Jahren zur Durchführung mathematischer Funktionen wie Addition oder Integration eingesetzt wurden.

Aufbau eines Operationsverstärkers

Operationsverstärker besitzen eine Differenzeingangsstufe; die Eingangstransistoren können pnp- oder npn-Transistoren sein oder auch, wenn sehr kleine Eingangsströme gefordert sind, MOS-Transistoren. Die Eingänge P und N werden entsprechend der Phasenlage zum Ausgang benannt. Die Ausgangsstufe ist meist als Gegentaktendstufe ausgeführt, andere Bauarten sind offener Kollektorausgang oder Emitterfolgerausgang.

Wegen der sehr hohen Verstärkung und der dadurch entstehenden Schwingneigung sind OP's im Normalfall frequenzkompensiert. Man unterscheidet zwischen bereits intern kompensierten OP's mit entsprechend beschnittenem Frequenzband und extern zu kompensierenden OP's. Die dazu erforderliche Beschaltung wird im Datenblatt angegeben. Wie im folgenden Abschnitt detaillierter beschrieben wird, besitzen Operationsverstärker eine Eingangsoffsetspannung. Bei vielen Operationsverstärkern kann die Fehlspannung am Eingang durch ein externes Einstellpotentiometer an einem dafür vorgesehenen Anschluß kompensiert werden.

Durch den symmetrischen Aufbau werden OP's meist mit positiver und negativer Spannungsversorgung betrieben. Übliche Werte sind: U_{SP}, U_{SM} = ± 12 V oder 15 V. Hierdurch ist eine Aussteuerung des Ausgangs um 0 V möglich. Zur besseren Übersicht werden in Prinzipschaltungen meist nur die Ein- und Ausgänge gezeichnet.

Begriffe

Für den idealen Operationsverstärker sind die Eingangsströme gleich Null, der Ausgangswiderstand Null, die Eingangswiderstände und die Verstärkung unendlich. Für den Anwender ist es wichtig, zu wissen, inwieweit der reale Operationsverstärker vom Ideal abweicht. Hierzu werden eine Reihe von Begriffen verwendet, die im folgenden näher beschrieben werden.

Die Schaltung (Abb. 2.12) hat durch die symmetrischen Spannungsversorgungen U_{SP} und U_{SM} deren Nullpunkt U_{S0} als Bezugspunkt; die Ein- und Ausgangsspannungen sind alle auf diesen Punkt bezogen. Die Eingangsdifferenzspannung U_D wird definiert als

$$U_D = U_P - U_N \,. \tag{2.23}$$

Die Leerlaufverstärkung A_{U0}, auch Differenzverstärkung genannt, ist der Verstärkungsfaktor für Änderungen der Eingangsdifferenzspannung:

$$A_{U0} = \frac{\Delta U_Q}{\Delta U_D} \,. \tag{2.24}$$

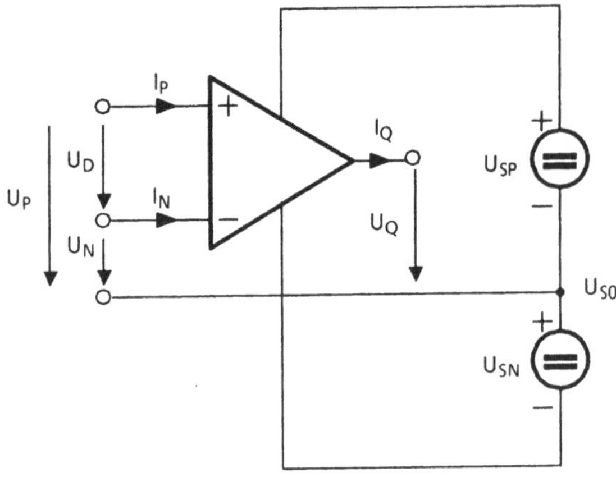

Abb. 2.12. Schaltsymbol eines Operationsverstärkers

Wenn die Eingangsspannungen U_P und U_N eine gleichgroße Signalkomponente U_{GL} aufweisen, erscheint bei nichtidealen OP's diese Gleichtaktspannung U_{GL} mit einem Faktor A_{GL}, der Gleichtaktverstärkung, verstärkt am Ausgang. Die Ausgangsspannung ist damit

$$U_Q = A_{U0}\,(U_P - U_N) + A_{GL} U_{GL}\,. \tag{2.25}$$

Das Verhältnis zwischen Leerlaufverstärkung und Gleichtaktverstärkung wird Gleichtaktunterdrückung a_{GL} genannt:

$$a_{GL} = 20 \log \left(\frac{A_{U0}}{A_{GL}} \right). \tag{2.26}$$

Der Bereich der Gleichtaktspannung, wo der im Datenblatt garantierte Wert der Gleichtaktunterdrückung eingehalten wird, ist der Eingangsgleichtaktbereich. In Abb. 2.13a ist dies der Bereich U_G.

Bedingt durch Unsymmetrien in den Eingangsstufen, verläuft die Übertragungskennlinie $U_Q = f(U_D)$ nicht durch den Nullpunkt (Abb. 2.13b). Als Eingangsoffsetspannung U_{I0} (input offset voltage), kurz Offsetspannung genannt, wird die Eingangsdifferenzspannung bezeichnet, die nötig ist, um den Ausgang auf 0 V zu steuern. Dadurch wird (2.25) erweitert zu

$$U_Q = A_{U0}\,(U_P - U_N - U_{I0}) + A_{GL} U_{GL}\,. \tag{2.27}$$

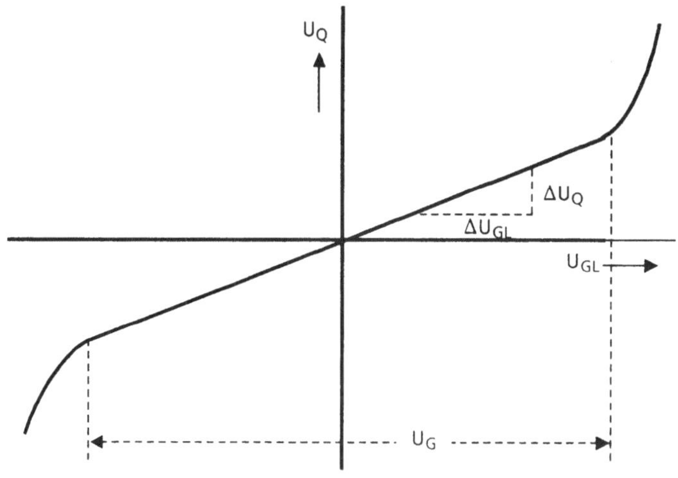

a

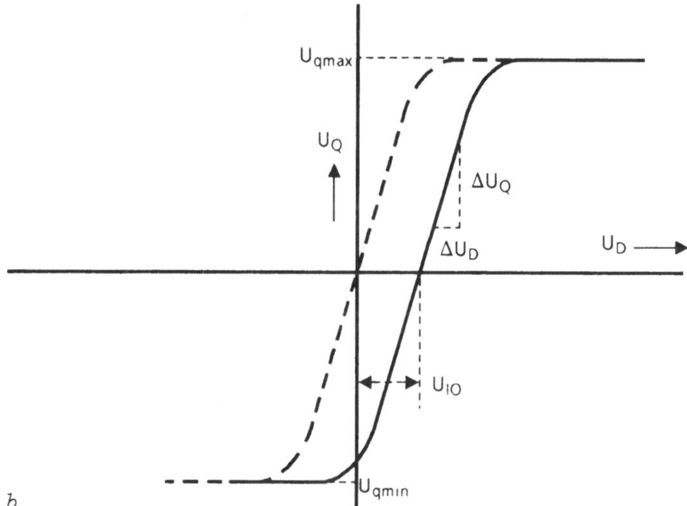

b

Abb. 2.13. a) Ausgangsspannung als Funktion der Eingangsspannung; b) Übertragungskennlinie eines Operationsverstärkers

Die Eingangsruheströme I_P und I_N benötigt der Operationsverstärker zur Aussteuerung und Arbeitspunkteinstellung der Eingangstransistoren. Der mittlere Eingangsruhestrom I_B (input bias current) ist

$$I_B = \left. \frac{I_P + I_N}{2} \right|_{U_P, U_N = 0\,V} . \tag{2.28}$$

Der <u>Eingangsoffsetstrom</u> I_{I0} (input offset current) ist die Differenz der Eingangsströme:

$$I_{I0} = I_P - I_N \Big|_{U_P, U_N = 0\,V} . \quad (2.29)$$

Wie aus Abb. 2.13b ersichtlich, ist die Ausgangsspannung nur in einem gewissen Bereich zwischen den Eckpunkten U_{Qmin} und U_{Qmax} in etwa proportional zur Eingangsspannung. Dieser Bereich wird der <u>Ausgangsaussteuerbereich</u> genannt. Je nach Schaltungsart des Ausgangs ist die Restspannung $U_S - U_Q$ bei maximaler Aussteuerung null bis einige Volt. Im Datenblatt wird der Ausgangsaussteuerbereich bei einer definierten Ausgangsbelastung angegeben.

Neben den direkt von der Speisespannung abhängigen Größen wie U_Q oder U_G sind auch andere Größen wie Verstärkung oder Offset von der Speisespannung abhängig. Besonders nachteilig sind dabei Offsetspannungsänderungen, da diese in bestimmten Anwendungsschaltungen Verschiebungen der Arbeitspunkte bewirken. Bei der Messung dieser Abhängigkeiten werden die Änderungen der positiven und negativen Speisespannung gleich groß gewählt: $\Delta U_{SP} = -\Delta U_{SN}$.

Die <u>Speisespannungsunterdrückung</u> A_S ist definiert zu

$$A_S = \Delta U_S / \Delta U_{I0} . \quad (2.30)$$

Die entsprechende logarithmische Größe ist

$$a_S = 20 \log \frac{\Delta U_S}{\Delta U_{I0}} \quad \text{dB} . \quad (2.31)$$

Universelle OP's, die ohne weitere Maßnahmen bis auf eine Verstärkung Eins gegengekoppelt werden können, müssen sich aus Stabilitätsgründen wie ein Tiefpaß erster Ordnung verhalten, und zwar bis zu der Frequenz, bei der die Leerlaufverstärkung auf Eins zurückgeht (Abb. 2.14). Dies wird meist durch einen integrierten Gegenkoppelkondensator realisiert. Dadurch ist das Produkt von Verstärkung und Frequenz oberhalb der Eckfrequenz konstant. Dieses Produkt wird Verstärkungs-Bandbreite-Produkt f_T genannt.

$$f_T = A_{Uf}\, f\,. \tag{2.32}$$

Die Eckfrequenz f_0 des Tiefpasses folgt aus

$$f_0 = \frac{f_T}{A_{U0}}\,. \tag{2.33}$$

Durch die obengenannte interne frequenzabhängige Gegenkopplung wird die Anstiegsgeschwindigkeit der Ausgangsspannung reduziert. Die Anstiegsgeschwindigkeit oder slew rate s_r wird definiert als

$$s_r = \left.\frac{\Delta U_Q}{\Delta t}\right|_{max}\,. \tag{2.34}$$

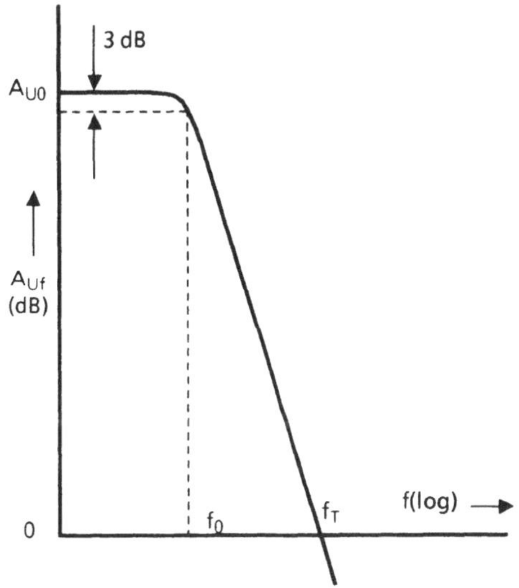

Abb. 2.14. Leerlaufverstärkung in Abhängigkeit von der Frequenz

Messung der Kenndaten

Einige wichtige Kenndaten, wie Offsetspannung und Eingangsstrom, können mit einer relativ einfachen Methode gemessen werden. Der zu messende OP wird dabei selbst als Meßverstärker eingesetzt. Als Beispiel dafür wird die Messung der Offsetspannung (Abb. 2.15) gezeigt. Die Offsetspannung wird hier mit dem Gegenkoppelfaktor $A = (R_2 + R_1)/R_1$ verstärkt. Wenn $A \ll A_{U0}$, dann gilt:

$$U_{I0} = \frac{-U_Q}{A} . \qquad (2.35)$$

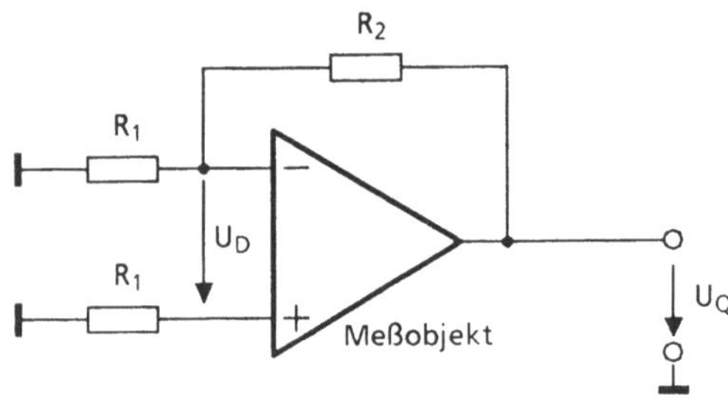

Abb. 2.15. Einfache Messung der Offsetspannung

Mit dieser einfachen Meßmethode können die wichtigsten Meßgrößen schnell bestimmt werden. Eine genauere Messung erlaubt die Meßmethode mit einem zusätzlichen Hilfsverstärker. Bei diesem Meßprinzip arbeitet das Meßobjekt mit voller Leerlaufverstärkung. Die Randbedingungen wie $U_Q = 0$ V oder $A_U = A_{U0}$ können für die einzelnen Messungen eingehalten werden. Die Meßschaltung kann ohne Änderungen für eine Reihe der wichtigsten Operationsverstärkerparameter wie Offsetspannung, Offsetstrom, Eingangsstrom, Aussteuerbarkeit, Verstärkung, Gleichtaktbereich usw. eingesetzt werden. Auch die Messung von dynamischen Größen wie Verstärkungs-Bandbreite-Produkt ist mit wenigen Erweiterungen möglich. Hierdurch eignet sich diese Meßmethode besonders zum Einbau in Meßgeräten, die für Serienmessung benützt werden.

Abb. 2.16a zeigt das Prinzip der Meßschaltung. Der Hilfsverstärker ist so dimensioniert, daß seine Eigenschaften wie Offsetspannung, Eingangsstrom, Leerlaufverstärkung und Ausgangswiderstand als ideal betrachtet werden können. In diesem Fall sind die Ausgangsspannung U_Q des Prüflings und die Steuerspannung U_{st} bis auf das Vorzeichen gleich:

$$U_Q = -U_{st} \, . \tag{2.36}$$

Für die Spannung U_X am Meßpunkt gilt:

$$U_X = A\left[I_P\left(\frac{R_1\,R_2}{R_1+R_2} + R_4\right) - I_N\left(R_3+R_5\right) + U_{I0} - \frac{U_{st}}{A_{U0}}\right] , \tag{2.37}$$

wobei $A = (R_1 + R_2)/R_2$.

Wenn die Widerstände R_1 bis R_5 so gewählt werden, daß

$A \ll 1$,

$I_P R_2 \ll U_{I0}$,

$I_N R_3 \ll U_{I0}$

und $R_4 = R_5$,

dann vereinfacht (2.37) sich zu

$$U_X = A\left[\left(I_P - I_N\right) R_4 + U_{I0} - \frac{U_{st}}{A_{U0}}\right] . \tag{2.38}$$

Das Meßprinzip beruht darauf, daß die zu messenden Parameter als Eingangsfehlspannungen zurückgeführt werden. Am Meßpunkt U_X sind diese Eingangsspannungen mit dem Faktor A verstärkt und dadurch mit hoher Genauigkeit meßbar. Durch Differenzmessungen können Fehleranteile anderer Parameter kompensiert werden. Für die Offsetspannung U_{I0} werden die Schalter S_1 und S_2 geschlossen, die Steuerspannung U_{st} = 0 V. Dann gilt:

$$U_{I0} = \frac{U_X}{A} \, . \tag{2.39}$$

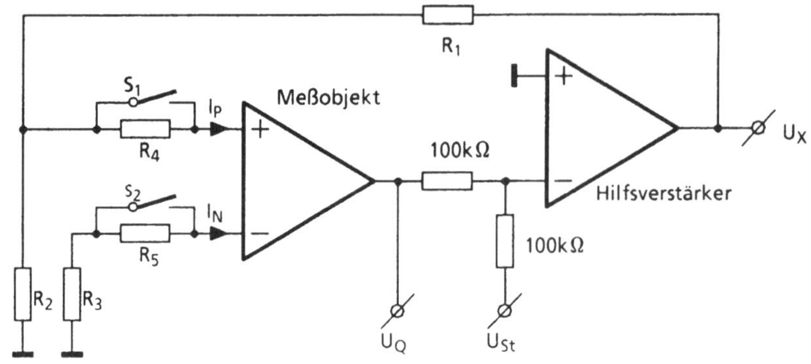

a

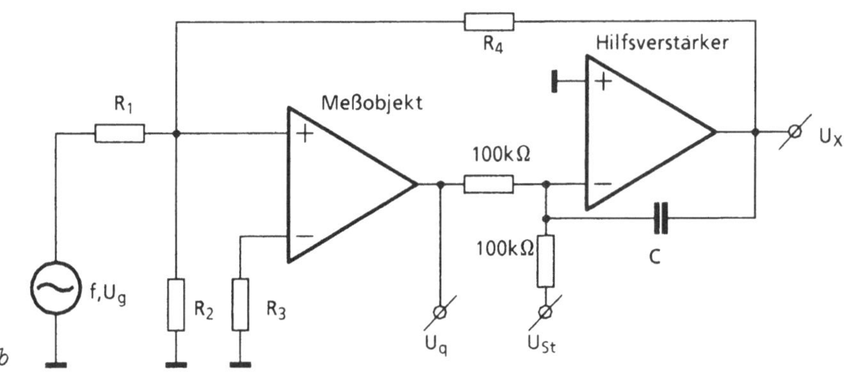

b

Abb. 2.16. Prinzipschaltungen zur Operationsverstärkermessung mit Hilfsverstärker. a) Statische Parameter; b) dynamische Parameter

Die Eingangsruheströme I_P und I_N verursachen an den Eingangswiderständen R_4 und R_5 Spannungsabfälle. Durch Überbrücken dieser Widerstände werden diese Spannungsabfälle ermittelt. Im einzelnen:

$$I_N = \frac{\Delta U_X}{A R_5} \qquad S_1 \text{ bleibt zu, } S_2 \text{ wird geöffnet.} \tag{2.40}$$

$$I_P = \frac{\Delta U_X}{A R_4} \qquad S_2 \text{ bleibt zu, } S_1 \text{ wird geöffnet.} \tag{2.41}$$

Der Eingangsoffsetstrom I_{0S} wird entweder aus I_P und I_N berechnet (siehe (2.29)) oder gemessen:

$$I_{0S} = \frac{\Delta U_X}{A R_5} \qquad S_1, S_2 \text{ werden geöffnet.} \tag{2.42}$$

Für alle diese Messungen bleibt $U_{St} = 0$ V.

Bei der Messung der Leerlaufverstärkung wird eine Ausgangsspannungsänderung Δ_{UQ} durch eine Steuerspannungsänderung $\Delta U_{st} = -\Delta_{UQ}$ erzwungen. Die dafür benötigte Eingangsspannungsänderung wird mit A verstärkt als ΔU_X gemessen:

$$A_{U0} = A \left| \frac{\Delta U_{st}}{\Delta U_X} \right| \quad S_1, S_2 \text{ geschlossen.} \tag{2.43}$$

Die Gleichtaktunterdrückung a_{GL} wird aus zwei Messungen ermittelt. Um am Eingang eine Gleichspannung U_{GL} zu simulieren, werden U_{SP}, U_{SN} und U_{st} mit $\frac{1}{2}\Delta U$ erhöht bzw. erniedrigt. U_{GL} ist damit $+\frac{1}{2}\Delta U$ bzw. $-\frac{1}{2}\Delta U$.

$$a_{GL} = A \frac{\Delta U}{\Delta U_X} . \tag{2.44}$$

Mit der Messung der Gleichtaktverstärkung kann gleichzeitig der Eingangsgleichtaktbereich bestimmt werden. Hierzu sind die maximalen Eingangsgleichspannungen zu ermitteln, bei denen die Datenwerte von a_{GL} nicht überschritten werden.

Auf ähnliche Weise läßt sich die Speisespannungsunterdrückung ermitteln. Hierbei wird die Speisespannung symmetrisch um ΔU_S geändert. Aus der Änderung von U_X folgt:

$$A_S = A \frac{\Delta U_S}{\Delta U_X} . \tag{2.45}$$

Zur Messung des Verstärkungs-Bandbreite-Produkts wird die Meßschaltung etwas erweitert (Abb. 2.16b). Das Wechselspannungssignal U_g vom Generator wird über den Spannungsteiler R_1/R_2 an den P-Eingang des Prüflings gelegt. Der Hilfsverstärker ist mit dem Gegenkoppelkondensator C so stark gegengekoppelt, daß seine Verstärkung für die Meßfrequenz gleich Eins ist. Mit ihm wird der Gleichspannungsarbeitspunkt stabilisiert. Am Ausgang des Prüflings steht jetzt das mit A_{uf} verstärkte Signal U_q. Das Verstärkungs-Bandbreite-Produkt folgt aus

$$f_T = A_{uf}\, f = \frac{U_q}{U_g} \; \frac{R_1 + R_2}{R_2} \; f . \tag{2.46}$$

Die Anstiegsgeschwindigkeit s_r wird in einer vom Datenblatt vorgeschriebenen Meßschaltung gemessen. Dies kann entweder ein Betrieb als Spannungsfolger oder als invertierender Verstärker mit Verstärkung Eins sein. Am Eingang wird ein sehr steilflankiger Rechteckimpuls mit genügend hoher Amplitude gelegt. Ein solcher Puls kann relativ einfach erzeugt werden durch Umschalten des Eingangs zwischen $-U_S$ und $+U_S$ mit Hilfe eines Quecksilberrelais. Die Flankensteilheit des Ausgangsimpulses wird im linearen Bereich gemessen.

$$s_r = \frac{\Delta U_q}{\Delta t} . \tag{2.47}$$

Bezüglich der Messung der Anstiegsgeschwindigkeit wird auf Abschnitt 2.2.5 verwiesen. Typische Werte für die Anstiegsgeschwindigkeit von üblichen OP's sind 1 bis 10 V/µs.

2.3.2 NF-Verstärker

In Geräten der Unterhaltungselektronik werden zunehmend integrierte Leistungsverstärker eingesetzt. Ihre Vorteile gegenüber diskret aufgebauten Verstärkern sind geringe Außenbeschaltung, wenig Raumbedarf und Zusatzfunktionen wie Übertemperatursicherung, AC- und DC-Kurzschlußfestigkeit, Überspannungsschutz, knackloses Einschalten. Neben den einfachen Verstärkern gibt es Doppelverstärker, die auf einem Chip zwei identische Verstärker enthalten. Diese werden entweder als einfache Stereoverstärker oder als Brückenverstärker verwendet.

Aufbau

Das Blockschaltbild eines üblichen Verstärkers ist in Abb. 2.17 angegeben. Die Vorstufe ist in Anlehnung an die OP-Technik mit invertierendem und nichtinvertierendem Eingang aufgebaut. In der Versorgungsstufe werden Störungen der Versorgungsspannung für die Vorstufe unterdrückt und der Arbeitspunkt des gesamten Verstärkers festgelegt. Die Treiberstufe enthält neben der Signalaufbereitung für die Endstufe die verschiedenen Schutzschaltungen. Die Endstufe arbeitet im Gegentakt-B-Betrieb und

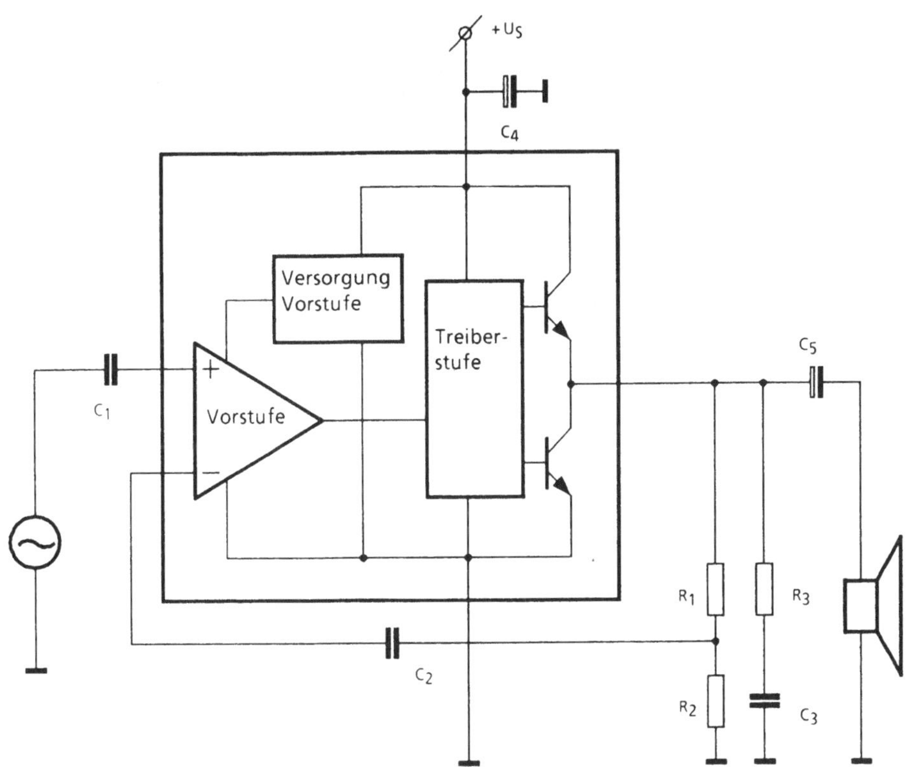

Abb. 2.17. Blockschaltbild eines NF-Verstärkers mit Anwendungsschaltung

besteht aus einem npn- und einem Quasi-pnp-Leistungstransistor. Die Leerlaufverstärkung (ca. 90 dB) ist im Vergleich zu typischen Anwendungswerten (26 bis 46 dB) hoch. Dadurch ist die eingestellte Verstärkung weitgehend unabhängig von Schaltkreisparametern.

Abb. 2.17 zeigt ebenfalls die Anwendungsschaltung. Das Signal wird über C_1 eingekoppelt. Die Verstärkung wird durch die Gegenkopplungswiderstände R_1 und R_2 bestimmt, C_2 dient zur Gleichspannungsentkopplung. Der Abblockkondensator C_4 und das Boucherotglied $R_3 - C_3$ verhindern mögliches Schwingen. Das verstärkte Signal wird am Ausgangskondensator C_5 abgenommen.

Wichtige Parameter und ihre Messung

In der Meßschaltung (Abb. 2.18) wurden die Spannungsversorgung und die Eingangsschaltung besonders gestaltet. Nach Öffnen des Schalters S_1 kann die Versorgungsspannung U_S mit einer Wechselspannung U_r überlagert und damit die Brummunterdrückung gemessen werden. Mit dem Schalter S_2 wird der Eingang bei Rauschmessungen mit einem definierten Netzwerk ($R_1 - C_1$) abgeschlossen. Bei genügend hoher Leerlaufverstärkung wird die Gesamtverstärkung weitgehend durch R_2 und R_3 bestimmt:

$$V_u = \frac{R_2 + R_3}{R_3} . \tag{2.38}$$

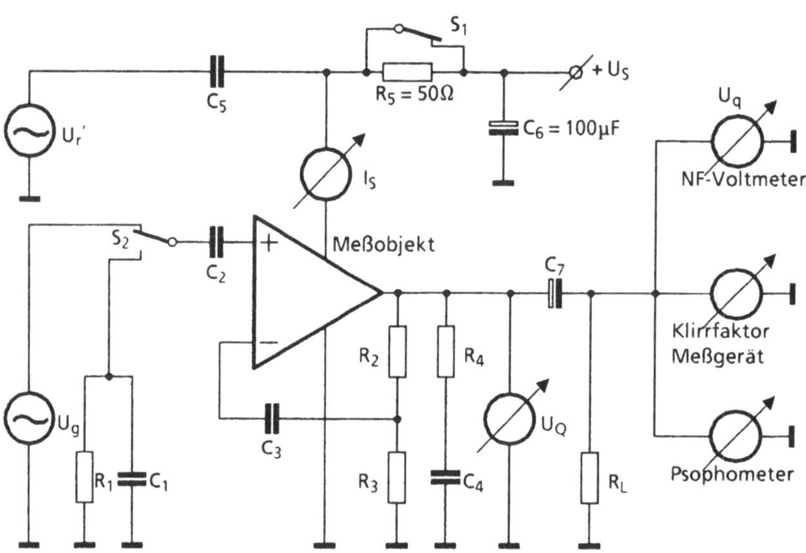

Abb. 2.18. Meßschaltung

Die Ausgangsgleichspannung U_Q wird ohne Eingangssignal gemessen. Die Streubreite dieses Parameters beeinflußt direkt die Ausgangsleistung. Große Toleranzen beschneiden den Aussteuerbereich am Ausgang und damit auch die maximale Ausgangsleistung.

Die Ausgangsdifferenzspannung ΔU_Q ist bei Doppelverstärkern wichtig. ΔU_Q ist dabei die Differenz zwischen den Ausgangsgleichspannungen der beiden Verstärker. Bei den Anwendungen als Brückenverstärker ist der Lautsprecher direkt zwischen den beiden Ausgängen geschaltet. Die Ausgangsdifferenzspannung verursacht hier einen unerwünschten Gleichstrom durch den Lautsprecher.

Ausgangsleistung P_q und Klirrfaktor k sind die Parameter, die Leistungsverstärker vor allem charakterisieren. Sie werden zusammen behandelt, da eine direkte Abhängigkeit besteht. Der Verlauf der Funktion $k = f(P_q)$ (Abb. 2.19) zeigt bei niedriger Ausgangsleistung P_q, bedingt durch die Crossover-Verzerrung, einen erhöhten Klirrfaktor. Diese typische Klasse-B-Verzerrung wird durch ein nichtideales Verhalten der Ausgangstransistoren im Übergangsbereich zwischen negativer und positiver Halbwelle verursacht (Abb. 2.20a). Im Bereich mittlerer Leistung ist der Klirrfaktor am geringsten. Bei größeren Ausgangsleistungen steigt der Klirrfaktor dann schnell an, da hier die Scheitelwerte der Sinusspannung begrenzt werden (Abb. 2.20b). Die maximale Ausgangsleistung wird an einem definierten Lastwiderstand R_L, bei einem spezifizierten Klirrfaktor (meist 10 %) und einer mittleren Frequenz (typisch 1 kHz) gemessen. Zur Messung der

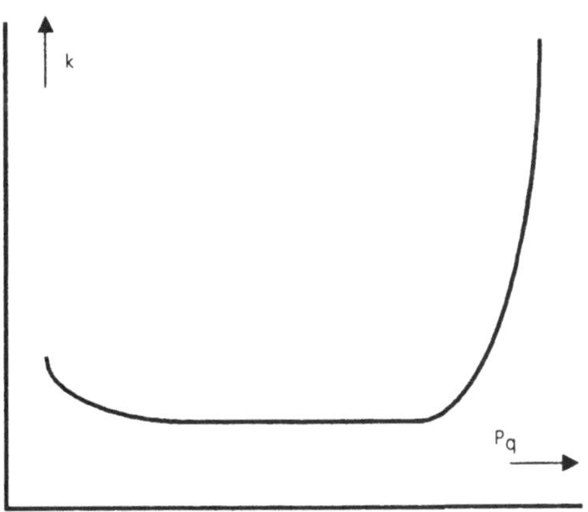

Abb. 2.19. Typischer Verlauf des Klirrfaktors

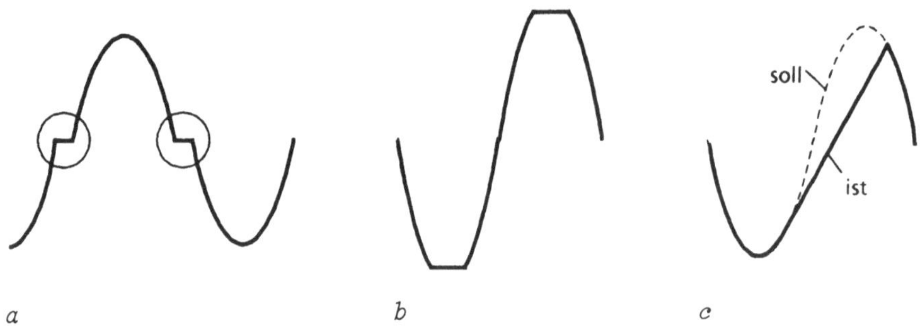

Abb. 2.20. Typische Klirrfaktorursachen. a) Übernahmeverzerrung; b) Clipping; c) zu geringe Anstiegsgeschwindigkeit

maximalen Ausgangsleistung wird die Generatorspannung U_g so lange erhöht, bis der spezifizierte Klirrfaktor erreicht ist. Die effektive Ausgangsspannung $U_{q\,eff}$ ergibt dann die Ausgangsleistung

$$P_q = \frac{U_{q\,eff}^2}{R_L} . \tag{2.49}$$

Die Klirrfaktormessung erfolgt ähnlich. Für die definierte Ausgangsleistung P_q wird die Ausgangsspannung U_q berechnet mit

$$U_q = \sqrt{P_q R_L} . \tag{2.50}$$

Die Generatorspannung U_g wird dabei so eingestellt, daß der errechnete Wert für U_q erreicht wird. Anschließend wird der Klirrfaktor abgelesen.

Bei genügend hoher Leerlaufverstärkung wird die Spannungsverstärkung V_u bestimmt durch die Gegenkopplung R_2 und R_3. Gemessen wird sie bei mittlerer Leistung und 1 kHz.

$$V_u = \frac{U_q}{U_g} . \tag{2.51}$$

Der Frequenzbereich des Verstärkers ist der Bereich, in dem der Einfluß der Frequenz auf die Spannungsverstärkung V_u kleiner als 3 dB ist. Dazu variiert man die Generatorfrequenz bei konstanter Amplitude so, daß:

$$\frac{U_{qf}}{U_{q\,1\,kHz}} = -3\ \text{dB}\,. \tag{2.52}$$

Daraus ergeben sich die Eckfrequenzen $f_{Eck\text{-}u}$ und $f_{Eck\text{-}o}$.

Wegen der beschränkten Anstiegsgeschwindigkeit des Verstärkers tritt bei großer Aussteuerung und hohen Frequenzen eine typische Verzerrung des Ausgangssignals auf (Abb. 2.20c). Dadurch wird der Frequenzbereich bei hoher Ausgangsleistung beschnitten.

Die Leistungsbandbreite ist der brauchbare Frequenzbereich für höhere Ausgangsleistungen. Bei der Messung wird von einer mittleren Frequenz ausgegangen und die Ausgangsleistung so lange erhöht, bis ein definierter Klirrfaktor erreicht wird. Typische Werte sind 1 kHz und 1 %. Anschließend wird die Frequenz erhöht (vermindert) und gleichzeitig die Ausgangsleistung so nachgeregelt, daß der Klirrfaktor konstant bleibt. Die Eckpunkte ergeben sich bei halber Ausgangsleistung.

$$\left.\frac{P_{qf}}{P_{q\,1\,kHz}}\right|_{k=1\%} = -6\ \text{dB}; \quad \text{oder:} \quad \left.\frac{U_{qf}}{U_{q\,1\,kHz}}\right|_{k=1\%} = -3\ \text{dB}\,. \tag{2.53}$$

Die Netzbrummunterdrückung ist ein Maß für die Unempfindlichkeit der Schaltung gegenüber Brummresten auf der Versorgungsspannung. Zur Messung wird die Versorgungsspannung mit einer Störspannung U_r' moduliert, typische Werte sind $U_r' = 1\ V_{eff}$ und $f = 100$ Hz. In der Meßschaltung (Abb. 2.18) wird dazu der Schalter S_1 geöffnet und der Störspannungsgenerator mit $R = 50\ \Omega$ abgeschlossen. Die Netzbrummunterdrückung ist

$$a_{SVR} = 20 \log \left(\frac{U_r'}{U_q} \right)\,. \tag{2.54}$$

Um unabhängig von der Verstärkung zu sein, werden die Rauschspannungen auf den Eingang bezogen. Die Messung wird mit einer definierten Eingangsimpedanz durchgeführt. In der Meßschaltung wird mit dem Schalter S_2 der Eingang mit dem Netzwerk $R_1 - C_1$ abgeschlossen. Typische Werte für R_1 und C_1 sind 10 kΩ und 1 nF. Das Psophometer erlaubt Messungen nach verschiedenen Bewertungsarten (s. Abschnitt 2.2.4). Die Rauschspannung U_r ergibt sich aus:

$$U_r = \frac{U_q}{V_u} \,. \tag{2.55}$$

2.3.3 FM-ZF-Verstärker mit Demodulator

Mit dem integrierten FM-ZF-Verstärker hat sich ein neues Schaltungskonzept durchgesetzt. Die frühere Aufbauart mit mehreren Verstärkerstufen, getrennt durch Bandfilter, wurde verlassen. Bei integrierten FM-Bausteinen werden Verstärkerstufen mit hoher Verstärkung und großer Bandbreite eingesetzt. Die Selektion erfolgt am Ein- und Ausgang. Ein integrierter FM-ZF-Verstärker besteht meist aus einem Bandfilter am Eingang (LC-Filter, Keramikfilter oder Oberflächenwellenfilter), einer integrierten Verstärkerstufe und einem Koinzidenzdemodulator mit externem Phasenschieberkreis.

Moderne IC's enthalten neben den obengenannten Primärfunktionen noch eine Reihe zusätzlicher Funktionen wie Feldstärkeanzeige, AFC-Ausgang, Rauschsperre, Verstimmungssperre und dergleichen.

Aufbau

Eine einfache Form eines FM-ZF-Verstärkers mit integriertem Demodulator ist mit seiner Außenbeschaltung in Abb. 2.21 dargestellt. Das Signal wird über C_1 eingekoppelt. Das Bandfilter $L_1 - C_2$ sorgt für die ZF-Selektion. Die Eingangsstufe besteht aus einem symmetrischen Begrenzerverstärker mit symmetrischen Ausgängen. Der Begrenzerverstärker enthält 6 bis 8 Verstärkerstufen mit einer Gesamtverstärkung von typisch 80 dB. Im Gegensatz zu AM-Schaltkreisen wird die Verstärkung nicht geregelt.

Der Arbeitspunkt des Schaltkreises wird durch eine Gleichspannungsgegenkopplung ($R_1 - R_2 - C_3 - C_4$) über den gesamten Begrenzer-

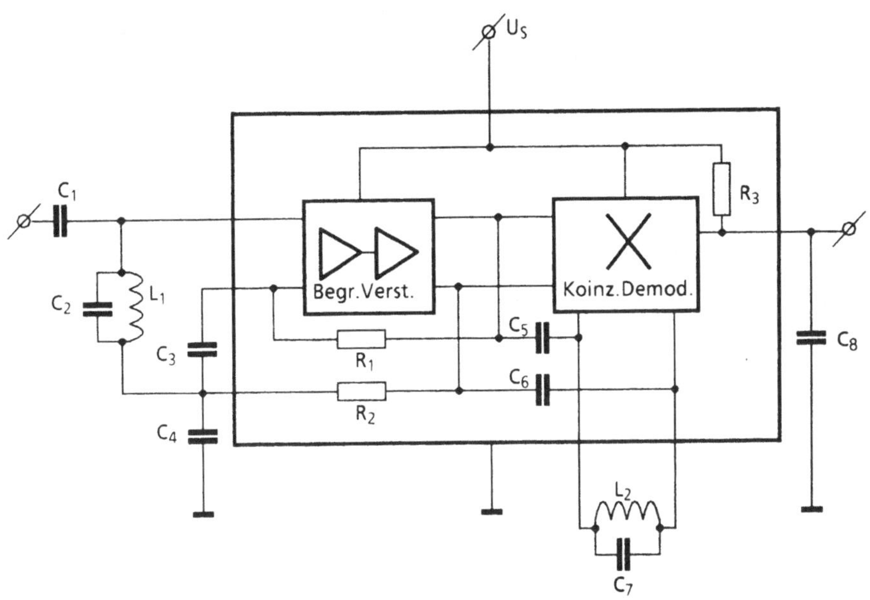

Abb. 2.21. Aufbau eines FM-ZF-Verstärkers

verstärker stabilisiert. Von den Ausgängen geht das Signal einmal direkt und einmal über den Phasenschieberkreis ($L_2 - C_7$) zum Koinzidenzdemodulator. Das demodulierte Signal wird über R_3 abgenommen. C_8 dient zur Siebung der HF-Reste und kann, zusammen mit R_3, als Tiefpaß verwendet werden. Hiermit wird die senderseitige Anhebung höherer Frequenzen wieder kompensiert (Deemphasis).

Wichtige Parameter und ihre Messung

Die Meßschaltung (Abb. 2.22) wird von einem HF-Generator gespeist. Um reproduzierbare Ergebnisse zu bekommen, werden die Messungen mit abgeschlossenem Generator (meist 50 Ω) durchgeführt. Die Kondensatoren $C_1 - C_2 - C_3$ dienen zur Arbeitspunkteinstellung und Entkopplung. Der Phasenschieberkreis $L_1 - C_4$ muß eine definierte Güte haben, da jede Güteänderung Veränderungen der NF-Ausgangsspannung bewirkt. Die Güte wird mit dem Parallelwiderstand R_1 eingestellt. Die Kreisdaten entnimmt man dem Datenblatt, typische Werte für die Betriebsgüte sind 20 bis 50.

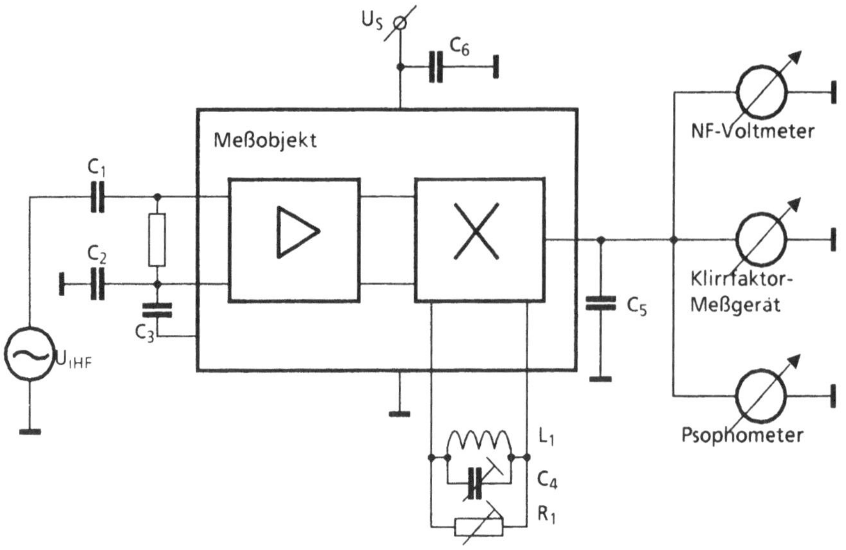

Abb. 2.22. Meßaufbau

Es ist wichtig, daß die Abstimmfrequenz des Phasenschieberkreises bei jedem Schaltkreis neu abgeglichen wird. Als Abgleichkriterium kann die maximale NF-Ausgangsspannung oder auch der minimale Klirrfaktor verwendet werden. Am Ausgang des Schaltkreises befinden sich ein NF-Voltmeter, ein Klirrfaktormeßgerät und ein Psophometer.

Um vergleichende Daten zu bekommen, werden die charakteristischen Daten wie NF-Ausgangsspannung, Klirrfaktor usw. für einen charakteristischen Anwendungsfall bestimmt. Typische Eingangswerte sind: Trägerfrequenz f_{iHF} = 5,5 bzw. 10,7 MHz, Modulationsfrequenz f_{mod} = 1 kHz, Eingangsspannung U_{iHF} = 10 mV, Frequenzhub $\Delta_f = \pm 25$ bis 75 kHz.

Die <u>NF-Ausgangsspannung</u> U_{qNF} ist nur im Grenzbereich von der HF-Eingangsspannung U_{iHF} abhängig. Der Verlauf der Kurve $U_{qNF} = f(U_{iHF})$ (Abb. 2.23a) zeigt drei Bereiche. Bei hohen Eingangsspannungen wird der Begrenzerverstärker übersteuert, die maximale Eingangsspannung ist hier überschritten. Bei mittlerer Eingangsspannung ist der Verlauf flach, dies ist der Einsatzbereich. Wenn bei kleiner werdender Eingangsspannung die

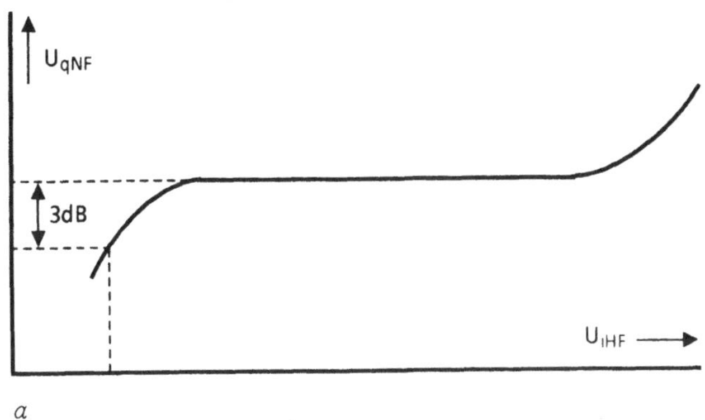

a

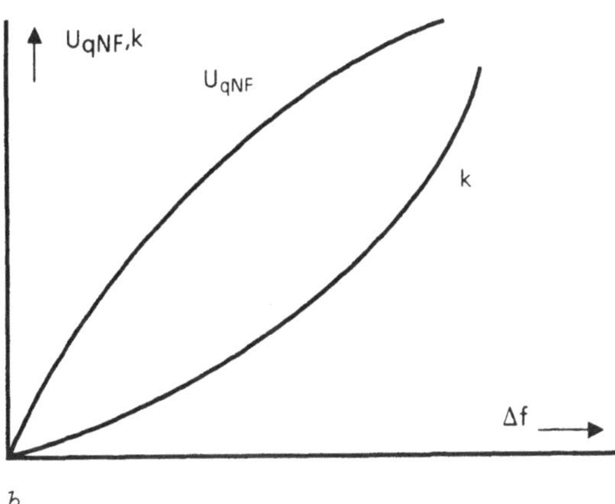

b

Abb. 2.23. a) NF-Ausgangsspannung als Funktion der HF-Eingangsspannung; b) NF-Ausgangsspannung und Klirrfaktor in Abhängigkeit vom Frequenzhub

NF-Ausgangsspannung um 3 dB abgenommen hat, ist die Begrenzungseinsatzspannung U_i erreicht. Dieser Parameter charakterisiert die Empfindlichkeit des Schaltkreises, unterhalb dieser Spannung ist das Ausgangssignal stark verrauscht.

Es besteht ein direkter Zusammenhang zwischen Frequenzhub und NF-Ausgangsspannung (Abb. 2.23b). Im Idealfall verläuft diese Kurve linear. Durch die Nichtlinearität des Phasenschieberkreises wird bei zunehmendem Hub die Abweichung vom Idealfall größer. Dies hat auch Einfluß auf den Klirrfaktor (Abb. 2.23b). Der Klirrfaktor k wird bei definiertem Hub, bei mittlerer HF-Eingangsspannung (typisch 10 mV) und üblicherweise bei 1 kHz

Modulationsfrequenz gemessen. Ein Grenzwert des Klirrfaktors bei sehr großen Hüben gibt Auskunft über den Funktionsbereich der IS.

Ein Maß für die Störunempfindlichkeit ist die AM-Unterdrückung a_{AM}. Da auch dieser Parameter von der HF-Eingangsspannung abhängig ist, wird bei definierter Eingangsspannung gemessen. Zur Messung wird der Generator von einem typischen FM-Signal (z.B. $U_{iHF} = 10$ mV, $\Delta f = \pm 50$ kHz, $f_{mod} = 1$ kHz) auf ein typisches AM-Signal mit gleicher Trägeramplitude und Modulationsfrequenz (mit z.B. 30% Modulationsgrad) umgeschaltet. Dabei sollte die Schaltung das AM-Signal möglichst stark unterdrücken. Mit der AM-Unterdrückung wird das Verhältnis der Ausgangsspannungen für die beiden Modulationsarten angegeben:

$$a_{AM} = 20 \log \left(\frac{U_{qFM}}{U_{qAM}} \right) . \qquad (2.56)$$

Die Geräuschspannungen werden nach DIN 45 405 bei unmoduliertem Eingangssignal gemessen (s. Abschnitt 2.2.6). Besseren Aufschluß über die Störverhältnisse gibt jedoch der Signal/Rausch-Abstand a_{SN}. Er wird bei einer vom Datenblatt vorgeschriebenen Eingangsspannung gemessen. Die Ausgangsspannung U_q bei einem definierten Frequenzhub und die verbleibende Störspannung U_r nach Abschalten der Modulation bestimmen den Signal/Rausch-Abstand:

$$a_{SN} = 20 \log \left(\frac{U_q}{U_r} \right) . \qquad (2.57)$$

2.3.4 AM-Empfängerschaltungen

Im Gegensatz zu FM-Schaltkreisen ist bei modernen AM-Schaltkreisen auf Grund der geringeren Frequenzanforderungen auch der HF-Teil mit Oszillator und Mischer integriert. Auch ein mitintegrierter Demodulator gehört heute zum Standard. Damit sind sehr kompakte AM-Empfänger mit guten Eigenschaften möglich. Neben der Hauptfunktion sind meist weitere Funktionen wie Feldstärkeanzeige, NF-Lautstärkeregler, Zählerausgang, Suchlaufstop, eingebaut.

Aufbau eines AM-Empfängers

Abb. 2.24 zeigt das Blockschaltbild eines einfachen AM-Empfängers. Er besteht aus einer symmetrischen HF-Vorstufe mit geregelter Verstärkung, einem multiplikativen Gegentaktmischer mit getrenntem Oszillator, einem externen ZF-Bandfilter, einem ZF-Verstärker mit mehreren geregelten Verstärkerstufen und einem Demodulator. Die Verstärkungsregelung der HF-Stufe erfolgt aus dem Mischer, die des ZF-Verstärkers aus dem demodulierten Signal. HF-Stufe und ZF-Verstärker werden somit getrennt geregelt.

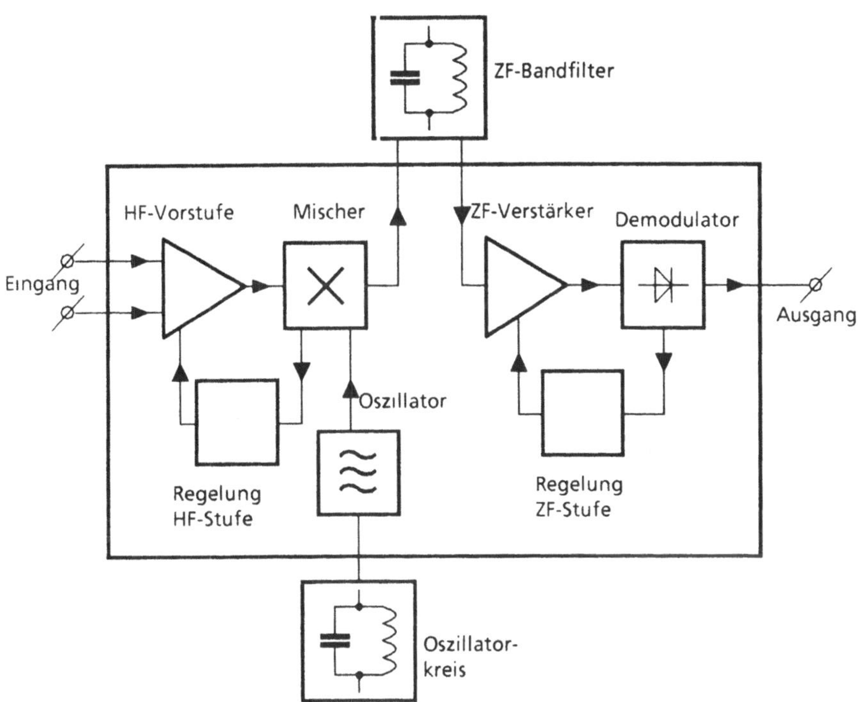

Abb. 2.24. Blockschaltbild eines AM-Empfängers

Die Messung wichtiger Kenndaten

Abb. 2.25 zeigt die Meßschaltung. Der HF-Generator wird am Schaltkreis mit seinem Innenwiderstand abgeschlossen. C_1 und C_2 dienen zur Gleichspannungsentkopplung und Arbeitspunktstabilisierung. Der Oszillatorkreis $L_1 - C_4$ bestimmt die Oszillatorfrequenz, die Oszillatoramplitude wird intern stabilisiert. Das ZF-Bandfilter $L_2 - C_5$ arbeitet mit einer definierten Kreisgüte und bleibt bei der Messung unverändert. Von der Koppelwicklung L_3 gelangt das Signal in den ZF-Verstärker. Das demodulierte NF-Signal am Ausgang wird über den Kondensator C_7 von HF-Resten befreit, R_2 und C_8 bestimmen die Zeitkonstante der ZF-Verstärkungsregelung. Am NF-Ausgang sind NF-Voltmeter, Klirrfaktormeßgerät und Psophometer angeschlossen.

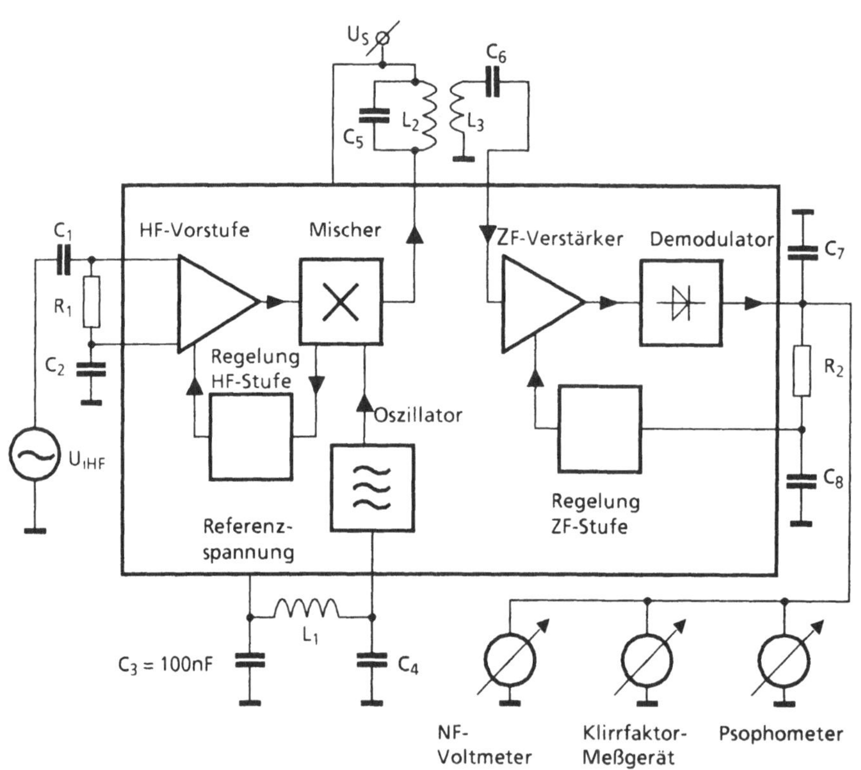

Abb. 2.25. Meßschaltung

Alle Kenndaten werden im Datenblatt angegeben bei definierter Modulationsfrequenz, Modulationsgrad, HF-Eingangsspannung und Eingangsfrequenz. Typische Daten sind: f_{mod} = 1 kHz, m = 30 %, f_{iHF} = 1 MHz, U_{HF} = 1 mV. Um die ZF-Frequenz konstant zu halten, ist vor jeder Messung die Oszillatorfrequenz neu abzugleichen.

Die NF-Ausgangsspannung U_{qNF} ist abhängig von der HF-Eingangsspannung U_{iHF} (Abb. 2.26). Im Gegensatz zu FM-Schaltkreisen wird bei AM-Schaltkreisen die NF-Ausgangsspannung für variable HF-Eingangsspannung durch die Verstärkungsregelung in den HF- und ZF-Stufen konstant gehalten. Durch die Aufteilung der Regelung über mehrere Stufen entsteht der stufenförmige Verlauf dieser Kurve.

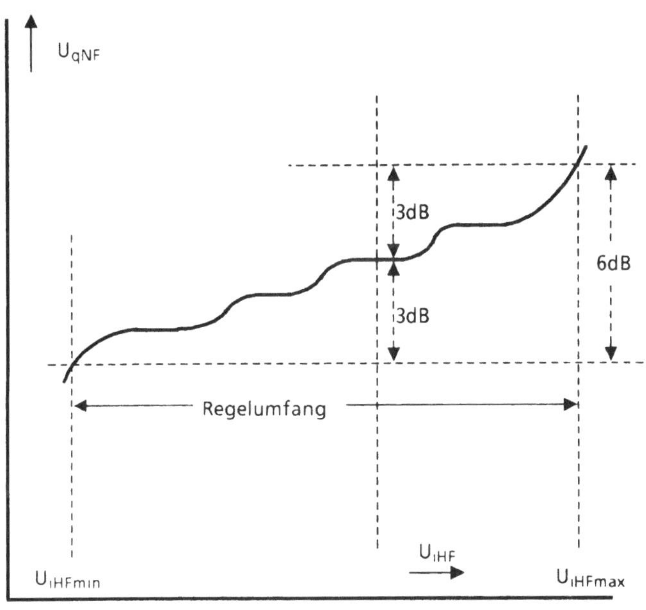

Abb. 2.26. U_{qNF} als Funktion von U_{iHF}

Der Regelumfang V_u gibt an, in welchem Bereich der HF-Eingangsspannung die Verstärkungsregelung wirksam ist. Es ist per Definition der Bereich, in dem die NF-Ausgangsspannung sich um maximal 6 dB ändert. Ein typischer Wert ist 80 dB. Bei der Messung wird meist von einer mittleren Ausgangsspannung, z.B. $U_{iHF} = 1$ mV, ausgegangen; durch Erhöhen bzw. Verringern von U_{iHF} werden die Punkte $U_{iHF\,max}$ bzw. $U_{iHF\,min}$ ermittelt, wobei U_{qNF} um 3 dB größer bzw. kleiner ist. Der Regelumfang folgt aus

$$V_u = 20 \log \left(\frac{U_{iHF\,max}}{U_{iHF\,min}} \right) . \tag{2.58}$$

Der Klirrfaktor k wird meist bei verschiedenen HF-Eingangsspannungen angegeben: übliche Werte sind U_{iHF} = 20 µV, 1 mV und 500 mV. Der Modulationsgrad beträgt typisch 30 %. Um den Funktionsbereich, in dem der Schaltkreis einwandfrei demoduliert, zu beschreiben, wird der Klirrfaktor auch bei einem größeren Modulationsgrad, z.B. 80 %, angegeben. Abb. 2.27 zeigt den typischen Verlauf der Kurve $k = f(U_{iHF}, m)$. Die auffallende Erhöhung des Klirrfaktors im Mittelbereich dieser Kurve wird durch die stufenweise Verstärkungsregelung verursacht.

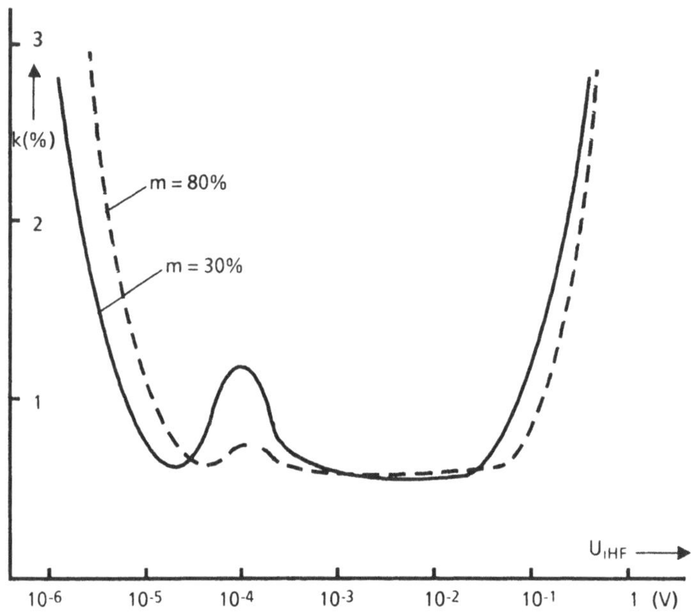

Abb. 2.27. Klirrfaktor als Funktion von HF-Eingangsspannung und Modulationsgrad

Der Signal/Rausch-Abstand a_{SN} wird bei verschiedenen HF-Eingangsspannungen gemessen. Meist werden die Signal/Rausch-Abstände vorgegeben und dazu der entsprechende Mindestwert der HF-Eingangsspannung bestimmt. Typische Werte sind 6 dB, 26 dB und 58 dB. Damit ist ein guter Vergleich zwischen verschiedenen Schaltkreisen möglich. Der Signal/Rausch-Abstand ist definiert als

$$a_{SN} = 20 \log \left(\frac{U_{qNF}\big|_{m=30\%}}{U_{qNF}\big|_{m=0\%}} \right) . \tag{2.59}$$

2.3.5 Induktive Annäherungsschalter

Durch die steigende Bedeutung der elektronischen Steuerung und Überwachung von Produktionsanlagen und die damit verbundenen Forderungen an die Betriebssicherheit der Signalgeber wurde das Einsatzgebiet der integrierten Annäherungsschalter ständig erweitert, da diese IC's im Vergleich zu mechanischen Schaltern durch ihre berührungsfreie Arbeitsweise wesentliche Vorteile haben.

Bei induktiven Annäherungsschaltern wird die Amplitudenänderung eines Oszillators zwischen bedämpftem und unbedämpftem Zustand zum Schalten ausgewertet. Die Bedämpfung erfolgt dabei durch einen leitfähigen Gegenstand, der auf den Annäherungsschalter zubewegt wird. Der Schaltabstand kann durch die Wahl der externen Bauteile bestimmt werden.

Durch die Kombination von Dickschichttechnik mit filmmontierten IC's sind sehr kompakte Annäherungsschalter möglich. Von den verschiedenen Bauformen haben sich besonders die runden Schalter mit metrischen Gewinden wegen der sehr einfachen Montage durchgesetzt.

Aufbau und Funktion

Die Prinzipschaltung eines Annäherungsschalters ist in Abb. 2.28 dargestellt. Die Oszillatorstufe hat einen externen L-C-Kreis (L_1, C_1), mit dem Oszillatoreinstellwiderstand R_1 wird der

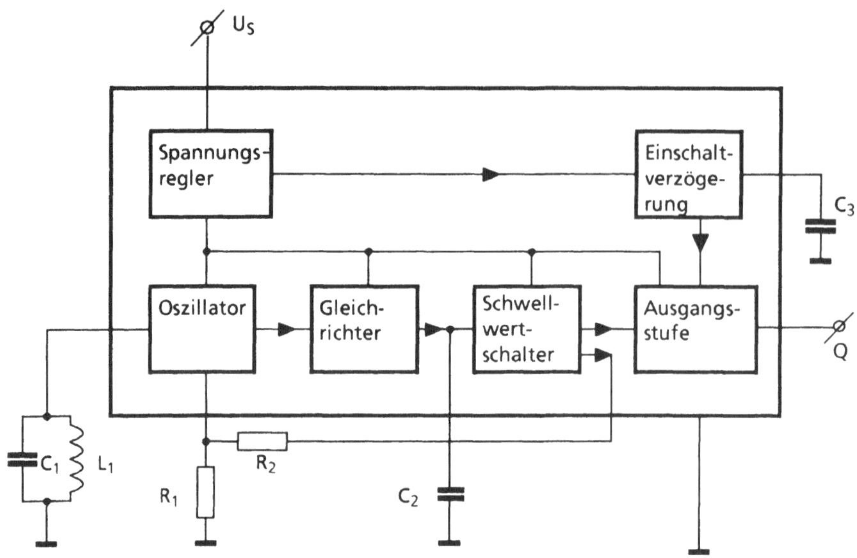

Abb. 2.28. Prinzipschaltung eines induktiven Annäherungs-schalters

Arbeitspunkt des Oszillators und damit die Empfindlichkeit des Bausteins festgelegt. Die Spule L_1 ist der eigentliche Sensor, sie ist auf einen halboffenen Schalenkern gewickelt. Aus der offenen Seite tritt ein hochfrequentes elektromagnetisches Feld aus. Dringt ein leitfähiger Gegenstand in dieses Feld ein (Abb. 2.29), wird dem Oszillator durch Wirbelstrominduktion Energie entzogen und die Oszillatoramplitude verringert sich. In der nachfolgenden Gleichrichterstufe wird die Oszillatoramplitude gleichgerichtet und mit C_2 integriert. Der folgende Schwellwertschalter wertet die Amplitudenänderung des Oszillators aus und steuert den Ausgang Q. Der Schwellwertschalter ist mit einem zusätzlichen Ausgang über den Hysteresewiderstand R_2 mit dem Oszillatoreinstellwiderstand R_1 verbunden. Dadurch wird beim Umschalten der Oszillatorarbeitspunkt geändert, wodurch eine Hysterese für den Schaltpunkt entsteht. Die Freigabeverzögerung sperrt während der Einschaltphase den Ausgang. Damit werden undefinierte Ausgangszustände nach Anlegen der Versorgungsspannung vermieden. Der Kondensator C_3 bestimmt die Verzögerungszeit.

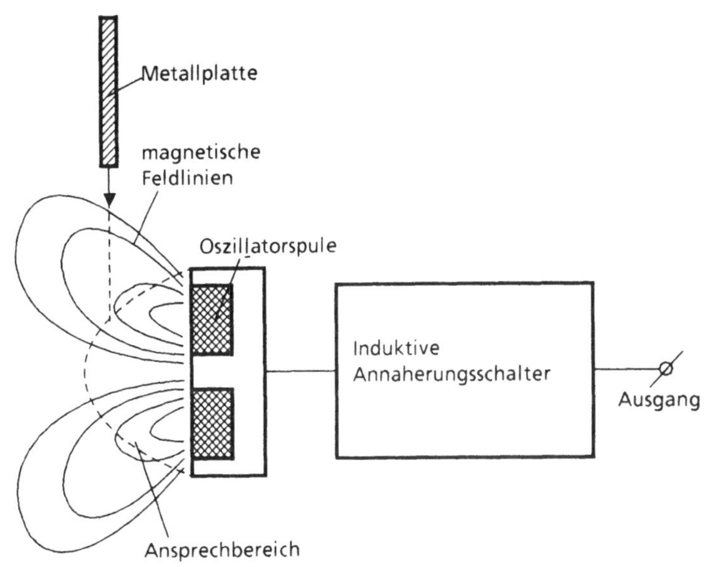

Abb. 2.29. Funktionsweise eines induktiven Annäherungsschalters

Meßmethoden

Integrierte Annäherungsschalter werden für die verschiedensten Anwendungen eingesetzt, Messungen über die gesamte Breite der Anwendungen sind daher schwierig (unterschiedlicher Oszillatorkreis, Schaltabstand, Hysterese usw.). Es empfiehlt sich, die Messung dem Anwendungsfall anzupassen.

Die Messung des Ein- und Ausschaltabstandes ist bei einer Labormessung ohne großen Aufwand möglich. Mit einer auf einer Mikrometerschraube befestigten Dämpfungsplatte können die Schaltpunkte ermittelt werden. Der Einschaltabstand ist der Abstand zwischen Dämpfungsplatte und Spulenoberfläche, bei dem der Ausgang umschaltet, wenn sich die Dämpfungsplatte der Spule nähert. Zur Bestimmung des Ausschaltabstandes bewegt man die Dämpfungsplatte von der Spule weg. Die Differenz zwischen Ein- und Ausschaltabstand ist die Hysterese. Bei einer automatischen Serienmessung ist eine Lösung vorstellbar, bei der die Dämpfungsplatte in axialer Richtung durch einen steuerbaren Schrittmotor bewegt wird.

Eleganter ist eine rein elektrische Messung, bei der der Schwingkreis nicht von einer beweglichen Dämpfungsplatte, sondern von einem variablen Parallelwiderstand bedämpft wird. Hierzu muß eine Korrelation zwischen Einschaltabstand und benötigtem Dämpfungswiderstand ermittelt werden. Diese Korrelation erhält man, wenn bei unterschiedlichen Oszillatoreinstellwiderständen der Einschaltabstand und der benötigte Parallelwiderstand gesucht wird. Die Grenzwerte der Schaltabstände werden mittels dieser Korrelation in Dämpfungswiderstände umgerechnet. Durch Zuschalten oder Abschalten dieser Widerstände werden die verschiedenen Abstände simuliert.

Bei einem rechnergesteuerten Meßplatz muß der Dämpfungswiderstand mittels Gleichspannung (z.B. über eine Steuerspannung) variierbar sein. Für diese Messung ist die Meßschaltung nach Abb. 2.30 geeignet. Es wird der Schwingkreis mit dem differentiellen Ausgangswiderstand eines FET-Transistors bedämpft. Bei

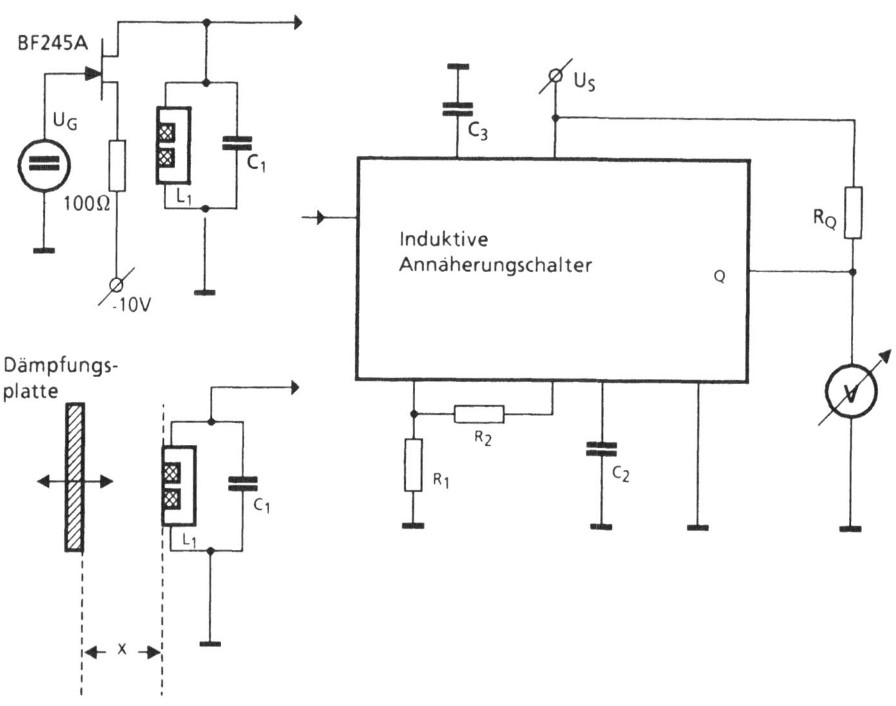

Abb. 2.30. Meßschaltung

einem N-Kanal-Sperrschicht-Feldeffekttransistor ist dieser Widerstand nur von der Gatespannung abhängig und auch bei großen Änderungen von U_{DS} weitgehend linear. Letzteres ist notwendig, da die Oszillatoramplitude mehrere Volt betragen kann. Mit der Gatespannung können Dämpfungswiderstände zwischen einigen hundert Ohm und mehreren MΩ eingestellt werden. Die nötige Korrelation ist zwischen Einschaltabstand und Gatespannung zu ermitteln, Abb. 2.31 zeigt ein Beispiel einer solchen Korrelationskurve. Bei der Messung wird mit einer Softwareroutine die Gatespannung gesucht, bei der der Ausgang gerade ein- bzw. ausschaltet. Mit der Korrelationskurve wird diese Spannung in den entsprechenden Abstand umgerechnet. Es ist zu beachten, daß für jede LC-Kombination eine eigene Korrelationskurve ermittelt werden muß.

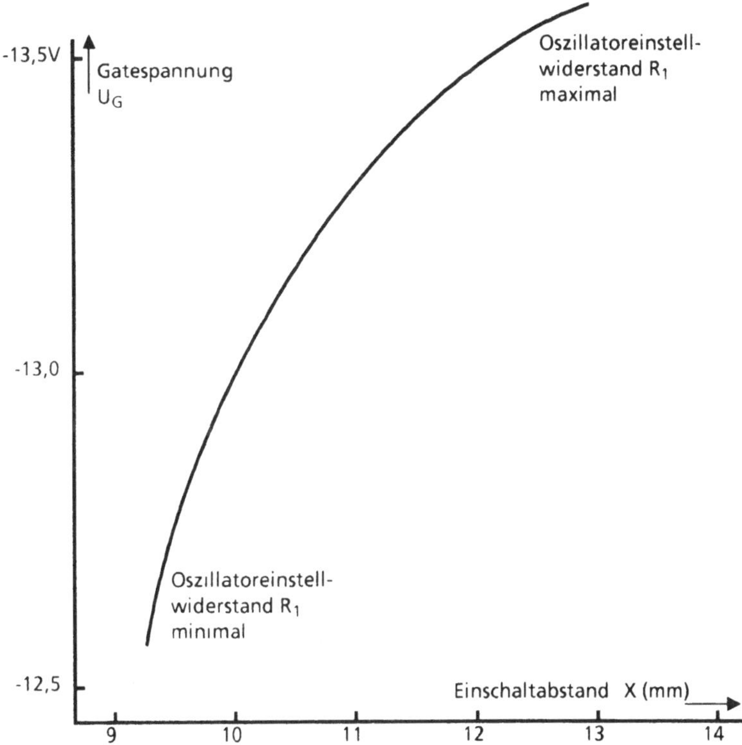

Abb. 2.31. Beispiel einer Korrelationskurve Gatespannung - Einschaltabstand

Bei Anwendungen, wo schnelle Änderungen noch exakt ausgewertet werden müssen, ist das dynamische Verhalten der Annäherungsschalter wichtig. Die Außenbeschaltung hat hier einen großen Einfluß. Ein großer Schaltabstand mit einer kleinen Spule hat langsames Anlaufen des Oszillators zur Folge und beeinflußt das dynamische Verhalten beim Ausschalten; der Integrationskondensator C_3 bestimmt in erster Linie das dynamische Verhalten beim Einschalten. Die Schaltzeiten werden mit einem Zeitmeßgerät mit unabhängig einstellbaren Start- und Stopbedingungen gemessen. Ein Spannungssprung am Gate simuliert eine abrupte Bewegungsänderung und startet die Zeitmessung, die Ausgangsänderung beendet sie.

Die Freigabeverzögerung wird mit frei anschwingendem Oszillator bei Anlegen der Versorgungsspannung gemessen. Die Zeitmessung wird beim Einschalten der Versorgungsspannung gestartet, der Ausgang, der im eingeschwungenen Zustand leitet, liefert den Stopbefehl.

2.3.6 Hall-Schaltkreise

Integrierte Hall-IS finden in der Industrie breite Anwendung. Haupteinsatzgebiete sind Näherungsschalter und prellfreie Schalter. Einer der größten Anwendungsbereiche ist die kontaktlose Zündzeitpunkt-Steuerung in Kraftfahrzeugen.

Generell werden Hall-Schaltkreise in digitale und lineare Schaltkreise unterteilt. Bei linearen Hall-Schaltkreisen ist die Ausgangsspannung meist proportional dem angelegten Magnetfeld. Die Steilheit der Ausgangskennlinie kann durch externe Beschaltung variiert werden.

Digitale Hall-Schaltkreise besitzen eine Einschalt- und eine Ausschaltschwelle. Man unterscheidet zwischen Schaltkreisen mit bistabilen und monostabilen Ausgängen. Bei Schaltkreisen mit bistabilen Ausgängen bleibt der Ausgangszustand erhalten, wenn das angelegte Magnetfeld nicht geändert wird, an monostabilen Ausgängen entsteht beim Überschreiten der Einschaltinduktion ein Impuls mit einer festgelegten Impulsdauer, unabhängig von der weiteren Veränderung des Magnetfeldes.

Prinzipieller Aufbau und Funktion

Bei Hall-Schaltkreisen sind Hall-Sensor, Verstärker und Ausgangssignalaufbereitung auf einem Chip integriert. Das Herzstück ist der integrierte Hall-Generator. Er besteht aus einer meist rechteckigen Kristallfläche, durch welche in einer Richtung ein Strom geführt wird (Abb. 2.32). Wenn ein Magnetfeld B senkrecht auf die Stromrichtung einwirkt, baut sich zwischen den Seitenflächen eine Spannungsdifferenz U_H auf. Diese Spannungsdifferenz, auch Hall-Spannung genannt, wird durch die Lorenz-Kraft verursacht, welche auf die bewegten Ladungsträger einwirkt. U_H beträgt

$$U_H = R_H \, I \, B \, . \qquad (2.60)$$

Die Konstante R_H ist von der Geometrie und von den technologischen Daten des Hall-Generators abhängig. Der Strom I wird von einer Konstantstromquelle geliefert. Damit wird U_H nur durch die magnetische Induktion B bestimmt. Im Schaltkreis (Abb. 2.32 zeigt die Prinzipschaltung) wird die Hall-Spannung in einem Differenzverstärker verstärkt und in ein massenbezogenes Signal umgewandelt. In der Ausgangsstufe wird das Signal je nach Schaltkreisart analog oder digital aufbereitet.

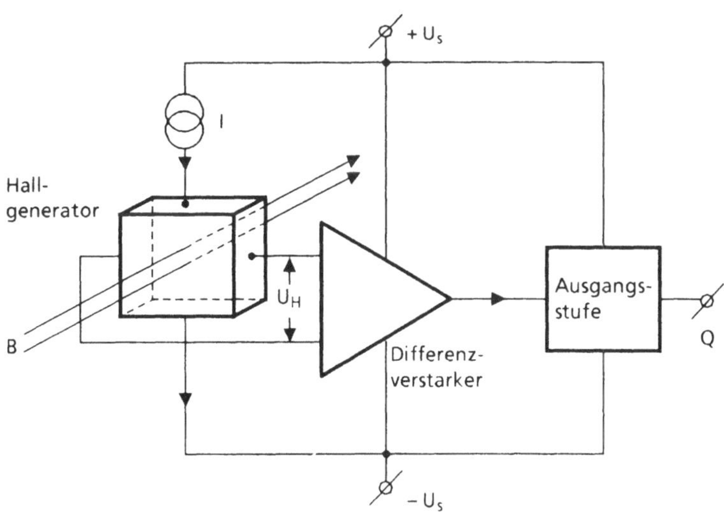

Abb. 2.32. Blockschaltbild eines Hall-Schaltkreises

Die Definition verschiedener Parameter

Die wichtigsten Parameter von Hall-Schaltkreisen mit bistabilem Ausgang sind: die Einschaltinduktion B_E, d.i. die Induktion, bei der bei zunehmender Induktion der Ausgang umschaltet; die Ausschaltinduktion B_A, d.i. die Induktion, bei der bei abnehmender Induktion der Ausgang zurückschaltet. Die Hysterese B_{Hy} ist die Differenz zwischen Ein- und Ausschaltinduktion:

$$B_{Hy} = B_E - B_A . \tag{2.61}$$

Bei Hall-Schaltkreisen mit monostabilem Ausgang ist die Einschaltinduktion B_E die Induktion, bei der bei zunehmender Induktion der Ausgang für eine bestimmte Zeit, die Ausgangsimpulsdauer t_Q, umschaltet. Um erneut umschalten zu können, muß die Ausschaltinduktion B_A unterschritten werden. Man beachte hier, daß bei abnehmender Induktion das Erreichen der Ausschaltinduktion nicht direkt bemerkbar ist. Die Hysterese B_{Hy} ist die Differenz zwischen Ein- und Ausschaltinduktion.

Bei den analogen Hall-Schaltkreisen haben sich vor allem Schaltkreise mit proportionalen Ausgängen durchgesetzt. Die Steilheit S wird für eine bestimmte Außenbeschaltung angegegeben und ist definiert als Ausgangsspannungsänderung ΔU_Q pro Induktionsänderung ΔB:

$$S = \frac{\Delta U_Q}{\Delta B} . \tag{2.62}$$

Meßmethoden

Die Erzeugung von regelbaren Magnetfeldern mit ausreichender Genauigkeit ist die Voraussetzung für die Messung von Hall-Schaltkreisen. Mit genügend langen Luftspulen können zwar genaue Magnetfelder mit ausreichender Induktion erzeugt werden, für eine automatische Serienmessung sind solche Spulen aber schlecht geeignet.

Für die Erzeugung von Induktionen bis etwa 0,1 T (1000 Gauß) haben sich Magneten mit E-Ferritkernen als besonders geeignet erwiesen (Abb. 2.33). Durch das Einfügen eines Ferritplättchens im Hauptschenkel entstehen in den beiden äußeren Schenkeln Luftspalten mit homogenen Magnetfeldern, die wegen des symmetrischen Aufbaus weitgehend identisch sind. In einen Luftspalt wird das Meßobjekt eingeführt, in den zweiten kann eine Meßsonde eingelegt werden, mit der die Meßschaltung geeicht oder geregelt werden kann.

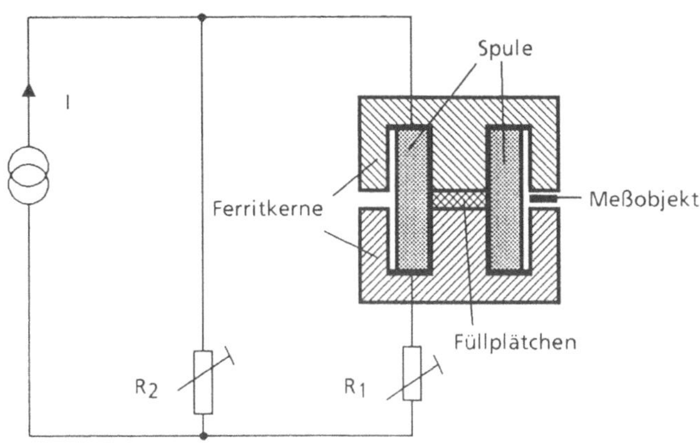

Abb. 2.33. Meßaufbau ohne Regelung

Da die Induktion proportional zum Strom ist, wird der Magnet mit einer programmierbaren Stromquelle angesteuert (Abb. 2.33). Der Widerstand R_1 dient hier zum Abgleich. R_2 ist ein Dämpfungswiderstand: die Magnetspule mit Zuleitung hat nämlich neben ihrer Induktivität auch parasitäre Kapazitäten, die zusammen einen Schwingkreis bilden. Da vielfach Schwellwerte gemessen werden müssen, dürfen bei Feldänderungen keine Überschwinger auftreten (Abb. 2.34). Ein Optimum entsteht, wenn mit R_2 die Schaltung auf kritische Dämpfung eingestellt wird.

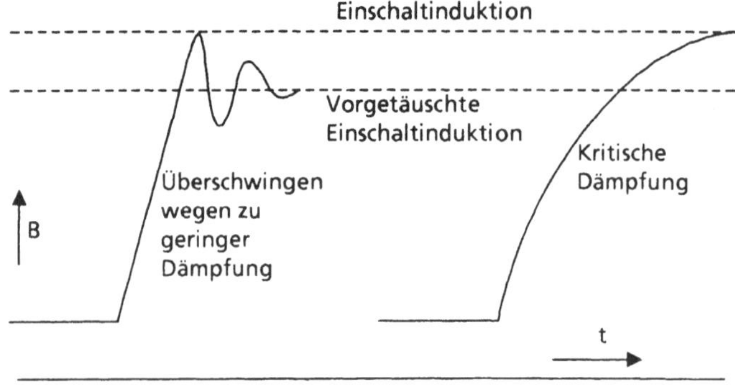

Abb. 2.34. Einfluß der Dämpfung auf das Meßergebnis

Das Prinzip eines Meßaufbaus mit Regelung zeigt Abb. 2.35. Die Hall-Sonde liefert hier eine Spannung U_V, welche proportional zur Induktion ist. Diese Spannung wird verstärkt und zusammen mit dem Sollsignal U_{soll} dem Summierungspunkt am Eingang des Leistungsverstärkers zugeführt. Der Leistungsverstärker stellt die Ausgangsspannung U_Q und damit den Spulenstrom so ein, daß in beiden Luftspalten die gewünschte Induktivität B_{soll} aufgebaut wird. Die Eichung erfolgt mit einem Magnetometer, mit dem Widerstand R_2 kann die Empfindlichkeit auf einen runden Wert eingestellt werden (z.B. 1 V ≙ 0,01 T).

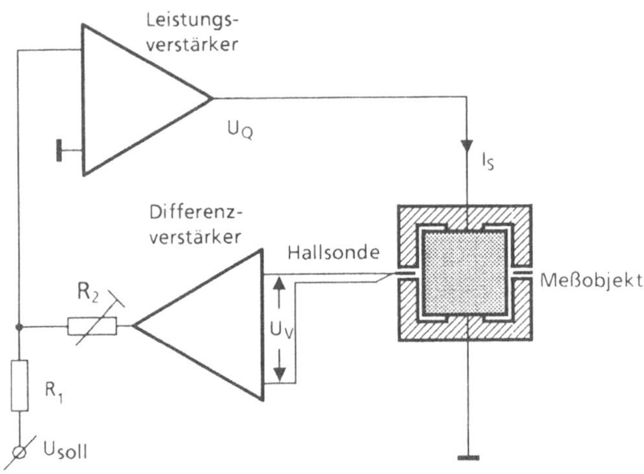

Abb. 2.35. Meßaufbau mit Regelung

Dimensionierungsbeispiel eines Magneten

Ein Meßmagnet, der in der Praxis vielfach eingesetzt wird, hat folgende Daten:

- Material: N27, Ferritkerne E42/20 mit Ferritplättchen von 2,5 mm Stärke,
- 260 Windungen, 0,6 mm CuL,
- Induktion: B = 0,13 · I(T),
- linearer Bereich: bis etwa 0,095 bis 0,1 T.

Rechnergesteuerte Messung

Bei der Ermittlung der Ein- und Ausschaltinduktion wird die Eingangsgröße über eine geeignete Softwareroutine (s. auch Abschnitt 2.3.7) so eingestellt, daß die Schaltschwellen gerade erreicht werden. Bei Hall-Schaltkreisen mit bistabilen Ausgängen ist dies relativ einfach. Komplizierter ist die Messung von Hall-Schaltkreisen mit monostabilen Ausgängen, hier wird ein Zähler an den Ausgang gelegt, der das Schalten des Ausgangs registriert. Auf diese Weise wird dann die Einschaltinduktion wie bei den statischen Hall-Schaltkreisen ermittelt.

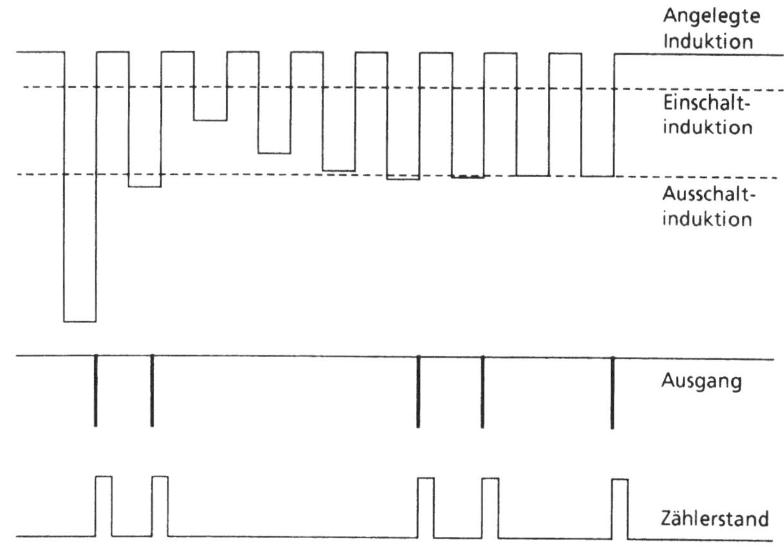

Abb. 2.36. Messung der Ausschaltinduktion bei monostabilen Ausgängen

Zur Bestimmung der Ausschaltinduktion muß immer vom eingeschalteten Zustand ausgegangen werden. Die Induktion wird verringert und dann wieder auf den Ausgangswert erhöht. Schaltet der Schaltkreis erneut ein, dann wurde vorher die Ausschaltinduktion unterschritten. Ein möglicher Meßvorgang ist in Abb. 2.36 dargestellt.

2.3.7 Problemlösungen bei rechnergesteuerten Meßplätzen

In diesem Abschnitt werden einige Probleme erläutert, die speziell beim Einsatz von rechnergesteuerten Labormeßplätzen und Großtestern auftreten können. In diesen Meßanlagen ist zwangsläufig der Abstand zwischen der Hardware und dem Prüfling nicht optimal; gerade bei Großtestsystemen kann dieser Abstand mehrere Meter betragen. Außerdem werden durch die verschiedenen Steckverbindungen Übergangswiderstände erzeugt. Aus diesen Gründen muß ein Referenzmassepunkt genau definiert werden, worauf dann alle Spannungen und Signale bezogen werden. In dem Beispiel von Abb. 2.37a ist U_0 der Referenzmassepunkt, die Masseleitung besteht aus einer stromführenden Leitung und einer stromlosen Leitung, die für die verschiedenen Generatoren und Quellen die Massereferenz darstellt. Der Spannungsabfall an der stromfüh-

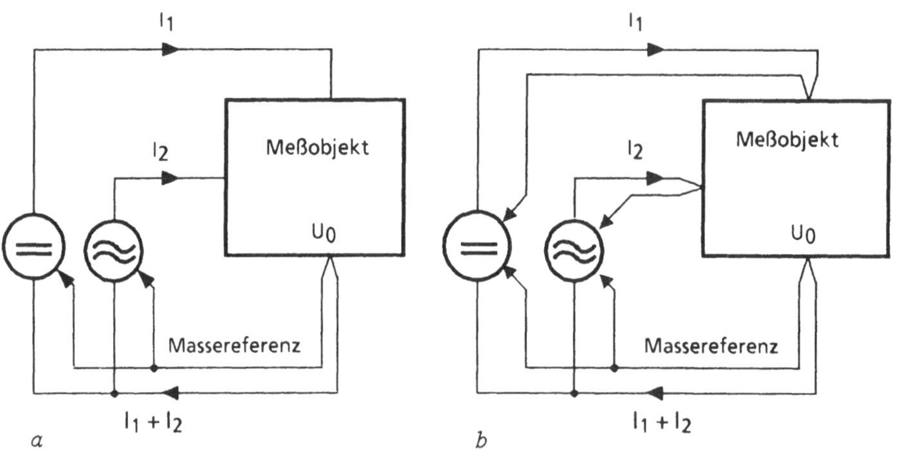

Abb. 2.37. a) Zweidrahttechnik; b) Vierdrahttechnik

renden Leitung, verursacht durch die Ströme I_1 und I_2, ist damit als Fehlerquelle eliminiert. Meist reicht es nicht, wenn nur die Masseleitung als Strom- und Spannungsleiter aufgebaut wird. Um an bestimmten IC-Anschlüssen genaue Potentiale zu erzeugen, muß auch hier eine ähnliche Technik angewendet werden (Abb. 2.37b).

Bei Messungen an HF-Schaltkreisen müssen oft HF-Signale im µV-Bereich am IC-Eingang angelegt werden. Wenn solche kleine Spannungen über lange Leitungen geführt werden, treten schnell Meßungenauigkeiten durch Störungen auf. Es empfiehlt sich daher, das Signal des HF-Generators erst unmittelbar am IC-Eingang mittels eines Eichteilers auf den gewünschten Pegel zu bringen. Der steuerbare Eichteiler aus Abb. 2.38 ist für ein Abschlußimpedanz von 50 Ω ausgelegt und schwächt, je nach Ansteuerung, um 20 dB, 40 dB oder 60 dB ab. Wenn für die Umschalter Reed-Relais eingesetzt werden, kann dieser Eichteiler sehr kompakt aufgebaut werden. Signale bis etwa 10 MHz können damit noch mit ausreichender Genauigkeit abgeschwächt werden. Außerdem sind Reed-Relais schnell (Schaltzeit etwa 1 ms) und benötigen wenig Steuerleistung.

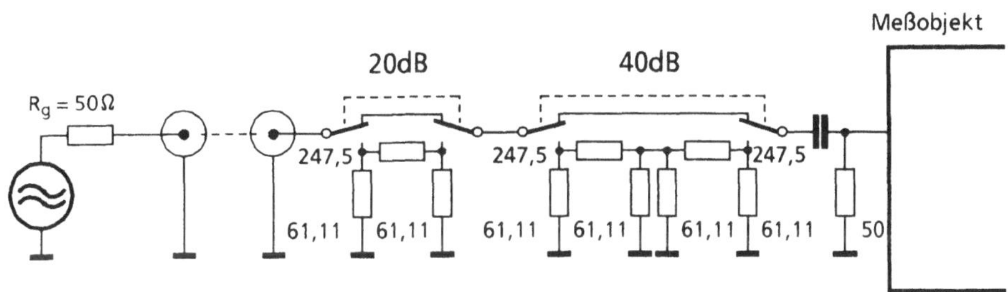

Abb. 2.38. Schaltbarer Eichteiler für Z = 50 Ω

Die Messung von sehr kleinen NF-Spannungen wie z.B. Rauschsignalen ist über lange Leitungen ebenfalls schwierig durchzuführen. In diesem Fall wird ein Meßverstärker direkt am IC-Ausgang eingeschaltet. Abb. 2.39 zeigt ein Beispiel. Der Verstärker ist umschaltbar zwischen 0 dB und 40 dB. Da der Eingangsstrom sehr

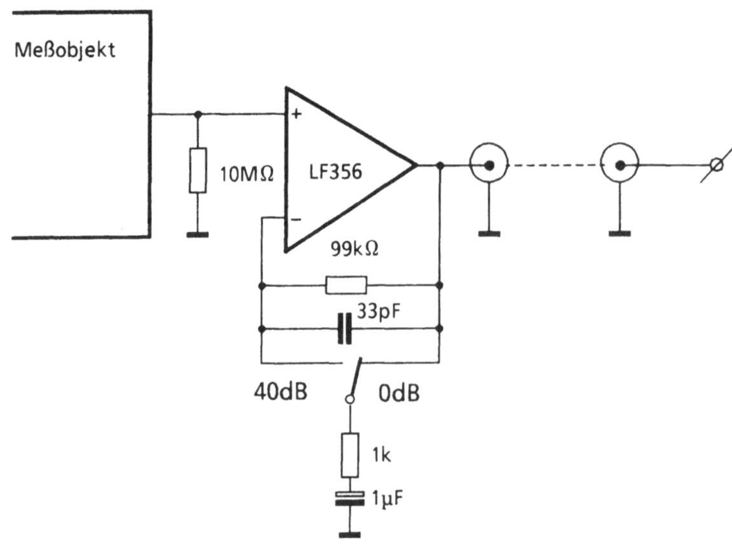

Abb. 2.39. Schaltbarer Meßverstärker 0 dB bis 40 dB

klein und die Gleichspannungsverstärkung Eins ist, kann der Verstärker bei allen Messungen direkt am IC-Ausgang angeschlossen bleiben. Bei Bedarf können auch zwei Verstärker in Reihe geschaltet werden.

Lange abgeschirmte Leitungen, wie sie oft in Großtestsystemen angewendet werden, haben Kabelkapazitäten bis zu einigen hundert pF und können dadurch eine störende Belastung an den Ein- oder Ausgängen sein. Mit der Schaltung aus Abb. 2.40a kann die wirksame Kabelkapazität scheinbar reduziert werden. Durch den Treiber führen Abschirmung und Innenleiter immer die gleiche Spannung, die virtuelle Kabelkapazität ist dadurch fast eliminiert. Bei sehr empfindlichen Messungen, wie der Messung von Strömen im pA-Bereich, kleinen HF-Pegeln usw., wird auch die Doppelabschirmung eingesetzt. Die abgeschirmte Leitung wird mit einer zusätzlichen Abschirmung, die mit Masse verbunden ist, versehen (Abb. 2.40b).

Zur Messung von statischen Parametern werden meist digitale Meßmethoden eingesetzt, bei denen nur ein Augenblickswert gemessen wird. Die Meßzeit ist dabei sehr kurz (µs-Bereich).

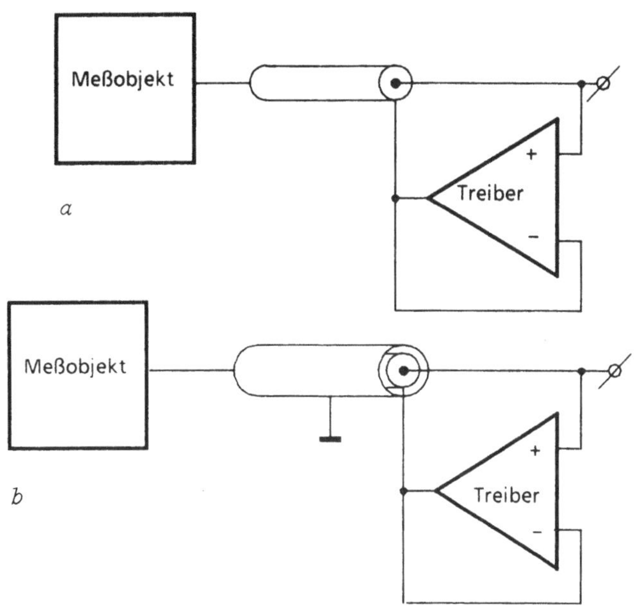

Abb. 2.40. a) Verringerung der Kabelkapazität; b) Verringerung der Kabelkapazität mit extra Abschirmung

Wenn der Meßwert nur scheinbar konstant ist, kann diese Methode zu falschen Ergebnissen führen. Ein Beispiel dafür ist die Messung der Stromaufnahme bei Schaltkreisen mit internem Oszillator: der Versorgungsstrom ist hier ein Gleichstrom mit übelagertem Wechselstrom. Auch Gleichspannungsmessungen, wie z.B. die Ausgangsspannung bei Verstärkern, können durch überlagerte Störungen (Rauschen) verfälscht werden. Wenn schaltungstechnische Maßnahmen wie Abblockkondensatoren nicht ausreichen oder nicht möglich sind, kann der Meßfehler durch die Mittelwertbildung einer Reihe von Meßwerten reduziert werden. Viele Meßsysteme enthalten zu diesem Zweck einen zuschaltbaren Tiefpaß.

Bei der Messung von HF-Schaltkreisen mit abgestimmtem LC-Kreis muß wegen der unterschiedlichen IS-Impedanzen der Kreis jedesmal neu abgeglichen werden. Bei FM-ZF-Demodulatoren kann der Phasenschieberkreis zu diesem Zweck mit Kapazitätsdioden aufgebaut werden, der notwendige Abgleich ist mit einer programmierbaren Gleichspannungsquelle möglich (Abb. 2.41). Der optimale Abgleich wird dabei mit einer Softwareroutine, wie sie am Ende dieses Abschnitts beschrieben wird, erreicht.

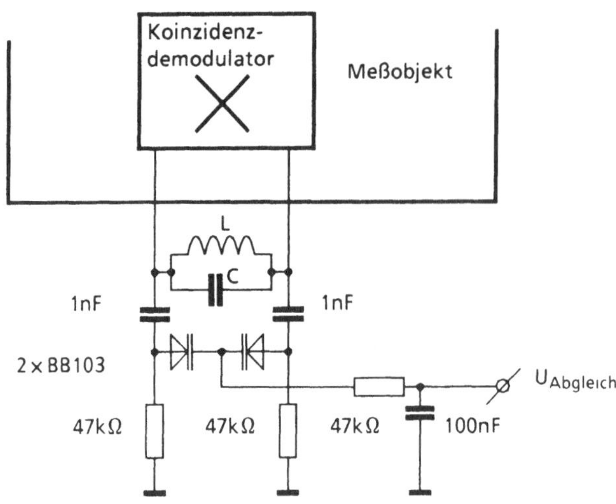

Abb. 2.41. FM-ZF-Demodulator mit abgleichbarem Phasenschieberkreis

Ähnliche Probleme treten beim Oszillatorabgleich von AM-Schaltkreisen auf. Bei der Lösung nach Abb. 2.42 ist der Schaltkreisoszillator Teil einer PLL (phase-locked loop). Hierbei liefert

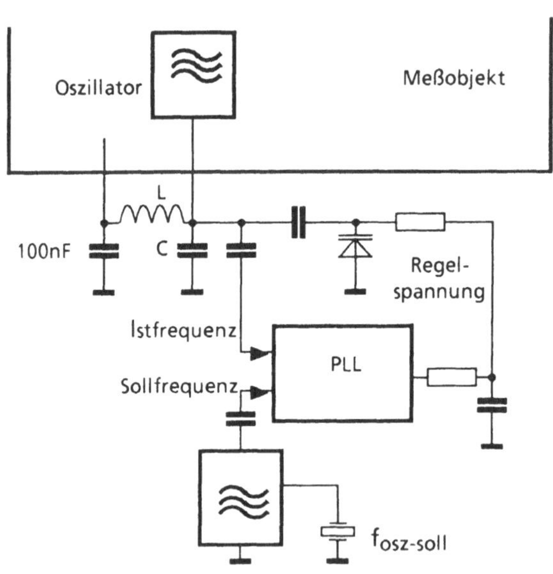

Abb. 2.42. AM-Empfänger mit Oszillator in PLL-Schleife

ein externer Quarzoszillator die Sollfrequenz, die PLL-Schaltung vergleicht Sollfrequenz mit Oszillatorfrequenz und regelt die Abstimmspannung an der Kapazitätsdiode so, daß Phase und Frequenz der beiden Oszillatoren übereinstimmen. Diese Methode hat den Nachteil, daß in unmittelbarer Nähe des Prüflings ein fremder Oszillator arbeitet, der unter Umständen stören kann. Es sind daher Lösungen zu bevorzugen, bei denen der Schaltkreisoszillator mittels Software abgeglichen wird. Im Beispiel aus Abb. 2.43 wird die Oszillatorfrequenz mit einem Frequenzzähler gemessen. Die Abstimmspannung wird mit einer Software-Abgleichroutine so eingestellt, daß der Oszillator mit der Sollfrequenz schwingt.

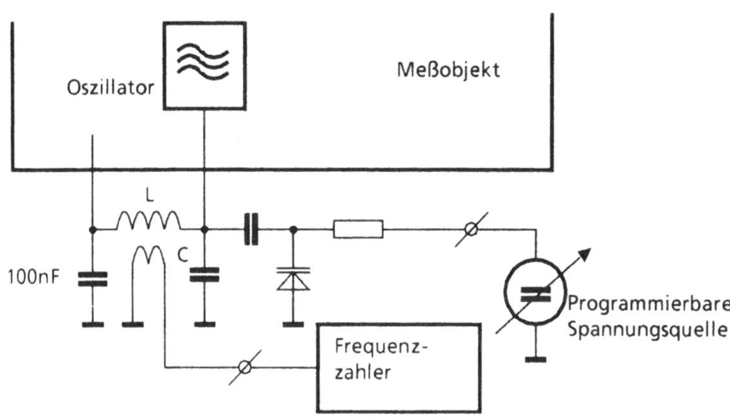

Abb. 2.43. AM-Empfängeroszillator mit Softwareabgleich

Eingangsabgleichroutine

In bestimmten Fällen ist es notwendig, die Eingangsbedingungen eines Schaltkreises so einzustellen, daß am Ausgang ein spezifizierter Wert erreicht wird. So kann bei einem ZF-Demodulator die Eingangsspannung gefragt sein, bei der am Ausgang der -3dB-Punkt erreicht wird. Zu diesem Zweck sind bei vielen Großtestern Abgleichroutinen vorhanden oder können mit der vorhandenen Software aufgebaut werden.

Im folgenden wird eine typische Abgleichroutine beschrieben. Es wird der Eingangswert für einen bestimmten Ausgangswert ermittelt. Folgende Daten sind dabei wichtig:

- Der minimale und maximale Eingangswert,
- die Polarität (gibt den Verlauf des Ausgangswertes bei steigendem Eingangswert an),
- der gewünschte Ausgangswert,
- die geforderte Auflösung,
- die maximal zulässige Zahl der Schritte.

Im Beispiel wird der Eingangsbereich so lange halbiert, bis die geforderte Auflösung erreicht ist oder die maximale Schrittzahl überschritten wird. Diese Routine funktioniert auch dann, wenn der gewünschte Ausgangswert gar nicht eingestellt werden kann, weil der Ausgang digitalen Charakter hat. Diese Routine kann mit Fehlerkorrekturen erweitert werden, damit bei Störeinflüssen wie Rauschen, Driften oder gelegentlichen Falschmessungen eine erhöhte Meßsicherheit erreicht wird.

Wenn der gesuchte Parameter Hysterese aufweist (z.B. Schmitt-Trigger), muß festgelegt werden, in welcher Richtung der Eingangswert geändert wird. Dazu ist vor Anlegen des neuen Eingangswertes ein Zwischenschritt erforderlich, mit dem der Schaltkreis immer in eine bestimmte Lage gesetzt wird.

Auch ein Abgleich auf Minimum oder Maximum eines Parameters ist mit einer ähnlichen Abgleichroutine möglich. Dazu wird bei jeder Messung eine zweite Messung durchgeführt bei einem etwas erhöhten Eingangswert. Beurteilt wird die Differenz dieser Messungen, der Sollwert ist hier Null. Bei Erreichen des Sollwertes ist der gesuchte Eingangswert der Mittelwert der beiden letzten Eingangswerte.

2.4 Prüfstrategien und Prüfmittel

IC-Hersteller sind aus wirtschaftlichen Gründen gezwungen, die Kosten pro auslieferbarem IC gering zu halten. Diese Kosten stellen sich aus sehr vielen, höchst unterschiedlichen Posten zusammen. Die Prüfkosten werden vor allem durch Größen wie Testequipmentkosten, Testzeit, Ausbeute, Lohnkosten, Prüfumfang usw. beeinflußt.

Das Testequipment wird durch die Forderung nach hohem Automatisierungsgrad möglichst aus automatischen Meßplätzen bestehen. Je nach Typenvielfalt und Stückzahlen können hier Großtester, Kleintester oder IEC-Bus-gesteuerte Meßplätze eingesetzt werden. In den nachfolgenden Kapiteln werden diese Testsysteme kurz beschrieben. Die Anschaffungskosten können von etwa 10 000 DM für einfache IEC-Bus-gesteuerte Meßplätze bis zu 1 500 000 DM für Großtester variieren.

Die Testzeit wird mitbestimmt durch das Testequipment, wobei Großtester im allgemeinen durch den Einsatz von schnellen, leistungsfähigen Rechnern und die Möglichkeit zur Parallelmessung (time sharing) die kürzesten Testzeiten aufweisen.

Vor allem aber wird die Testzeit beeinflußt durch den Prüfumfang. Wie bereits in Abschnitt 2.1 erwähnt, ist es nicht möglich, alle Kenndaten eines Schaltkreises im gesamten Funktionsbereich zu prüfen. Es gehört zur Prüfstrategie, die Meßprogramme so aufzubauen, daß mit möglichst wenigen Messungen (kurze Testzeit) die gewünschte Auslieferqualität gewährleistet ist. Dabei muß der Prüfingenieur ein wirtschaftliches Optimum zwischen Prüfumfang und Auslieferqualität finden.

Der Programmaufbau wird durch eine Reihe von Randbedingungen bestimmt. So kann die Struktur des Meßprogramms die Meßzeit, die benötigt wird, um defekte Bausteine zu erkennen, erheblich beeinflussen. Die Montageausfälle und Totalausfälle werden zuerst durch Kontakt- und Kurzschlußmessungen an den Anschlüssen aussortiert. Anschließend wird mit einigen gezielten Funktionsmessungen die Gesamtfunktion grob überprüft. Erst dann folgen die Parametermessungen. Eine erhebliche Reduzierung der Meßzeit ergibt sich durch die "Stop-first-fail"-Methode, was bedeutet, daß die Messung nach dem ersten nicht bestandenen Meßschritt abgebrochen wird.

2.4.1 Meßplätze mit IEC-Bus-gesteuerten Meßgeräten

In Anwendungs- und Entwicklungslabors besteht die Notwendigkeit, alle Parameter (auch im Temperaturbereich) mit möglichst anwendungsnahen Meßaufbauten zu messen. Nur dann ist es möglich, ein vollständiges Bild über das IC zu bekommen oder die Anwendungsschaltung optimal zu gestalten.

Obwohl die Zahl der zu messenden IC's beschränkt bleibt, kann der Datenanfall beträchtlich sein. Aus diesem Grund ist der Einsatz von Rechnern vorteilhaft. Von nahezu allen Meßgeräteherstellern werden rechnergesteuerte Meß- und Peripheriegeräte mit einer weltweit genormten Schnittstelle angeboten.

Diese Schnittstelle hat die Kennzeichnung IEC-625-Bus oder kurz: IEC-Bus, nach der internationalen Norm IEC-625-1 bzw. der DIN-Norm DIN IEC 66.22. Ein fast identischer Bus ist der amerikanische GPIB- oder IEEE-488-Bus. Der Unterschied besteht lediglich in der Steckverbindung: die amerikanische Norm schreibt einen 24poligen Amphenolstecker vor, während für den IEC-625-Bus ein 25poliger Cannonstecker verwendet wird.

Mit einem Steuergerät werden die verschiedenen Geräte, die über den IEC-Bus zu einem Meßplatz zusammengefügt sind, gesteuert. Zur Identifizierung ist jedem Gerät eine eigene Adresse zugeteilt. Das Steuergerät kann entweder als "Sprecher" oder als "Hörer" tätig sein, d.h. es sendet oder empfängt Daten. Andere Geräte können entweder nur Daten verarbeiten ("Hörer" - z.B. Spannungsquellen) oder auch auf Befehl des Steuergerätes Daten senden ("Hörer"/"Sprecher" - z.B. Meßgeräte) (Abb. 2.44).

Durch die Normierung lassen sich Geräte unterschiedlicher Hersteller relativ problemlos zu einem individuellen Meßplatz zusammenfügen.

Hardwaremäßig besteht die Bus-Verbindung aus einer Steckverbindung pro Gerät, die Verbindungskabel sind an beiden Seiten mit einem Spezialstecker versehen. Sie werden nach dem Huckepackprinzip an den Geräten angeschlossen, so daß eine rasche Erweiterung oder Änderung möglich ist. Die Anschlüsse der Steck-

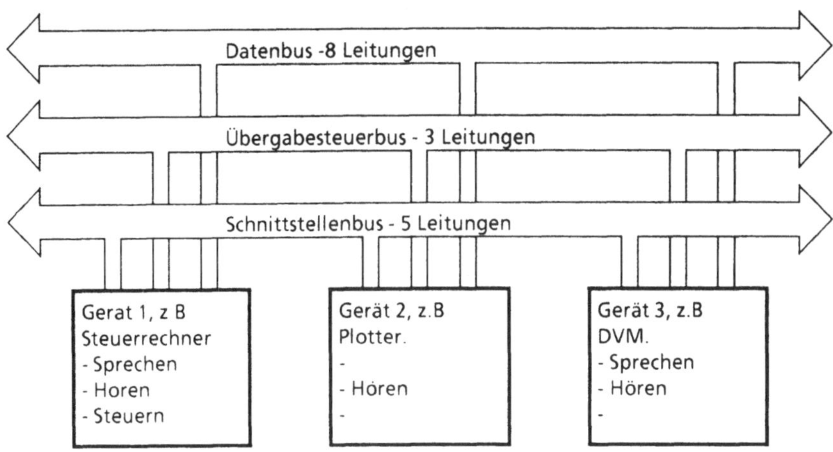

Abb. 2.44. IEC-Bus-Struktur

verbindung sind ebenfalls in den genannten Normen festgelegt. Es sollten nicht mehr als maximal 15 Geräte, einschließlich Steuergerät, an den IEC-Bus angeschlossen werden, die Kabellänge soll 20 m nicht überschreiten.

Im Prinzip können alle Rechner mit IEC-Bus-Schnittstelle als Steuergerät verwendet werden. In den meisten Fällen genügt ein Klein- oder Tischrechner; die Geschwindigkeit und Fähigkeit zur Datenverarbeitung werden für die meisten Anwendungen in der Analogtechnik ausreichen. Wenn größere Datenmengen verarbeitet werden müssen oder eine höhere Geschwindigkeit gefordert wird, sind Minicomputer als Steuergerät besser geeignet; Peripheriegeräte wie Plotter, Drucker oder Datenspeicher werden dann vom Rechner direkt angesprochen und belasten den IEC-Bus nicht. Als Programmiersprachen werden meistens BASIC oder BASIC-verwandte Sprachen verwendet. Die Programmierung durch das direkte Ansprechen der Geräte mittels Maschinensprache ist mit den meisten Kleinrechnern auch möglich, wird aber nur angewendet, wenn es sich um Standardroutinen handelt oder wenn der Programmablauf mit BASIC zu langsam ist.

2.4.2 Großtestsysteme

Von den verschiedenen Aufbaukonzepten von Großtestsystemen zeigt Abb. 2.45 zwei Beispiele. Das Konzept in Abb. 2.45a besteht aus vier Meßstationen, die über den Multiplexer mit der eigentlichen Systemhardware verbunden werden können. Der Rechner übernimmt die Steuerung dieser Hardware und des Multiplexers, er versorgt außerdem die Verbindungen mit der Ein- und Ausgabeperipherie wie Printer, Magnetbandsysteme, Disk usw.

Im zweiten Beispiel (Abb. 2.45b) wird ein sehr schneller Rechner benutzt, um zwei Blöcke mit Systemhardware im Computertimesharing zu versorgen. Jeder Hardwareblock kann hier zwei Meßstationen bedienen, die Meßstationen können so paarweise quasi-parallel messen.

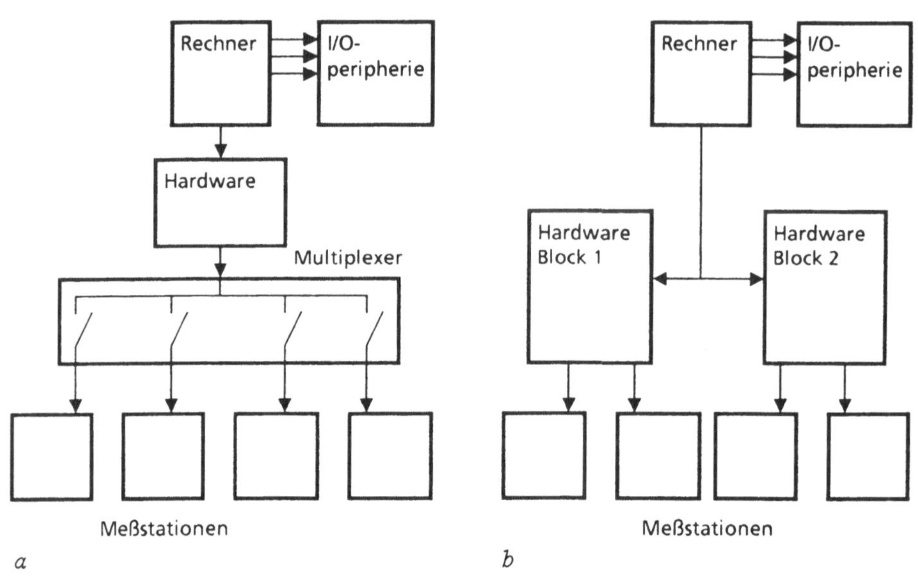

Abb. 2.45. a) Großtestsystem mit Multiplexer; b) Großtestsystem mit getrennten Hardwarblöcken

Die Hardware-Grundausstattung sieht bei den heutigen Großtestsystemen üblicherweise wie folgt aus:

- Mehrere programmierbare Vierquadrantenspannungsquellen mit der Möglichkeit zur Strommessung,

- DC-Voltmeter mit hoher Eingangsimpedanz,
- programmierbare Matrix,
- programmierbare Bits zur Steuerung von Relais usw. in der Meßschaltung,
- einige Festspannungsquellen mit Standardwerten wie 5 V, 10 V 12 V, ±15 V, die direkt mit den Meßstationen verbunden sind. Sie dienen zur Versorgung von aktiver Außenbeschaltung.

Neben dieser Grundausstattung ist noch der Einbau einer Reihe von speziellen Meßgeräten, Generatoren usw. möglich, wie z.B. Audiogeneratoren und -voltmeter, HF-Generatoren bis in den GHz-Bereich, Video-, Stereo- und Chromamodulatoren, Strom/Spannungs-Quellen für hohe Leistungen, digitale Treiber/Detektoren, mit denen digitale Schaltungsteile überprüft werden können, Amperemeter für Messungen im nA-Bereich, Zeit- und Frequenzmeßgeräte. Abb. 2.46 zeigt ein Beispiel, wie einige dieser Elemente in einem Großtestsystem kombiniert werden können.

Durch die vielseitige, flexible Ausstattung sind Großtestsysteme in der Lage, sehr unterschiedliche Schaltkreisfamilien gleichzeitig zu messen. Auch können Großtestsysteme leicht erweitert werden, so daß eine Anpassung an andere oder neue Schaltkreistypen immer möglich ist.

Die Leistungsfähigkeit von Testsystemen wird auch durch die Betriebssoftware mitbestimmt. Da die zur Steuerung von Großtestern eingesetzten Rechner über erhebliche Speicherkapazität verfügen, kann die Betriebssoftware sehr bedienungsfreundlich aufgebaut sein, dadurch werden Programmierarbeiten und Fehlersuche erheblich erleichtert und die dafür erforderliche Testerkapazität reduziert.

Weiter ermöglicht die Betriebssoftware verschiedene Formen von Datenverarbeitung. So können Meßwertverteilungen automatisch erstellt, Protokolle von Fertigungschargen mit Stückzahlen, Ausbeuten usw. abgerufen werden. Viele Großtestsysteme verfügen auch über die Möglichkeit, Parameteränderungen durch Alterungsprozesse auszuwerten. Die Ausgabe der Daten erfolgt wahlweise auf Printer, Bildschirm, Magnetplatte usw.

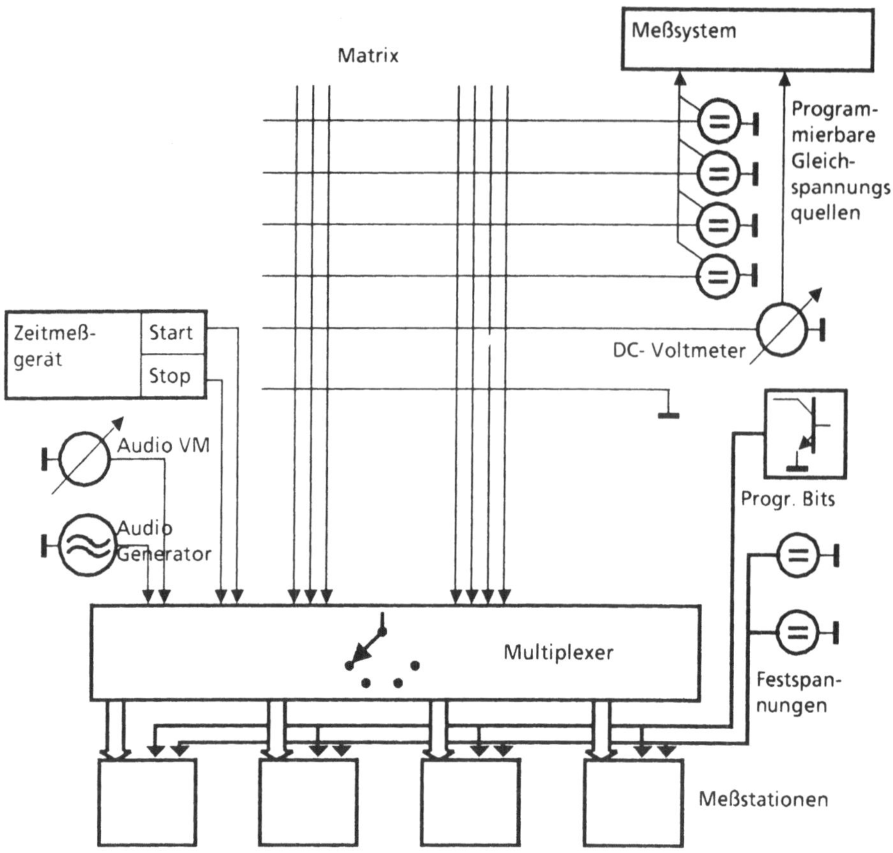

Abb. 2.46. Prinzipaufbau eines Testautomaten

2.4.3 Kleintester

Mit Kleintestern werden Testsysteme angesprochen, die speziell auf die Messung bestimmter Schaltkreisfamilien wie OP's oder Spannungsregler ausgerichtet sind.

Kleintester bestehen im allgemeinen aus einem Kleincomputer mit BASIC-Software, einigen programmierbaren Spannungs- oder Stromquellen, Gleichspannungsmeßgeräten und, je nach Einsatzfall, Generatoren und Meßgeräten, welche speziell auf den Anwendungsfall zugeschnitten sind. Die Preisklasse für Kleintester liegt um 100 000 DM.

Der Vorteil der Kleintester gegenüber Großtestsystemen ist der Anschaffungspreis, nachteilig ist die Typengebundenheit: bei Änderung des Fertigungsspektrums können Kleintester nicht mehr ausgelastet werden.

Kleintester haben in der Regel eine im Vergleich mit Großtestsystemen nicht sehr komfortable Software; dadurch ist die Datenverarbeitung problematischer und die Programmerstellung aufwendiger.

2.5 Literatur zu Kapitel 2

2.1 Integrierte Schaltungen für industrielle Anwendungen. Siemens Datenbuch 1982/83.

2.2 Integrierte Schaltungen für die Unterhaltungselektronik. Siemens Datenbuch 1983/84.

2.3 DIN 45 403: Messung von nichtlinearen Verzerrungen in der Elektroakustik. Blatt 1 und 2, Juni 1963. Berlin: Beuth-Verlag.

2.4 DIN 45 405: Störspannungsmessung in der Tontechnik. Nov. 1983. Berlin: Beuth-Verlag.

2.5 DIN 45 412: Störspannungsmessung an Ton-Rundfunkempfängern und verwandten Geräten. Entwurf Januar 1984. Berlin: Beuth-Verlag.

2.6 Tietze, U.; Schenk, Ch.: Halbleiter-Schaltungstechnik, 5. Aufl. Berlin: Springer 1980 (7. Aufl.: 1985).

2.7 Krimmling, H.J.; Walker, H.: Berührungslose Näherungsschalter BERO mit integrierter Schaltung. Siemens Z. 49 (1975) 265.

2.8 Ferrite, Weichmechanisches SIFERRIT-Material. Siemens Datenbuch 1982/83.

2.9 DIN IEC 625: Ein byteserielles bitparalleles Schnittstellensystem für programmierbare Meßgeräte, Teil 1, Mai 1981. Berlin: Beuth-Verlag.

2.10 Klaus, J.: Wie funktioniert der IEC-Bus? Elektronik (1975) Heft 4, S. 72; Heft 5, S. 73.

3 Testen digitaler integrierter Schaltungen

3.1 Einleitung

Die steigende Komplexität höchstintegrierter Digitalschaltungen wird von zunehmenden Schwierigkeiten begleitet, diese Schaltungen zu testen. Der Nachweis der fehlerfreien Funktion erfordert einen kaum noch vertretbaren Aufwand. So hat der Anteil der Testkosten an den Gesamtherstellungskosten pro Schaltung in den vergangenen Jahren ständig zugenommen und ist heute bereits mit dem Anteil für die Fertigung gleichzusetzen. Der Hauptgrund dafür ist die ständig wachsende funktionelle Komplexität bei einer verhältnismäßig geringen Zahl von Anschlußstiften (Pins) am Bausteingehäuse. Der Zugriff auf das Schaltungsinnere ist dadurch stark eingeschränkt und der Test gerät zunehmend aufwendiger.

Jeder Test dient dem Entdecken und Lokalisieren etwaiger Fehler in der Schaltung. Als Fehler wird dabei jegliche Abweichung von geforderten Eigenschaften angesehen. Das Testen gliedert sich in zwei unabhängige Vorgänge: die Erzeugung geeigneter Testmuster und den eigentlichen Prüfvorgang. Letzterer wiederum läßt sich in das Anlegen der Testmuster an den Prüfling, die Auswertung der Reaktion des Prüflings und die Darstellung des Testergebnisses aufteilen.

Die Auswertung kann durch Vergleich mit gespeicherten Solldaten erfolgen. Dies erfordert bei einer großen Anzahl von Testmustern entsprechend große und schnelle Speicher. Eine Alternative besteht im direkten Vergleich des Prüflings mit einer Referenz, wozu in der Regel eine als fehlerfrei bekannte

Schaltung gleichen Typs eingesetzt wird. Eine ausführliche Beschreibung der verschiedenen Möglichkeiten für den Ablauf eines Tests sowie eine Beschreibung der dazu verwendeten Testautomaten findet sich in Abschnitt 3.6.

Bei der Vorbereitung eines Tests stellt die Erzeugung geeigneter Testmuster die Hauptaufgabe dar. Die Testmusterfolge hat die Aufgabe, etwaige interne Fehler des Prüflings durch eine von der Sollantwort abweichende Testantwort nach außen sichtbar zu machen.

Je nach Art des Tests können im allgemeinen drei Gruppen von Testmustern unterschieden werden:

- Statische Eingangssignale zur Überprüfung des elektrischen Gleichstromverhaltens durch Strom- und Spannungsmessungen;
- dynamische Eingangssignale zur Überprüfung des Wechselstromverhaltens, insbesondere Zeitabhängigkeiten von Signalen und Signaländerungen;
- logische Eingangssignale zur Überprüfung des funktionellen Verhaltens der Schaltung.

Die ersten beiden Gruppen gestatten durch Messung analoger Größen die Überwachung der elektrischen Schaltungsparameter. Die dazu erforderlichen Verfahren sind ausführlich in Kapitel 2 beschrieben.

Weitere Testarten, die zur Beurteilung der Belastbarkeit einer integrierten Schaltung oder der Qualität der Herstellungsverfahren dienen, sind Gegenstand des Kapitels 4 und werden dort behandelt.

Wir wollen uns hier im wesentlichen auf die Überprüfung der logischen Funktion digitaler integrierter Schaltungen beschränken. Der Prüfling wird dazu mit binären Eingangssignalen, den Testmustern, erregt. Sobald ein Signal eingeschwungen ist, wird die binäre Antwort des Prüflings ausgewertet (quasistatischer Test). Erfolgt der Test unter Echtzeitbedingungen, wird das Zeitverhalten weitgehend mitberücksichtigt. Im allgemeinen liegt ein dynamisches Fehlverhalten dann vor, wenn der Prüfling die

Zeitabhängigkeiten nicht korrekt einhält, weil beispielsweise die Datenzugriffe zu langsam erfolgen. Dann werden jedoch zeitlich zurückliegende und damit falsche Daten ausgewertet. In Abschnitt 3.3 werden einige grundlegende Verfahren zur Erzeugung der für einen quasistatischen Test erforderlichen Testmuster ausführlich erläutert.

Digitale Speicherstrukturen nehmen bei der Testmustererzeugung eine Sonderstellung ein und erfordern spezielle Testverfahren. Dem Testen digitaler Speicher ist daher ein eigener Abschnitt (Abschnitt 3.5) gewidmet.

Im Verlauf der Entwicklung und Herstellung wird eine integrierte Schaltung den unterschiedlichsten Tests unterworfen. Ein Test in der Entwurfsphase dient dem Lokalisieren von Layoutfehlern und dem Erkennen von Entwurfsschwächen. Dabei lassen sich auch die Grenzwerte für eine fehlerfreie Funktion bestimmen. Da die Stückzahlen bei der Prototypenfertigung gering sind, spielt die Testzeit keine Rolle; der Test kann entsprechend aufwendig ausfallen.

Eine gänzlich andere Betrachtungsweise verlangt der Endtest in der Serienfertigung, in dessen Verlauf die guten Schaltungen ausselektiert werden. Aufgrund der großen Stückzahlen, verbunden mit den immensen Preisen der Testautomaten, steht hier eine möglichst kurze Testzeit pro Schaltung im Vordergrund. Da integrierte Schaltungen in der Regel nicht repariert werden können, ist eine Lokalisierung bzw. Diagnose möglicher Fehler beim Endtest nicht erforderlich. Eine Einstufung als fehlerfrei oder defekt reicht vollständig aus.

Die Forderung nach möglichst geringen Verweilzeiten auf den Testautomaten läßt sich bei der wachsenden Komplexität der Schaltungen immer seltener erfüllen. Eine Reduktion der Testzeit wäre beispielsweise durch Einbußen bei der Testqualität erreichbar. Dem stehen jedoch Wirtschaftlichkeitsüberlegungen entgegen, die einen möglichst umfassenden Test zu einem möglichst frühen Zeitpunkt fordern. Jede Zusammenfassung zu komplexeren Strukturen schränkt die Zugriffsmöglichkeiten auf die einzelnen Schaltungen weiter ein, wodurch die Prüfkosten erheblich ansteigen. In Tabelle 3.1 ist ein größenordnungsmäßiger Vergleich für die Kosten bei der Fehlersuche auf verschiedenen Fertigungsebenen dargestellt.

Tabelle 3.1. Relation der Kosten für die Fehlererkennung und -lokalisierung auf unterschiedlichen Fertigungsebenen [3.5]

Fertigungsebene	Prüfkosten
Chip	1
Baugruppe	10
System	100
Wartung beim Kunden	1000

Das Streben nach einer möglichst umfassenden Prüfung wird anhand der folgende Beziehung deutlich. Die Fehlerhäufigkeit FH, d.h. der Anteil der defekten Schaltungen an den beim Testen mit einem Fehlererkennungsgrad FC (ein Maß für die Qualität der Testdaten, vgl. Abschnitt 3.3) als fehlerfrei eingestuften Schaltungen, läßt sich allgemein formulieren als [3.5]:

$$FH = 1 - Y^{(1 - FC)} \tag{3.1}$$

(Y: Yield, Ausbeute beim Herstellungsprozeß, $0 \leq Y \leq 1$;
FC: Fault Coverage, Grad der Fehlererkennung, $0 \leq FC \leq 1$.)

Dabei ist angenommen, daß die Fehler gleichverteilt und voneinander unabhängig auftreten. Die Beziehung (3.1) ist in Abb. 3.1 für unterschiedliche Herstellungsausbeuten graphisch dargestellt.

Ein Fehlererkennungsgrad von 95 % führt bei einer günstig angenommenen Ausbeute von 70 % auf eine Fehlerhäufigkeit von 1,8 %, d.h., trotz Test können im Mittel von 1000 für fehlerfrei befundenen Schaltungen noch maximal 18 defekt sein. Typische Werte für die geforderte Fehlerhäufigkeit liegen unter 0,1 %, was sich selbst bei oben angesetzter (exzellenter) Ausbeute nur durch einen Test garantieren läßt, der mindestens 99,7 %

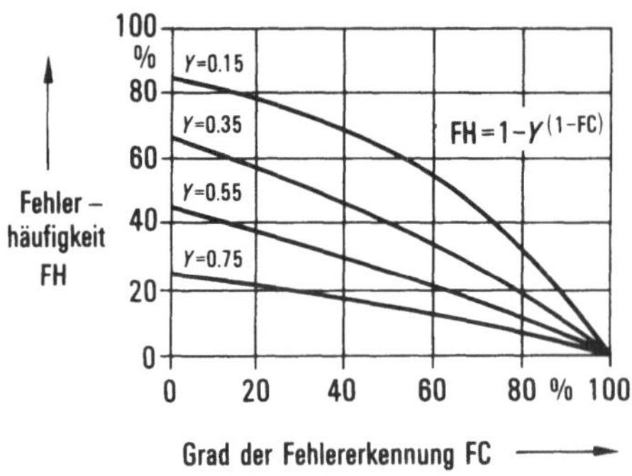

Abb. 3.1 Fehlerhäufigkeit nach einem Test in Abhängigkeit von der Testqualität FC und der Herstellungsausbeute Y [3.5]

aller möglichen Fehler abdeckt. Bei niedriger Herstellungsausbeute ist die vorgegebene maximale Fehlerhäufigkeit nur durch eine erhöhte Testqualität zu erzielen. Einen derart hohen Fehlererkennungsgrad zu erreichen, wird bei den immer komplexer werdenden Schaltungen zunehmend schwieriger, wie Abb. 3.2 verdeutlicht. Dort ist die Zahl der erforderlichen Testmuster für einen gegebenen Fehlererkennungsgrad über der Schaltungskomplexität aufgetragen.

Das Problem bei der Erzeugung der erforderlichen Testmuster wird noch deutlicher, wenn man berücksichtigt, daß neben der

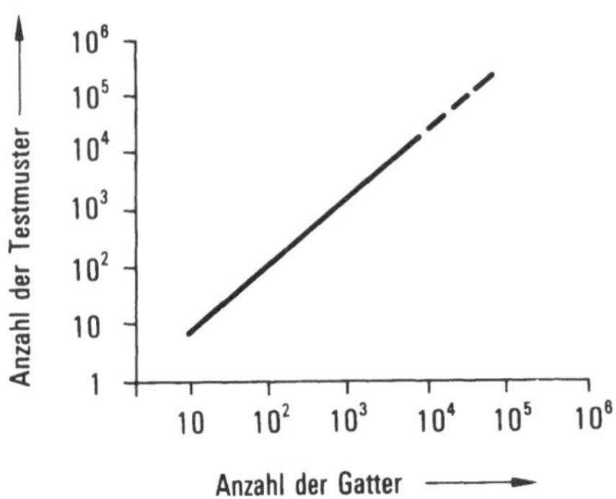

Abb. 3.2. Anzahl der erforderlichen Testmuster für einen Fehlererkennungsgrad von 98 % [3.6]

Anzahl der Muster auch der Aufwand zur Bestimmung jedes einzelnen ansteigt. Für Schaltungen mit geringer Komplexität und bekannter Struktur stehen bewährte Algorithmen zur automatischen Testmustergenerierung zur Verfügung [3.1-3.4]. Sie sind allerdings nur bis zu einer Schaltungsgröße von wenigen tausend Gattern anwendbar. Der Rechenaufwand zur Bestimmung der Testmuster steigt für komplexere Schaltungen unvertretbar stark an.

Die Erzeugung von Testmustern für kombinatorische Logik (Schaltnetze) gehört bezüglich der theoretischen Komplexität zur Klasse der "NP-vollständigen" Probleme [3.8]. Der Rechenaufwand wächst hier exponentiell mit der Schaltungsgröße. Die meisten hochintegrierten Digitalschaltungen sind jedoch Schaltwerke, d.h., sie enthalten von außen schlecht zugängliche Speicherzellen, was den Aufwand bei der Testmustererzeugung zusätzlich erhöht. Um diese Probleme zu umgehen, wurden funktionale Testmethoden vorgeschlagen [3.9-3.11], die nicht die Struktur, sondern die Funktion der Schaltung überprüfen. Derartige Verfahren sind zwar unabhängig von der Realisierung der Schaltung, führen jedoch in der Regel auf eine erheblich größere Anzahl spezieller Testmuster. Deren Qualität muß im Gegensatz zu algorithmisch erzeugten Mustern zudem per Simulation auf einem Rechner bestätigt werden (Fehlersimulation) [3.4,3.5]. Hinzu kommen Schwierigkeiten bei der Automatisierung derartiger Testverfahren.

Da eine wesentliche Verbesserung der Algorithmen zur Testmustererzeugung nicht mehr zu erwarten ist, erscheint die Lösung des Testproblems komplexer Schaltungen nur durch einen testfreundlichen Schaltungsentwurf möglich [3.4-3.7], dessen Grundlagen im Abschnitt 3.4 behandelt werden. Durch Hinzufügen von zusätzlicher Logik wird die leichte Testbarkeit der Schaltung sichergestellt. Weiterreichende Konzepte erlauben sogar einen Selbsttest hochintegrierter Digitalschaltungen auf der Chipebene.

3.2 Fehlerursachen und Fehlermodelle

3.2.1 Physikalische Fehlermöglichkeiten

Ein Fehler wird als die unzulässige Abweichung von mindestens einer geforderten Eigenschaft definiert. Bei einer integrierten Schaltung kann zwischen Fehlern, die beim Entwurf, während der Fertigung oder während der Anwendung der Schaltung entstanden sind, unterschieden werden. Schließt man einen unzulässigen Einsatz oder eine Fehlbedienung aus, so sind sämtliche Fehler während der Anwendung ein Problem bezüglich der "Zuverlässigkeit integrierter Schaltungen", die in Kapitel 4 behandelt wird.

Wir beschränken uns auf die Fehler, die während des Herstellungsprozesses oder beim Schaltungsentwurf anfallen. Entwurfsfehler sollten aufgrund der Unterstützung durch CAD (Computer-Aided Design) bei der Layout-Verifikation von untergeordneter Rolle sein und treten zudem systematisch auf. Berücksichtigt man, daß systematische Prozeßfehler der Technologie, wie Fehljustierungen oder Ätzfehler, bei verschiedenen Prozeßmessungen an standardisierten Teststrukturen erkannt und ausselektiert werden, so verbleiben nur die stochastisch auftretenden Fehler, die ihre Ursache hauptsächlich in Kristallfehlern sowie im Schmutzeinfluß in den Herstellungsprozessen haben. Bereits Partikel mit einer Ausdehnung von weniger als einem Mikrometer sind kritisch. So führen Verunreinigungen bei Diffusion und Implantation zu Dotierungsfehlern, Verunreinigungen beim Aufwachsen des Oxids zu Änderungen der dielektrischen Eigenschaften oder gar zu Oxiddurchbrüchen. Allzu steile Oxidstufen können Abrisse in der Metallisierung bewirken. Es sind eine Fülle physikalischer Fehlermöglichkeiten denkbar, die je nach Technologie, Schaltungstechnik, Integrationsdichte und einer Reihe weiterer Faktoren unterschiedliches Gewicht erlangen. Für MOS-LSI-Schaltungen wurden beispielsweise die in Tabelle 3.2 dargestellten Fehlerhäufigkeiten beobachtet [3.12].

Die Hauptfehlerursachen sind demnach Kurzschlüsse und Unterbrechungen von Metall- und Diffusionsbahnen, d.h. von Verbindungsleitungen auf dem Chip. Durch kleiner werdende Strukturen

Tabelle 3.2. Fehlerhäufigkeiten bei MOS-LSI-Schaltungen [3.12]

Ursache	Häufigkeit in %
Kurzschluß zwischen Metallbahnen	39
Unterbrechung einer Metallbahn	14
Kurzschluß zwischen Diffusionsbahnen	14
Unterbrechung einer Diffusionsbahn	6
Kurzschluß zwischen Metall und Substrat	2
unbekannte Ursache	10
irrelevante Fehler	15

sowie die Mehrlagenverdrahtung dürften sich die Probleme weiter verschärfen.

Die beobachteten Fehler lassen sich in permanente und intermittierende oder transiente Fehler aufteilen. Permanente Fehler sind während des Tests reproduzierbar vorhanden und können somit zu jeder Zeit entdeckt werden. Man unterscheidet hierbei nochmals zwischen den sogenannten harten und weichen Fehlern. Harte Fehler lassen sich selbst durch Variation der Parameter, wie Versorgungsspannung, Temperatur, Logikpegel u.ä., nicht beseitigen. Sämtliche Unterbrechungen und Kurzschlüsse gehören in diese Kategorie. Weiche Fehler treten hingegen nur unter ganz bestimmten Bedingungen auf. Im Rahmen der Bausteinspezifikationen gibt es ganz besondere, zulässige Parametereinstellungen bezüglich Temperatur, Bestrahlung, Versorgungsspannung u.a., sowie Testmusterfolgen, die eine Fehlfunktion auslösen können. Als Beispiel seien Musterempfindlichkeiten (pattern sensitivity) angeführt, die auf Kopplungseffekten, wie Übersprechen der Signalwege bei bestimmten Eingangsmustern, beruhen.

Transiente oder intermittierende Fehler, wie beispielsweise Treffer von α-Teilchen, treten im Gegensatz zu permanenten Fehlern rein sporadisch in Erscheinung. Eine Reproduzierbarkeit des Fehlverhaltens während des Tests ist nicht erreichbar, was die Fehlererkennung beträchtlich erschwert. Vielfach wird deshalb versucht, derartige Fehler durch wiederholte Anwendung der für permanente Fehler geeigneten Testmuster zu entdecken [3.13]. Man setzt dabei voraus, daß der transiente Fehler zumindest für die Dauer eines Tests permanent vorhanden ist oder gar nicht in Erscheinung tritt. Im folgenden werden Fehler dieser Art nicht weiter behandelt.

Da wir uns in diesem Kapitel im wesentlichen auf die Überprüfung der logischen Funktion einer digitalen integrierten Schaltung beschränken, ist es ausreichend, nur solche Fehler zu betrachten, die zu einer Abweichung des logischen Signals führen. Der Übergang von den physikalischen Fehlerursachen auf das abstrakte logische Fehlverhalten läßt sich durch eine geeignete Modellierung, ein Fehlermodell, erreichen. Bei Fehlern, die sich nicht logisch abbilden lassen, handelt es sich in der Hauptsache um Parameterfehler, also beispielsweise durch elektrische oder thermische Effekte verursachte Abweichungen, die hier nicht betrachtet werden sollen (s. dazu Kapitel 2).

Mit der Einführung von Fehlermodellen reduziert sich die große Anzahl denkbarer physikalischer Defekte auf eine deutlich geringere Zahl logischer Fehler, und es ergibt sich zudem ein Bezug zur logischen Arbeitsweise einer digitalen integrierten Schaltung. Ferner ist ein Fehlermodell im allgemeinen auf andere Technologien übertragbar.

Bei Kenntnis der Schaltungsstruktur (Beschreibung der Schaltung auf der Gatterebene) verwendet man struktur- oder schaltungsorientierte Fehlermodelle und beschränkt sich auf diejenigen Fehler, die in der Schaltung auch tatsächlich auftreten können. Bei unbekannter Struktur oder sehr komplexen Schaltungen nutzt man funktionsorientierte oder funktionale Fehlermodelle, welche realisierungsunabhängig den Einfluß der Fehler auf die Funktion der Schaltung beschreiben.

3.2.2 Strukturorientierte Fehlermodelle

Ein strukturorientiertes Fehlermodell berücksichtigt die Auswirkung eines physikalischen Fehlers auf logische Signalwerte. In Tabelle 3.3 sind für das Beispiel eines Inverters in NMOS-Technologie (Abb. 3.3) die Auswirkungen einiger schaltungstechnisch möglichen Fehler auf das logische Verhalten zusammenge-

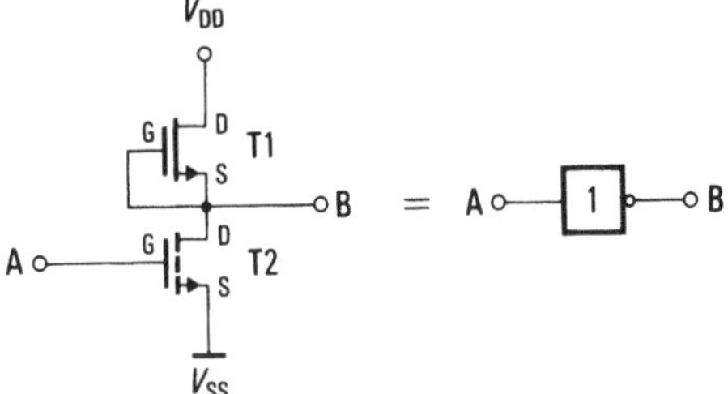

Abb. 3.3. Inverter in NMOS-Technologie. T1 selbstleitender Depletion MOSFET, T2 selbstsperrender Enhancement MOSFET

Tabelle 3.3. Auswirkungen möglicher Fehler auf das logische Verhalten eines Inverters in NMOS-Technologie

	fehlerfrei	T1: Drain leer	T1: Source leer	T1: Gate/Source kurz	T1: Drain/Source kurz	T1: Drain/Gate kurz	T2: Drain leer	T2: Source leer	T2: Gate leer	T2: Gate/Source kurz	T2: Drain/Source kurz
A	B	B_1	B_2	B_3	B_4	B_5	B_6	B_7	B_8	B_9	B_{10}
0	1	0	0	1	1	1	1	1	1	1	0
1	0	0	0	0	1	1	1	1	1	1	0

faßt. Es können sowohl die Anschlüsse von Gate, Source oder Drain jedes Transistors leerlaufen oder jeweils zwei der drei Anschlüsse miteinander kurzgeschlossen sein. Eine weiterreichende Auflösung ist nicht sinnvoll, denn es ist für das logische Verhalten gleichgültig, ob ein Leerlauf auf eine Leiterbahnunterbrechung oder auf ein fehlerhaftes Kontaktloch (via hole) zurückzuführen ist. Gleiches gilt für Kurzschlüsse.

Eine Auswertung der Tabelle 3.3 ergibt, daß nur zwei unterschiedliche logische Fehlverhalten auftreten. In den Fällen B_1, B_2 und B_{10} liegt am Ausgang B, unabhängig vom Signal am Eingang A, stets eine logische "0" ("Low"-Pegel) an. Da der Ausgang B also ständig auf einer logischen "0" haftet, nennt man einen derartigen Fehler "Haftfehler" (stuck-at-fault), in diesem Fall ein "ständig auf 0"-Fehler oder "stuck-at-0" (sa0)-fault. Dementsprechend können die Spalten B_4 bis B_9 der Tabelle 3.3 durch einen "ständig auf 1"-Fehler (sa1) am Ausgang B beschrieben werden. Der Kurzschluß zwischen Gate und Source am Depletion-Lasttransistor T1 (Fall B_3) entspricht der normalen Verschaltung (s. Abb. 3.3) und stellt keinen Fehler dar.

Ähnlich wie für den NMOS-Inverter lassen sich auch die Fehler für die übrigen Gatter behandeln. Es ergibt sich, daß das Haftfehlermodell dann gilt, wenn sich alle physikalischen Defekte innerhalb eines Gatters derart auswirken, daß ein Gattereingang oder -ausgang ständig den Signalwert "0" oder "1" annimmt. An einem Gatter mit m Eingängen und einem Ausgang können allgemein $2\,(m+1)$ Haftfehler modelliert werden. Dabei wird angenommen, daß nur ein einziger Fehler vorliegt, was nicht immer der Realität entspricht. Falls jedoch mehrere Signalleitungen gleichzeitig fehlerhaft sind, muß jede Kombination von zwei, drei usw. Fehlern berücksichtigt werden. Da jede Leitung entweder fehlerfrei, sa0 oder sa1 sein kann, ergeben sich für k Signalleitungen $3^k - 1$ mögliche Fehlerkombinationen.
Bei nur 10 untersuchten Fehlerorten sind demnach fast 60000 Kombinationen denkbar. Anhand dieser Zahlen wird deutlich, daß eine Behandlung von Mehrfachfehlern einen unvertretbaren Aufwand erfordert. Es werden deshalb nur Einzelfehler behandelt, d.h., jeder Fehlerort wird gesondert bezüglich sa0 und sa1 untersucht, während die übrige Schaltung als fehlerfrei angenommen wird. Die Zahl möglicher Fehler sinkt also bei Beschränkung auf Einzelfehler auf 2 k, im Beispiel auf 20 Fehler. Zudem hat die Erfahrung gezeigt, daß das Einzelhaftfehlermodell (single stuck-at fault model) den Großteil aller Mehrfachfehler mit abdeckt [3.3,3.4]. Die Wahrscheinlichkeit, daß sich die einzelnen Auswirkungen eines Mehrfachfehlers gegenseitig kompensieren [3.14], ist außerordentlich gering. Die Annahme von Einzelfehlern ist daher in der Regel vollkommen hinreichend.

Eine Einschränkung ist bei redundanten Schaltungen vorzunehmen. Liegt ein Fehler in einem bezüglich der logischen Funktion redundanten Schaltungsteil, so ist er prinzipiell nicht erkennbar, da die Funktion im Fehlerfall unbeeinträchtigt bleibt. Derartige Fehler sind jedoch besonders kritisch, denn sie können ihrerseits die Erkennung weiterer, an sich erkennbarer Fehler für den gewählten Testmustersatz verhindern [3.2,3.3].

Das Modell des Haftfehlers ist aufgrund seiner Einfachheit weit verbreitet und deckt die vielfältigen physikalischen Fehlerursachen weitgehend ab. In einigen Fällen versagt jedoch die Modellvorstellung. Nicht immer sind der elektrische Schaltplan und die logische Gatterbeschreibung absolut äquivalent. Mitunter existieren in der elektrischen Darstellung Verbindungsleitungen, die in der logischen nicht auftreten, und umgekehrt. Dies führt dazu, daß gewisse Unterbrechungen und Kurzschlüsse zwar physikalisch möglich, jedoch ohne Repräsentation im logischen Schaltplan sind [3.12]. Auch lassen sich Kurzschlußfehler (bridging faults) benachbarter Signalleitungen auf der Gatterebene vielfach nur unzulänglich durch Haftfehler berücksichtigen. Derartige Fehler wirken sich in den meisten Technologien als verdrahtete UND- bzw. ODER-Verknüpfung aus und können damit direkt [3.3] oder durch ein entsprechendes zusätzliches Gatter [3.4] modelliert werden. Erheblich größere Schwierigkeiten bereiten dagegen Kurzschlußfehler, die zu Rückkopplungen führen. In jedem Fall sind detaillierte Layoutkenntnisse erforderlich, um aus der Vielzahl möglicher Kombinationen die wesentlichen auswählen zu können. Der damit verbundene Aufwand, Schwierigkeiten bei der Modellierung sowie seltenes Auftreten des Fehlers führen dazu, daß derartige Erweiterungen der Schaltungsstruktur in der Praxis nicht durch strukturorientierte Fehlermodelle berücksichtigt werden.

Trotz seiner Nachteile ist das stuck-at fault model das meistgenutzte Fehlermodell und hat sich für die Bipolar- und MOS-Technologie gut bewährt. Für die Behandlung von Fehlern in CMOS-Schaltungen muß jedoch ein weiterer Fehlertyp betrachtet werden. Der "ständig offen"-Fehler (stuck-open fault, sop) beschreibt, daß ein Signalpfad unterbrochen und damit nie aktivierbar ist. Als mögliche Ursachen dafür sind beispielsweise ein Abriß in der Metallisierung, ein fehlerhaftes Kontaktloch oder ein nicht funktionsfähiger Transistor denkbar. Dies kann dazu führen, daß sich der getriebene Schaltungsknoten fehlerhaft im hochohmigen Zustand befindet.

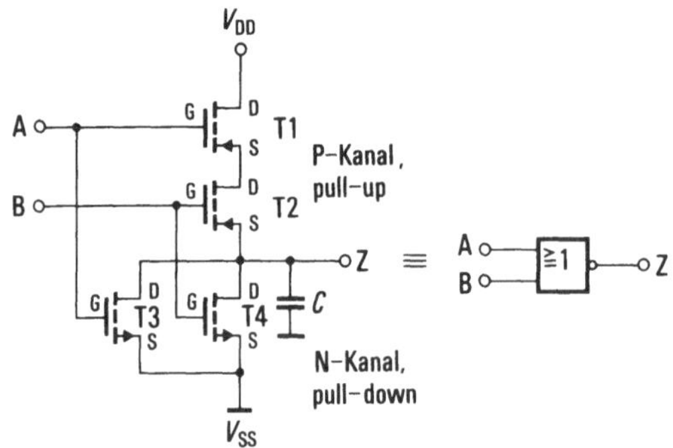

Abb. 3.4. NOR-Gatter in CMOS-Technologie

Tabelle 3.4. Auswirkungen möglicher Fehler auf das logische Verhalten eines CMOS-NOR-Gatters (Z*: Vorheriger Zustand des Ausgangsknotens)

		fehlerfrei	A sa0	A sa1	B sa0	B sa1	Z sa0	Z sa1	T3 sop	T4 sop	T1,T2 sop
A	B	Z	Z_1	Z_2	Z_3	Z_4	Z_5	Z_6	Z_7	Z_8	Z_9
0	0	1	1	0	1	0	0	1	1	1	Z*
0	1	0	0	0	1	0	0	1	0	Z*	0
1	0	0	1	0	0	0	0	1	Z*	0	0
1	1	0	0	0	0	0	0	1	0	0	0

Bei MOS-Gattern können die Gatekapazitäten der nachfolgenden Stufen als konzentrierte Kapazität C am Gatterausgangsknoten angenommen werden (Abb. 3.4). Diese wird im fehlerfreien Fall entweder aufgeladen oder entladen. Fehlerbedingt kann der Ausgangsknoten jedoch von der treibenden Logik isoliert sein. Die Kapazität C hält dann den vorangegangenen Pegel aufrecht. Ein ursprünglich rein kombinatorisches MOS-Gatter kann im Fehlerfall also durchaus sequentielles Verhalten annehmen. In Tabelle 3.4 sind für das CMOS-NOR-Gatter aus Abb. 3.4 neben den Haftfehlern an sämtlichen Gatteranschlüssen auch die stuck-open-Fehler behandelt. Die Fälle Z_7 und Z_8 können durch Unterbrechungen an den Transistoren T3 bzw. T4 verursacht sein; hingegen ist im Fall Z_9 die gesamte Reihenschaltung des pull-up-Zweiges zwischen VDD und dem Ausgangsknoten Z betroffen.

Wie aus Tabelle 3.4 ersichtlich, hängt die Fehlererkennung vom vorherigen Zustand des Ausgangsknotens ab, der aufgrund der Kapazität C für eine durch Leckströme begrenzte zeitliche Dauer erhalten bleibt. So wird deutlich, daß sich der Unterbrechungsfehler Z_9 wie ein Haftfehler auswirkt, sobald der Ausgang einmal auf "0" gesetzt wird.

Fehler in den parallelen Zweigen der CMOS-Gatter erfordern hingegen eine spezielle Initialisierung. Da diese durch andere, den Fehler nicht erkennende Muster wieder rückgesetzt werden kann, ist zur Fehlererkennung eine Sequenz aus Initialisierungs- und Testmuster erforderlich. Als Beispiel sei der Unterbrechungsfehler T3 sop betrachtet. Zur Initialisierung muß der Ausgangsknoten Z zunächst durch die Eingangsbelegung A = 0, B = 0 auf "1" geladen werden. Mit dem Testmuster A = 1, B = 0 wird anschließend überprüft, ob der pull-down-Zweig über Transistor T3 aktivierbar ist, um den Knoten Z wieder auf "0" zu entladen. Im Fehlerfall bleibt die "1" gespeichert, und der Fehler ist erkennbar.

Um die vorhandene, meist auf dem Haftfehlermodell basierende Software zur Testmustergenerierung und zur Fehlersimulation auf der Gatterebene nutzen zu können, bedarf es einer geeigneten Abbildung des CMOS-stuck-open-Fehlers auf das bewährte Haftfehlermodell. Es existieren dafür unterschiedliche Ansätze [3.15,3.16]. Die erwähnte Speicherfähigkeit des fehlerhaften Gatters wird dabei durch Verwendung eines Flipflops im Simulationsmodell erreicht. Die Abb. 3.5 zeigt eine Realisierungsform für ein CMOS-NOR-Gatter, wie es in [3.16] vorgeschlagen wird.

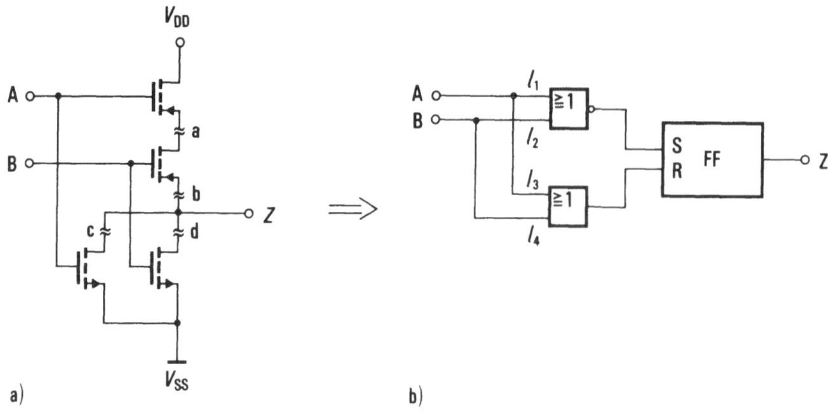

Abb. 3.5. a) CMOS-NOR-Gatter mit Unterbrechungsfehlern; b) zugehöriges Simulationsmodell nach [3.16]

Tabelle 3.5. Äquivalenz zwischen physikalischen Leitungsunterbrechungen und logischen Haftfehlern für ein CMOS-NOR-Gatter (Abb. 3.5)

Physikalischer Fehler	Äquivalenter Haftfehler	
a	l_1	sa1
b	l_2	sa1
c	l_3	sa0
d	l_4	sa0

Eine Unterbrechung an den Punkten a bis d in Abb. 3.5 ist gemäß Tabelle 3.5 einem Haftfehler im Simulationsmodell äquivalent und führt bei Anliegen des fehlererkennenden Musters am RS-Flipflop stets auf die Eingangsbelegung R = 0, S = 0, so daß dessen alter Zustand erhalten bleibt. Da CMOS-stuck-open-Fehler aufgrund der Zeitkonstanten der Leckströme nur unter Echtzeitbedingungen erkannt werden, trifft das Modell erst bei einer ausreichend hohen Taktrate zu.

Die beschriebene Modellierung ist auch geeignet, um das Gegenstück zum stuck-open-Fehler zu behandeln, den stuck-on-Fehler. In diesem Fall leiten sowohl der pull-up- als auch der pull-down-Zweig, so daß sich am Gatterausgang eine undefinierte Spannung einstellt, die von der nachfolgenden Stufe entweder als logische "0" oder "1" interpretiert wird. Im Simulationsmodell in Abb. 3.5 sind zur Betrachtung der stuck-on-Fehler die einzelnen Haftfehler durch ihr duales Gegenstück zu ersetzen.

Bei entsprechender Modellierung lassen sich sehr viele der praktisch vorkommenden physikalischen Defekte durch einen Haftfehler an den Anschlüssen eines Gatters modellieren. Die einfachen strukturorientierten Fehlermodelle bilden daher die Grundlage für die meisten Testmustererzeugungsverfahren. Das Haftfehlermodell gilt zudem als das einzige rechnerisch verwendbare und zugleich quantitative Maß für die Qualität eines Testverfahrens [3.17].

3.2.3 Funktionsorientierte Fehlermodelle

Bei unbekannter Schaltungsstruktur sind die bislang behandelten strukturorientierten Fehlermodelle nicht anwendbar. Oftmals scheitert eine Anwendung trotz bekannter Struktur auch an der Komplexität der Schaltung. Ist lediglich die Funktion einer Schaltung bekannt, müssen Fehlermodelle auf einer höheren, funktionalen Ebene definiert werden. Jedoch ist ein erheblicher Aufwand erforderlich, die Gültigkeit der Modellierung und die Qualität der darauf basierenden Testverfahren nachzuweisen. Häufig wird die Registertransferebene (Register Transfer Level, RTL) verwendet. Der Prüfling wird dabei auf eine bestimmte Anzahl von Registern und Operatoren reduziert, mit der Fähigkeit, Daten in Registern zu speichern, zwischen Registern zu transferieren und mittels der Operatoren beim Transfer zu modifizieren.

In den vergangenen Jahren wurden unterschiedliche Ansätze vorgestellt, um die Auswirkungen physikalischer Defekte auf die Funktion einer Schaltung zu modellieren. Die Vorschläge beziehen sich zumeist auf abgegrenzte Funktionseinheiten wie Mikroprozessoren und Speicherschaltungen. ROMs und Peripherieschaltungen können als Spezialfälle von RAMs und Mikroprozessoren angesehen werden, so daß durch die beiden entsprechenden funktionalen Fehlermodelle komplette Mikrocomputersysteme abgedeckt sind.

Ein Mikrocomputer besteht im wesentlichen aus einem Steuerwerk zur Erzeugung der Steuerbefehle, einem Rechenwerk zur Ausführung der Steuerbefehle, einem Datenspeicher und Datenübertragungswegen.

Die Funktionen werden in fünf Gruppen eingeteilt:

- Adreßdekodierung,
- Befehlsdekodierung und Kontrollfunktionen,
- Datenspeicherung,
- Datenmanimpulation,
- Datentransfer.

In [3.9] und [3.10] werden für Dekodierung und Datentransfer spezielle funktionale Fehlermodelle vorgeschlagen, die auf Befehlssatz und Organisation eines Prozessors basieren. Dabei sind Mehrfachfehler mit der Einschränkung zugelassen, daß zu einer bestimmten Zeit immer nur eine Funktionsgruppe fehlerhaft ist.

Ein Datentransfer ist durch eine Herkunftsadresse, eine Zieladresse und einen Datenpfad festgelegt. Die Dekodierung und damit auch die Adressierung des Herkunfts- bzw. Zielregisters ist fehlerhaft, wenn keine oder eine falsche Adresse ausgewählt wird oder zusätzlich zur korrekten noch weitere Adressen ausgewählt werden, weil die Adressen beispielsweise aufgrund eines Metallierungsfehlers miteinander logisch verkoppelt sind. Ein Fehler des Datenpfades liegt vor, wenn eine oder mehrere Leitungen sa0 oder sa1 sind oder mehrere Leitungen miteinander verkoppelt sind.

Die Befehlsdekodierung erfolgt im Steuerwerk. Dieses erzeugt für jede Instruktion eine Folge von Steuerbefehlen. Bezüglich der Dekodierung wird angenommen, daß im Fehlerfall eine Instruktion gar nicht, verfälscht, oder zusammen mit weiteren Instruktionen ausgeführt wird. Dies kann darin begründet sein, daß einer oder mehrere der Steuerbefehle nicht aktivierbar sind, so daß die Instruktion nur unvollständig ausgeführt wird, oder daß Steuerbefehle ständig, zusätzlich zu den korrekten, oder anstelle der korrekten Steuerbefehle vorliegen. Dieses Modell wird aus der Annahme einzelner Haftfehler in einem rekonvergenzfreien Befehlsdekoder abgeleitet.

Das Rechenwerk für die Datenmanipulation bleibt aufgrund der vielfältigen Funktions- und Realisierungsmöglichkeiten bei der Modellierung von Funktionsfehlern ausgespart. Ein allgemeines funktionales Fehlermodell für das Rechenwerk, bestehend aus ALU, Registern, Multiplexern, Programmzählern, Interrupt-Logik usw., ist nicht bekannt. Es wird angenommen, daß dafür spezielle Testmustersätze existieren.

Für Speicherschaltungen wird in [3.11] ein RAM-Fehlermodell vorgeschlagen. Danach muß sich der Inhalt jeder Speicherzelle sowohl von "0" nach "1" als auch von "1" nach "0" ändern lassen. Ferner muß es möglich sein, jede Zelle unabhängig vom Inhalt der übrigen Zellen korrekt zu lesen. Entsprechend der Aufteilung eines RAMs in die drei Funktionseinheiten Speichermatrix, Adreßdekoderlogik und Schreib-/Leselogik existieren auch drei Fehlermodelle.

1. Die Speichermatrix ist fehlerhaft, wenn

   - eine oder mehrere Zellen sa0 oder sa1 sind;
   - für eine oder mehrere Zellen der Übergang 0-1-0 oder 1-0-1 nicht möglich ist;
   - Zellen miteinander verkoppelt sind, so daß ein Signalwechsel in der einen Zelle in einer oder mehreren anderen ebenfalls einen Signalwechsel bewirkt.

2. Ein Fehler in der Adreßdekoderlogik liegt vor, wenn

   - der Dekoder nicht die adressierte Zelle anspricht;
   - der Dekoder außer der adressierten gleichzeitig noch weitere Zellen anspricht.

   Derartige Mehrfachzugriffe können auch als Kopplung zwischen Speicherzellen interpretiert werden; ebenso läßt sich ein Nichtansprechen der adressierten Zelle als Haftfehler in der Speichermatrix ansehen. Unter der Voraussetzung, daß im Dekoder fehlerbedingt keine sequentielle Logik entsteht, sind daher alle Dekoderfehler als Fehler der Speichermatrix modellierbar.

3. Die Schreib-/Leselogik ist fehlerhaft, wenn

   - der Ausgang des Schreibverstärkers bzw. der Eingang des Leseverstärkers sa0 oder sa1 ist;
   - die Datenleitungen kurzgeschlossen oder kapazitiv verkoppelt sind.

   Diese beiden Fehler lassen sich wiederum entweder als Haftfehler der Speicherzellen oder als Kopplungsfehler der Speichermatrix betrachten. Das Fehlermodell eines RAMs reduziert sich somit auf das der Speichermatrix.

Kopplungsfehler sind nur schwer logisch abbildbar und hängen stark von der tatsächlichen Realisierung ab, so daß sich dafür keine allgemein gültigen Fehlermodelle angeben lassen. Vielmehr haben sich in der Praxis empirisch gewonnene Testmusterfolgen (s. Abschnitt 3.5) bewährt.

3.3 Testmustererzeugung

Die Hauptaufgabe bei der Vorbereitung eines Tests liegt in der Erzeugung geeigneter Testmuster. Testmuster sind binäre Eingangsdaten für den Prüfling, die jeden Eingang mit einem bestimmten logischen Wert "0" oder "1" belegen, so daß ein interner Fehler entweder unmittelbar oder im Verlauf einer Testmusterfolge am Schaltungsausgang durch Abweichung vom Sollwert sichtbar wird. Zur Bestimmung dieser Daten bedient man sich in der Regel eines automatischen Testmustererzeugungssystems (ATPG-System = Automatic Test Pattern Generation System), dessen schematischer Aufbau in Abb. 3.6 dargestellt ist.

Die Beschreibung des Prüflings kann in unterschiedlicher Form vorliegen: als Funktionsbeschreibung in Form von Gleichungen oder Tabellen oder als Logikdiagramm zur Festlegung der Topologie. Aus dieser Schaltungsbeschreibung erzeugt das System, unter Berücksichtigung der zu betrachtenden Fehlermodelle, das Simulationsmodell der zu testenden Schaltung.

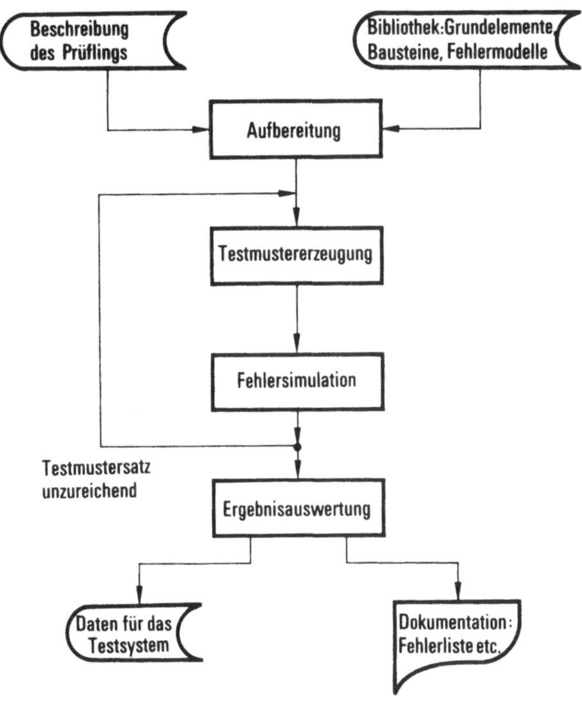

Abb. 3.6. Schematischer Aufbau eines Testmustererzeugungssystems

Hierfür werden im nächsten Schritt Testmuster erzeugt, deren Qualität im Verlauf der anschließenden Fehlersimulation beurteilt wird. Ist der Testmustersatz für die gestellten Anforderungen unzureichend, müssen weitere Testmuster erzeugt werden. Diese Schleife wird u.U. mehrfach durchlaufen und benötigt den Großteil der Rechenzeit. Abschließend werden die Ergebnisse ausgewertet, die Daten für das Testsystem formatiert und eine umfangreiche Dokumentation angelegt, die u.a. auch eine Liste der entdeckten bzw. nicht entdeckten Fehler enthält.

Zur Erzeugung der Testmuster existiert eine Vielzahl von Verfahren. Sie lassen sich in zwei Gruppen aufteilen:

a) Strukturorientierte Verfahren

Bei der Testmustererzeugung wird die Schaltungsstruktur auf Gatterebene zugrunde gelegt. Unter Verwendung strukturorientierter Fehlermodelle (meist Haftfehler) werden Testmuster bestimmt, welche eine Überprüfung der korrekten Realisierung dieser Struktur ermöglichen. Die strukturelle Testmustererzeugung basiert auf der sog. "Pfadsensibilisierung" (vgl. Abschnitt 3.3.1). Durch Ausbildung eines sensiblen Pfades wird jede Signaländerung auf diesem Pfad am Ausgang der Schaltung beobachtbar. Ein Test sämtlicher Signalpfade überprüft die Struktur der Schaltung, womit gleichzeitig die Funktion der Schaltung bei allen anderen möglichen Eingangssignalen bestätigt ist. Dabei können Testmuster auftreten, die für den normalen Betrieb nicht vorgesehen oder sogar funktionell nicht interpretierbar sind.

b) Funktionsorientierte Verfahren

Ist die Schaltungsstruktur unbekannt oder sind spezielle Funktionsfehler zu berücksichtigen, die durch die strukturorientierten Fehlermodelle nicht abgedeckt werden, muß auf realisierungsunabhängige Verfahren zurückgegriffen werden, um die Schaltungsfunktion selbst zu überprüfen. Der Prüfling wird dabei als geschlossene Einheit betrachtet. Aus einer Funktionsbeschreibung, die in Form von Gleichungen oder Tabellen vorliegt, wird ein abstraktes Schaltungsmodell beispielsweise auf der Registertransferebene abgeleitet, für das unter Verwendung bestimmter funktionsorientierter Fehlermodelle die Testmuster erzeugt werden.

Im allgemeinen bietet ein ATPG-System für jede dieser beiden Hauptrichtungen mehrere Verfahren an. Die Auswahl des geeigneten Testmustererzeugungsverfahrens obliegt dem Benutzer. Mögliche Kriterien sind

- geringer Rechenzeitbedarf bei der Mustererzeugung,
- kurze Testlänge (geringe Anzahl von Mustern) für minimale Testzeit,
- einfache hardwaremäßige Generierung der Testmuster während des Tests.

Jede kombinatorische (sequentielle) Schaltung ist beispielsweise durch eine Funktionstabelle (Zustandsfolgetabelle) eindeutig beschreibbar. Ein Fehler innerhalb dieser Schaltung wird nach außen nur dann sicht- und damit erkennbar, wenn die Schaltung unter Einwirkung des Fehlers eine abweichende Funktion aufweist. Die fehlerhafte Schaltung besitzt demnach eine andere Funktionstabelle (Zustandsfolgetabelle). Zur Fehlererkennung sind daher nur solche Muster (Sequenzen) als Eingangsdaten geeignet, die an mindestens einem Schaltungsausgang auf Daten führen, die von der Sollantwort abweichen. Ist die Funktion der Schaltung nicht gestört, obwohl ein Fehler enthalten ist, so liegt dieser Fehler ganz offensichtlich in einem bezüglich der logischen Funktion redundanten Schaltungsteil. Da ein derartiger Fehler die Funktion nicht beeinträchtigt, ist er auch nicht erkennbar. In Abschnitt 3.2 wurde jedoch bereits erwähnt, daß Fehler in redundanten Schaltungsteilen die Erkennung anderer, an sich entdeckbarer Fehler verhindern können. Bezüglich der Testmustererzeugung stellen Redundanzen ebenfalls ein Problem dar, da für diese Fehler definitionsgemäß keine fehlererkennenden Testmuster existieren. Eine Suche nach solchen Mustern wird also erfolglos bleiben und lediglich erheblichen Aufwand verursachen. Redundanzen sollten deshalb eliminiert werden, so daß sämtliche Fehler in der Schaltung entdeckbar sind. Das Erkennen einer Redundanz ist jedoch sehr problematisch und erfordert in der Regel einen immensen Rechenaufwand.

Ein bezüglich Redundanzen unempfindliches Testmustererzeugungsverfahren ist der sog. vollständige Test (exhaustive test), der den funktionsorientierten Testverfahren zugeordnet werden kann. Im Fall einer kombinatorischen Schaltung mit m Eingängen wird durch Anlegen sämtlicher möglichen 2^m Eingangsmuster in beliebiger Reihenfolge die Funktionstabelle vollständig überprüft. Ein vollständiger Test stellt die umfassendste Form einer logischen Funktionsprüfung dar. Es ist weder eine Testmusterberechnung noch ein Fehlermodell erforderlich, und dennoch werden alle logischen Fehler erkannt. Trotz der einfachen Testmustererzeugung findet der vollständige Test nur selten Anwendung, weil die Anzahl erforderlicher Testmuster und damit auch die Testzeit bereits bei Schaltnetzen niedriger Komplexität unzulässig hoch ist. So erfordert der vollständige Test einer kombinatorischen Schaltung mit nur 20 Eingängen bereits über eine Million Testmuster. Das Verfahren wird zu aufwendig und ist für sequentielle Schaltungen aufgrund der schlecht zugänglichen Speicherzellen praktisch nicht anwendbar.

Die algorithmische Testmustererzeugung erlaubt bei Vorgabe der zu betrachtenden Fehlerklassen die Bestimmung der Testmuster bzw. Testsequenzen, die zur Erkennung dieser Fehler notwendig sind. Das gewählte Fehlermodell hat dabei starken Einfluß auf die Testqualität. Man beschränkt sich zumeist auf das Haftfehlermodell (vgl. Abschnitt 3.2), da es für die gebräuchlichen Technologien den Großteil der auftretenden physikalischen Fehler abdeckt, und nimmt zudem an, daß immer nur ein Fehler aktiv ist. Trotz dieser Einschränkungen steigt der Aufwand für die Erzeugung algorithmischer Testmuster exponentiell mit der Schaltungsgröße. Der Aufwand A läßt sich ganz allgemein durch die Beziehung

$$A \sim G^x \qquad (2 < x < 3) \tag{3.2}$$

abschätzen [3.18]. Darin ist x eine vom verwendeten Verfahren abhängige Konstante und G die Zahl der Gatter.

Die algorithmischen Verfahren sind am besten für kombinatorische Schaltungen geeignet; sequentielle Schaltungen mit von außen schlecht zugänglichen Speicherelementen bereiten große Schwierigkeiten. Die Praxis zeigt, daß für sequentielle Schaltungen mit einer Größe von einigen tausend Gattern eine automatische Testmusterberechnung durch algorithmische Verfahren mit den gängigen Programmen auf unakzeptabel niedrige Grade der Fehlererkennung führt. Trotz umfangreicher Hilfsmittel im Bereich CAD werden daher die Testmuster für komplexe sequentielle Schaltungen überwiegend manuell erstellt.

Die manuelle Erstellung von Testmustern gestattet es, die aufwendige algorithmische Testmustererzeugung für hochkomplexe Schaltungen zu umgehen. Ein mit der Schaltung vertrauter Testingenieur wählt dazu heuristisch funktionale Testmuster aus, die beispielsweise auf realisierungsunabhängigen funktionsorientierten Fehlermodellen basieren (vgl. Abschnitt 3.2). Der personelle Aufwand ist jedoch sehr groß und kostenintensiv, weshalb diese Methode vorwiegend zur exakten Kontrolle von Teilfunktionen hochkomplexer Schaltungen oder bei sehr einfachen Prüflingen eingesetzt wird.

Im Gegensatz dazu stehen pseudozufällige Testmuster (Pseudo Random Patterns). Sie lassen sich mittels linear rückgekoppelter Schieberegister sehr einfach erzeugen (vgl. Abschnitt 3.4). Bei geeigneter Wahl der Rückkopplung treten während einer Periode alle möglichen Muster genau einmal auf (Ausnahme: die Kombination 00...00). Pseudozufallsfolgen ermöglichen somit für kombinatorische Schaltungen einen nahezu vollständigen Test. Die Praxis hat gezeigt, daß oft nur ein Bruchteil der Periode durchlaufen werden muß, um alle betrachteten Fehler zu entdecken, so daß auch komplexere und gar sequentielle Schaltungen mit Zufallsfolgen testbar sein können [3.19-3.21]. Dabei werden üblicherweise erheblich mehr Muster erzeugt, als zur Erkennung aller Fehler notwendig wären. Wird die Periode nicht vollständig durchlaufen, so muß, wie bei manuell erstellten Testmustern, die Qualität der Pseudozufallsfolgen, d.h. deren Eignung zur Fehlererkennung, durch eine Fehlersimulation nachgewiesen werden. Bei algorithmischen Verfahren ist eine derartige Verifizierung nicht erforderlich, da diese Aussagen verfahrensbedingt während der Testmustererzeugung anfallen.

Im Verlauf der Fehlersimulation werden in das Simulationsmodell der Schaltung Fehler eingebaut und die zuvor erzeugten Testmuster bezüglich ihrer Fähigkeit, diese Fehler zu entdecken, bewertet. Dazu wird die Reaktion jeder fehlerbehafteten Schaltung auf die Testmuster simuliert und mit der fehlerfreien Antwort verglichen. Das Ergebnis der Simulation ist eine Aufstellung der entdeckten bzw. nicht entdeckten Fehler, aus der der Fehlererkennungsgrad FC (Fault Coverage), ein Maß für die Qualität der Testmuster, gemäß (3.3) bestimmt wird.

$$FC = \frac{\text{Zahl der durch den Test erkannten Fehler}}{\text{Zahl der modellierten Fehler}} . \qquad (3.3)$$

Dabei werden überwiegend Haftfehler an Gatterein- und -ausgängen (Gatterebene) modelliert. Wie die Erfahrung zeigt, ist die Beschränkung auf das Haftfehlermodell der einzig akzeptable Weg, die Qualität einer Testmusterfolge quantitativ zu bewerten. Der Aufwand für die Fehlersimulation ist zwar erheblich geringer als eine Testmusterberechnung, er folgt jedoch ebenfalls der genannten Beziehung (3.2).

Neben den vorgestellten Verfahren zur Testmustererzeugung gibt es Tests für Spezialschaltungen, wie beispielsweise PLAs (Programmable Logic Arrays) oder die digitalen Speicherstrukturen, insbesondere die Schreib-/Lesespeicher oder RAMs. Es handelt sich dabei im Prinzip um Schaltwerke mit 2^n Zuständen (n: Zahl der Speicherzellen); die üblichen Verfahren zur Testmustererzeugung für sequentielle Schaltungen sind jedoch aufgrund der großen Anzahl an Speicherzellen nicht geeignet. Hinzu kommen Probleme funktionaler Natur, wie bereits im Abschnitt 3.2 erwähnt. Eine Berücksichtigung der Regularität der Speicherstrukturen resultiert jedoch in einer entsprechenden Regularität der Testmusterfolgen, die sich im allgemeinen dann wieder durch einen Algorithmus erzeugen lassen. Ein Überblick über die gebräuchlichsten RAM-Testverfahren wird im Abschnitt 3.5 gegeben, der die besondere Problematik beim Testen digitaler Speicher behandelt.

In den folgenden Unterpunkten werden nun einige grundlegende Verfahren zur algorithmischen Testmustererzeugung für kombinatorische und sequentielle Schaltungen vorgestellt.

3.3.1 Testmuster für kombinatorische Schaltungen

Eine kombinatorische Schaltung (Schaltnetz) ist dadurch gekennzeichnet, daß sie gedächtnislos auf die Eingangsdaten reagiert. Das Verhalten der Ausgänge $z_1, z_2, \ldots, z_p$ ist somit eindeutig als Funktion der Eingänge $x_1, x_2, \ldots, x_m$ zum aktuellen Zeitpunkt darstellbar (Abb. 3.7).

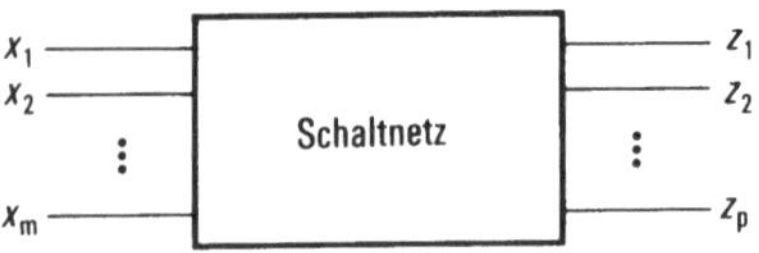

Abb. 3.7. Kombinatorische Schaltung. m Eingänge, p Ausgänge

Es gilt die Vektorgleichung

$$Z = F(X) \tag{3.4}$$

mit $Z = (z_1, z_2, \ldots, z_p)$, $F = (f_1, f_2, \ldots, f_p)$ und $X = (x_1, x_2, \ldots, x_m)$.

Wie bereits erwähnt, wird ein Fehler innerhalb einer Schaltung nach außen nur dann erkennbar, wenn die Schaltung unter Einwirkung des Fehlers eine abweichende Funktion aufweist. Infolge eines Fehlers α wird die ursprüngliche Funktion $f(x_1, x_2, \ldots, x_m)$ also in die Funktion $f_\alpha(x_1, x_2, \ldots, x_m)$ überführt. Jeder Eingangsvektor, für den $f_\alpha(X) \neq f(X)$ gilt, ist ein Testmuster. Dieser Vergleich der beiden Funktionen läßt sich als Antivalenz- oder Exklusiv-ODER-Verknüpfung darstellen, die für fehlererkennende Eingangsmuster den Wert "1" annimmt. Jedes Testmuster erfüllt demnach die Boolesche Gleichung

$$f \oplus f_\alpha = 1\,. \tag{3.5}$$

Die weiteren Erläuterungen sollen anhand der Beispielschaltung in Abb. 3.8 vorgenommen werden.

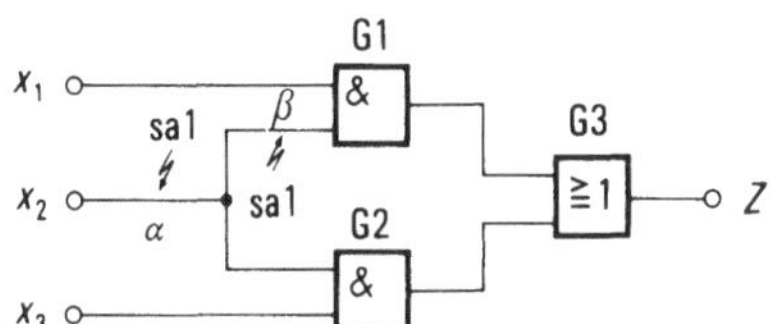

Abb. 3.8. Beispielschaltung mit zwei möglichen Haftfehlern

Die Schaltung realisiert die Funktion

$$f(X) = f(x_1, x_2, x_3) = x_1 x_2 + x_2 x_3\,. \tag{3.6}$$

Bei Auftreten des Fehlers α, Eingang x_2 sa1, verändert sich die Schaltfunktion zu

$$f_\alpha(X) = x_1 + x_3 \tag{3.7}$$

mit den entsprechenden Abweichungen in der Funktionstabelle (Tabelle 3.6).

Tabelle 3.6. Funktionstabelle für die Beispielschaltung in Abb. 3.8

x_1	x_2	x_3	f	f_α	f_β
0	0	0	0	0	0
0	0	1	0	1	0
0	1	0	0	0	0
0	1	1	1	1	1
1	0	0	0	1	1
1	0	1	0	1	1
1	1	0	1	1	1
1	1	1	1	1	1

Die Funktionstabelle macht deutlich, daß der Fehler α durch drei Eingangsvektoren entdeckbar ist; die Testmuster lauten (0,0,1), (1,0,0) und (1,0,1). Wie für den Fehler α, lassen sich auch die Testmuster für die übrigen Fehler durch Vergleich der Funktionstabellen herleiten. Dabei ergibt sich, daß sämtliche Fehler mit nur vier Testmustern entdeckt werden können, gegenüber acht Mustern beim vollständigen Test. Die Menge der Eingangsvektoren, die alle entdeckbaren Fehler erkennt, wird als vollständige "Fehlererkennungstestmenge" bezeichnet. Jedoch wird bereits anhand dieser einfachen Beispielschaltung deutlich, daß das Aufstellen der Funktionstabelle für jeden Fehler einen unvertretbaren Aufwand darstellt und das Verfahren damit unwirtschaftlich ist.

Mit (3.5) steht jedoch eine weitere Bedingung zur Bestimmung von Testmustern zur Verfügung. Für den Fehler α ergibt sich mit den Beziehungen (3.6) und (3.7)

$$\begin{aligned} f \oplus f_\alpha = 1 &= (x_1x_2 + x_2x_3) \oplus (x_1 + x_3) \\ &= x_1\overline{x}_2 + \overline{x}_2x_3 \,. \end{aligned} \tag{3.8}$$

Die Boolesche Gleichung (3.8) wird von den drei Eingangsvektoren (1,0,0), (1,0,1) und (0,0,1) erfüllt, die bereits oben als Testmuster bestimmt wurden.

Entsprechend ergeben sich die Testmuster für den Fehler β, der nur das Gatter G1 beeinflußt, zu (1,0,0) und (1,0,1). Diese

Testmuster entdecken auch den Fehler α. Tritt nun während des Tests beispielsweise beim Eingangsvektor (1,0,0) eine Abweichung zur Sollantwort auf, so kann zwischen den beiden Fehlern α und β nicht unterschieden werden; der Fehler läßt sich nicht lokalisieren. Dazu bedarf es eines Eingangsmusters, das die beiden Fehler zu unterscheiden vermag. Analog zu (3.5) lautet die Bedingung, welche fehlerunterscheidende Eingangsvektoren erfüllen müssen

$$f_\alpha \oplus f_\beta = 1 . \tag{3.9}$$

Für das oben genannte Beispiel ergibt sich

$$\begin{aligned} f_\alpha \oplus f_\beta &= (x_1 + x_2) \oplus (x_1 + x_2 x_3) \\ &= \overline{x}_1 \overline{x}_2 x_3 . \end{aligned} \tag{3.10}$$

Es existiert demnach genau ein Eingangsvektor (0,0,1) zur Unterscheidung der Fehler α und β. Die Menge der Eingangsvektoren, die alle Paare von entdeckbaren Fehlern unterscheidet, heißt vollständige "Fehlerunterscheidungstestmenge".

Fehlerunterscheidende Testmuster werden zur Fehlerlokalisierung, d.h. zur Bestimmung des Fehlerortes benötigt. Wird im vorliegenden Beispiel eine fehlerlokalisierende Testfolge der Länge zwei benötigt, so kann diese Sequenz für große Schaltnetze mit vielen Fehlern beträchtlich länger ausfallen. Die Menge der möglichen Fehler wird dabei durch jedes weitere fehlerunterscheidende Muster in Abhängigkeit von der jeweiligen Testantwort in Form einer Baumstruktur weiter eingeschränkt [3.1-3.4]. Der Aufwand zur Bestimmung der Fehlerunterscheidungstestmenge ist beträchtlich und daher nur für eine Fehlerdiagnose in der Entwicklungsphase gerechtfertigt, oder falls der Prüfling aufgrund der Fehlerlokalisierung repariert werden kann, was jedoch für integrierte Schaltungen mit Ausnahme der Speicherbausteine irrelevant ist. Es steht vielmehr eine möglichst umfassende Fehlererkennung im Vordergrund.

Die Wirkungsweise eines Testmusters sei anhand des Fehlers β in der Beispielschaltung in Abb. 3.8 untersucht. Bei Auftreten des Fehlers β führt das Anlegen des Testmuster (1,0,0) auf vom fehlerfreien Fall abweichende Werte an den Ausgängen der Gatter G1 und G3 (Abb. 3.9). Es bildet sich also, durch das Testmuster bedingt, ein sog. kritischer Signalpfad vom betrachteten Fehlerort bis zu einem beobachtbaren Schaltungsausgang aus.

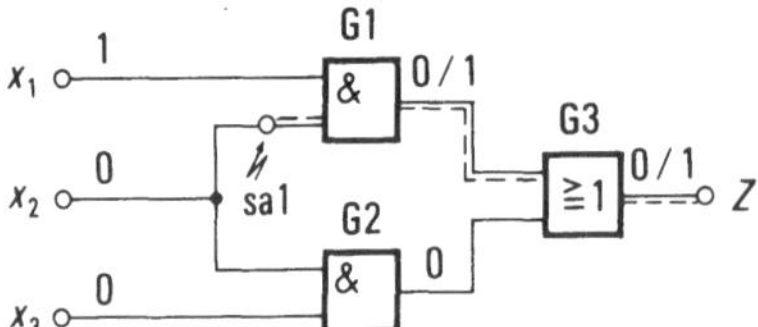

Abb. 3.9. Fehlererkennung über einen kritischen Signalpfad

Jedes Testmuster erfüllt allgemein zwei Aufgaben:

- Im fehlerfreien Fall liegt am Fehlerort ein dem Fehler entgegengesetztes logisches Signal an, um den Fehler zu aktivieren (initialisieren);
- jede fehlerbedingte Änderung des Signals am Fehlerort bewirkt eine Signaländerung an mindestens einem Schaltungsausgang; der Fehlerort ist beobachtbar.

Allein mit Kenntnis einer algebraischen Beschreibung des Schaltnetzes in Form von Booleschen Gleichungen sind beide Aufgabenstellungen erfüllbar. Über die Booleschen Gleichungen sind für jeden Punkt innerhalb der Schaltung die Bedingungen für eine logische "0" oder "1" vorgegeben. Die geforderte Beobachtbarkeit des Fehlerortes setzt eine Abhängigkeit des Schaltungsausgangs vom Fehlerort voraus, welche durch die "Booleschen Differenzen" festgelegt wird. Dabei handelt es sich um einen mathematischen Formalismus, der direkt von den Booleschen Gleichungen ausgeht [3.22].

Die Boolesche Differenz bezüglich des Fehlerortes x_i ist wie folgt definiert:

$$df(X)/dx_i = f_i(0) \oplus f_i(1) . \tag{3.11}$$

$f_i(0)$ drückt die Veränderung der Funktion $f(X)$ im Fall eines sa0-Fehlers γ am Eingang x_i aus. Für x_i sa0 gilt

$$f_\gamma(X) = f(x_1,x_2,\ldots,x_{i-1}, 0, x_{i+1},\ldots,x_m) = f_i(0) \; . \qquad (3.12)$$

Entsprechend wird $f(X)$ durch einen sa1-Fehler am Eingang x_i verändert zu

$$f(x_1,x_2,\ldots,x_{i-1}, 1, x_{i+1},\ldots,x_m) = f_i(1) \; . \qquad (3.13)$$

In der Booleschen Differenz ist die Variable x_i nicht mehr enthalten. Es gilt:

$df(X)/dx_i = 0$: $f(X)$ ist unabhängig von x_i, x_i ist nicht beobachtbar. (3.14a)

$df(X)/dx_i = 1$: $f(X)$ ist abhängig von x_i, x_i ist beobachtbar. (3.14b)

Die Forderung der Gl. (3.14b) liefert demnach sämtliche Bedingungen für die Variablen des Vektors X mit Ausnahme des Fehlerortes x_i selbst, unter denen der Ausgang $z = f(X)$ auf den Fehlerort sensibilisiert wird. Dies wird anhand der Beispielschaltung in Abb. 3.8 verdeutlicht. Es soll dazu der Fehlerort x_2 betrachtet werden.

$$f(X) = (x_1 x_2 + x_2 x_3)$$

$$f_2(0) = x_1 \cdot 0 + 0 \cdot x_3 = 0$$

$$f_2(1) = x_1 \cdot 1 + 1 \cdot x_3 = x_1 + x_3 \; .$$

Die Forderung zur Fehlerbeobachtung lautet also:

$$df(X)/dx_2 = f_2(0) \oplus f_2(1) = 0 \oplus (x_1 + x_3) = 1 \; . \qquad (3.15)$$

Es gibt demnach drei Eingangsbelegungen, um Pfade vom Fehlerort x_2 zum Ausgang zu sensibilisieren: $(0,x_2,1)$, $(1,x_2,0)$ und $(1,x_2,1)$. Im letzten Fall bilden sich sogar zwei Pfade parallel über G1 und G2 aus, wie in Abb. 3.10 dargestellt ist.

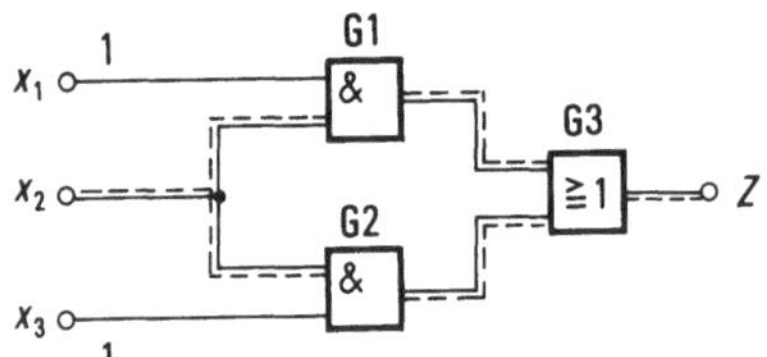

Abb. 3.10. Sensibilisierung paralleler Pfade

Da zur Fehlererkennung der Fehler sowohl aktiviert als auch beobachtbar sein muß, sind alle gültigen Testmuster durch die konjunktive Verknüpfung der Booleschen Differenz bezüglich des jeweiligen Fehlerortes mit der entsprechenden Aktivierungsbedingung gegeben.

$x_i \cdot df/dx_i = 1$ liefert alle Testmuster für einen sa0-Fehler an x_i. (3.16a)

$\overline{x}_i \cdot df/dx_i = 1$ liefert alle Testmuster für einen sa1-Fehler an x_i. (3.16b)

Somit lauten die Testmuster für x_2 sa0 (0,1,1), (1,1,0) und (1,1,1) und entsprechend für x_2 sa1 (0,0,1), (1,0,0) und (1,0,1).

Entsprechend verläuft die Testmusterberechnung für Fehler an internen Signalen. Für die Berechnung existieren eigens Rechenvorschriften, auf die an dieser Stelle jedoch nicht näher eingegangen werden kann. Es muß daher auf entsprechende Literatur verwiesen werden [3.2,3.3].

Die Booleschen Differenzen ermöglichen somit die formelmäßige Bestimmung von Testmustern ohne Aufstellen der Funktionstabelle. Die Methode liefert für einen vorgegebenen Fehler sämtliche Testmuster und ist bei Bedarf auch für Mehrfachfehler anwendbar. Da jedoch der Rechenaufwand, insbesondere bei Behandlung interner Fehler, beträchtlich ist, bleibt die praktische Anwendbarkeit auf kleine Schaltnetze beschränkt.

Für eine effektive Anwendung bedarf es daher geeigneter Verfahren, um einen sensiblen Signalpfad vom Fehlerort zu einem beobachtbaren Schaltungsausgang auszubilden, über den jede Signaländerung am Pfadeingang oder an einer Zwischenvariablen am Ausgang sichtbar wird. Dieses Pfadkonzept läßt sich bei Kenntnis der Schaltungsstruktur recht einfach mit einem Verfahren realisieren, welches zur Automatisierung überaus geeignet ist. Die Pfadsensibilisierung [3.23] stellt eine Erweiterung der Arbeiten von Eldred [3.24] aus dem Jahre 1959 dar.

Die Sensibilisierung erfolgt sukzessiv, Gatter für Gatter. Dabei werden die Eingänge eines Gatters logisch derart belegt, daß der Gatterausgang nur noch von genau dem Eingang abhängt, welcher im gewählten Pfad liegt. Die einzelnen Gatter verhalten sich dann wie Eins-Elemente bzw. Inverter. Die notwendigen Eingangsbelegungen ergeben sich unmittelbar aus der jeweiligen Gatterfunktion:

Tabelle 3.7. Regeln für die Sensibilisierung von Gattern

Gattertyp	Belegung der übrigen Gattereingänge
AND, NAND	alle müssen logisch "1" sein
OR, NOR	alle müssen logisch "0" sein
Inverter, EXOR	keine Bedingungen

Die Vorgehensweise bei der Sensibilisierung eines Pfades sei anhand der Abb. 3.11 erläutert.

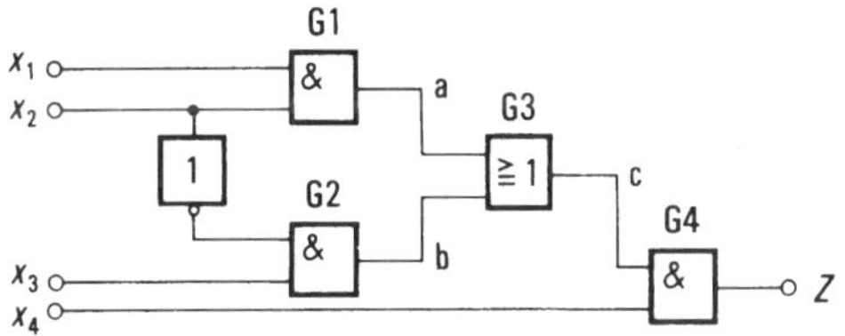

Abb. 3.11. Beispielschaltung zur Pfadsensibilisierung

Die Schaltung realisiert die Funktion $f(X) = x_4 (x_1 x_2 + \bar{x}_2 x_3)$. Soll beispielsweise der Fehler b sa0 untersucht werden, muß zur Aktivierung des Fehlers die Bedingung b = 1, d.h. $x_2 = 0$ und $x_3 = 1$, erfüllt sein. Die Fehlerbeobachtung kann nur über einen

Pfad erfolgen, der vom Fehlerort b über die Gatter G3 und G4 zum Schaltungsausgang z führt. Die Sensibilisierung des Gatters G3 bezüglich der Variablen b läßt sich gemäß Tabelle 3.7 erreichen, wenn die Variable a den Wert "0" annimmt. Im nächsten (und bei diesem Beispiel auch letzten) Schritt gilt es, den Schaltungsausgang z bezüglich c zu sensibilisieren, d.h. $x_4 = 1$.

Die einzelnen Bedingungen für die Sensibilisierung eines Pfades von b über c zum Ausgang z lauten also: a = 0, d.h. $\overline{x}_1 + \overline{x}_2 = 1$ und $x_4 = 1$; zusammengefaßt ergibt sich die Forderung $(\overline{x}_1 + \overline{x}_2) \cdot x_4 = 1$. Die Konjunktion der Bedingungen für Aktivierung und Beobachtung des Fehlers b sa0 liefern die Testmuster (0,0,1,1) und (1,0,1,1).

Das Verfahren der Pfadsensibilisierung umfaßt demnach drei Schritte:

- Die Schaltungseingänge derart belegen, daß im fehlerfreien Fall am Fehlerort ein dem Fehler entgegengesetzter logischer Wert erzeugt wird, "0" für sa1 bzw. "1" für sa0.
- Einen geeigneten Pfad vom Fehlerort zu einem Schaltungsausgang auswählen, auf dem die Auswirkung des Fehlers übertragen werden kann, und den Pfad durch geeignete interne Signale sensibilisieren.
- Die Schaltungseingänge derart belegen, daß sich die zur Pfadsensibilisierung geforderten internen Signale ergeben.

Für jeden dieser Schritte gibt es im allgemeinen mehrere Alternativen. Kommt es bei der Belegung der Schaltungseingänge oder interner Variablen zu Widersprüchen mit bereits getroffenen Entscheidungen, ist eine Korrektur der letzten Entscheidung über Pfadwahl und/oder Sensibilisierungsbelegung interner Signale erforderlich. Zudem kann das Verfahren bei Netzwerken mit rekonvergenten Maschen (die Verzweigung eines Signals auf mehrere Signalleitungen, von denen mindestens zwei an den Eingängen eines Gatters wieder zusammentreffen, s. Eingang x_2 in Abb. 3.11) versagen, wie Schneiders Gegenbeispiel [3.25] zeigt. Trotz rekonvergenter Maschen in dieser Beispielschaltung wird verfahrensbedingt immer nur ein Pfad sensibilisiert (eindimensionale Pfadsensibilisierung). Dabei ergeben sich widersprüchliche Forderungen für die Fehleraktivierung und die Fehlerbeobachtung, die einen entdeckbaren Fehler unerkennbar erscheinen lassen. Schwierigkeiten dieser Art können durch die Sensibilisierung aller existierenden Signalpfade (mehrdimensionale Pfadsensibilisierung) erreicht werden.

Diese Überlegungen führten zum 1966 von J.P. Roth vorgestellten "D-Algorithmus" [3.26,3.27], der als simultane Pfadsensibilisierung mit fehlerabhängigen Signalen betrachtet werden kann und als das bekannteste Verfahren zur algorithmischen Testmustererzeugung gilt. Zur Darstellung der fehlerabhängigen Signale, die im fehlerfreien Fall den Wert "1" und im Fehlerfall den Wert "0" haben, wird das Symbol D eingeführt; entsprechendes gilt für das invertierte Symbol $\overline{D}$. Damit wird die computergerechte Formulierung einer Rechenvorschrift zur automatischen Testmustererzeugung möglich.

Das Verhalten jedes Gatters kann nun in Form von sogenannten "D-cubes" zur Fehlerfortpflanzung (vgl. Tabelle 3.7) und zur Fehleraktivierung beschrieben werden. In Tabelle 3.8 sind die D-cubes für ein UND-Gatter mit zwei Eingängen angegeben, die D-cubes der übrigen Gatter ergeben sich analog.

Jeder Fehler kann als D oder $\overline{D}$ repräsentiert werden. Die D-cubes zur Fehleraktivierung legen die erforderlichen Werte an den

Tabelle 3.8. D-cubes für ein UND-Gatter (X: Eingangsbelegung beliebig)

	Eingänge		Ausgang
	a	b	c
D-cubes zur Fehlerfortpflanzung	D	1	D
	1	D	D
	$\overline{D}$	1	$\overline{D}$
	1	$\overline{D}$	$\overline{D}$
D-cubes zur Fehleraktivierung	1	1	D
	X	0	$\overline{D}$
	0	X	$\overline{D}$

als fehlerfrei angenommenen Eingängen des fehlerhaften Gatters fest. Um beispielsweise den sa0-Fehler am Ausgang eines UND-Gatters behandeln zu können, muß der Gatterausgang zunächst auf D gesetzt werden. Gemäß Tabelle 3.8 lautet damit die Belegung der Gattereingänge zur Fehleraktivierung: a = 1, b = 1. Zur Übertragung des Fehlers an die Schaltungsausgänge werden durch sog. "D-Ketten" alle möglichen Pfade simultan erzeugt. Dazu werden am Fehlerort beginnend die D-cubes der nachfolgenden Gatter sukzessiv in geeigneter Weise (Schnittmengenbildung, D-Intersektion) miteinander verknüpft, bis der Ausgang erreicht ist. Bei jedem Schritt wird auf eine mögliche Nichterkennbarkeit des Fehlers durch rekonvergierende Pfade überprüft und der Pfad gegebenenfalls verlassen. Im Verlauf der anschließenden Konsistenzprüfung werden den Eingangsvariablen Werte zugewiesen, welche die Fehlerübertragung entlang der D-Kette gewährleisten. Ergeben sich dabei Widersprüche, existiert bei der gewählten D-Kette kein Testmuster, und es wird eine Rückkehr zu früheren Entscheidungen im sukzessiven Ablauf erforderlich, um andere D-Ketten zu erproben. Dadurch ist sichergestellt, daß der D-Algorithmus für einen Fehler immer einen Test liefert, sofern überhaupt ein Testmuster existiert. Aufgrund der formalistischen Betrachtungsweise ist es unerheblich, auf welche Weise der mit D symbolisierte falsche Variablenwert entsteht, so daß der D-Algorithmus auch zur Behandlung von Mehrfachfehlern eingesetzt werden kann und sich zudem auch auf topologieverändernde Fehler wie Kurzschlüsse erweitern läßt. Das Verfahren wird daher als sehr leistungsfähig angesehen; es erfordert jedoch selbst bei Verwendung großer Rechner einen erheblichen Rechenaufwand.

Neben den bisher vorgestellten Verfahren existieren weitere, die zum einen heute ohne praktische Bedeutung sind, wie beispielsweise die Methode von Poage [3.28] und die Methode der äquivalenten Normalform [3.23]. Andere können als Variation des D-Algorithmus betrachtet werden, wie die Methode des kritischen Pfades (Critical Path Algorithm) [3.29] oder auch Rückwärtssensibilisierung, welche im Programmsystem LASAR (Logic Automated Stimulus and Response) Verwendung findet. Bezüglich einer ausführlichen Erläuterung der letztgenannten

Verfahren sei auf die weiterführende Literatur [3.1-3.4] verwiesen.

3.3.2 Minimierung von Testmengen

Mit Hilfe der behandelten Verfahren ist eine Testmustererzeugung für bestimmte Fehler in kombinatorischen Schaltungen möglich. Meist werden jedoch Testmustermengen gewünscht, die bei möglichst geringem Umfang alle Fehler des Prüflings zu entdekken vermögen. Es ist daher sowohl bezüglich der Aufwandsreduktion bei der Testmustererzeugung als auch bei deren eigentlicher Anwendung sinnvoll, sich auf die tatsächlich notwendigen Fehler bzw. Testmuster zu beschränken. Eine Aufwandsreduktion bei der Testmustererzeugung läßt sich erreichen, indem die Anzahl der betrachteten Fehler verringert wird.

In (3.9) wurde die Bedingung für Eingangsmuster, welche eine Unterscheidung zwischen den Fehlern α und β gestatten, als $f_\alpha \oplus f_\beta = 1$ angegeben. Liefert die Verknüpfung $f_\alpha \oplus f_\beta$ jedoch den Wert 0, so sind beide Fehler in ihrer Auswirkung absolut identisch und damit nicht voneinander zu unterscheiden. Man nennt diese Fehler darum "äquivalent". Bei der Testmusterberechnung genügt es somit, nur einen Fehler aus der Menge äquivalenter Fehler zu berücksichtigen.

Als Beispiel für die weiteren Erörterungen sei ein UND-Gatter mit $m = 2$ Eingängen a und b und dem Ausgang c betrachtet. Berücksichtigt man an jedem Gatteranschluß sowohl einen sa0- als auch einen sa1-Fehler, so sind $2(m+1) = 6$ stuck-at-Fehler denkbar.

Eine Untersuchung der Tabelle 3.9 ergibt: Sämtliche sa0-Fehler am UND-Gatter sind äquivalent, entsprechend alle sa1-Fehler an ODER-Gattern. Bei NAND (NOR)-Gattern gilt dies für alle sa0 (sa1)-Fehler an den Eingängen und den Fehler sa1 (sa0) am Gatterausgang.

Die Zahl zu betrachtender Fehler sinkt also um m Fehler von $2(m+1) = 6$ auf $(m+2) = 4$. Dieser Vorgang der Fehlerreduktion

Tabelle 3.9. Reaktion eines UND-Gatters auf verschiedene Haftfehler (die Kreise kennzeichnen eine Abweichung zur fehlerfreien Schaltung)

			Werte am Gatterausgang c						
			ohne Fehler	mit Fehler					
Muster	a	b		a sa0	a sa1	b sa0	b sa1	c sa0	c sa1
1	0	0	0	0	0	0	0	0	(1)
2	0	1	0	0	(1)	0	0	0	(1)
3	1	0	0	0	0	0	(1)	0	(1)
4	1	1	1	(0)	1	(0)	1	(0)	1

wird als Fehleräquivalenz (equivalence fault collapsing) bezeichnet.

Ferner fällt beim Betrachten der möglichen Testmuster für den Fehler c sa1 auf, daß diese Testmenge T_1 (Muster 1, 2 und 3) eine Übermenge der Testmengen für die Fehler a sa1 T_2 (Muster 2) und b sa1 T_3 (Muster 3) bildet. In diesem Fall "dominiert" der Fehler c sa1 über die Fehler a sa1 bzw. b sa1. Wenn Fehler α über den Fehler β dominiert, so erkennt jedes Testmuster aus der Testmenge des Fehlers β auch den Fehler α; Fehler α braucht nicht mehr gesondert betrachtet zu werden. Im Beispiel des UND-Gatters gilt dieses für den Fehler am Gatterausgang c sa1. Diese Art der Fehlerreduktion wird als Fehlerdominanz (dominance fault collapsing) bezeichnet. Es bleiben damit für ein Gatter mit m Eingängen noch $(m+1)$ Fehler zu betrachten, was einer Reduktion gegenüber der ursprünglichen Anzahl um 50 % entspricht. Eine weitere Verringerung läßt sich erreichen, wenn Äquivalenz und Dominanz von Fehlern an unterschiedlichen Gattern entlang eines Pfades betrachtet werden.

Als Ergebnis lassen sich die Überlegungen zur Fehlerreduktion in redundanzfreien Schaltnetzen in zwei Sätzen zusammenfassen:

- In einer fan-out-freien kombinatorischen Schaltung gilt:

  Jede Testmenge, die alle stuck-at-Fehler an den Schaltungseingängen entdeckt, entdeckt alle stuck-at-Fehler der Schaltung.

- In einer kombinatorischen Schaltung mit fan-out gilt:
  Jede Testmenge, die sämtliche einfachen stuck-at-Fehler an den Schaltungseingängen und den Zweigen hinter fan-out-Punkten entdeckt, entdeckt alle einfachen stuck-at-Fehler der Schaltung.

Für einen Beweis dieser Sätze, die im wesentlichen auch für Mehrfachfehler gelten, muß auf die Fachliteratur verwiesen werden [3.3].

Eine weitere Möglichkeit zur Reduktion von Testmengen läßt sich durch geeignete Zusammenfassung einzelner Testmuster erreichen. Im allgemeinen sind einige Eingänge für die Erkennung eines bestimmten Fehlers ohne Einfluß und bleiben vom Testmusterberechnungsalgorithmus unspezifiziert ("X"), d.h. sind beliebig belegbar. Gelingt es nun, zwei Testmuster innerhalb der Testmenge ohne Konflikt zu kombinieren, gewinnt man ein Testmuster, welches beide Fehler entdeckt, und gelangt zu einer kleineren Testmenge.

Beispiel:

Testmuster 1:	0 X 1 0 1	entdeckt Fehler α
Testmuster 2:	0 1 1 X X	entdeckt Fehler β
Die Kombination beider ergibt ein neues Muster:	0 1 1 0 1	entdeckt beide Fehler.

Weiterhin entdeckt ein Testmuster in der Regel mehrere Fehler. Verfügt man nun über eine Liste all derjenigen Fehler, die von den einzelnen Testmustern erkannt werden, so läßt sich daraus eine Mindesttestmenge bestimmen, die alle Fehler entdeckt (analog der Vorgehensweise in Tabelle 3.9). Diese Art der Reduktion ist mit der Minimierung logischer Schaltfunktionen vergleichbar [3.30]. Auch hier muß man sich mit suboptimalen Lösungen zufrieden geben, da ansonsten die Rechenzeiten unzulässig ansteigen. Soll jedoch eine Fehlerlokalisierung vorgenommen werden, ist ein Zusammenfassen von Testmustern unzulässig.

3.3.3 Testmuster für sequentielle Schaltungen

Eine sequentielle Schaltung (Schaltwerk) enthält neben der rein kombinatorischen Logik auch speichernde Elemente und reagiert im Gegensatz zu einer kombinatorischen Schaltung gedächtnisbehaftet. Das Verhalten der Ausgänge ist damit nicht nur eine Funktion der Eingänge zum aktuellen Zeitpunkt, sondern auch eine Funktion der Eingänge zu früheren Zeitpunkten, die durch den jeweiligen internen Zustand der Schaltung dokumentiert sind. Als interner Zustand wird die Kombination der Signale auf den Rückkopplungsleitungen bezeichnet, so daß die Anzahl der Zustände endlich ist ("finite-state machine").

Jede sequentielle Schaltung läßt sich als Mealy-Automat [3.31] darstellen (Abb. 3.12) und ist durch zwei Vektorgleichungen vollständig beschrieben. Mit dem Eingangsvektor $X = (x_1, x_2, \ldots, x_m)$, dem Vektor der Zustandsvariablen $S = (s_1, s_2, \ldots, s_n)$, dem Vektor der Ausgänge $Z = (z_1, z_2, \ldots, z_p)$ und $F = (f_1, f_2, \ldots, f_p)$ gilt

$$Z = F(X,S) . \tag{3.17}$$

Berücksichtigt man die Zeitabhängigkeit durch den Index t, so wird der Folgezustand S^{t+1} des Speichers zum Zeitpunkt $t+1$ durch die sekundären Ausgänge $Y = (y_1, y_2, \ldots, y_n)$ zum Zeitpunkt t festgelegt. Es gilt

$$S^{t+1} = (s_1^t, s_2^t, \ldots, s_n^t) = Y^t = G(X^t, S^t) \tag{3.18}$$

mit $G = (g_1, g_2, \ldots g_n)$. Die Realisierung der beiden Funktionen F und G ist im allgemeinen zu einem gemeinsamen Schaltnetz zusammengefaßt. Die Speicherelemente lassen sich abspalten und in die Rückkopplungsleitungen verlagern. Die Verbindungen zum Schaltnetz werden als sekundäre (von außen unzugängliche) Ein- bzw. Ausgänge bezeichnet. Eine allgemeine Darstellung eines Mealy-Automaten ist in Abb. 3.12 wiedergegeben.

Werden als Speicherelemente getaktete Flipflops verwendet, können Änderungen der Zustandsvariablen nur zu diskreten Zeitpunkten erfolgen; alle Speicherelemente nehmen zum gleichen Zeitpunkt (synchron) einen neuen Wert an. Man bezeichnet derartige

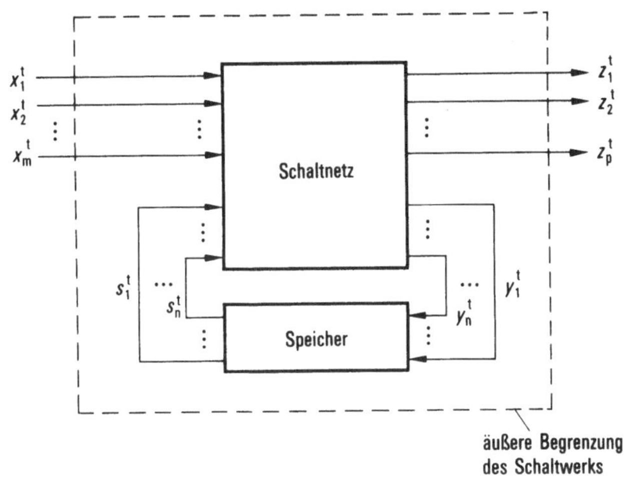

Abb. 3.12. Modell einer sequentiellen Schaltung, Mealy-Automat. m Eingänge, n Registerzellen, p Ausgänge

Schaltungen daher auch als synchrone Schaltwerke. Sie stellen einen Sonderfall der asynchronen Schaltwerke dar, deren Speicherelemente teilweise oder gar nicht getaktet werden oder deren Rückkopplungspfade gänzlich ohne Verzögerung sind. Asynchrone Schaltungen bringen jedoch große Timing-Probleme mit sich und sind daher für hochintegrierte Bausteine ungeeignet. Wir wollen uns deshalb auf synchrone Schaltwerke beschränken und überdies annehmen, daß sich die Schaltungen auch im Fehlerfall synchron verhalten.

Eine sequentielle Schaltung kann als ein kombinatorischer Logikblock (Schaltnetz) zwischen Speicherelementen betrachtet werden. Die Funktion wird im allgemeinen durch die Automatentafel (Zustandsfolgetabelle, flow table) und durch den Zustandsgraphen (state diagram) beschrieben. Das Übergangsverhalten der Zustände des Schaltwerks ist gemäß (3.18) durch das Schaltnetz realisiert. Da zudem sämtliche Fehler in den Speicherelementen auf Fehler der sekundären Ein- und Ausgänge abbildbar sind, reduziert sich das Testen auf den kombinatorischen Logikblock.

Das Problem beim Testen sequentieller Schaltungen wird hier deutlich; für das Schaltnetz existieren $2^{(m+n)}$ unterschiedliche

Eingangskombinationen. Sowohl zur Aktivierung als auch zur Beobachtung eines Fehlers bedarf es bestimmter interner Zustände, d.h. spezieller Belegungen der n sekundären Eingänge, die von außen nicht beliebig einstellbar sind. Zur Fehlererkennung wird daher im allgemeinen eine feste Testmusterfolge benötigt. Sämtliche Testmusterfolgen bilden in ihrer Gesamtheit das Testexperiment.

Jeder Fehler eines Schaltwerks resultiert in einer veränderten Automatentafel und gilt in der Regel als erkannt, sobald die Ausgangswerte von denen eines fehlerfreien Prüflings abweichen. Eine Fehlerfreiheit ist jedoch erst dann gewährleistet, wenn sämtliche Zustandsübergänge verifiziert sind. Dabei wird vorausgesetzt, daß sich die Zahl der Zustände infolge eines Fehlers nicht vergrößert. Bevor jedoch das eigentliche Testexperiment beginnen kann, muß das Schaltwerk in einen definierten Anfangszustand gebracht werden, denn die Ausgangsfolge des Prüflings ist abhängig von der Testmusterfolge und dem Anfangszustand. Man bezeichnet diesen Vorgang als "Initialisierung".

Nach dem Einschalten enthalten die Speicherelemente ganz zufällig entweder eine logische "0" oder "1". Daher muß zunächst dieser zufällige und in der Regel auch unbekannte Zustand der Schaltung in einen bekannten Zustand überführt werden.

Der einfachste Weg ist eine hardwaremäßige Rücksetzmöglichkeit, die bei Anlegen eines externen Signals sämtliche Registerzellen (Speicherelemente) auf einen festen Wert und das Schaltwerk damit in einen eindeutigen Zustand zwingt. Mit Kenntnis des sequentiellen Verhaltens des Schaltwerks läßt sich dann durch Anlegen geeigneter Eingangsmuster jeder gewünschte Zustand erreichen. Die Eingangsfolge für den Übergang zwischen zwei vorgegebenen Zuständen wird auch als Transfersequenz (transfer-sequence) bezeichnet.

Abb. 3.13 zeigt einen zyklischen 2-Bit-Zähler mit (Rücksetz-) Steuereingang sowie den zugehörigen Zustandsgraphen. Der Zählerstand, zugleich auch Zustand des Schaltwerks, ist direkt von außen beobachtbar, was das Testen stark vereinfacht. Liegt der

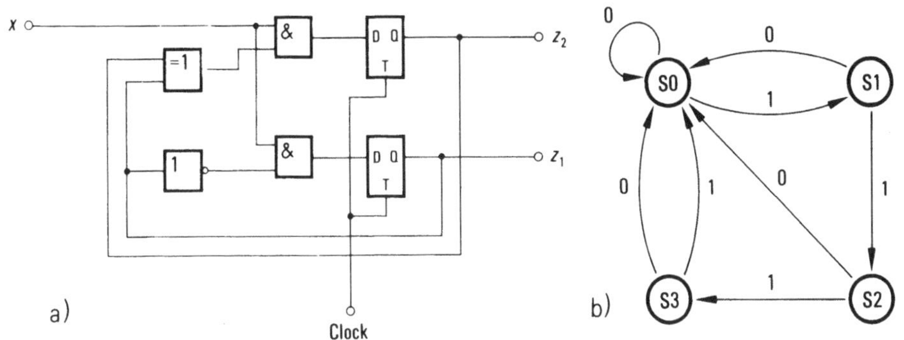

Abb. 3.13. Zyklischer 2-Bit-Zähler mit Rücksetzeingang. a) mögliche Realisierung; b) zugehöriger Zustandsgraph

Steuereingang x auf "0", wird der Zustand S0 ($s_1 = 0$, $s_2 = 0$) eingenommen, ansonsten wird zyklisch inkrementiert. Eine mögliche Transfersequenz von S1 auf S3 wäre demnach x = 1,1.

Läßt sich das Schaltwerk jedoch nicht hardwaremäßig rücksetzen, muß der eigentlichen Testsequenz eine Initialisierungssequenz vorangestellt werden. Diese besteht im einfachsten Fall aus einer Eingangsfolge, die die synchrone Schaltung aus jedem beliebigen Zustand in immer denselben Endzustand überführt. Eine derartige Eingangsfolge wird als "Synchronisationssequenz" (synchronizing-sequence) bezeichnet. Bei Schaltwerken, die keine Synchronisationssequenz besitzen, bedient man sich zur Initialisierung einer "homing sequence", die unter Beobachtung der Ausgangssequenz den Endzustand (Zustand nach Abschluß der Initialisierung) eindeutig zu bestimmen erlaubt. Eine derartige Sequenz existiert für jeden reduzierten Automaten [3.2] (ein reduzierter Automat enthält keine identischen Zustände).

Bereits dieser kurze Überblick macht deutlich, daß bei fehlender Hardwareunterstützung die Initialisierung zu einem eigenständigen Problem beim Testen sequentieller Schaltungen erwächst. Man ist deshalb bestrebt, soweit möglich vom Anfangszustand unabhängige Testmusterfolgen zu erzeugen.

Wie auch bei den Schaltnetzen können die Verfahren zur Testmustererzeugung für sequentielle Schaltungen in zwei Gruppen eingeteilt werden:

- Strukturorientierte Verfahren, welche die tatsächliche Schaltungsrealisierung und eine ausgewählte Klasse von Fehlern in Betracht ziehen, und
- funktionsorientierte Verfahren, die von der Realisierung unabhängig die Automatentafel überprüfen. Diese Ansätze für eine "Maschinenidentifikation" decken eine größere Klasse von Fehlern ab.

Algorithmen zur Testmusterberechnung für beliebige sequentielle Schaltungen sind nicht bekannt. Es sind stets Annahmen und Einschränkungen vorzunehmen, um einen Algorithmus auf Schaltwerke anwenden zu können.

Bei Beschränkung auf synchrone sequentielle Schaltungen, deren Speicherelemente durch D-Flipflops realisiert sind, können Modelle entwickelt werden, die eine Anwendung strukturorientierter Testmustererzeugungsverfahren für Schaltnetze auf Schaltwerke erlauben.

Durch Auftrennen der Rückkopplungsleitungen des Mealy-Automaten (Abb. 3.12) erhält man ein kombinatorisches Netzwerk. Aneinandergereiht ergibt sich ein iteriertes Modell aus identischen kombinatorischen Zellen (Iterative Logic Array, ILA), wie in Abb. 3.14 dargestellt.

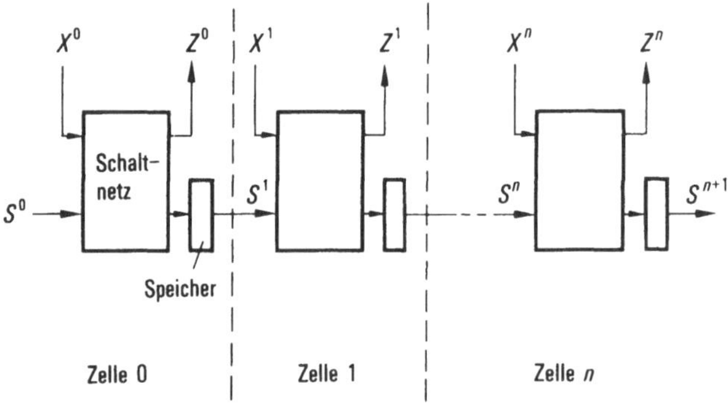

Abb. 3.14. Transformation eines Schaltwerks in ein iteriertes Schaltnetz

Die synchrone sequentielle Schaltung wird durch Momentaufnahmen des Schaltnetzes zu bestimmten Zeitpunkten repräsentiert. So wird beispielsweise die zeitliche Folge der Zustände $\{s^t, s^{t+1}, \ldots, s^{t+n}\}$ in eine räumliche Folge $\{s^0, s^1, \ldots, s^n\}$ überführt; für die übrigen Schaltwerksvariablen entsprechend. Die zeit-sequentielle Schaltung wird auf eine rein kombinatorische raum-sequentielle abgebildet.

Für dieses rein kombinatorische Modell können mit Hilfe der bekannten Verfahren, wie beispielsweise dem D-Algorithmus, sowohl die Testmusterfolge als auch der Anfangszustand s^0 für jeden Fehler bestimmt werden. Dabei ist zu beachten, daß ein einzelner Fehler im Schaltwerk eine entsprechende Auswirkung in jeder kombinatorischen Zelle des Modells zur Folge hat, so daß für das Gesamtmodell ein Mehrfachfehler behandelt werden muß.

Die Testmustererzeugung selbst erfolgt durch wiederholte Anwendung der bekannten Pfadsensibilisierungsverfahren auf jede der erforderlichen Zellen des iterierten Modells. Der Umfang der Aufweitung der Schaltung ist dabei durch die Zahl der Zellen begrenzt, die notwendig sind, um einen Pfad zu einem beobachtbaren Ausgang zu sensibilisieren. Das iterierte Modell eines Schaltwerks mit $N = 2^n$ Zuständen kann also bis zu N Zellen aufweisen. Dies führt hinsichtlich des Speicherplatz- und Rechenzeitbedarfs sehr rasch an die Grenzen des verwendeten Rechners und beschränkt sowohl die Größe des Schaltwerks als auch die Anzahl der Zustände, die zur Erkennung des Fehlers durchlaufen werden dürfen. Ab einer gewissen Schaltungsgröße können somit für bestimmte Fehler keine Testmuster mehr automatisch erzeugt werden, wodurch der Fehlererkennungsgrad auf unakzeptable Werte absinkt. Die Anwendung strukturorientierter Verfahren bleibt damit im wesentlichen auf weniger komplexe Schaltwerke beschränkt. Große sequentielle Schaltungen sind entsprechend zu partitionieren (s. Abschnitt 3.4).

In den letzten Jahren hat auch die Verwendung von Pseudozufallsmustern beim Test sequentieller Schaltungen Erfolg gezeigt. Mit relativ wenigen Testmustern wird ein Fehlererkennungsgrad von über 90 % erreicht. Höhere Werte erfordern jedoch oft sehr umfangreiche Testmengen. Da die Bestimmung des Fehlererkennungsgrades per Fehlersimulation erfolgt, sind auch hier durch den Simulator Grenzen bezüglich der Schaltungsgröße und dem vertretbaren Rechenzeitaufwand gesetzt.

Funktionsorientierte und damit realisierungsunabhängige Verfahren basieren allein auf der Automatentafel des fehlerfreien Prüflings. Annahmen über zu betrachtende Fehlermodelle sind nicht erforderlich. Es gilt dabei Testfolgen zu bestimmen, die prüfen, ob die zu testende sequentielle Schaltung die geforderte Funktion erfüllt. Dabei ist jeder Übergang im Zustandsgraphen nachzuvollziehen. Als Testsequenz ist dafür nur eine Folge von Eingangsmustern geeignet, die die fehlerfreie Maschine von allen übrigen (fehlerhaften) Maschinen unterscheidet, sie eindeutig als fehlerfrei identifiziert. Man bezeichnet einen derartigen Test deshalb auch als "Maschinenidentifikation". Diese Problemstellung wurde bereits 1956 von Moore [3.32] behandelt und dabei gezeigt, daß sich jedes Schaltwerk mit N Zuständen, M verschiedenen Eingangs- und P unterschiedlichen Ausgangsmusterkombinationen - die sogenannte (N,M,P)-Maschine - durch ein einfaches Testexperiment (Abb. 3.15) der Länge L mit

$$M^{N-1} \leqq L \leqq N^{NM+2} * P^N / N! \qquad (3.19)$$

von allen anderen (N,M,P)-Maschinen unterscheiden läßt.

Dem Experiment liegen sehr allgemeine Annahmen zugrunde:

- Es wird eine Maschine mit reduziertem und streng zusammenhängendem Zustandsgraphen vorausgesetzt, d.h., im Zustandsgraphen kommen keine identischen Zustände vor und jeder Zustand läßt sich prinzipiell von jedem anderen erreichen.
- Die Testsequenz wird aus der Automatentafel des Prüflings gewonnen, die Realisierung der Maschine ist unbekannt.
- Es werden alle denkbaren Fehler berücksichtigt. Ein spezielles Fehlermodell wird nicht zugrunde gelegt. Jedoch setzt auch Moore voraus, daß fehlerbedingt keine neuen Zustände entstehen und die Zahl der Zustände daher nie größer als N wird.

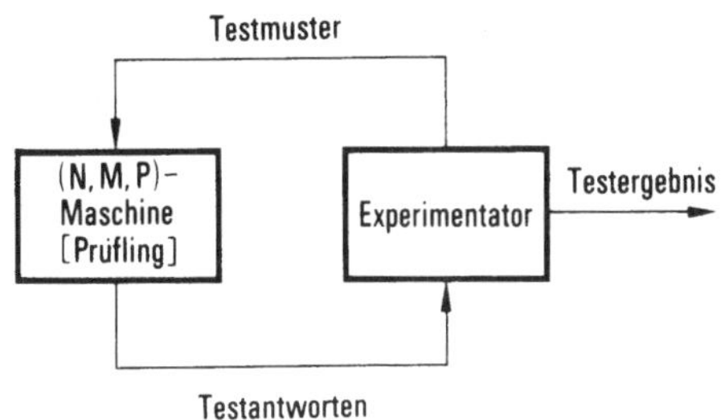

Abb. 3.15. Testexperiment zur Maschinenidentifikation nach Moore [3.32]

Eine derartig abstrakte Vorgehensweise führt bereits bei recht kleinen Schaltwerken zu unrealistischen Testlängen. So würde beispielsweise der Test eines Dezimalzählers mit N = 10 Zuständen und m = 6 Eingängen eine minimale Testlänge von $L_{min} = (2^6)^{(10-1)} = 1{,}8 \cdot 10^6$ Mustern erfordern, so daß der gesamte Test bei einer Frequenz von 10 MHz wenigstens 57 Jahre andauert.

Durch systematisches Einschränken der Annahmen von Moore gelang es, für spezielle Maschinen die obere Schranke für L deutlich zu senken. Je nach dem Grad der Forderungen an die zu testende Schaltung bewegt sich die maximale Anzahl der anzulegenden Testvektoren zwischen MN^3 (Kohavi, 1967 [3.33]) und MN^2 (Holborow, 1972 [3.34]). Für die sog. "einfach testbare Maschine" gibt Fujiwara [3.35] sogar einen Wert von $L < (2MN + 3N + 1)\,[ld\,N] + MN$ an; [ld N] ist dabei die kleinste ganze Zahl, welche größergleich ld N ist. Der oben erwähnte Dezimalzähler kann dann mit maximal 5884 Mustern in weniger als 0,6 ms getestet werden (10-MHz-Takt).

Allen Ansätzen ist gemeinsam, daß das zu testende Schaltwerk durch Hinzufügen von zusätzlicher Logik in eine sequentielle Schaltung überführt wird, die günstigere Eigenschaften bezüglich des Testens aufweist. Beide Schaltungen sind zwar in
lich des Testens aufweist. Beide Schaltungen sind zwar in
ihrer Funktion identisch, sie unterscheiden sich jedoch stark bezüglich ihrer Testbarkeit. Ansätze auf diesem Gebiet gefaßt, dem der Abschnitt 3.4 gewidmet ist. So lassen sich beispielsweise durch Einführen eines Prüfbusses in der Testphase sämtliche Speicherzellen von außen direkt setzen und beobachten. Das Testen einer sequentiellen Schaltung reduziert

sich damit auf das Testen von rein kombinatorischer Logik, also auf ein gelöstes Problem:

3.4 Testfreundlicher Entwurf

Unter dem Begriff "Testfreundlicher Entwurf" (Design for Testability) werden sämtliche Auflagen und Regeln für die Realisierung (Entwurf) einer Schaltung zusammengefaßt, die zu einer Verringerung des Testaufwandes beitragen. Einen Überblick über die Problematik und die unzähligen Lösungsansätze gibt [3.7]. Vorschriften zur Verbesserung der Testbarkeit lassen sich sowohl für die unterste Entwurfsebene (Layout) als auch für die Logik- und die Systemebene formulieren.

Durch Verbesserung des Layouts können beispielsweise die Zahl der zu betrachtenden Fehler verringert und dem zugrunde gelegten Fehlermodell nicht entsprechende Fehler gänzlich vermieden werden, was die Testmustererzeugung wesentlich erleichtert [3.12]. Zur Erläuterung sei das Layout eines NMOS-Gatters in Abb. 3.16 betrachtet.

Eine Unterbrechung an der Stelle F im Layout der Abb. 3.16a ist auf der Gatterebene nicht durch Haftfehler darstellbar. Dagegen lassen sich im Layout nach Abb. 3.16b sämtliche Unterbrechungen durch Haftfehler beschreiben.

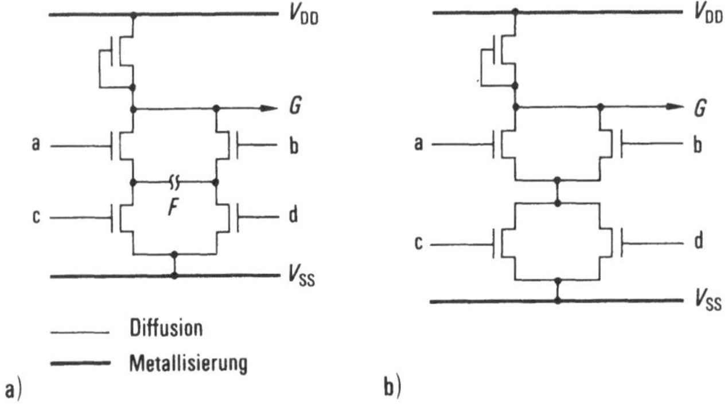

Abb. 3.16. Layout eines NMOS-Gatters [3.12]. a) Unzureichendes Layout; b) alternatives Layout

Maßnahmen auf der Layoutebene können beim rechnerunterstützten Entwurf automatisch berücksichtigt werden. Wir werden uns deshalb im folgenden auf Maßnahmen zur Verbesserung der Testbarkeit auf der Logik- und Systemebene konzentrieren.

Die Testbarkeit einer Schaltung wird gemäß den Bedingungen zur Fehlererkennung (Abschnitt 3.3) durch zwei Eigenschaften bestimmt:

- die Steuerbarkeit (controllability), die Fähigkeit, schaltungsinterne Punkte von außen auf definierte logische Werte setzen zu können, und
- die Beobachtbarkeit (observability), die Fähigkeit, schaltungsinterne Punkte von außen beobachten zu können.

Sämtliche Maßnahmen, die durch Unterstützung dieser Eigenschaften den Test erleichtern, werden passive Testhilfen genannt. Einrichtungen, die durch Testmustererzeugung und Testdatenauswertung auf dem Chip einen selbständigen Test auszuführen vermögen, werden hingegen als aktive Testhilfen bezeichnet.

3.4.1 Passive Testhilfen

Gemäß (3.2) wächst der Aufwand zur Erzeugung algorithmischer Testmuster exponentiell mit der Zahl der Gatter an. Aus dieser Beziehung folgt unmittelbar, daß eine Unterteilung (Partitionierung) der komplexen Gesamtstruktur in mehrere kleine Einheiten den Testaufwand am wirksamsten verringert. Die Testmustererzeugung vereinfacht sich; für sequentielle Schaltungen nimmt die Zahl der Zustände je Partition ab, wodurch die jeweils erforderliche Testlänge wesentlich verkürzt wird (vgl. Abschnitt 3.3.3). Einer geeigneten Partitionierung kommt beim testfreundlichen Entwurf deshalb entscheidende Bedeutung zu.

Eine besonders einfache Partitionierung stellt die Busarchitektur dar. Über den Bus wird ein Zugriff auf die zu testenden Teilschaltungen möglich; die dazu notwendige Steuerlogik ist ohnedies vorhanden.

Andere Ansätze zum Aufbrechen komplexer Schaltungsstrukturen verwenden Testpunkte, die, auf zusätzliche Pins geführt, sowohl die Steuer- als auch die Beobachtbarkeit beträchtlich verbessern. Zum Einspeisen von Signalen müssen die auf die Testpunkte arbeitenden Strukturen entweder einen tristate-fähigen Ausgang besitzen, oder es finden zum Auftrennen Entkopplungsglieder Verwendung, wie sie in Abb. 3.17 dargestellt sind. Dabei ist zu beachten, daß durch die zusätzliche Testlogik die Verarbeitungsgeschwindigkeit möglichst unbeeinträchtigt bleibt.

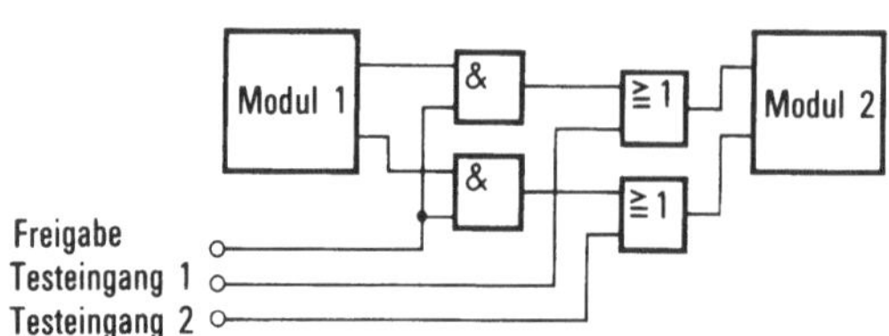

Abb. 3.17. Einsatz von Entkopplungslogik zur Partitionierung

Liegt am Freigabeeingang eine logische "0" an, sind die beiden Module entkoppelt. Die Eingänge des Moduls 2 lassen sich nun direkt über die beiden Testeingänge extern steuern.

Derartige Entkopplungsstrukturen bieten eine Möglichkeit zur Lösung des Problems der mangelnden Zugänglichkeit der internen Rückkopplungen sequentieller Schaltungen; Initialisierung sowie Setzen und Bestimmen des internen Zustandes vereinfachen sich wesentlich. Durch das Auftrennen der Rückkopplungen im Schaltwerk wird das Testproblem der sequentiellen Schaltungen auf das der kombinatorischen Schaltungen überführt.

Zu den vorgestellten Maßnahmen muß jedoch nachteilig bemerkt werden, daß sie eine Vielzahl von zusätzlichen Steuer- und Dateneingängen sowie Testausgängen benötigen. Aufgrund der starken Limitierung der Pinzahl sind diese Ansätze deshalb nicht direkt realisierbar. Die Mehrfachausnutzung eines Pins als Ein- und Ausgang (bidirektional) gestattet eine gewisse Reduktion. Auch lassen sich über Multiplexer mehrere Testpunkte auf einen Pin zusammenführen. Ist ein solcher Overhead jedoch nicht erlaubt, sollte zumindest das Rücksetzen der Speicherelemente über eine

Rücksetzleitung ermöglicht werden, was die Initialisierung des Schaltwerks wesentlich erleichtert (vgl. Abschnitt 3.3.3).

Als Partitionierungshilfe können in die Schaltung auch Schieberegister eingefügt werden, um interne Signale besser steuern und beobachten zu können. Die Anzahl zusätzlich benötigter Pins ist dabei äußerst gering. Diese aus der Sicht des Testens optimale Lösung wird als "Prüfbus" oder auch als "Scan-Path" bezeichnet und basiert auf Ideen von Eldred [3.24] und Carter et al. [3.36].

Im Gegensatz zu den bisher aufgezeigten Ad-hoc-Maßnahmen, die sich sehr stark an der jeweiligen Schaltung und der speziellen Struktur orientieren und daher nicht ohne weiteres auf andere Schaltungen übertragbar sind, gilt die Scan-Path-Methode als einzige systematische passive Testhilfe. Sie wurde von verschiedenen Firmen unter Bezeichnungen wie LSSD (Level Sensitive Scan Design), Scan-Path oder auch Scan-Set weiterentwickelt [3.7].

Dem Prüfbus-Konzept liegen eine Reihe von Entwurfsregeln zugrunde [3.37]. Alle Speicherelemente (ausgenommen Speicherfelder wie RAMs etc.) sind hazard-freie synchron getaktete Flipflops. Diese lassen sich im Testmodus durch zusätzliche Logik zu einer Schieberegisterkette (Scan-Path) zusammenschalten. Anfang und Ende der Kette sind mit je einem Pin (Scan-In und Scan-Out) verbunden und ermöglichen das serielle Einschieben der Testmuster und das Herausschieben der Testantworten. Jede Speicherzelle ist also von außen zugänglich, wodurch die sequentielle Struktur der Schaltung aufgehoben wird; die zum Testen verbleibende Logik ist rein kombinatorisch. Damit ist der Test einer sequentiellen Schaltung auf den bedeutend einfacheren Test einer kombinatorischen Schaltung zurückgeführt.

Wie bereits anfangs erwähnt, existieren für die Scan-Path-Methode unterschiedliche Ansätze und dementsprechend auch verschiedene Realisierungsvorschläge für die erforderlichen hazard-freien Speicherelemente. Eine Übersicht findet sich in [3.7]. Abb. 3.18 zeigt als Beispiel eine Variante, die im LSSD von der Firma IBM eingesetzt wird.

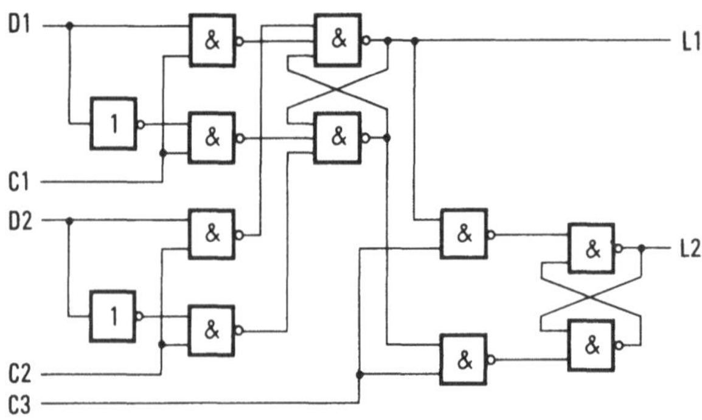

Abb. 3.18. Schieberegisterelement [3.37]

Im Normalbetrieb sind die beiden Testmodus-Schiebe-Takte C2 und C3 mit einer logischen "0" belegt. Die Daten am Systemeingang D1 werden mit dem Systemtakt C1 zum Datenausgang L1 übertragen. Im Testbetrieb arbeitet die Struktur als Zelle eines Schieberegisters. Eingang D2 ist mit dem Schiebeausgang L2 der vorhergehenden Stufe verbunden, entsprechend führt Ausgang L2 auf den nachfolgenden Schiebeeingang. Die Taktung dieser Master-Slave-Einheit erfolgt durch die beiden Testmodus-Schiebe-Takte C2 (Master-Clock) und C3 (Slave-Clock), die abwechselnd aktiv sind.

Werden sämtliche Speicherelemente in der soeben vorgestellten Weise realisiert, ergibt sich eine Implementierung gemäß Abb. 3.19. Als zusätzliche Anschlüsse werden lediglich vier Pins für die beiden Test-Schiebe-Takte Clock 2 und Clock 3 sowie für Anfang und Ende des Prüfbusses Scan-In und Scan-Out benötigt.

Der Test der Schaltung verläuft im einzelnen wie folgt:

- Den Testmustervektor der sekundären Eingänge mit der Länge n durch n Schiebetakte Clock 2 und Clock 3 über den Eingang Scan-In in die n Speicherelemente des Prüfbusses einschieben.
- Die primären Eingänge mit weiteren Testmustern belegen.
- Die Testantwort an den primären Ausgängen auswerten.
- Die Testantwort an den n sekundären Ausgängen durch einmaliges Betätigen des Systemtakts Clock 1 in die n Speicherelemente übernehmen.

- Die Testantwort durch Schiebetakte Clock 2 und Clock 3 aus den Speicherelementen ausschieben, wobei bereits der nächste Testvektor nachgeschoben werden kann.

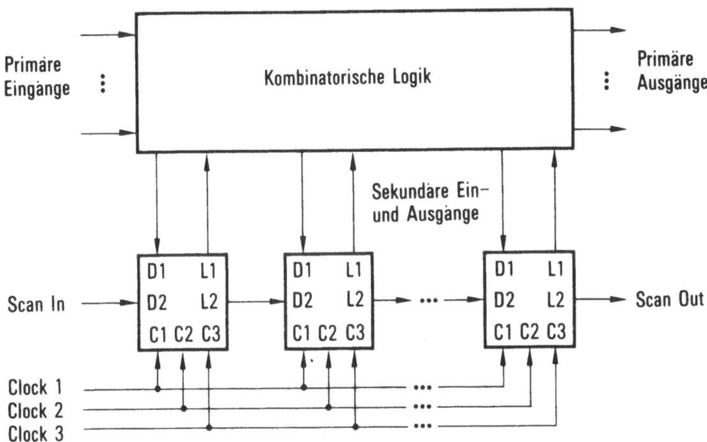

Abb. 3.19. Implementierung der Scan-Path-Methode

Wie die Erfahrung zeigt, läßt sich bei Einsatz der Scan-Path-Methode die Anzahl der erforderlichen Testmuster um mindestens eine Größenordnung reduzieren. Der zusätzliche Aufwand an Hardware beträgt je nach Schaltungskomplexität und Art und Weise der Implementierung des Prüfbusses zwischen 4 und 20 % [3.37].

Um auch bei großen Schaltungsstrukturen mit einer großen Anzahl an Speicherelementen und damit auch Schieberegisterzellen den Verdrahtungsaufwand zu reduzieren, wird der Prüfbus vielfach in mehrere kürzere Pfade aufgeteilt. Dies läßt sich zum einen durch zusätzliche Pins oder auch durch Mehrfachausnutzung von Pins erreichen.

Durch die Unterteilung (Partitionierung) in mehrere kurze Pfade wird auch ein prinzipieller Nachteil dieser Testmethode vermieden; die u.U. langen Schiebephasen zum Einschieben der Testmuster und zum Herausschieben der Testantworten (n Schiebetakte bei n Speicherelementen) werden erheblich verkürzt. Die Rechenzeit zur Erzeugung geeigneter Testmuster sinkt in gleichem Maße.

Somit läßt sich zusammenfassend feststellen, daß die Scan-Path-Methode bei geeigneter Anwendung und strikter Einhaltung der Entwurfsregeln eine äußerst effektive Maßnahme zur Verbesserung der Testbarkeit digitaler integrierter Schaltungen darstellt.

3.4.2 Aktive Testhilfen

Die vorgestellten passiven Testhilfen verbessern zwar die Testbarkeit, sie erfordern jedoch eine umfangreiche externe Unterstützung für den Testablauf. Nach wie vor müssen die Testmuster von einem Testautomaten erzeugt und die Testantworten dort auch ausgewertet werden. Berücksichtigt man die mit der Scan-Path-Methode verbundenen seriellen Schiebevorgänge, so ist der Zeitbedarf beträchtlich.

Dieser Nachteil kann durch aktive Testhilfen vermieden werden, welche die Testmustererzeugung und die Auswertung der Testantworten (Testdatenauswertung) auf dem Chip selbst vornehmen. Man spricht auch von einem "Built-in Test". Der Test wird dabei lediglich von außen angeregt und später das Testergebnis GO/NOGO abgefragt; in der Zwischenzeit testet sich das Chip selbst (Selbsttest). Zu diesem Zweck müssen auf dem Chip Funktionsblöcke bereitstehen (Abb. 3.20), die in der Lage sind, die Aufgaben des externen Testautomaten für den Selbsttest zu übernehmen: die Testmustererzeugung, die Testdatenauswertung sowie die Testablaufsteuerung. Als Randbedingung kommt hinzu, daß diese zusätzlichen Blöcke möglichst wenig Fläche beanspruchen

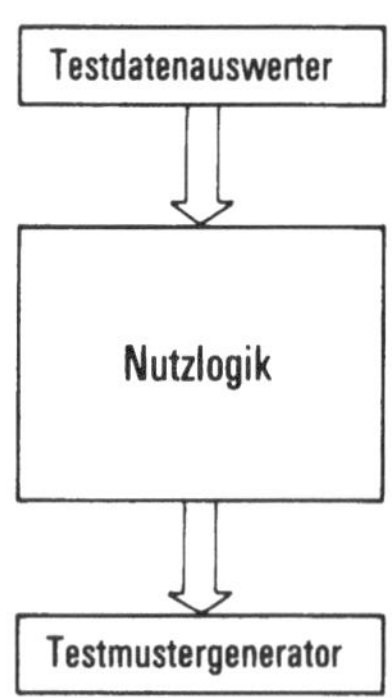

Abb. 3.20. Struktur einer selbsttestenden Schaltung

sollten. Ein Abspeichern von Testmustern oder von Sollantworten auf dem Chip ist deshalb nicht möglich. Es werden vielmehr Testmustergeneratoren benötigt, die bei möglichst einfacher Realisierung sämtliche zur Gewährleistung der Testqualität erforderlichen Testmuster zu erzeugen vermögen. Bei der Verarbeitung der Testantworten sind Datenkompressionstechniken unverzichtbar, um die anfallenden Datenmengen ohne Minderung der Testqualität zu reduzieren.

Der einfachste Testmustergenerator ist ein linear rückgekoppeltes Schieberegister. Dieses kann, wie bereits für den Scan-Path erläutert, durch Funktionskonvertierung aus einem bei busorientierten Systemen ohnehin vorhandenen normalen Register mit geringem Aufwand gewonnen werden. Die Abb. 3.21 zeigt ein aus D-Flipflops aufgebautes Register; die Taktversorgung ist nicht dargestellt.

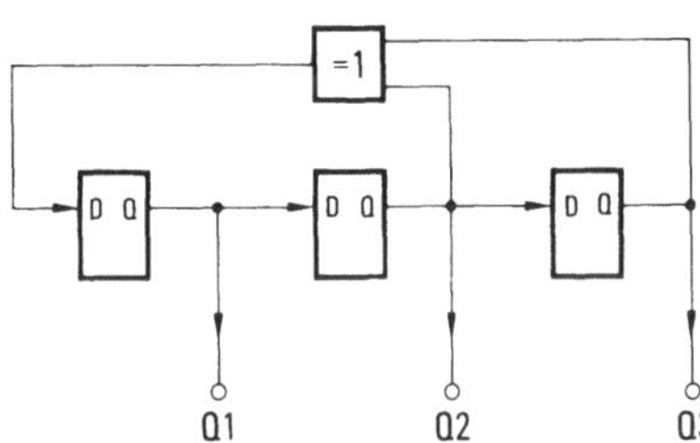

Abb. 3.21. Testmustergenerator mit linearer Rückkopplung

Ein derartiger m Bit breiter Testmustergenerator liefert Pseudozufallsfolgen [3.38] mit einer maximalen Periodenlänge

$$L = 2^m - 1 . \qquad (3.20)$$

Bei geeigneter Wahl der Rückkopplung treten alle 2^m möglichen Kombinationen mit Ausnahme des Musters 0...0 auf, so daß sich damit kombinatorische Schaltungen (nahezu) vollständig testen lassen. In Tabelle 3.10 ist eine Periode der Pseudozufallsfolge des Generators aus Abb. 3.21 aufgelistet.

In speziellen Fällen empfiehlt sich jedoch die Verwendung deterministischer Testmuster, beispielsweise beim Test von PLAs.

Tabelle 3.10. Pseudozufallsfolge des Generators aus Abb. 3.21

Q1	Q2	Q3
1	1	1
0	1	1
0	0	1
1	0	0
0	1	0
1	0	1
1	1	0

Auch hier lassen sich rückgekoppelte Schieberegister zur Testmustererzeugung einsetzen, wenngleich die Rückkopplung dafür nichtlinear und aufwendiger zu bestimmen ist [3.39].

Zur Auswertung und Kompression der Testantworten stehen mehrere Techniken zur Auswahl. So läßt sich beispielsweise durch Zähler die Anzahl der Signalwechsel (0/1 bzw. 1/0) auf den einzelnen Leitungen registrieren. Der Hardwareaufwand ist jedoch beträchtlich.

Andere Ansätze verwenden ebenfalls Zähler, wie etwa die "Syndrome-Test"-Methode, bei der alle möglichen Muster anzulegen sind und dann für jeden Ausgang die Anzahl der logischen Einsen bestimmt wird. Ein ähnliches Verfahren basiert auf der "Verifikation der Walsh-Koeffizienten". Eine ausführliche Beschreibung findet sich beispielsweise in [3.7].

Eine häufig genutzte Datenkompressionstechnik ist die Signaturanalyse. Als Testdatenauswerter wird dabei ebenfalls ein linear rückgekoppeltes Schieberegister verwendet, mit dessen Hilfe der Datenstrom der Testantworten zu der sogenannten "Signatur", dem Registerinhalt bei Testende, komprimiert wird [3.40]. Die Qualität des Verfahrens ist dabei von der Breite des verwendeten Registers abhängig. Zur Fehlererkennung muß die Signatur im Fehlerfall von der Sollsignatur abweichen. Die Anzahl möglicher Signaturen bzw. möglicher Zustände des Signaturregisters ist durch die Registerbreite vorgegeben und damit beschränkt. Es kann also durchaus vorkommen, daß unterschiedliche Testantwortfolgen letztlich auf identische Signaturen abgebildet werden. Die Fehlererkennungswahrscheinlichkeit P für ein m Bit breites Signaturregister beträgt

$$P \geqq 1 - 2^{-m}, \tag{3.21}$$

eine Mindestbreite sollte deshalb nicht unterschritten werden.

Bereits für m = 8 ergibt sich eine Wahrscheinlichkeit P = 0,996, die für m = 10 auf P = 0,999 ansteigt. Die Signaturanalyse stellt damit eine geeignete Methode dar, Daten ohne signifikanten Informationsverlust zu komprimieren.

Nachteilig an der in [3.40] vorgestellten Realisierung ist jedoch, daß es sich dabei um ein Bit-serielles Signaturregister handelt, welches über nur einen Dateneingang verfügt. Für eine Schaltung mit p Ausgängen würden demnach entweder p derartige Signaturregister mit einem Eingang oder ein Signaturregister mit vorgeschaltetem Multiplexer benötigt. Eine weitaus weniger aufwendige Lösung stellt das parallele Signaturregister dar, welches über p parallele Eingänge verfügt [3.41]. Die Abb. 3.22 zeigt ein derartiges paralleles Signaturregister mit D-Flipflops realisiert; die Taktversorgung ist nicht dargestellt.

Ein Vergleich mit dem Pseudozufallsgenerator aus Abb. 3.21 zeigt viele Ähnlichkeiten auf. Auch das Signaturregister kann durch Funktionskonvertierung aus einem vorhandenen Register gewonnen werden, der hardwaremäßige Aufwand zur Realisierung ist also vergleichsweise gering.

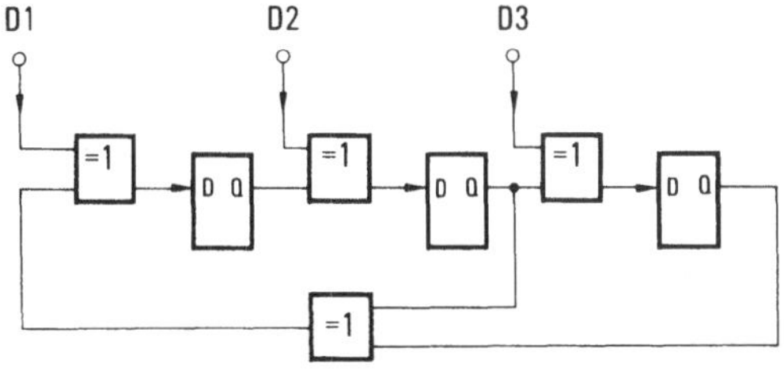

Abb. 3.22. Paralleles Signaturregister zur Testdatenauswertung

Eine Struktur, die die Funktionen von Testmustergenerator und Testdatenauswerter mit denen des Scan-Path vereint, wurde 1979 unter der Bezeichnung BILBO (Built-In Logic Block Observer) [3.42] vorgestellt. Der Prüfbus ermöglicht die externe Zuführung spezieller Testmuster. So kann beispielsweise der Testmustergenerator geeignet initialisiert werden, um durch die Auswahl einer Teilperiode die Testzeit abzukürzen. Ebenso lassen sich damit bei Bedarf einzelne Testantworten bzw. Signaturen nach außen schieben. Die Abb. 3.23 zeigt ein 3 Bit breites BILBO-Register. Die Rückkopplungen für Pseudozufallsgenerator und Signaturregister sind identisch. Die Betriebsart gemäß Tabelle 3.11 wird über die beiden Steuereingänge B1 und B2 festgelegt. Mit dem BILBO-Register steht damit eine universelle aktive Testhilfe zum Selbsttest digitaler integrierter Schaltungen zur Verfügung.

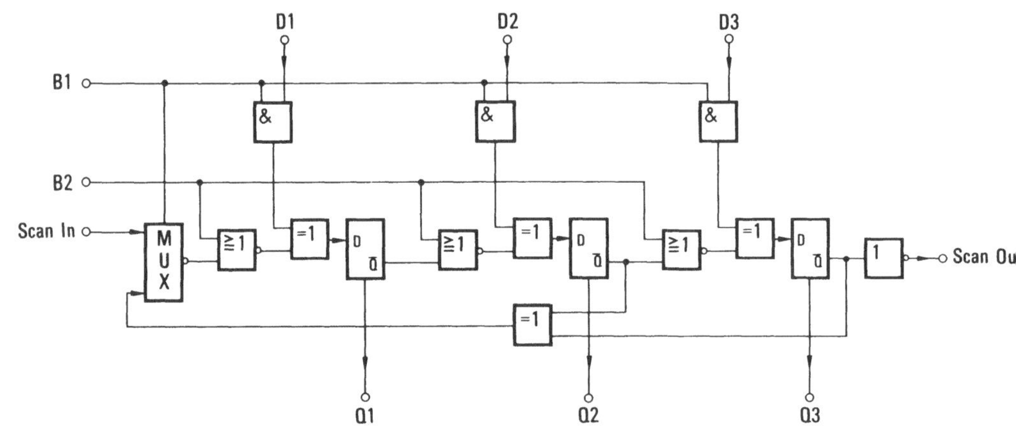

Abb. 3.23. BILBO-Register

Tabelle 3.11. Betriebsarten des BILBO-Registers

B1	B2	Funktion
0	0	Schieberegister (Prüfbus)
0	1	Rücksetzen des Registers
1	0	Paralleles Signaturregister/Pseudozufallsgenerator (bei konstanter Eingangsbelegung)
1	1	Normalbetrieb als Register

Der zusätzliche Hardwareaufwand für die aktiven Testhilfen ist gerechtfertigt, wenn man die Vorteile betrachtet, die selbsttestende Schaltungen bieten:

- Die Pinelektronik des Testautomaten vereinfacht sich.
- Der Test läuft mit der hohen schaltungsinternen Geschwindigkeit ab.
- Der gleichzeitige Test mehrerer Chips auf dem Wafer bzw. mehrerer Module in einer Schaltung ist möglich.
- Service und Wartung werden erleichtert.

3.5 Testen digitaler Speicher

3.5.1 Besonderheiten beim Speichertest

Speicher nehmen in der Digitaltechnik eine Sonderstellung ein. Zum einen erlauben sie aufgrund ihrer Regularität äußerst kompakte Realisierungen und nehmen bei der Einführung neuer Technologien stets eine Art Vorreiterrolle wahr; zum anderen erfüllen sie nur sehr einfache Funktionen, nämlich das Abspeichern von binären Daten unter einer gegebenen Adresse, wozu lediglich die Funktionen Schreiben und Lesen erforderlich sind. Bei Festwertspeichern (Read Only Memory, ROM) entfällt auch die Schreibfunktion, weshalb im folgenden der allgemeinere Fall der Schreib-/Lesespeicher (Random Access Memory, RAM) behandelt werden soll. Abb. 3.24 zeigt den typischen Aufbau eines n-Bit-RAM-Bausteins.

Bei einem RAM mit einer Speicherkapazität von n Bit kann ein Datenbit unter n verschiedenen Adressen frei wählbar abgelegt und später wieder gelesen werden. Der Zugriff auf das ausgewählte Datenwort erfolgt über Adreßdekoder. Das q Bit breite Adreßwort (für einen $n \times 1$-Bit-Speicher ist $q = \mathrm{ld}\, n$) wird dazu in zwei Anteile, eine r Bit breite Spaltenadresse und eine s Bit breite Zeilenadresse, aufgespalten. Die Speichermatrix ist entsprechend in R Spalten und S Zeilen organisiert.

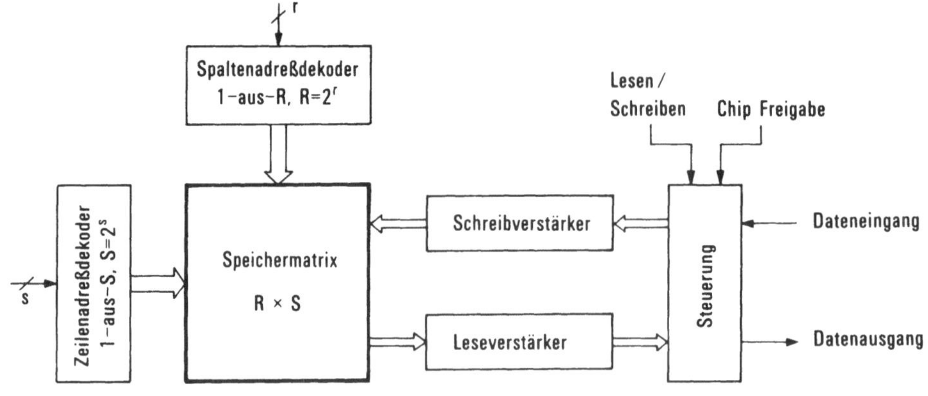

Abb. 3.24. Typischer Aufbau eines RAM-Bausteins

Durch die Realisierung der Speicherzellen bedingt, lassen sich die Schreib-/Lesespeicher in zwei Gruppen aufteilen: statische RAMs (SRAM) und dynamische RAMs (DRAM). Bei statischen RAMs wird die Speicherzelle durch ein Flipflop gebildet und ist dadurch relativ störungsunempfindlich. Im Vergleich zu dynamischen RAMs sind SRAMs in der Realisierung aufwendiger, so daß sich damit geringere Packungsdichten erzielen lassen. Dynamische RAMs in MOS-Technologie, die die sog. Ein-Transistor-Zelle mit einer Kapazität als Speichermedium verwenden, sind hier etwa um den Faktor 4 günstiger. Die gespeicherte Information wird durch die Ladung der Kapazität repräsentiert. Aufgrund parasitärer Leckströme ist die Ladung jedoch flüchtig und muß in bestimmten, regelmäßigen Zeitabständen wieder aufgefrischt werden. Dieser Vorgang wird als "refresh" bezeichnet. Bei modernen DRAMs beträgt die typische Haltezeit der Speicherzelle und damit die Zeit zwischen zwei "refresh"-Vorgängen bei normalen Temperaturen etwa 4 ms. Dabei werden ganze Spalten bzw. Zeilen der Speichermatrix gleichzeitig aufgefrischt. Bei einem 64-k-DRAM mit einer Aufteilung in 256 Zeilen mit je 256 Spalten werden beispielsweise 256 Speicherzellen auf einmal regeneriert. Der "refresh"-Vorgang ist bei den modernen DRAMS zunehmend eine chipinterne Angelegenheit und muß deshalb beim Testen mit überprüft werden [3.3].

Als weiterer und wesentlicher Unterschied von dynamischen gegenüber statischen RAMs ist die erhöhte Störempfindlichkeit der Speicherzellen zu nennen. Um hohe Packungsdichten erzielen zu können, werden die Strukturen der Speicherzellen immer kleiner. Dadurch nehmen auch die in der Kapazität gespeicherten Ladungsmengen ab; sie liegen heute nur noch unwesentlich oberhalb eines Mindestwertes, um gegen α-Treffer resistent zu sein. Als Folge davon treten verstärkt Kopplungsfehler auf, die bei Beeinflussung durch benachbarte Zellen entstehen. Derartige unerwünschte Effekte erfordern ganz spezielle Testverfahren [3.43].

Im Abschnitt 3.2.3 wurde gezeigt, daß die unterschiedlichen Fehlermechanismen in den drei Blöcken eines Schreib-/Lesespeichers, in der Speichermatrix, im Adreßdekoder und in der Schreib-/Lese-Steuerung, bei vollständiger Behandlung der Speichermatrix abgedeckt werden [3.11]. Diese kann im Grunde als Schaltwerk mit n Speicherzellen und 2^n möglichen Zuständen betrachtet werden. Ein 1-kbit-RAM kann demnach 2^{1024} oder $1{,}8 \cdot 10^{308}$ unterschiedliche Zustände aufweisen. Ein vollständiger funktionaler RAM-Test ist damit praktisch unmöglich, da die Anzahl der erforderlichen Operationen von der Größenordnung 2^n ist. Eine erhebliche Reduktion läßt sich durch Beschränkung auf bestimmte Fehlermechanismen erreichen.

So läßt sich die reine Speicherfähigkeit durch einfaches Schreiben und Lesen jeder Zelle überprüfen. Andere Fehler, wie etwa Musterabhängigkeiten der Speicherfunktion, Wiederauffrischfehler oder mangelhafte Leseverstärkererholung, sind entweder von bestimmten Adreß- und Datenkombinationen abhängig oder treten als unzureichendes Zeitverhalten in Erscheinung und erfordern einen Test unter Echtzeitbedingungen.

Als Beispiel sei die Beeinflussung einer Zelle durch andere Zellen behandelt. Die Zelle i wird beschrieben und der Schreibvorgang nachfolgend durch mehrfaches Lesen der Zelle bestätigt. Es erfolgen nun Schreib- und Leseoperationen auf andere Zellen. Beim anschließenden Lesen der Zelle i wird nun ein falscher Inhalt festgestellt, obwohl zuvor gezeigt wurde, daß alle Zellen korrekt adressiert werden können und auch jede Zelle für sich die beiden logischen Pegel einwandfrei abzuspeichern vermag.

Die wesentlichen Beeinflussungen sind von den Speicherzellen in der unmittelbaren Umgebung der Zelle i zu erwarten, d.h. von den Zellen direkt links, rechts, oben und unten, so daß sich mit Kenntnis der Topologie durch Beschränkung auf die jeweilige Umgebung einer Zelle der Aufwand wesentlich reduzieren läßt. Gleiches gilt für benachbarte Wort- und Bitleitungen.

Für die einzelnen Fehlermöglichkeiten haben sich spezielle Ad-hoc-Testfolgen bewährt [3.3,3.44], die aufgrund der Regularität der RAMs im allgemeinen recht einfach algorithmisch erzeugt werden können. Die meisten Standardalgorithmen setzen dabei eine Übereinstimmung zwischen der logischen und der physikalischen Organisation der Speichermatrix voraus. Um dieser Forderung, die nur selten erfüllt ist, nachzukommen, müssen die erzeugten Adreßfolgen entsprechend umgestellt werden. Man verwendet dazu sog. "Scrambling"-Tabellen. Diese kommen auch zum Einsatz, wenn ein Speicher mit Redundanz aufgrund eines Fehlers rekonfiguriert wurde. Man spricht deshalb oft auch von "semi-funktionalen" Testmustern, da sie nicht in vollem Maße realisierungsunabhängig sind. Der folgende Abschnitt gibt einen Überblick über die gebräuchlichsten RAM-Testmuster.

3.5.2 Speichertestmuster

Bereits für den Test von Kernspeichern wurden besondere Testfolgen entwickelt. Inzwischen gibt es ca. 70 unterschiedliche Speichertestmustertypen, mit denen die einzelnen Fehlermechanismen mehr oder weniger gut abgedeckt werden. Für die praktische Anwendung haben sich einige wenige Standardmuster bewährt, die in Tabelle 3.12 im Überblick zusammengefaßt sind. Darin ist die Ordnung des Tests die Anzahl der Schreib- bzw. Leseoperationen für ein n-Bit-RAM. Die angegebenen Testzeiten beziehen sich auf ein 256-kbit-DRAM mit 100 ns Zykluszeit.

Allen Testfolgen ist gemeinsam, daß stets eine Speicherzelle als Bezugszelle ausgewählt und geschrieben oder gelesen wird. Der wesentliche Unterschied liegt in der Belegung der restlichen Speicherzellen, die als "Hintergrundmuster" (background pattern) bezeichnet werden, sowie in der Reihenfolge der Zu-

Tabelle 3.12. Übersicht gebräuchlicher RAM-Testverfahren

Name	Ordnung	Testzeit
Column Bars	$4n$	0,1 s
Checkerboard	$4n$	0,1 s
MASEST	$12n$	0,3 s
Marching Ones and Zeros (MARCH)	$12n$	0,3 s
Shifted Diagonal (DIAPAT)	$4n^{3/2}$	53,7 s
Ping-Pong (Zeile-Spalte)	$n^{3/2}$	13,4 s
Ping-Pong (vollständig)	n^2	1,9 h
Walking Ones and Zeros (WALPAT)	$2n^2 +6n$	3,8 h
Galloping Ones and Zeros (GALPAT I)	$2n^2 +8n$	3,8 h
GALPAT II	$8n^2 -4n$	15,3 h

griffe auf die Bezugszelle und die Störzellen, welche die Bezugszelle beeinflussen könnten.

Eine der einfachsten Speichertestfolgen wird als "Column Bars" bezeichnet. Dabei werden zunächst die Spalten der Speichermatrix abwechselnd mit Nullen und Einsen beschrieben und anschließend wieder ausgelesen. Der gleiche Vorgang wiederholt sich mit den komplementären Daten. Auf diese Weise lassen sich Kurzschlüsse zwischen benachbarten Zellen entdecken. Ferner eignet sich die Testfolge für einen Refreshtest, d.h. zur Bestimmung der Refreshzeit dynamischer RAMs.

Ein Refreshtest läßt sich auch mit Hilfe des "Checkerboard" durchführen, einem der bekanntesten Speichertestmuster. Hierbei werden die Speicherzellen alternierend mit "0" bzw. "1" beschrieben, so daß in der Speichermatrix ein Schachbrettmuster entsteht, wie es in Abb. 3.25 am Beispiel eines 4 × 4-Bit-RAMs dargestellt ist. Die Belegung wird durch Auslesen des gesamten Speichers verifiziert, bevor sich der Ablauf für das komplementäre Schachbrettmuster wiederholt. Der Test überprüft im wesentlichen die Speicherfähigkeit jeder einzelnen Zelle.

Eine Erweiterung des "Checkerboard" wird als "MASEST" bezeichnet. Hierbei wird das Schachbrettmuster als Hintergrundmuster verwendet. Beim anschließenden Lesen wird dann jedoch stark

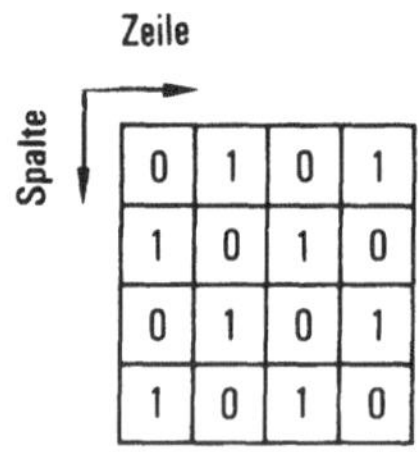

Abb. 3.25. Belegung der Speichermatrix mit dem Schachbrettmuster

die Adresse variiert: 0, n - 1, 0, 1, n - 2, 1, 2, n - 3, 2 usw., wobei 0 die niedrigste und n - 1 die höchste Adresse des n-Bit-Speichers darstellen. Die Reihenfolge des Lesezugriffs ist in Abb. 3.26a durch aufsteigende Ziffern verdeutlicht. Nach nochmaligem Lesen sämtlicher Speicherzellen in umgekehrter Reihenfolge wird die gesamte Schreib- und Lesefolge für das komplementäre Schachbrettmuster wiederholt. "MASEST" testet vor allem die Dekoderlogik und die Funktionsfähigkeit der Zellen. Dabei wird vorausgesetzt, daß die Speicherorganisation mit der Adressierung übereinstimmt, so daß gegebenenfalls ein "Descrambling" erforderlich wird.

Eine ähnliche Testfolge wird als "MARCH" bezeichnet. Ausgehend von der vollständig mit "0" belegten Speichermatrix wird Zelle für Zelle in aufsteigender Adreßreihenfolge, wie Abb. 3.26b zeigt, zunächst durch Auslesen der "0" verifiziert und anschließend mit einer "1" beschrieben. Nachdem alle Zellen durchlaufen sind, enthält jede Speicherzelle eine "1". Diese wird nun bei abnehmenden Adressen Zelle für Zelle zunächst verifiziert und dann gegen eine "0" ausgetauscht, bis die Adresse 0 erreicht ist. Daraufhin wird der gesamte Test ausgehend von der komplementären Anfangsbelegung mit lauter Einsen wiederholt. "MARCH" stellt einen einfachen funktionalen Speichertest dar, mit dem die Existenz jeder Zelle und deren Speicherfähigkeit überprüft werden kann. Zudem wird der Dekoder weitgehend getestet, und es werden einige einfache Wechselwirkungen zwischen den Speicherzellen aufgedeckt.

Die Diagonalverschiebung "DIAPAT" ist eine Testfolge zur Überprüfung der Schreib-/Leseverstärker. Insbesondere soll eine unzureichende Erholung der Leseverstärker erkannt werden. Dieser

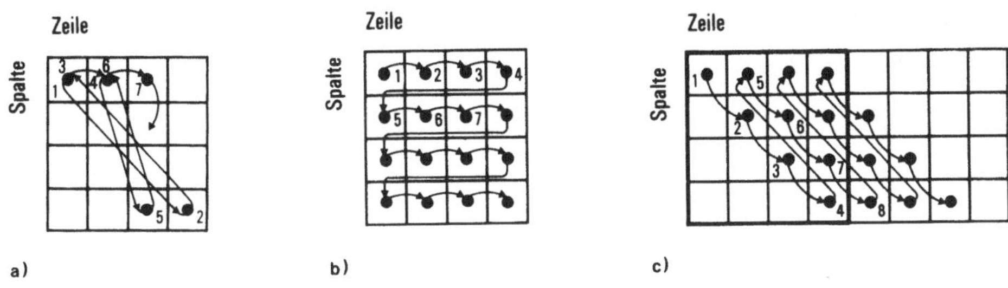

Abb. 3.26. Typische Reihenfolgen bei der Auswahl der Bezugszelle

Fehler äußert sich darin, daß nach dem Lesen einer langen Folge gleicher logischer Werte der Wechsel zum komplementären Wert verzögert wird.

Der Test beginnt mit einer "1" in sämtlichen Zellen einer Diagonalen der Speichermatrix (die Positionen 1 bis 4 in Abb. 3.26c). Alle übrigen Speicherzellen enthalten eine "0". Durch spaltenweises Lesen entstehen nun lange Folgen mit einer "0", welche in regelmäßigen Abständen von einer "1" unterbrochen werden. Sind alle Spalten gelesen, wird die Anfangsbelegung zyklisch um eine Spalte verschoben, wie in Abb. 3.26c angedeutet. Der Lesevorgang wiederholt sich nun. Zyklisches Verschieben der Diagonalen mit anschließendem Lesen wird so lange fortgesetzt, bis die Anfangsstellung wieder erreicht wird. Der gesamte Ablauf wird nun mit komplementären Daten in der Matrix wiederholt.

Bei den bislang vorgestellten Testfolgen wurden Wechselwirkungen zwischen den einzelnen Speicherzellen, besonders Musterempfindlichkeiten, nicht gesondert betrachtet. Hierfür sind als "Walking-Patterns" (WAKPAT) oder als "Galloping-Patterns" (GALPAT) bezeichnete Testfolgen geeignet. Jede Zelle wird als Bezugszelle dem Einfluß unterschiedlicher Störzellen ausgesetzt, um die Unabhängigkeit der Zellen und damit die statische Musterempfindlichkeit überprüfen zu können. Dabei findet die sog. "Ping-Pong"-Testfolge Anwendung. Beim "vollständigen Ping-Pong" wird die Beeinflußbarkeit der Bezugszelle durch <u>alle</u> übrigen Zellen der Speichermatrix behandelt. Der Aufwand läßt sich jedoch, wie bereits erwähnt, durch Beschränkung auf benachbarte Zellen, hier Zellen, die in der gleichen Zeile bzw. der gleichen Spalte angeordnet sind, wesentlich reduzieren, wie die Tabelle 3.12 verdeutlicht.

Bei "WAKPAT" wird zunächst jede Zelle der Speichermatrix mit einer "0" geladen. Dann wird die erste Zelle als Bezugszelle ausgewählt und mit einer "1" beschrieben, die "0" in den Störzellen verifiziert, und schließlich überprüft, ob die "1" in der Bezugszelle noch vorhanden ist. Dann wird diese mit einer "0" überschrieben, und die Verifikation wiederholt sich für die nächste Bezugszelle. Sind alle Zellen auf diese Weise behandelt, folgt der gleiche Ablauf vollständig mit komplementären Daten.

Eine Variation dieses Tests ist "GALPAT", bei dem die Verifikation der Bezugszelle im Anschluß an das Lesen einer jeden Störzelle erfolgt, so daß mehr Lesezyklen erforderlich sind (vgl. Tabelle 3.12). Auf diese Weise werden während des Lesens alle möglichen Adreßübergänge mit allen möglichen Datenübergängen geprüft. Eine mit "GALPAT II" bezeichnete Modifikation bezieht die Abhängigkeit von Datenänderungen in Zellpaaren in die Überprüfung ein, so daß dynamische Musterempfindlichkeiten entdeckt werden können.

Jedoch ergibt sich auch für diese Testfolge eine Zunahme der Testlänge mit n^2. Obwohl die modernen dynamischen Speicherbausteine aufgrund der hohen Packungsdichte anfälliger bezüglich der Musterabhängigkeiten sein dürften, sind nicht alle Variationen der Beeinflussung überprüfbar, wenn man beispielsweise eine Testzeit von fast vier Stunden für ein 256-kbit-DRAM mit 100 ns Zykluszeit betrachtet (s. Tabelle 3.12). Ein Schritt in Richtung Wirtschaftlichkeit scheint die Verlagerung derart aufwendiger Testmusterfolgen in die Burn-in-Phase zu sein [3.45] (s. auch Kapitel 4).

3.6 Testautomaten

Für die beschriebenen Prüfaufgaben kann unter einer Vielzahl von automatischen Testsystemen (ATE = Automatic Test Equipment) für digitale VLSI-Schaltungen ausgewählt werden. Je nach Aufgabenstellung handelt es sich um Universaltester, die für den Test unterschiedlicher Prüflinge ausgelegt sind, oder um spezielle Testaufbauten, die eigens für einen Schaltungstyp entwickelt werden [3.3,3.4].

Testautomaten spiegeln in ihrem Aufbau den Ablauf einer Funktionsprüfung wider: das Erzeugen der Testmuster, das Anlegen dieser Daten an den Prüfling, die Auswertung der Reaktion durch Vergleich mit der Sollantwort und schließlich die Anzeige des Testergebnisses. Dabei gibt es einige grundlegend verschiedene Vorgehensweisen. So können die Testmuster entweder im Testautomaten abgespeichert sein oder sie werden direkt während der Prüfung für jeden Prüfling erneut mittels spezieller Prozessoren generiert.

Testautomaten, die mit Hilfe gespeicherter Testmuster arbeiten, sind trotz Verwendung schneller Pufferspeicher hinsichtlich der Menge und der Abrufgeschwindigkeit der Daten stark eingeschränkt. Ein Test kann daher nur von vergleichsweise geringer Länge (einige Tausend Testmuster) sein. Ein Nachladen der Pufferspeicher bei größeren Datenmengen erhöht die Gesamttestzeit beträchtlich.

Die andere Gruppe von Testautomaten verwendet spezielle Musterprozessoren, die mit sehr hoher Geschwindigkeit arbeiten und nach einem programmierten Algorithmus für jeden Prüfling erneut die Testmuster erzeugen. Als Beispiel seien linear rückgekoppelte Schieberegister zur Erzeugung von Pseudozufallsmustern oder Generatoren für Speichertestmuster genannt. Auf diese Weise werden auch Testlängen von einigen Millionen Testmustern ermöglicht.

Ähnlich der Testmustererzeugung läßt sich auch die Auswertung der Reaktionen des Prüflings auf unterschiedliche Arten durchführen. Die Auswertung kann zum einen durch Vergleich mit im Speicher abgelegten Sollantworten erfolgen (Abb. 3.27a) oder durch Vergleich mit einem Bezugsobjekt (Abb. 3.27b).

Die Verwendung gespeicherter Sollantworten macht, besonders bei einer größeren Anzahl von Testmustern, entsprechend große

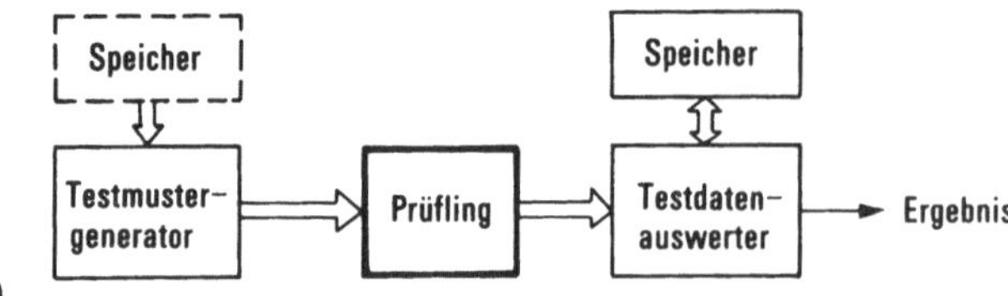

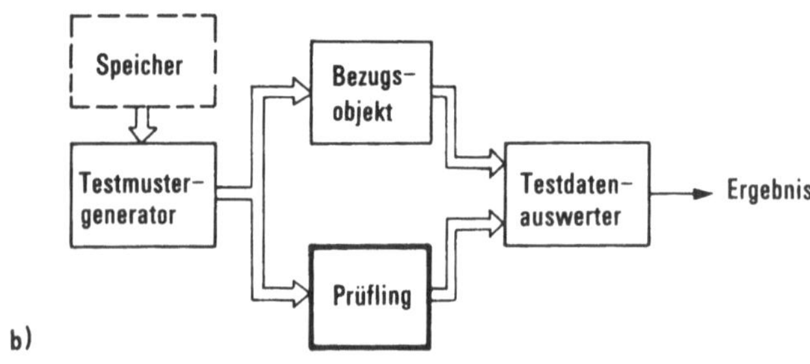

Abb. 3.27. Auswertung der Testantworten. a) Mittels gespeicherter Solldaten; b) durch Vergleich mit einem Bezugsobjekt

und schnelle Speicher erforderlich. Die Sollantworten selbst werden unter Verwendung einer geeigneten Modellierung per Simulation bestimmt, wobei die Richtigkeit des Rechnermodells vorausgesetzt wird.

Die Simulation kann bei Vergleich mit einem Bezugsobjekt gemäß Abb. 3.27b entfallen. Hierbei wird der Prüfling parallel und synchron zu einer bekanntermaßen fehlerfreien Schaltung gleichen Typs (known good device, golden device), welche die Referenzdaten liefert, betrieben. Die Testauswertung erfolgt im unmittelbaren Vergleich beider Antwortfolgen, wobei allerdings systematische Entwurfsfehler unentdeckt bleiben. Die Auswahl der erforderlichen fehlerfreien Referenzschaltung bereitet zumeist erhebliche Probleme; auch können nicht alle Arten von Schaltungen auf diese Weise getestet werden.

In der Praxis haben sich deshalb Testsysteme durchgesetzt, bei denen die Auswertung durch Vergleich mit gespeicherten Sollantworten erfolgt. Eine gewisse Aufwandsreduktion läßt sich dabei durch den Einsatz von Datenkompressionstechniken wie der Signaturanalyse erreichen (vgl. Abschnitt 3.4.2).

Beim automatischen Testsystem SENTRY 21 der Firma Fairchild [3.46], welches zwei Teststationen mit je 120 Pins im Zeitmultiplex bei einer Testrate von 20 MHz betreiben kann, können die Testmuster sowohl algorithmisch erzeugt als auch aus dem Speicher abgerufen werden. Die Testdatenauswertung erfolgt durch Vergleich mit gespeicherten Sollantworten. Abb. 3.28 zeigt in vereinfachter Form die prinzipielle Struktur eines solchen universellen automatischen Testsystems.

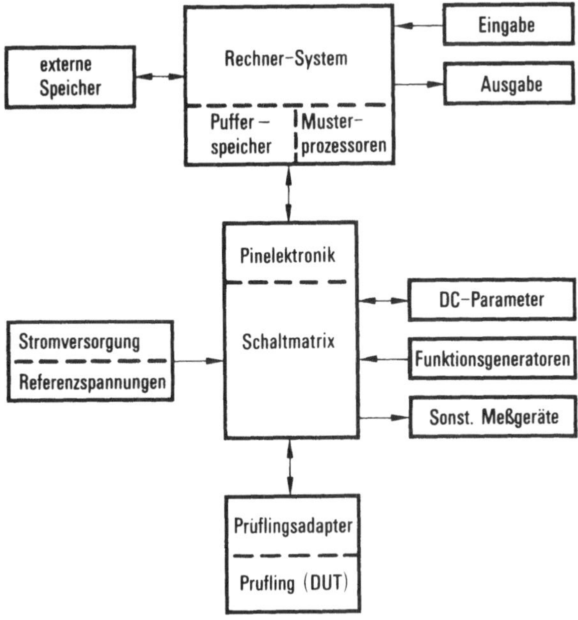

Abb. 3.28. Vereinfachte prinzipielle Struktur eines automatischen Testsystems

Der Prüfling (DUT: Device Under Test) ist mittels eines Adapters an den Testautomaten angeschlossen. Je nachdem, ob unzersägte Wafer oder bereits im Gehäuse montierte Chips zu testen sind, bestehen die Prüflingsadapter aus Meßspitzen ("probecards") oder Stecksockeln. Daneben gibt es den kontaktspitzenfreien Test mit Hilfe einer Elektronensonde nach dem Potentialkontrastverfahren (s. Kapitel 5), das bislang jedoch noch nicht in kommerziellen Testsystemen eingesetzt wird.

Die einzelnen Anschlüsse des Prüflingsadapters werden über eine Schaltmatrix den Meßkanälen des Testautomaten zugewiesen. Ferner bietet dieser Block die Möglichkeit zum Anschluß weiterer Meßgeräte, um beispielsweise eine elektrische Parametermessung durchzuführen. So erlaubt das Modul "DC-Parameter", an jedem Prüflingsanschluß Strom bzw. Spannung einzuprägen und Spannung bzw. Strom zu messen.

Jedem Meßkanal ist eine Pin-Elektronik zugeordnet. Sie dient als elektrische Schnittstelle zwischen Testautomat und Prüfling, mit der Möglichkeit, deren unterschiedliche Pegel einander anzupassen. Über die Pin-Elektronik werden die Testmuster aus schnellen Pufferspeichern an den Prüfling übergeben und die Testantworten entgegengenommen. In Abb. 3.29 ist der prinzipielle Aufbau einer Pin-Elektronikkarte dargestellt.

Das Ansteuern eines Prüflingseingangs erfolgt durch einen Treiber mit programmierbarer Strombegrenzung. Die Eingangspegel

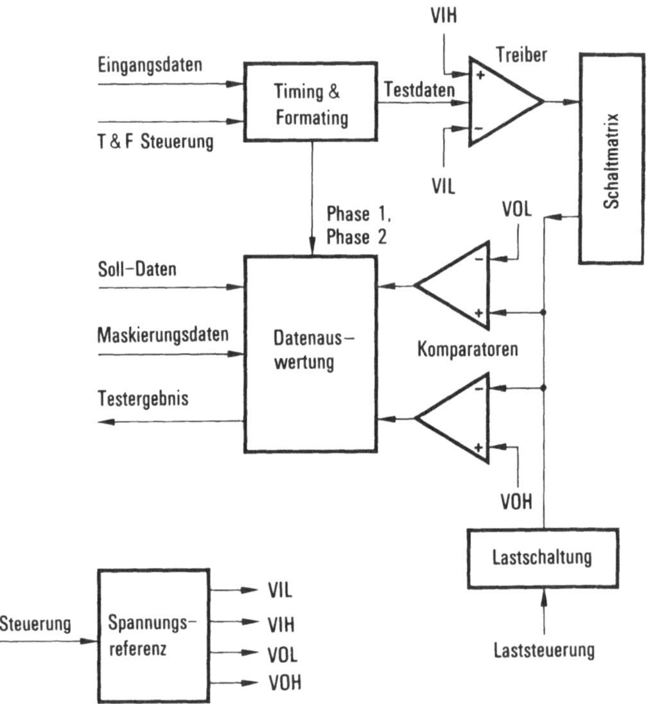

Abb. 3.29. Prinzipieller Aufbau einer Pin-Elektronikkarte

VIL und VIH sind ebenfalls programmierbar. Die Treiberausgangsimpedanz beträgt 50 Ω, um die Mehrfachreflexion bei einer 50-Ω-Verkabelung mit Fehlanpassung am Prüfling zu vermeiden ("back matching"). Der zeitliche Verlauf der Eingangsdaten wird im Block "Timing & Formating" bestimmt. So können innerhalb einer Periode Anfang und Ende der Eingangsdaten sowie deren Art - wie beispielsweise RZ (Return to Zero) oder NRZ (Non Return to Zero) - festgelegt werden. Eine Programmierung der Übergangszeiten ist ebenfalls möglich.

Das Aufnehmen der Testantworten erfolgt durch Komparatoren, die eingangsseitig eine programmierbare Lastschaltung aufweisen, um den Ausgang des Prüflings exakt abzuschließen. Bei Verwendung eines Doppelkomparators, wie in Abb. 3.29 dargestellt, können zwei Spannungsgrenzen überprüft werden. Durch die vom Block "Timing & Formating" erzeugten Signale "Phase 1" und "Phase 2" kann zudem ein Bewertungsfenster definiert werden. Damit läßt sich feststellen, ob die Ausgangsspannung des Prüflings im vorgesehenen Zeitintervall oberhalb, innerhalb oder unterhalb der angegebenen Schranken VOH und VOL liegt.

Für den Test irrelevante Ausgangsdaten des Prüflings lassen sich durch Maskierungsdaten ausblenden. Die aufbereiteten Testantworten werden nun mit den Sollantworten verglichen und nach richtig bzw. falsch aufgeschlüsselt. Dabei kann zwischen Funktions- und Pegelfehlern unterschieden werden. Das Testergebnis wird über die schnellen Pufferspeicher an den Rechner übermittelt und dort weiter aufbereitet.

Der Rechner bildet den Kern eines automatischen Testsystems. Er erzeugt Testmuster, steuert die meßtechnischen Einrichtungen und damit den Testablauf und wertet die Testergebnisse aus. Das Rechnerbetriebssystem ist daher speziell auf die Erstellung und den Ablauf von Testprogrammen sowie auf die Meßdatenerfassung zugeschnitten. Zusammen mit einem regelmäßigen Einsatz von Diagnoseprogrammen zum Selbsttest des Prüfautomaten lassen sich damit ein hoher Durchsatz, die Aufrechterhaltung der Meßqualität und eine Reduktion der Ausfallzeiten des Testers sicherstellen, was letztlich die Prüfkosten pro Prüfling senkt.

3.7 Literatur zu Kapitel 3

3.1 Chang, H.Y.; Manning, E.; Metze, G.: Fault diagnosis of digital systems. Huntington, N.Y.: Krieger Publ. 1974.

3.2 Friedman, A.D.; Menon, P.R.: Fault detection in digital circuits. Englewood Cliffs, N.J.: Prentice-Hall 1971.

3.3 Breuer, M.A.; Friedman, A.D.: Diagnosis and reliable design of digital systems. Woodland Hills, CA: Computer Science Press 1976.

3.4 Muehldorf, E.I.; Savkar, A.D.: LSI logic testing - an overview. IEEE Trans. C-30 (1981) 1-17.

3.5 Williams, T.W.; Parker, K.P.: Testing logic networks and designing for testability. Computer 12 (1979) 9-21.

3.6 Gutfreund, K.: Integrating the approaches to structured design for testability. VLSI Design 10 (1983) 34-42.

3.7 Williams, T.W.; Parker, K.P.: Design for testability - a survey. Proc. of the IEEE 1 (1983) 98-112.

3.8 Ibarra, O.H.; Sahni, S.K.: Polynomially complete fault detection problems. IEEE Trans. C-24 (1975) 242-249.

3.9 Thatte, S.M.; Abraham, J.A.: Test generation for microprocessors. IEEE Trans. C-29 (1980) 429-441.

3.10 Brahme, D.; Abraham, J.A.: Functional testing of microprocessors. IEEE Trans. C-33 (1984) 475-485.

3.11 Thatte, S.M.; Abraham, J.A.: Testing of semiconductor random access memories. Proc. 7th Fault-Tolerant Comput. Symp. June 1977, pp. 81-87.

3.12 Galiay, J.; Crouzet, Y.; Vergniault, M.: Physical versus logical fault models for MOS LSI circuits: Impact on their testability. IEEE Trans. C-29 (1980) 527-531.

3.13 Breuer, M.A.: Testing for intermittent faults in digital circuits. IEEE Trans. C-22 (1973) 241-246.

3.14 Dias, F.J.O.: Fault masking in combinational logic circuits. IEEE Trans. C-24 (1975) 476-482.

3.15 Wadsack, R.L.: Fault modeling and logic simulation of CMOS and MOS integrated circuits. Bell Syst. Tech. J. 57 (1978) 1449-1474.

3.16 Jain, S.K.; Agrawal, V.D.: Test generation of MOS circuits using D-algorithm. Proc. 20th Design Automation Conf., June 1983, pp. 64-70.

3.17 Bottorff, P.S.: Functional testing - folklore and fact. Proc. 1981 IEEE Test Conf., Oct. 1981, pp. 463-464.

3.18 Goel, P.: Test generation costs analysis and projections. Proc. 17th Design Automation Conf., 1980, pp. 77-84.

3.19 Agrawal, V.D.: When to use random testing. IEEE Trans. C-27 (1978) 1054-1055.

3.20 Williams, T.W.; Eichelberger, E.B.: Random patterns within a structured sequential logic design. Proc. 1977 Semiconductor Test Symp., Oct. 1977, pp. 19-27.

3.21 Losq, J.: Efficiency of random compact testing. IEEE Trans. C-27 (1978) 516-525.

3.22 Sellers, E.F.; Hsiao, M.Y.; Bearnson, L.W.: Analysing errors with the Boolean difference. IEEE Trans. C-17 (1968) 676-683.

3.23 Armstrong, D.B.: On finding a nearly minimal set of fault detection tests for combinational logic nets. IEEE Trans. EC-15 (1966) 66-73.

3.24 Eldred, R.D.: Test routines based on symbolic logic statements. J. ACM 6 (1959) 33-36.

3.25 Schneider, P.R.: On the necessity to examine D-chains in diagnostics test generation - an example. IBM J. Res. Dev. 11 (1967) 114.

3.26 Roth, J.P.: Diagnostics of automata failures: A calculus and a method. IBM J. Res. Dev. 10 (1966) 278-291.

3.27 Roth, J.P.; Bouricius, W.G.; Schneider, P.R.: Programmed algorithm to compute tests to detect and distinguish between faults in logic circuits. IEEE Trans. EC-16 (1967) 567-580.

3.28 Poage, J.F.: Derivation of optimal tests to detect faults in combinational circuits. Proc. Symp. Mathematical Theory of Automata. Brooklyn: Polytechnic Press 1963, pp. 483-528.

3.29 Thomas, J.J.: Automatic diagnostic test programs for digital networks. Comput. Des. 10 (1971) 63-67.

3.30 McCluskey, E.J.: Minimization of Boolean functions. Bell Syst. Tech. J. 35 (1956) 1417-1444.

3.31 Mealy, G.H.: A method for synthesizing sequential circuits. Bell Syst. Tech. J. 34 (1955) 1045-1079.

3.32 Moore, E.F.: Gedanken - experiments on sequential machines. Ann. Math. Studies, No. 34, Automata Studies. Princeton University Press 1956, pp. 129-153.

3.33 Kohavi, Z.; Lavallee, P.: Design of sequential machines with fault detection capabilities. IEEE Trans. EC-16 (1967) 473-484.

3.34 Holborow, C.E.: An improved bound on the length of checking experiments for sequential machines with counter cycles. IEEE Trans. C-21 (1972) 597-598.

3.35 Fujiwara, H., et al.: Easily testable sequential machines with extra inputs. IEEE Trans. C-24 (1975) 821-826.

3.36 Carter, W.C., et al.: Design of serviceability features for the IBM system/360. IBM J. Res. Dev. 8 (1964) 115-126.

3.37 Eichelberger, E.B.; Williams, T.W.: A logic design structure for LSI testability. Proc. 14th Design Automation Conf., June 1977, pp. 462-468.

3.38 Golomb, S.W.: Shift register sequences. San Francisco, CA: Holden Day 1967.

3.39 Daehn, W.; Mucha, J.: A hardware approach to self-testing of large programmable logic arrays. IEEE Trans. C-30 (1981) 829-833.

3.40 Frohwerk, R.A.: Signature analysis: A new digital field service method. Hewlett-Packard J. (May 1977) 2-8.

3.41 Könemann, B.; Mucha, J.; Zwiehoff, G.: Signaturregister für selbsttestende ICs. NTG-Fachber. 68 (1979) 109-112.

3.42 Könemann, B.; Mucha, J.; Zwiehoff, G.: Built-in logic block observation techniques. Proc. 1979 IEEE Test Conf., Oct. 1979, pp. 37-41.

3.43 Hayes, J.P.: Detection of pattern-sensitive faults in random access memories. IEEE Trans. C-24 (1975) 150-157.

3.44 Micro Control Co.: Standard pattern for testing memories. Electronics Test 4 (1981) 22-26.

3.45 Hanlon, E.: Intelligent burn-in for high density memories. Electronics Test 6 (1983) 60-63.

3.46 SENTRY 21, Product description, Fairchild Camera and Instrument Corp., San Jose, CA, 1981.

4 Zuverlässigkeit integrierter Schaltungen

Integrierte Schaltungen nehmen aufgrund ihres zunehmenden mengenmäßigen Einsatzes in der modernen Elektronik im Vergleich zu den weiteren elektronischen Bauelementen vorherrschenden Einfluß auf die Zuverlässigkeit elektronischer Baugruppen, Geräte und Systeme. Ihr breiter Einsatz spiegelt sich in einer großen Anzahl elektrischer Funktionen in verschiedensten Anwendungsbereichen wider. Ihr komplexer Aufbau und die Breite der Anwendungsbedingungen enthalten eine Vielfalt von Zuverlässigkeitsaspekten unter gegebenen wirtschaftlichen Randbedingungen. In ihrem vielstufigen Herstellungsprozeß sind entsprechend umfangreiche Maßnahmen der Zuverlässigkeitsabsicherung eingebaut, ein Aufwand, wie er sonst selten bei Massenprodukten getrieben wird.

Das Thema "Zuverlässigkeit" befaßt sich bei Bauelementen mit der Dauerhaftigkeit der für die Anwendung vorgesehenen Bauelementeigenschaften bzw. mit ihren Veränderungen, die die Bauelementfunktion beeinträchtigen. Die Eigenschaften sind durch den Bauelementaufbau, d.h. durch Konstruktion, Materialien und Herstellverfahren, gegeben. Mit dem Aufbau des Bauelements werden entsprechend der vorgesehenen Anwendung physikalisch-technische Grenzen gesetzt, die sich abhängig von der Beanspruchung bei Anwendung (Art, Dauer, Intensität) auswirken. Diese Wechselwirkung zwischen Aufbaueigenschaften und Beanspruchungen verursacht physikalische Prozesse (Ausfallmechanismen), die Veränderungen bzw. Funktionsunfähigkeit (Ausfall) bewirken. Eine unter diesen Gegebenheiten geplante "Lebensdauer" von Bauelementen als Mengeneigenschaft wird für einzelne

Elemente u.U. durch zufällige Aufbaufehler (Materialfehler, Herstellfehler, Prüffehler) drastisch reduziert.

Jede Art von Bauelementen der Elektronik weist spezielle, auf ihren Verwendungszweck abgestimmte Eigenschaften auf, die für die Zuverlässigkeit entscheidend sind. Diese bauelementspezifischen Zuverlässigkeitsgesichtspunkte sind entsprechend auch Gegenstand der betreffenden Teile dieser Buchreihe.

Zuverlässigkeitsbestimmende Eigenschaften von Bauelementen lassen sich wesentlich anhand ihres prinzipiellen Aufbaus und ihrer Herstellungsverfahren beschreiben. Dadurch ist es weitgehend möglich, die Vielfalt der elektrischen Funktionen integrierter Schaltungen außer Betracht zu lassen. Es ist die Absicht dieses Kapitels, eine Übersicht über die physikalischen, technischen und wirtschaftlichen Randbedingungen zu vermitteln, die das Thema Zuverlässigkeit nach dem derzeitigen Stand der Technik bestimmen. Es ist gegliedert in Zuverlässigkeitsbegriffe, lebensdauerbestimmende physikalische Prozesse, Risiken durch Fertigungsfehler, Methoden der Zuverlässigkeitssicherung und Maßzahlen der Zuverlässigkeit. Viele der beschriebenen Phänomene oder Gesichtspunkte gelten entsprechend auch für andere Halbleiterprodukte, wenn auch mit anderem Gewicht.

Die statistischen Bewertungsverfahren bei Zuverlässigkeitsprüfungen, wie Methoden der Stichprobenprüfung zur Bewertung einer Grundgesamtheit und die damit verbundenen Wahrscheinlichkeitsaussagen für diese Grundgesamtheit, sind in diesem Zusammenhang nicht behandelt, zur Einführung wird auf [4.1,4.2] verwiesen.

4.1 Zuverlässigkeitsbegriffe und statistische Beschreibungsweisen

Zuverlässigkeit umfaßt im technischen Bereich eine Aussage über die Funktionsfähigkeit von Produkten unter vorgesehenen Anwendungsbedingungen über eine beabsichtigte Verwendungsdauer. Sie beschreibt das zeitliche Verhalten von Eigenschaften eines Produktes gegenüber ihren Anfangswerten im Neuzustand. Die

Beschreibung des Produktes im Neuzustand anhand der direkt meßbaren Eigenschaften ist mit dem Begriff "Güte" (auch "Lieferqualität") belegt. Güte und Zuverlässigkeit sind in dem Begriff "Qualität" zusammengefaßt. Qualität bedeutet die Gesamtheit der Eigenschaften (Merkmale) eine Produktes, die es für einen vorgesehenen Zweck geeignet machen [4.3,4.4].

Aus der Beobachtung von Produkten unter Anwendungsbedingungen erhält man eine Aussage über ihre Einsatz-Zuverlässigkeit. Anwendungsbedingungen sind im Detail sehr vielfältig. Definierte Betriebs- und Umweltbedingungen bedeuten dagegen Testverhältnisse mit Einschränkungen und Idealisierungen, unter denen sich eine Test-Zuverlässigkeit ermitteln läßt.

Angaben zur Zuverlässigkeit haben meist den Zweck einer Voraussage. Dazu wird von der Testzuverlässigkeit auf die Einsatzzuverlässigkeit geschlossen oder es werden zeitliche Trends von Zuverlässigkeitsbeobachtungen hinsichtlich des weiteren Verlaufs unter Einsatzbedingungen extrapoliert.

Die quantitative Zuverlässigkeitsbeschreibung setzt Bewertungsgrenzen voraus, die Änderungen von Merkmalen unter festgelegten Bedingungen als zulässig bzw. als unzulässig und damit den Ausfall definieren. Als Bewertungsgrenzen können beispielsweise die für ein Produkt (Bauelement) spezifizierten Kennworttoleranzen gewählt werden. Allerdings werden Veränderungen von Bauelementeigenschaften in einer übergeordneten Funktionseinheit (Baugruppe, Gerät) meist auch über spezifizierte Grenzen hinaus tolertiert, ohne Mängel für die Funktion dieser Einheit zu ergeben. Gründe dafür sind z.B. toleranzunempfindliche Schaltungsdimensionierung und ausgleichende Überlagerung von Kennwertabweichungen von Bauelementen in der Funktionseinheit. Für Zuverlässigkeitsbeschreibungen wird deshalb hier vereinfachend das Versagen der Bauelementfunktion als Ausfall (sog. Vollausfall) gewertet. Dies kommt auch der späteren Beschreibung der Effekte physikalischer Ausfallmechanismen entgegen.

Beschreibungsmöglichkeiten für die Zuverlässigkeit von Bauelementen in Form von Zuverlässigkeitsfunktionen ergeben sich aus dem zeitlichen Bestand einer Menge gleichartiger Baulemente unter einer Beanspruchung. Im Idealfall ist die Möglichkeit gegeben, eine Zuverlässigkeitsfunktion hinreichend auf das Verhalten einer stetig meßbaren Anzeigegröße zu beziehen, die in einem bekannten Zusammenhang mit dem Ausfallmechanismus steht. Diese Möglichkeit wird mit der Komplexheit von Bauelementen stark eingeschränkt. Deshalb werden Zuverlässigkeitsfunktionen häufiger durch Anpassung an beobachtete Bestands- oder Ausfallverläufe gewonnen.

Zeitliche Verläufe des Bestandes bzw. der Ausfallhäufigkeit werden an einer ausreichenden Menge von Bauelementen (Stichprobe) unter definierten Beanspruchungen ermittelt. Zu ihrer mathematischen Formulierung werden meist stetige statistische Verteilungen benutzt. Sie beschreiben als Wahrscheinlichkeitsfunktionen das Verhalten der betrachteten Gesamtmenge (Grundgesamtheit), aus der die Stichprobe entnommen wurde. Das Stichprobenergebnis bildet den Schätzwert für die entsprechende Zuverlässigkeitskenngröße der Grundgesamtheit.

Betrachtet man eine Anfangsmenge n_0 gleichartiger Bauelemente und bezieht darauf die zu einem Zeitpunkt t vorhandene Menge n(t) noch nicht ausgefallener Elemente, so ist die (relative) Bestandsfunktion

$$B_R(t) = \frac{n(t)}{n_0} . \tag{4.1}$$

Die Bestandsfunktion $B_R(t)$ bildet die Schätzung für die Überlebenswahrscheinlichkeit R(t) als entsprechende Zuverlässigkeitsfunktion.

Das Komplement der Bestandsfunktion ist der zeitliche Verlauf der Summe der Ausfälle (Ausfallsummenhäufigkeit)

$$A(t) = \frac{n_0 - n(t)}{n_0} . \tag{4.2}$$

Dem entspricht die Ausfallwahrscheinlichkeit

$$F(t) = 1 - R(t) .$$

Diese Funktion ist auch als Verteilung der Lebensdauern der Elemente der Gesamtmenge zu lesen.

Abgeleitete Beziehungen sind die Ausfall(häufigkeits)dichte, das ist die Anzahl der Ausfälle in einem Zeitintervall, bezogen auf den Anfangsbestand und die Länge des Zeitintervalls

$$a = \frac{\Delta n(t_i, t_{i+1})}{n_0 \Delta t_i} , \tag{4.3}$$

bzw. die Ausfallwahrscheinlichkeitsdichte

$$f(t) = \frac{dF}{dt} = -\frac{dR}{dt} .$$

Bezieht man die Anzahl Ausfälle in einem Zeitintervall auf den Bestand zu Beginn des Intervalls und seine Länge, ergibt sich die Ausfallquote

$$q = \frac{\Delta n(t_i, t_{i+1})}{n(t_i) \Delta t} . \tag{4.4}$$

Ihr entspricht als stetige Wahrscheinlichkeitsgröße die Ausfallrate

$$\lambda = -\frac{1}{R(t)} \frac{dR}{dt} . \tag{4.5}$$

In diesem Zusammenhang häufig benutzte Verteilungen sind in Abb. 4.1 angegeben und charakterisiert:

Eine einfache Verteilung ist die Exponentialverteilung, ihr Parameter ist die zeitunabhängige Ausfallrate λ. Dieser Verteilungstyp setzt Ausfälle als Zufallsereignisse voraus. Die "Zufälligkeit" beinhaltet das statistische Zusammenwirken vieler voneinander unabhängiger Faktoren, um einen Ausfall zu bewirken [4.4].

Die Weibull-Verteilung [4.5] ist ein Exponentialverteilungstyp, der sich durch Wahl weiterer Parameter (Maßstabsparameter t_M, Formparameter c, Lageparameter t_0) an Ausfallratenverläufe mit nicht konstanter Ausfallrate anpassen läßt.

Die logarithmisch-normale Verteilung als ein weiterer Verteilungstyp mit nicht konstanter Ausfallrate geht von einer Normalverteilung der Ausfallereignisse im logarithmischen Zeitmaßstab aus. Die Parameter dieses Verteilungstyps sind Mittel-

Weibull -V. Log. Normal-Verteilung

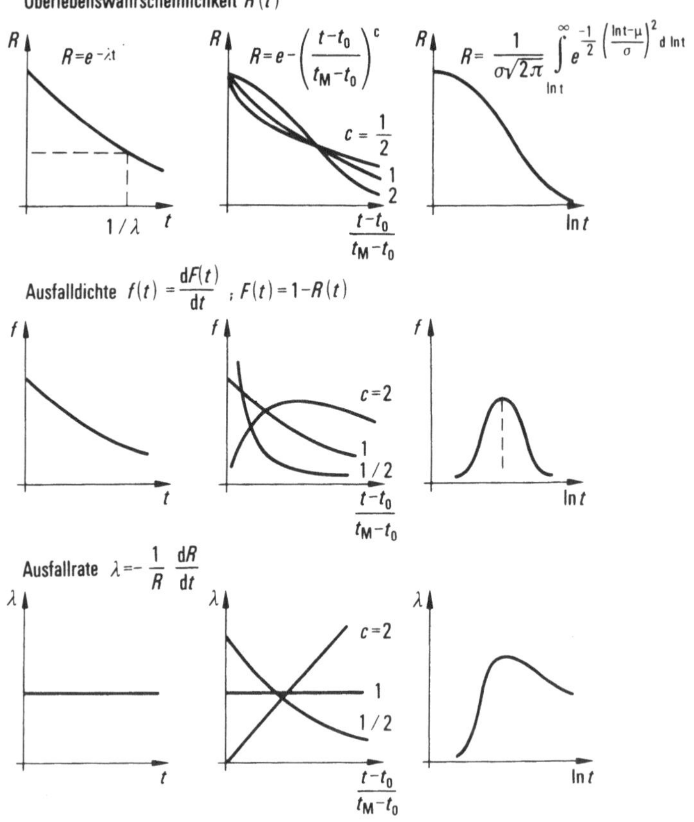

Abb. 4.1. Schematische Darstellung häufig benutzter Funktionen zur Beschreibung der Überlebenswahrscheinlichkeit R, der Ausfalldichte f und der Ausfallrate λ von Elementen (Exponential-, Weibull-, log. Normal-Verteilung)

wert μ und Standardabweichung σ der logarithmierten Zeiten bis zum Ausfall. Hilfsmittel zur Ermittlung des zeitlichen Verlaufs der Ausfallrate bei Annahme der log. Normalverteilung werden in [4.6] gegeben.

Vielfach ist der zeitliche Verlauf des Ausfallverhaltens kompliziert, so daß Beschreibungen mittels Verteilungen nur abschnittsweise möglich sind. Dies ist allerdings dann auch sinnvoll, wenn diesen Abschnitten verschiedene Ausfallursachen zugrunde liegen. Dieses Vorgehen ist bei der Beschreibung des

Ausfallverhaltens integrierter Schaltungen notwendig. Der Ausfallratenverlauf hat die Form einer "Badewannenkurve", der durch Frühausfälle, Zufallsausfälle und Verschleißausfälle begründet ist, wie noch beschrieben wird (s. Abb. 4.12).

Die Verwendung eines bestimmten Verteilungstyps läßt sich oft nur plausibel machen. Seine Verwendbarkeit als Zuverlässigkeitsfunktion muß sich durch die Anpassung an einen beobachteten Bestands- oder Ausfallverlauf und die Reproduzierbarkeit dieser Charakteristiken unter gleichartigen Bedingungen erweisen.

Die log. Normalverteilung läßt sich häufig für das Aufallverhalten durch Verschleiß benutzen. Als charakteristischer Wert stellt sich hier der Medianwert der Verteilung (≙ Mittelwert der logarithmierten Zeiten bis zum Ausfall) als "Lebensdauer des betrachteten Kollektivs" unter Berücksichtigung der Standardabweichung dar. Die log. Normalverteilung der Lebensdauern ist folgendermaßen erklärlich:

Die additive Überlagerung von Einflußgrößen mit zufälligen Abweichungen ergibt eine Normalverteilung für die Werte des beeinflußten Merkmals. Eine multiplikative Überlagerung ergibt entsprechend eine log. Normalverteilung der beeinflußten Merkmalswerte. In Prozessen, die in ihrer Ablaufgeschwindigkeit bzw. Reaktionsrate durch Einflußgrößenschwankungen beeinflußt werden, ist dieser multiplikative Effekt im allgemeinen enthalten. Die Lebensdauer von Halbleiterbauelementen wird meist durch derartige Prozesse bestimmt.

Die Ausfallrate ist die Zuverlässigkeitskenngröße von Bauelementen, die meist den Zuverlässigkeitsüberlegungen für elektronische Systeme zugrunde gelegt wird. Dabei wird vowiegend von einer konstanten Ausfallrate (Exponentialverteilung) ausgegangen. In diesem Falle ergibt sich als Kehrwert der Ausfallrate die mittlere Zeit zwischen den Ausfallereignissen MTBF (mean time between failures).

Die Dimension für die Ausfallrate bzw. Ausfallquote ist h^{-1}. Werte werden zweckmäßig angegeben mit den Einheiten $10^{-6}\ h^{-1}$

oder $10^{-9}\,h^{-1}$, mitunter wird auch %/1000 h (= $10^{-5}\,h^{-1}$) benutzt. Als Einheit für $1 \cdot 10^{-9}\,h^{-1}$ dient auch 1 fit (fit = failure in time).

4.2 Ausfallmechanismen und ihre Aktivierbarkeit durch Belastung

4.2.1 Potentielle Zuverlässigkeit eines Bauelements

Halbleitertechnologien bieten Bauelementegrundstrukturen an, die eine Vielfalt elektrischer Funktionen in Form integrierter Schaltungen (IS) ermöglichen. Die elektrischen Kenndaten dieser Strukturen ergeben sich aus Materialeigenschaften und geometrischen Abmessungen. Erzielbare Strukturgeometrien und die damit realisierbaren Bauelemente, deren Kennwerte und Grenzdaten kennzeichnen jeweils bestimmte Halbleitertechnologien. Technologiespezifische Entwurfs- (Design-)Regeln legen die Grenzen fest, innerhalb derer die elektrische Funktion einer IS und ihre geometrische Anordnung auf einem Halbleiterchip dimensioniert wird.

Ein hantierbares Bauelement "Integrierte Schaltung" entsteht durch Montage des Chips in ein Gehäuse. In seine Dimensionierung sind die elektrischen Verbindungen nach außen, die Wärmeableitung und der Schutz vor Umwelteinflüssen, die für seine Anwendungsbedingungen zu erwarten sind, einzubeziehen.

Die Konstruktion - der Entwurf - einer IS sieht für eine Beanspruchung eine "potentielle" Lebensdauer des perfekten, innerhalb zulässiger Toleranzen ausgeführten Bauelements vor. Seine Lebensdauer ist, wie bei jedem technischen Produkt, im einzelnen durch Wahl der Materialien, ihre Dimensionierung und Herstellung sowie durch Anwendungsbedingungen begrenzt. Die Konstruktion muß deshalb die möglichen Veränderungen der Aufbaukomponenten durch funktionsbedingte Belastung, die Wechselwirkung verschiedener Materialien untereinander, herstellbedingte Einflüsse sowie die Umwelteinflüsse unter Anwendungsbedingungen berücksichtigen. Insgesamt ergibt sich eine Vielfalt von Einflußgrößen und Wechselwirkungen. Ihre Auswirkungen auf die Lebensdauer sind Gegenstand sog. Lebensdauerprüfungen.

4.2.2 Methoden der Lebensdauerprüfung

Lebensdauerprüfungen sollen aus Zeitgründen unter Bedingungen durchgeführt werden, die mögliche degradierende Mechanismen beschleunigen. Dazu werden Abhängigkeiten zwischen der Ablaufgeschwindigkeit von Prozessen, die zum Ausfall eines Bauelements führen, und verschärften Anwendungsbelastungen - Streß - benutzt (Abb. 4.2). Anwendungsbelastungen setzen sich allerdings aus vielen Komponenten, funktions- und umweltbedingten Einflußgrößen verschiedenen zeitlichen Verlaufs, zusammen. Die funktionsbedingten Belastungen folgen aus den elektrischen Betriebsbedingungen. Umweltbelastungen sind klimatisch (Umgebungstemperatur, Luftfeuchte, Schadstoffe) und mechanisch (Schwingungen, Stoß).

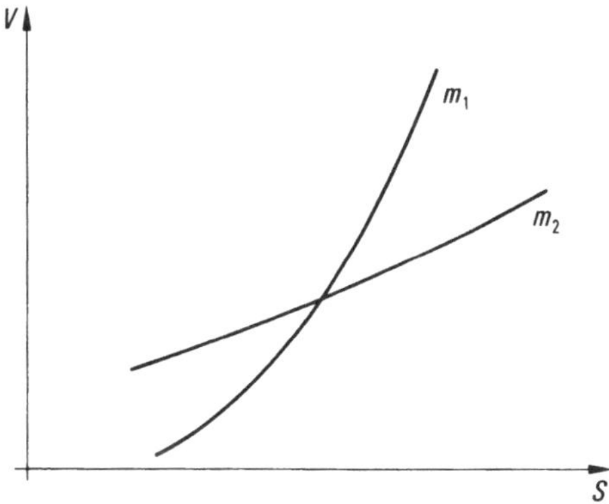

Abb. 4.2. Schematische Darstellung der Ablaufgeschwindigkeit v von Mechanismen m_i in Abhängigkeit von einer Einflußgröße S (Streß)

Lebensdauerprüfungen setzen daher die Beschränkung auf die wesentlichen Kombinationen der Prozesse, die voraussichtlich die Lebensdauer bestimmen - Ausfallmechanismen -, und den vorherrschenden Belastungsgrößen voraus. Sie enthalten damit

Modellvorstellungen, die sich auf bekannte Zusammenhänge zwischen Ausfallmechanismen und Einflußgrößen gründen bzw. die aus der Beobachtung von Ausfällen, ihren Ursachen und zugehörigen Anwendungsbedingungen entwickelt werden.

Für die Durchführung von Lebendauerprüfungen sind zwei Verfahren möglich:

- Mehrere Teilmengen eines Kollektivs von Prüflingen werden je einem Niveau abgestufter Belastungen unterzogen;
- ein Kollektiv wird mit einem stufenweise gesteigerten Streß belastet.

Das letztere Verfahren benötigt weniger Prüflinge, enthält jedoch die Schwierigkeit, die Vorgeschichte bei niedrigerem Streß richtig in Ansatz zu bringen.

Für die Anwendung beschleunigender Lebensdauerprüfungen und für die Verallgemeinerung des unterlegten Modells sind einige mehr oder minder starke Einschränkungen bzw. Vorsichtsmaßnahmen zu beachten:

- Für einige Elementarmechanismen ist zwar die Streßabhängigkeit bekannt; sie wird jedoch häufig modifiziert durch sekundäre Einflußgrößen, die z.B. in der herstellabhängigen Feinstruktur von Materialien bedingt sind.
- An ähnlichen Bauelementen wirkt sich bei verschiedener Dimensionierung (Design) der gleiche Ausfallprozeß zeitlich verschieden aus. Dimensionierung kann dabei sowohl die Wahl und Bemessung von Materialien als auch die Auslegung einer Schaltung hinsichtlich Toleranzempfindlichkeit bedeuten.
- Eine beschleunigende Prüfung ist um so effektiver, je höher die Belastung gewählt werden kann. Hohe Belastungsniveaus beinhalten das Risiko, daß andere Mechanismen als der betrachtete dominierend werden und das Ausfallgeschehen bestimmen (vgl. Abb. 4.2).
- Die benutzten Modelle enthalten mitunter starke Vereinfachungen, die ihren Gültigkeitsbereich einschränken.

Aus den aufgeführten Einschränkungen folgt meist die Notwendigkeit, auch bekannte Modelle auf ihre Anwendbarkeit zu überprüfen und in der quantitativen Aussagekraft auf ein vorliegendes Problem empirisch nachzuentwickeln.

Läßt sich eine stetige Indikatorgröße p zur Anzeige des Mechanismus benutzen, so kann die Degradation durch die streßabhängige Drift dieser Größe beschrieben werden (Abb. 4.3). In den

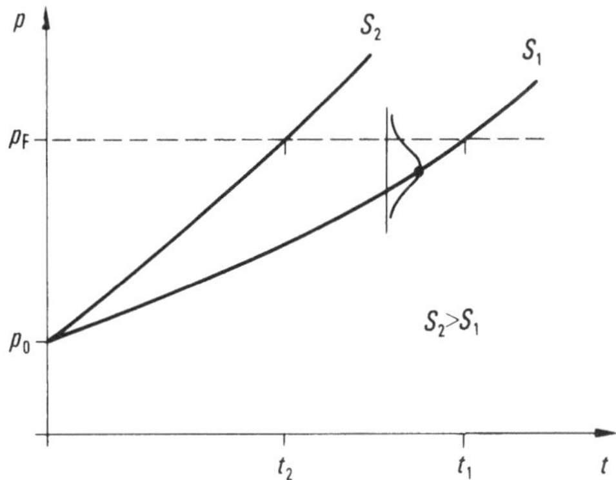

Abb. 4.3. Schematische Darstellung der Drift einer Indikatorgröße p unter Einfluß verschiedener Streßniveaus S_i. Bei Betrachtung eines Kollektivs von Bauelementen soll p(t) den Mittelwert der angedeuteten Werteverteilung der Indikatorgröße repräsentieren. Überschreiten des Wertes p_F bedeutet Ausfall der Bauelemente.

meisten Fällen ist der degradierende Prozeß der direkten Beobachtung nicht zugänglich. Als Beispiel trete innerhalb einer digitalen IS eine Drift von Transistorkennwerten auf. Der Effekt ist an den von außen meßbaren Kenngrößen erst feststellbar, wenn Funktion oder Pegel der Logiksignale gestört werden. Dann muß das Ausfallverhalten, die zeitliche Verschiebung der Lebensdauerverteilung in Abhängigkeit vom Streß, als Grundlage eines Modells dienen (Abb. 4.4). Die Beziehung zwischen dem beobachteten Verhalten und dem Streß ergibt das Streßmodell. Abb. 4.5 gibt schematisch einen Zusammenhang wieder. Die beobachteten Werteverteilungen der Lebensdauer (oder Anzeigegrößen für einen bestimmten Zustand) sind durch Verteilungskennwerte, z.B. Mittelwert und Streuung, repräsentiert.

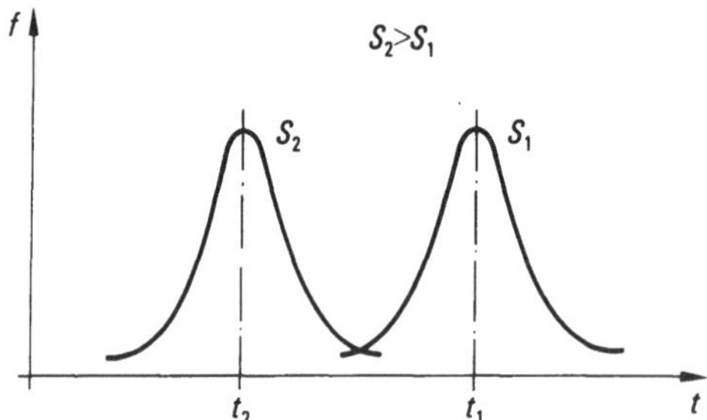

Abb. 4.4. Darstellung der zeitlichen Lage der Ausfalldichteverteilungen f(t) für verschiedene Streßniveaus S_i, $S_2 > S_1$

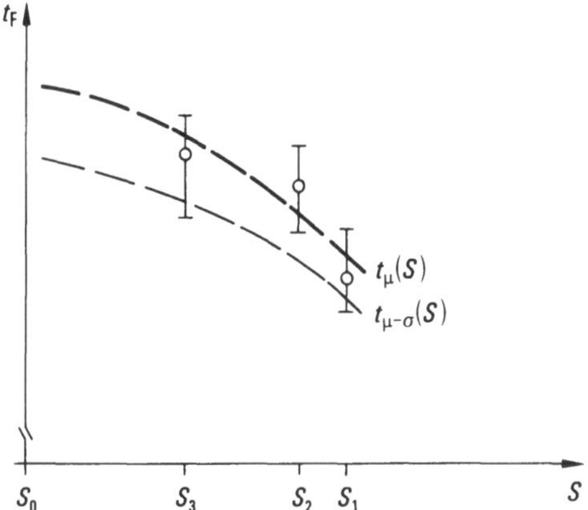

Abb. 4.5. Darstellung einiger Kennwerte von Ausfalldichteverteilungen, z.B. Mittelwerte t_μ und Streubereich $t_{\mu-\sigma}$ logarithmierter Lebensdauern, die bei verschiedenen Streßniveaus S_i ermittelt wurden, ausgeglichen durch eine Regressionslinie, die funktionalen Zusammenhang $t_F(S)$ kennzeichnen soll

Der Grad der im Modell vorsehbaren physikalischen Begründung und die Genauigkeit der empirischen Ableitung bestimmen die schon genannten Einschränkungen oder Risiken seiner Anwendung. Dies gilt insbesondere für Lebensdauerschätzungen unter Anwendungsbedingungen, die im allgemeinen aus einer einseitigen Extrapolation des Modells nach niedrigen Belastungen folgen.

Bei der Umrechnung beobachteter Werte- bzw. Lebensdauerverteilungen auf niedrigere Belastungen ist zu beachten, daß die Formparameter der Verteilungen streßabhängig sein können. Zur

Problematik zeitraffender Prüfungen enthält [4.7] eine weitergehende Darstellung.

4.2.3 Beschleunigung durch erhöhte Temperatur

Die Mehrzahl der Ausfallmechanismen wird durch Temperatur wesentlich beeinflußt. Temperatur ist eine stark variierende Größe unter Anwendungsbedingungen.

Als ein einfaches Modell wird der temperaturabhängigen Beschleunigung von Ausfallmechanismen meist das Arrhenius-Modell zugrunde gelegt. Es ist ursprünglich empirisch aus der chemischen Reaktionskinetik abgeleitet und beschreibt die mit der Temperatur exponentiell zunehmende Reaktionsrate r mit

$$r = C \exp(-\Delta E/kT)\,. \qquad (4.6)$$

Die bestimmende Größe für die Temperaturabhängigkeit ist die Aktivierungsenergie ΔE, das zum Ablauf einer Reaktion notwendige Energieniveau der Reaktionspartner. In analoger Weise beschreibt die Thermodynamik mit der Boltzmann-Verteilung den Anteil von Elementarteilchen s, die temperaturabhängig Zustände höherer Energie einnehmen und damit an einem Prozeß teilhaben mit

$$s = D \exp(-\Delta E/kT); \quad \Delta E \neq f(T)\,. \qquad (4.7)$$

Eine theoretische Begründung der Arrhenius-Beziehung folgt aus der Eyring-Gleichung, die auf der Quantenmechanik aufbaut [4.7]. Aus ihr läßt sich die Arrhenius-Beziehung unter bestimmten Voraussetzungen gewinnen.

Prinzipiell lassen sich mit dem Arrhenius-Modell beschreiben die Beziehungen zwischen der Aktivierungsenergie ΔE eines Prozesses, der Änderung einer Indikatorgröße p für den ablaufenden Prozeß (Reaktion), der zeitliche Verlauf eines davon beeinflußten funktionswichtigen Kennwertes P(t) des Bauelements oder der Zeitpunkt des Bauelementausfalls t_F, zu dem der Kennwert einen funktionskritischen Wert P_F erreicht hat. Dies setzt jedoch die Kenntnis der funktionalen Zusammenhänge zwischen diesen Größen voraus:

$$\frac{dp}{dt} = A'\exp\,(-\Delta E/kT)\ , \tag{4.8}$$

$$P(t) = f\,(p, G_1 \ldots G_n, t) \tag{4.9}$$

($G_1 \ldots G_n$ sind physikalische Strukturparameter von beeinflußten Bauelementstrukturen.)

$$t_F = f\left[P_F\,(p, G_1 \ldots G_n)\right]\ . \tag{4.10}$$

Zur Charakterisierung der Temperaturabhängigkeit eines Ausfallmechanismus, d.h. zur Ermittlung seiner Aktivierungsenergie, begnügt man sich meist mit der Ermittlung des Beschleunigungsfaktors b. Er ergibt sich aus dem Verhältnis der Reaktionsraten bei verschiedener Temperatur (falls beobachtbar):

$$b = \frac{r_1(T_1)}{r_2(T_2)} = \exp - \left[\frac{\Delta E}{k}\,(\frac{1}{T_1} - \frac{1}{T_2})\right],\quad T_1 > T_2\ , \tag{4.11}$$

bzw. aus dem Verhältnis der Zeitintervalle, für die sich der gleiche Zustand der Prüflinge bei verschiedenen Temperaturen einstellt; gleicher Zustand bedeutet dabei Ausfall zu temperaturabhängigen Zeitpunkten $t_F(T)$ oder Erreichen eines bestimmten Wertes P einer beeinflußten Bauelementkenngröße zu temperaturabhängigen Zeitpunkten $t_P(T)$:

$$b = \frac{t_{F2}(T_2)}{t_{F1}(T_1)} = \frac{t_2(P, T_2)}{t_1(P, T_1)}$$

$$= \exp\left[\frac{\Delta E^*}{k}\,(\frac{1}{T_1} - \frac{1}{T_2})\right]\ . \tag{4.12}$$

In dieser Beziehung (4.12) bedeutet ΔE^* eine <u>scheinbare</u> Aktivierungsenergie. Damit wird berücksichtigt, daß die beobachtbaren Größen t_P oder t_F in einem nicht näher bekannten funktionalen Zusammenhang mit dem Elementarmechanismus der Aktivierungsenergie ΔE stehen, der durch die Beziehungen (4.8) bis (4.10) angedeutet ist.

Eine einfache Handhabung des Arrhenius-Modells ergibt sich mit

$$\ln b = \frac{\Delta E}{k} \left(\frac{1}{T_2} - \frac{1}{T_1}\right) \tag{4.13}$$

zur Darstellung der Beziehungen zwischen Beschleunigungsfaktor b, Temperatur T und Aktivierungsenergie ΔE entsprechend Abb. 4.6.

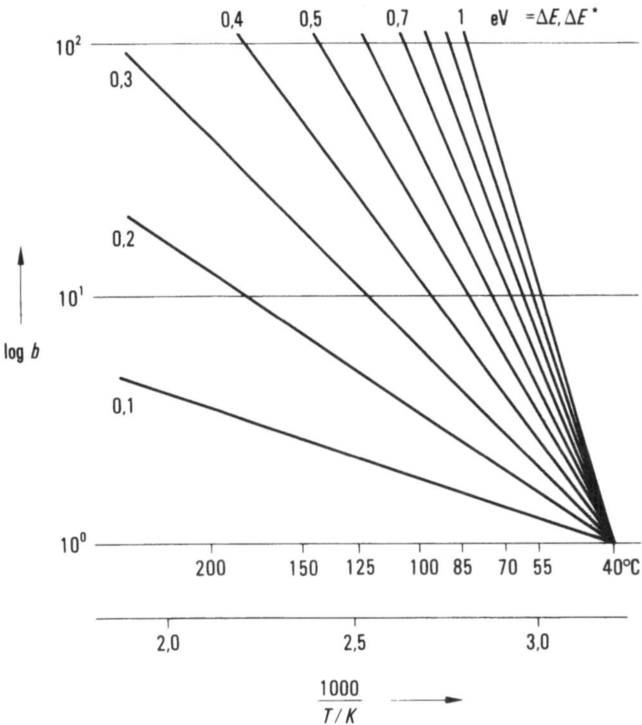

Abb. 4.6. Darstellung des Beschleunigungsfaktors b(1/T) entsprechend der Arrhenius-Beziehung, Parameter ist die Aktivierungsenergie ΔE bzw. ΔE^*. Als Bezugstemperatur wurde 40°C gewählt. Das Kurvenbündel kann bezüglich anderer Bezugstemperaturen parallel verschoben werden.

Aktivierungsenergien, die häufig beobachtete Prozesse charakterisieren, liegen im Bereich 0,3 bis 1 eV. Aus Abb. 4.6 läßt sich die zugehörige große Variation von Beschleunigungsfaktoren ablesen.

4.2.4 Übersicht über lebendauerbestimmende Mechanismen

Mechanismen, die die Lebensdauer begrenzen, lassen sich grob einteilen in

- Prozesse, die durch die Belastbarkeit der Materialien selbst und ihre Verträglichkeit untereinander bestimmt sind: zum Verschleiß führende physikalische und chemische Reaktionen;
- Veränderungen der elektrischen Bauelementparameter, die vorwiegend auf die Wirkung beweglicher elektrischer Ladungen zurückzuführen sind.

Mechanismen, die erfahrungsgemäß zu beachten sind, sowie vorherrschende Einflußgrößen werden in den folgenden Abschnitten aufgeführt und tabellarisch zusammengefaßt. Die Mechanismen sind entsprechend ihrer Zuordnung zum strukturellen Aufbau des Bauelements geordnet. Beschleunigungsfaktoren bzw. scheinbare Aktivierungsenergien sind in der Tabelle 4.2 angegeben mit Schwerpunkten. Wertebereiche (in Klammern) kennzeichnen darin den Einfluß von Herstellverfahren oder Feinstruktur von Materialien.

Dielektrische Schichten

Im Aufbau einer integrierten Schaltung haben die dielektrischen Schichten die Funktion der Isolation zwischen dem Silizium und der darüberliegenden Leiterebene, der Isolation von Leiterebenen untereinander und in der obersten Lage als Schutzschicht. Neben der Isolationsanforderung bestimmen Dicke und Kapazität der dielektrischen Schicht die Eigenschaften von feldeffektgesteuerten Strukturen (MOS-Transistoren, Speicherzellen, feldgesteuerten Dioden, parasitäre MOS-Transistoren).

Die dielektrischen Schichten (meist Siliziumdioxid) weisen Ladungen auf, die neben dem Potential der Elektroden (z.B. Transistor-Gates) die Raumladungsverhältnisse im oberflächennahen Bereich des Siliziums beeinflussen. Sie wirken damit auf die Feldverhältnisse im oberflächennahen Bereich der wannenförmigen pn-Übergänge und im Kanalbereich von MOS-Transistoren. Veränderungen dieser Ladungen können merklich die elektrischen Kennwerte der integrierten Bauelementstrukturen beeinflussen und - meist langsame - Kennwertdriften verursachen.

Veränderungen von Ladungen unter Einfluß von Temperatur und Feldstärke treten auf als laterale Bewegung von Ladungen an der Oberfläche des Dielektrikums, als (vertikale) Bewegung von Ladungen in seinem Volumen und als Änderung der Ladungsdichte in der Grenzschicht des Dielektrikums zum einkristallinen Silizium. Zusätzlich sind Polarisationseffekte möglich. Eine weitergehende Übersicht der verschiedenen Mechanismen als nachfolgend beschrieben ist in [4.8] gegeben mit einer Beschreibung der geometrischen Verhältnisse und der elektrischen Charakteristiken.

An der Oberfläche des Dielektrikums sind meist bewegliche Ladungen, Ionen, vorhanden, die durch Herstellung oder auch durch Umwelteinflüsse eingebracht werden. Sie werden unter dem Einfluß der Felder benachbarter Leiter und im Streufeld von pn-Übergängen transportiert und in Bereichen hoher Feldstärke angesammelt. Diese Konzentration von Ionen an Elektroden oder in der Nähe von pn-Übergängen kann ausreichen, unerwünschte Feldeffekte zu verursachen. Bei Konzentration von Ionen im Randbereich von Elektroden vergrößert sich deren elektrisch wirksame Fläche.

Entsprechende Ionenwanderung ist auch in der Grenzschicht aufeinandergeschichteter Dielektrika, z.B. in einer Leiterebene, möglich. An der Oberfläche mögliche Adsorption von Feuchte erhöht u.U. Menge und Beweglichkeit der Ionen bis zu meßbaren Isolationsströmen.

Die elektrische Feldwirkung angesammelter Ionen betrifft den oberflächennahen Bereich der aktiven Strukturen im Silizium. Beeinflußt werden Sperrströme und Durchbruchsspannungen der pn-Übergänge, die Einsatzspannungen der feldsteuerbaren Bauelemente, im Extremfall tritt Inversion aus. Die thermische Aktivierbarkeit der Ionenwanderungsprozesse läßt sich zusammenfassend mit Aktivierungsenergien $\geqq$ 1 eV beschreiben.

Mechanismen, die im Volumen des Dielektrikums und seiner Grenzflächen zum Silizium ablaufen, hängen sehr eng mit den Materialeigenschaften und Herstellbedingungen zusammen. Die nachfolgend beschriebenen Effekte beziehen sich daher auf thermisch hergestellte Oxide, wie sie fast ausschließlich als Dielektrika aktiver Strukturen eingesetzt werden.

Die Grenzfläche des Siliziums zum Siliziumdioxid besteht in einem Übergang einkristalliner Gitterstruktur zu einem amorphen Dioxidbereich. Bezüglich der elektrischen Ladungsverteilung betrachtet man diesen Bereich als eine Schicht mit festen positiven Ladungen (fixed charges), die sich im wesentlichen aus der abgebrochenen Gitterstruktur des Siliziums ergibt. Zusätzlich bietet dieser Bereich energetische Zustände zwischen den Niveaus des Valenz- und Leitungsbandes des Siliziums als Fangstellen (interface traps), in die Elektronen oder Löcher eingefangen oder von ihnen auch wieder emittiert werden.

Änderungen der Ladungszustände im Bereich der Grenzschicht sind als Veränderungen der Dichte der Ladungen bzw. der Besetzung der Fangstellen unter Einfluß von Temperatur und Feldstärke möglich. Ladungsdichte und Fangstellendichte werden außer durch Herstellung auch durch äußere Strahlung und durch elektrische Überlastung beeinflußt.

Neben der o.g. Wirkung der elektrischen Felder von Ladungen wirken die Fangstellen auch als Generations- und Rekombinationszentren von Ladungen und beeinflussen so Sperrströme und Stromverstärkung; auch Rauscheffekte treten auf. Den Trapping-Effekten wird ebenfalls eine thermische Aktivierbarkeit entsprechend einer scheinbaren Aktivierungsenergie von 1 eV zugeordnet.

Als Beispiele der Ionenwanderung senkrecht zur Schichtausdehnung als Volumeneffekte sind speziell Wasserstoff- und Natriumionen bekannt, wobei zusätzliche Wechselwirkungen mit den Grenzflächeneffekten möglich sind.

Der Einfluß von Ionen als Ursache von Feldeffekten wurde im Laufe der technologischen Entwicklung drastisch reduziert.

Wesentliche Gegenmaßnahmen sind Sauberkeit, Getterprozesse zur Bindung und Neutralisierung von Ionen sowie Design-Maßnahmen (z.B. metallische Abdeckung kritischer Bereiche). Die hinreichende Vermeidung der Kontamination durch Ionen war eine wesentliche Voraussetzung für die Einsetzbarkeit von MOS-Technologien.

In der Situation reduzierter Ioneneinflüsse wird mit der weiteren Verkleinerung von Strukturen ein weiterer Komplex von Effekten merklich, die das Eindringen von Elektronen in das Volumen des Siliziumdioxids verursachen. Ein Teil eindringender Elektronen wird an Fangstellen des Oxids gebunden. Entsprechend der damit verbundenen Aufladung des Oxids ergeben sich die schon genannten Feldeffekte. Zusätzlich verursacht eine zunehmende Dichte besetzter Fangstellen eine erhöhte innere Feldstärke im Oxid, was seine wirksame Durchschlagsfestigkeit reduziert und ein Risiko zeitabhängiger Oxidschädigung verursacht [4.9]. Diese Effekte betreffen im wesentlichen Strukturen, die Schichtdicken des Oxids < 100 nm aufweisen und unter Betriebsbedingungen mit Feldstärken von einigen MV/cm belastet werden. Dies ist der Fall bei Gateoxiden von MOS-Strukturen; in speziellen Fällen wird die Größenordnung von 10 MV/cm erreicht, z.B. bei elektrisch programmierbaren statischen Speicherzellen.

Die Injektion von Elektronen in das Oxid ist durch mehrere Mechanismen möglich: Feldemission durch extreme Feldstärken, verursacht durch Unregelmäßigkeiten der Dicke des Dielektrikums, thermische Emission (Schottky-Effekt) aufgrund der thermischen Energieverteilung der Elektronen und durch überhöhte kinetische Energie von Elektronen - sog. heiße Elektronen - sowie Tunneleffekt (Fowler-Nordheim-Tunneln). Für den betrachteten Bereich technisch interessanter Oxiddicken (< 100 nm) und Bauelement-Betriebsbedingungen (Spannungen/Feldstärke, Temperatur) sind wesentlich ein Spezialfall der thermischen Emission und der Tunneleffekt.

Für eine Emission ausreichende Energie können Elektronen durch Feldbeschleunigung erreichen, z.B. in Kanalrichtung von n-MOS-Transistoren kurzer Kanallänge. Diese "heißen Elektronen" erzeugen durch Stoßionisation weitere Ladungsträger, von denen die Elektronen bei noch ausreichender Energie das Oxid erreichen. Die Stromdichte im Transistorkanal bestimmt dabei das Gesamtangebot an Elektronen. Da mit zunehmender Temperatur die freie Weglänge der Elektronen im Gitter abnimmt, hat die Aufladungsrate des Oxids in diesem Fall einen negativen Temperaturkoeffizienten.

Entsprechend können auch Elektronen, die zum Sperrstrom von pn-Übergängen beitragen, genügend Energie gewinnen. Hierbei wird das Elektronenangebot durch den Sperrstrom und seine Temperaturabhängigkeit bestimmt, die durch etwa 1 eV beschrieben wird [4.10].

Tunneln von Elektronen beschreiben einen Mechanismus, der durch bestehende energetische Schwellen nicht wesentlich beeinflußt wird. Elektronenströme durch Tunneln weisen eine exponentielle Feldstärkeabhängigkeit auf, eine merkliche Temperaturabhängigkeit besteht nicht.

Das Maß der Aufladung des Oxids durch Binden von Elektronen an Fangstellen ist in erster Näherung von der gesamten Ladungsmenge (Elektronenmenge) abhängig, die das Oxid durchfließt. Stromdichte und ihr zeitlicher Verlauf, Polarität und Feldstärke, Temperatur und Substratdotierung haben untergeordneten Einfluß. Einen wesentlichen Einfluß hat das Material der Metallelektrode.

Die Wahrscheinlichkeit, daß ein Elektron an einer Fangstelle gebunden wird, hängt von der Wirkungsweite und der Dichte der Fangstellen ab. Zum Teil müssen Untersuchungen so gedeutet werden, daß eindringende Elektronen zusätzliche Fangstellen in der Nähe der Grenzschicht zum Silizium erzeugen. Auch für diese Vorstellung einer zusätzlichen Traperzeugungsrate läßt sich keine wesentliche Temperaturabhängigkeit beobachten.

Das Modell besetzter Fangstellen als Ursache abnehmender Durchschlagsfestigkeit von Oxiden ersetzt zunehmend die frühere Vorstellung der Stoßionisation als Durchbruchsursache. Mit weiterer Verdünnung der Oxide (< 10 nm) erhöhen sich die zeitlichen Durchschlagsfestigkeiten, da die "Tunnellänge" der Elektronen ausreicht, die Oxidschicht zu durchdringen, ohne daß Traps berührt oder erzeugt werden [4.9].

Die Voraussetzung für das Auftreten heißer Elektronen bildet eine ausreichende elektrische Feldstärke, die durch die jeweilige Struktur - z.B. Transistor: Abmessungen, Dotierungsprofile - bestimmt ist bei gegebener Betriebsspannung. Die Existenz von Fangstellen für Elektronen und ihre Erzeugbarkeit ist als Eigenschaft des Dielektrikums und seiner Grenzfläche zum Silizium zu verstehen, die wesentlich von den Herstellbedingungen abhängt. Die Effekte heißer Elektronen sind Summeneffekte aus der Häufigkeit heißer Elektronen und der Wahrscheinlichkeit, daß sie an Fangstellen gebunden werden. Die Aktivierbarkeit dieser Effekte wird durch den jeweils wirksameren Teilbeitrag bestimmt.

Neben diesen systematischen Dimensionierungs- und Hersteleinflüssen sind lokale Inhomogenitäten im Dielektrikum, die als "Punktdefekte" aufzufassen sind, Ursache von Drifterscheinungen oder Durchschlägen an einzelnen Strukturen einer integrierten Schaltung. Mit dem Integrationsgrad und den Strukturdimensionen mittlerer MOS-Speicher (dyn. RAMs von 1 bzw. 4 kbit Kapazität) sind derartige Ausfallursachen merklich geworden. Nach [4.11] ist die temperaturabhängige Beschleunigung des Ausfallverhaltens bei diesen defektinduzierten Mechanismen gering, während die feldstärkeabhängige Beschleunigung sehr groß ist, vgl. Tabelle 4.1.

Die mögliche Vielfalt der umrissenen Effekte macht verständlich, daß sich die Effekte, die durch Ionen bzw. Elektronen verursacht werden, überlagern können; insbesondere sind über die Fangstellen auch Wechselwirkungen möglich. In bezug auf die Materialien lassen sich mit den Siliziumdioxiden die besten dielektrischen Eigenschaften erzielen, z.B. für die dünnen Gateoxide. Wenn Sperren gegen Ionen notwendig sind, werden vorzugsweise Siliziumnitride eingesetzt, u.a. als oberste Schutzschicht. Mitunter werden auch Doppelschichten aus beiden Materialien benutzt. Bei den dickeren Schichten - Feldoxide, Isolation zwischen Leiterebenen und Schutzschicht - bestimmen zusätzliche Anforderungen die Materialauswahl und Herstelltechnik. Wesentliche Gesichtspunkte sind hier thermisches Ausdehnungsverhalten und die Möglichkeit der "Einebnung" der Strukturmuster aus der darunterliegenden Schicht.

Tabelle 4.1. Charakterisierung von Ausfallmechanismen

Zuordnung	Mechanismen	Einflußgrößen	Beschleunigende Größen: Art	Beschleunigende Größen: charakteristischer Wert	Effekte und beeinflußte Kennwerte
Oxidoberfläche	Wanderung und Ansammlung von Ionen	Kontamination durch Ionen	E,T	ΔE = 1 eV (0,7...1,6 eV) [4.8]	Verarmung bzw. Inversion: s. unten
	Oberflächenleitfähigkeit bei adsorbierter Feuchte	Feuchte u. Ionen	rel. Feuchte E,T		Isolationsströme
Oxidvolumen und Grenzfläche Oxid zu Silizium	Dipol-Polarisation	Materialien, Herstellung	E,T		Verarmung und Inversion: - Sperrströme - pn-Durchbruchspannung - MOS-Einsatzspannung Rekombination: - Stromverstärkung - Rauschen
	Wanderung von Ionen und	Materialien, Herstellung	E,T	ΔE = 1 eV (0,7...1,6 eV) [4.8]	
	Anlagerung an Grenzschicht-Fangstellen mit Rekombinations- u. Austauschvorgängen				
	Erzeugung weiterer Fangstellen	elektr. Überlastung, Strahlung			
	Bindung von Elektronen an Fangstellen:				Verarmung und Inversion:
	- nach Injektion heißer Elektronen durch pn-Sperrströme		E,T	ΔE = 1 eV [4.10]	- Sperrströme - pn-Durchbruchspannung - MOS-Einsatzspannung
	- nach Injektion heißer Elektronen durch Feldbeschleunigung und Gitterstreuung	Strukturgeometrie, elektr. Belastung	E^n,T S	negativer Temperaturkoeffizient [4.9]	
	- nach Tunneln von Elektronen		E^n,T	ΔE gering [4.9]	im Extremfall zeitabhängiger Durchschlag: Kurzschluß
	Aufladung von Doppelschichten	verschiedene elektronische Leitfähigkeit	E,T	ΔE = 1 eV [4.8]	

	zeitabhängiger Durchschlag an lokalen Oxid-Schwachstellen	Materialien, Herstellung, Oxiddicke	E,T	$\Delta E = 0{,}3$ eV $b(E) = 10^7$/MV cm^{-1} (für Oxiddicke ≈ 100 nm) [4.11]	Kurzschluß
Metallisierung: Al-Leitbahn	Electromigration: - Selbstdiffusion (1,4 eV) - Korngrenzendiffusion (0,4...0,6 eV)	Materialien: Dotierung (Cu-Ti) Herstelleinflüsse, Korngröße, Haftung zur Schutzschicht	T,j	$\Delta E = 0{,}45$ eV (0,4...1,4 eV) ($T \leqq 180°C$) $b(j^n)$: $n = 2$ ($j = 10^5 \ldots 10^6$ A/cm^2 [4.13]	Unterbrechung
Kontakte Al-Leitbahn zu Silizium	Al-Diffusion in Defekte und Leerstellen des Si-Kristalls	Sinterbedingungen, Defektdichte Si, Kristallorientierung,	T	$\Delta E \geqq 1$ eV [4.15]	Kurzschluß
	Si-Diffusion in Al (> 180°C)	Löslichkeit Si in Al	T	$\Delta E \geqq 1$ eV [4.15]	
Kontakte zwischen versch. Metallen (z.B. Al-Leitbahn zu Au-Draht)	Interdiffusion (Diff.Geschwindigkeit der Partner verschieden) Bildung intermet. Phasen evtl. mit Hohlräumen (Kirkendall-Effekt)	Kontamination Legierzusätze	T	$\Delta E \geqq 1$ eV [4.15]	Unterbrechung

T: Temperatur
E: elektrische Feldstärke
S: elektrische Stromdichte

n: Exponent
ΔE: Aktivierungsenergie
b(E): Beschleunigungsfaktor abhängig von der elektr. Feldstärke

Leiter und Kontakte

Hohe Stromdichten in den Leitbahnen eines Halbleiterchips ergeben einen Materialtransport in Richtung des Elektronenflusses infolge der intensiven Wechselwirkung der Elektronen mit dem Gitter. Dieser als Elektromigration bezeichnete Selbstdiffusionsprozeß ist abhängig von Temperatur und Stromdichte. Er wird durch Materialeigenschaften wie Art, Korngröße und Kornorientierung wesentlich beeinflußt. Inhomogenitäten der Materialtransportdichte führen zu Löchern in der Leitbahn und schließlich zu Unterbrechungen. Als Ursachen ungleichmäßigen Materialtransports kommen in Betracht Temperaturgradienten entlang der Leitbahn durch Leitbahnquerschnittstörungen, Änderungen der Wärmeableitung, abhängig vom Leitbahnuntergrund (Oxid, Silizium), lokale Schwankungen des spezifischen Widerstands (Beimengungen, Ausscheidungen). Mechanismen sind z.B. in [4.12] beschrieben.

Übliches Leitbahnmaterial ist Aluminium, das hinsichtlich vielfältiger Anforderungen eine günstige Lösung darstellt. Anforderungen sind u.a. elektrische und thermische Leitfähigkeit, mechanische Eigenschaften wie Duktilität und Rißfestigkeit, Haftungseigenschaften, ohmscher Kontakt zu Diffusionsgebieten (nach Sintern), gute Vereinbarkeit mit Halbleiterfertigungsprozessen (Abscheideverfahren, Strukturierung).

Die Migrationsfestigkeit eines Leitbahnmaterials wird wesentlich durch seine Feinstruktur bestimmt. Neben den Herstellbedingungen sind Beimengungen anderer Metalle wichtig. Im Falle des Aluminiums werden z.B. Si-, Cu-, Ti-Beimengungen benutzt, um die Migrationsfestigkeit zu erhöhen. Anforderungen zur Erhöhung der Migrationsfestigkeit ergeben sich durch die Verkleinerung von Strukturen im Zuge der fortschreitenden Integration.

Als Aktivierungsenergien für Elektromigration des Aluminiums werden abhängig von Material- und Herstellparametern Werte von $\Delta E = 0{,}4 \ldots 0{,}9$ eV ermittelt [4.13]. Diese Werte sind charakteristisch für Diffusionsprozesse bestimmt durch Korngrenzen für Temperaturen $< 400\,°C$. Erst darüber wird die Volumendiffusion ($\Delta E = 1{,}2$ eV) wirksam [4.14].

Die Abhängigkeit der Leitbahnlebensdauer von der Stromdichte ergibt sich aus Lebensdauertests überwiegend als umgekehrt proportional zum Quadrat der Stromdichte im Bereich $j = 10^5 \ldots 10^6$ A/cm^2. Für größere Stromdichten werden auch stärkere, für kleinere Stromdichten auch geringere Abhängigkeiten der Lebensdauer von der Stromdichte angegeben. Aus der direkten Beobachtung des Materialtransports an speziellen Testelementen wurden auch lineare Zusammenhänge mit der Stromdichte ermittelt [4.14]. Derartige Differenzen sind, zumindest zum Teil, aus der Schwierigkeit der Separation der Einflußgrößen erklärbar, insbesondere betr. des Temperaturbeitrags durch Eigenerwärmung der Leitbahn und der Stromdichteveränderung durch Leiterquerschnittsänderung infolge Materialmigration.

Beispiele direkter gegenseitiger Beeinflussung verschiedener Materialien ergeben sich an Kontaktverbindungen. Hier treten Diffusionsprozesse zwischen den beteiligten Metallen auf, die Mischkristalle - Legierungen - in der näheren oder weiteren Umgebung des Kontaktbereichs mit verminderten mechanischen oder elektrischen Eigenscnaften ergeben. Dieser Problembereich erfordert oft Kompromisse, die aus Materialwahl, Kontaktiertechnik und zugehörigen Kosten folgen. Unter Umständen werden dünne diffusionshemmende Schichten (z.B. Titan) vorgesehen, um leicht diffundierende Metalle (Au, Ag, Cu) abzuschirmen.

Kontakte des Leitbahnaluminiums zu Diffusionsgebieten werden durch Sintern hergestellt. Mögliche Störungen der Kontakte ergeben sich durch rasche Diffusion des Aluminiums in Leerstellen und Defekte sowie durch Diffusion von Silizium in die Leitbahn entsprechend seiner Löslichkeit in Aluminium [4.15].

Leerstellen und Defekte liegen in der Grenzschicht Silizium/Siliziumdioxid vor. Damit ergeben sich Möglichkeiten für Kurzschlüsse zwischen benachbarten Kontakten. Allerdings nimmt die Eindringgeschwindigkeit des Aluminiums mit der Zeit ab. Kristallfehler ermöglichen das Eindringen des Aluminiums in das Substrat. Daraus ergeben sich erhöhte Risiken bei sehr flachen Diffusionen, deren pn-Schicht damit eher gestört wird. Dieser Prozeß wird wesentlich beeinflußt durch Dotierung und Kristallorientierung (Vorzug für 111-Orientierung). Aktivierungsenergien für die aufgeführten Prozesse betragen $\Delta E = 1{,}1 \ldots 1{,}4$ eV.

Die Löslichkeit des Siliziums in Aluminium wird erst bei hohen Temperaturen (> 180°C) wesentlich. Als Folge ergeben sich Gruben (pits) in der Al-Si-Kontaktfläche, die von Aluminium ausgefüllt werden, wiederum mit dem Risiko des Kurzschlusses flacher Diffusionsgebiete. Herstelltechnisch wird diesem Prozeß begegnet, indem entsprechend der Löslichkeit von Si in Al bereits Silizium bei der Herstellung der Al-Schicht beigegeben wird. Als scheinbare Aktivierungsenergie für die Grubenbildung wird $\Delta E = 0{,}95$ eV genannt [4.15].

Die zur Zeit überwiegend angewendete Kontaktiertechnik von Chips integrierter Schaltungen mit den Außenkontakten setzt Golddrahtkontakte auf die Aluminiumkontaktflecken des Chips durch Thermokompression. Dieser Kontakt bildet eine Zone von Au-Al-Verbindungen aus. Bei entsprechender Temperatur-Zeit-Belastung führen die verschiedenen Diffusionsgeschwindigkeiten der beiden Metalle durch Ausscheidung von Leerstellen zu Höhlungen und Löchern im Kontaktbereich. Dieser Effekt weist eine thermische Aktivierbarkeit entsprechend einer scheinbaren Aktivierungsenergie von ca. $\Delta E = 1$ eV auf [4.15].

4.3 Reale Zuverlässigkeit

4.3.1 Einfluß technischer Materialien und Fertigungsbedingungen auf die Zuverlässigkeit, Prinzipien von Prüfmaßnahmen

Technische Materialien und Herstellbedingungen verursachen eine gewisse Schwankungsbreite der Produktmerkmale. Überschreiten der im Entwurf vorgesehenen zulässigen Schwankungsbreite (Toleranz) bereits eines aller festgelegten Einzelmerkmale ergibt ein Produkt, das nicht der technischen Beschreibung, der Spezifikation, entspricht.

Die Herstellung von integrierten Schaltungen erfolgt in einem Fertigungsprozeß, der die Größenordnung von ca. 100 Einzelprozeßschritten umfaßt. Die simultane Herstellung in einem Prozeßdurchlauf einer großen Menge von Einzelchips in einem Los von

Scheiben (Wafern) ergibt die notwendige Gleichmäßigkeit der einzelnen Chips untereinander. Hoher Automatisierungsgrad der Fertigung, auch beim Einbau der Chips in ein Gehäuse (sog. Montage des Bauelements), ist für eine gleichmäßige Reproduzierbarkeit wesentlich.

Im Herstellablauf wird das Ergebnis der einzelnen Prozeßschritte überwacht durch Messung der entsprechenden physikalischen Parameter am Teilprodukt. Weiterhin werden nach den beiden großen Prozeßabschnitten, der Scheibenfertigung und der Montage, alle einzelnen Chips bzw. gefertigten Bauelemente vollständig elektrisch gemessen. Damit werden die Prozeßtoleranzen überwacht bzw. Teilprodukte und Produkte ausgeschieden, die von der betreffenden Beurteilungs- oder Meßspezifikation abweichen.

Die Gesamtheit dieser Prüfungen entspricht nach Aufwand und Unterscheidungssicherheit einem gegebenen Stand der Technik. Fehlerhafte Produkte, die damit nicht erfaßt werden, stellen ein Zuverlässigkeitsrisiko dar. Durch Messung nicht ohne weiteres erfaßbar sind Fehler, die zu zeitlicher Instabilität (Drift) funktionswichtiger Kennwerte bzw. zu reduzierter Belastbarkeit in der Anwendung führen.

Dieser Durchschlupf potentiell unzuverlässiger Produkte stellt die Aufgabe, geeignete zusätzliche Prüfmaßnahmen zu entwickeln. Übliche Maßnahmen bedienen sich der gezielten verschärften Belastung der fertigen Produkte, um Fehler am Produkt zur Auswirkung zu bringen und das damit behaftete Produkt meßtechnisch faßbar zu machen. Die fehlerfreien Produkte sollen durch diese Maßnahmen nur unwesentlich in ihrer Lebensdauer gemindert werden. Derartige Selektionsmethoden für potentiell unzuverlässige Produkte werden unter dem Begriff "Screening" zusammengefaßt. Gebräuchliche Verfahren werden in Abschnitt 4.4 beschrieben. Aufwand dieser Maßnahmen wie auch die dadurch bedingte Ausbeuteminderung fertiger Produkte machen es notwendig, möglichst rasch über die Analyse der Fehlerursachen geeignete Verbesserungen bzw. Prüfungen im Fertigungsprozeßt einzuführen.

4.3.2 Auswirkung von Prozeßfehlern

Abweichungen und Fehler bei einem einzelnen Prozeßschritt verursachen systematische Veränderungen an der betroffenen Produktmenge, die sich in bestimmten Produktmerkmalen niederschlagen. Beispiele mit direkt meßbaren Veränderungen elektrischer Parameter sind Abweichungen in Dotierungskonzentration, Oxiddicken, Strukturgeometrie etc.; Beispiele nicht sofort meßbarer Veränderungen sind zeitliche Instabilität elektrischer Parameter durch eingeschleppte bewegliche Ladungen (Kontamination), verminderte Migrationsfestigkeit von Leitbahnen durch veränderte Materialzusammensetzung etc. Meist werden damit Effekte der prinzipiell bekannten, lebensdauerbegrenzenden Mechanismen verstärkt und so am Bauelement zeitlich früher wirksam. Der spezielle Mechanismus kann dabei im Vergleich zum Normalfall häufig so modifiziert sein, daß er eine veränderte thermische Aktivierbarkeit aufweist.

Zur Kontrolle auf derartige intensivierte Mechanismen bzw. zur Selektion (Screening) der in der Lebensdauer geminderten Produkte sind grundsätzlich die entsprechenden beschleunigenden Belastungen gezielt einsetzbar, wie im Abschnitt 4.2 beschrieben. Beispiele sind u.a. in [4.16] angegeben. Auf Mechanismen, die eine sehr hohe Aktivierbarkeit aufweisen, kann durch die entsprechenden kurzen Belastungszeiten u.U. auch im Fertigungsablauf, z.B. innerhalb der Scheibenfertigung, geprüft werden. Das Risiko derartiger systematischer Zuverlässigkeitsmängel nimmt mit der wachsenden Reife eines Fertigungsprozesses ab und ist bei eingelaufenen Fertigungsprozessen gering.

4.3.3 Lokale Defekte

Eine andere Gruppe von Fehlern sind nicht systematisch auftretende Einzeldefekte. Sie ergeben sich aus Materialfehlern, z.B. Fehlern im einkristallinen Aufbau der Siliziumscheibe, oder aus Defekten, die bei einzelnen Prozeßschritten der Schichtabscheidung, Fototechnik und Strukturierung meist durch Partikel und Hantierung eingeschleppt werden. Bei summarischer Betrachtung derartiger, quasi zufallsverteilter, lokaler Defekte erhält man für eine Scheibe mit integrieten Schaltungen eine (Punkt-) Defektdichte, die bei einem gegebenen Stand der Technik unvermeidbar ist. Sinngemäß sind auch unsystematische Defekte aus dem Montageprozeß der Menge lokal zufallsverteilter Defekte an fertigen Bauelementen zuzurechnen.

Es ist verständlich, daß Art, Lage und Ausprägung eines lokalen Defekts seine Auswirkung auf das Bauelement bestimmen. Bei Funktionsstörung oder Kennwerttoleranzüberschreitung wird wiederum durch Messung selektiert. Verursacht der Defekt eine Schwachstelle, so ist das damit behaftete Bauelement durch elektrische Messung meist nicht erkennbar. Die Schwachstelle stellt ein Zuverlässigkeitsrisiko dar, abhängig von der späteren speziellen Anwendungsbelastung. Daneben verbleibt ein Teil unkritischer und damit "kosmetischer" Defekte.

Bei sonst einwandfreier Prozeßführung bestimmt die Häufigkeit zufallsverteilter Defekte, die zu unzulässigen meßbaren Veränderungen am Produkt führen, die Ausbeute an guten Produkten. Prinzipiell muß man Beziehungen zwischen dem durch Messung erfaßbaren Teil defekter Produkte und dem Durchschlupf von Produkten mit Schwachstellen annehmen. Sie sind allerdings wiederum von Art und Ausprägung der Defekte abhängig, so daß sich keine allgemein verwertbaren Relationen ermitteln lassen.

Die Schwachstellen am Bauelement führen bei Belastung unter Anwendungsbedingungen im allgemeinen zu entsprechenden lokalen Überlastungen, die meist schnell zum Ausfall des Bauelements führen. Sie sind deshalb typische Ursache erhöhter Ausfälle von Bauelementen im frühen bis mittleren Anwendungszeitbereich. Bei integrierten Schaltungen ist im Vergleich zu einfacheren Bauelementen dieser Frühausfallanteil oft relativ stärker vertreten.

Entsprechend stark sind die Bemühungen, dieses Frühausfallrisiko zu reduzieren durch prozeßtechnische Maßnahmen wie auch durch Selektionsmaßnahmen. Als grober Richtwert für die Größenordnung des Anteils schwachstellenbehafteter IS kann etwa 1% gelten. (Der Wert ist bei eingelaufenen Fertigungsbedingungen deutlich niedriger, bei neuen Technologien oft auch höher,

s. Abschnitt 4.3.4.) Dieser kleine Anteil und die darin enthaltene Vielfalt von Defektarten lassen oft keine gezielten Selektionsmaßnahmen zu. Als Maßnahmen, die wenig defektartenspezifisch sind, werden typisch angewendet:

- Optische Kontrollen der Chips und der Bauelemente vor Verschluß der Gehäuse;
- elektrischer Betrieb der Bauelemente unter verschärfter Belastung, z.B. unter Grenzwert-Belastungsbedingungen (sog. Einbrennen, "Burn-in").

Da die Vielfalt der Defektarten entsprechend verschiedenartige Ausfallmechanismen begünstigt, kann ihre Aktivierbarkeit durch Belastung nur über die verschiedenen Mechanismen gemittelt charakterisiert werden. Für die mittlere thermische Aktivierung von Frühausfällen bei elektrischem Betrieb wird oft mit einer scheinbaren Aktivierungsenergie $\Delta E^* = 0{,}4$ eV gerechnet.

Defekte aus dem Montageprozeß beinhalten vorwiegend Schwächen in mechanischen Verbindungen an Kontaktverbindungen und Gehäuseteilen. Eine typische Belastungsmethode auf derartige Fehler sind Temperaturwechselbelastungen, die aufgrund der verschiedenen thermischen Ausdehnungskoeffizienten der beteiligten Materialien die Verbindungen belasten.

4.3.4 Technologische Lernkurve und Ausfallursachen

Die Darstellung möglicher Fehler an IS und die Hinweise über den Einfluß von Materialien und Fertigungsbedingungen einschl. Kontrollmaßnahmen haben gezeigt, daß, bezogen auf den umfangreichen Herstellprozeß, eine gute Abstimmung aller Einzelmaßnahmen notwendig ist, um ein bestimmtes Zuverlässigkeitsniveau zu erreichen. Das gewünschte Zuverlässigkeitsniveau wird über einen Lernprozeß erreicht, indem erkannte Fehlerursachen durch entsprechende Verbesserungsmaßnahmen im Fertigungsverfahren ausgemerzt werden. Ein notwendiger Beitrag dazu ist die Kenntnis der Ausfallursachen von Bauelementen unter echten Anwendungsbedingungen, mindestens aber unter Testbetriebsbedingungen. Sie ermöglicht es, die einzelnen Maßnahmen im Prozeß mit dem richtigen Gewicht einzusetzen, um die zunächst getroffenen präventiven Maßnahmen zu ergänzen und aufeinander abzustimmen. In den Lernprozeß gehen ebenfalls ein die mit wachsenden Stückzahlen stetigere Fertigung sowie Automatisierungsmaßnahmen.

Technologische Lernkurven werden häufig als Kosten- oder Ausbeutekurven dargestellt. Als Zuverlässigkeitsmaßstab eignet sich z.B. der Frühausfallanteil, ermittelt als Ausfallsatz nach einer festgelegten Testbetriebszeit. Derartige Lernkurven sind dargestellt in Abb. 4.7 für Technologien (Doppel-Silicon-Gate), mit denen dynamische Speicher (RAMs) hergestellt werden. Sie demonstrieren die Zuverlässigkeitsverbesserung mit der Fertigungszeit und auch den Übertrag des Lerneffekts auf nachfolgende ähnliche Technologien.

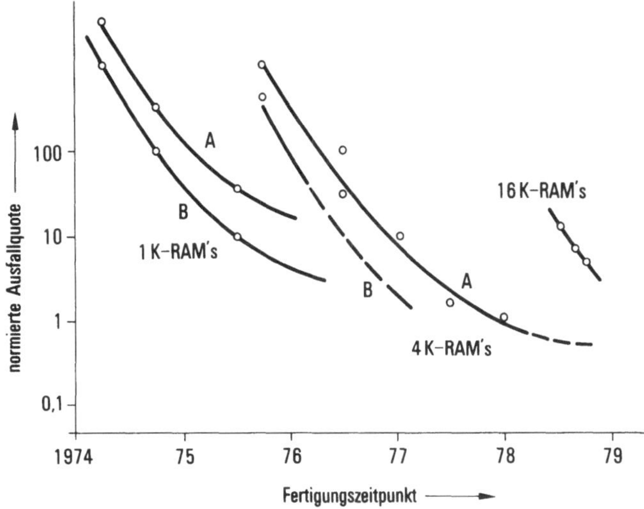

Abb. 4.7. Technologische Lernkurve von Technologien für LSI-Speicherbauelemente (dynamische RAMs), dargestellt als Verbesserung der Ausfallquote im Testbetrieb. A: Ohne Screening, B: mit Screening

Es ist verständlich, daß Ausfallartenverteilungen, ermittelt aus der Analyse von Testbetriebs- oder Anwendungsausfällen, von der jeweiligen Technologie, ihrem Reifestand und den speziellen Fertigungsbedingungen abhängig sind. Sie sind deshalb vorwiegend für den Bauelementehersteller interessant. Zur Charakterisierung eines allgemeinen Standes der Technik bezüglich Ausfallarten und -ursachen an IS sind pauschalierte Übersichten nützlich, die aus der Analyse einer Sammlung von Anwendungs- und Testbetriebsausfällen von IS mit einem repräsentativen Querschnitt über die Technologien ermittelt sind. Vereinfachend werden dabei meist anstelle der speziellen Ausfallursachen (Fehler) die vom Ausfall betroffenen Teilkomponenten des Bauelements aufgeführt. Abb. 4.8 zeigt die relative Häufigkeit von Bauelementkomponenten, an denen Defekte zum Ausfall führten, zusammengefaßt nach [4.17]. Es wird unterschieden nach bipolaren und MOS-Technologien. Die Ausfälle wurden zusammengefaßt aus Screening-, Umwelt- und Betriebstestausfällen sowie Anwendungsausfällen. Sie umfassen sowohl Ausfälle nach Spezifikationsgrenzen wie Funktionsstörungen. Als typisch kann daraus angesehen werden, daß bei MOS-Technologien chipbezogene Ausfallarten mit Schwerpunkten bei Chipoberfläche und Gateoxiden stärker vertreten sind. Die relative Häufigkeit der Mechanismen und Fehler, die zum Ausfall führten, enthält Abb. 4.9.

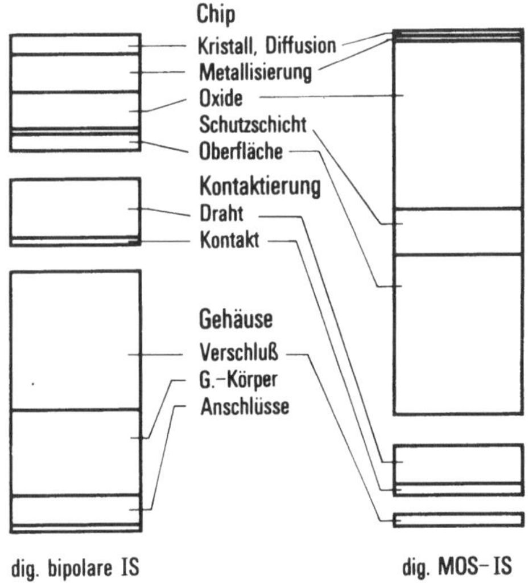

Abb. 4.8. Relative Verteilung ausgefallener Aufbaukomponenten digitaler integrierter Schaltungen (SSI/MSI), geordnet nach bipolaren IS (überwiegend TTL-Technologien) und MOS-IS (überwiegend CMOS-Technologie) nach [4.17]

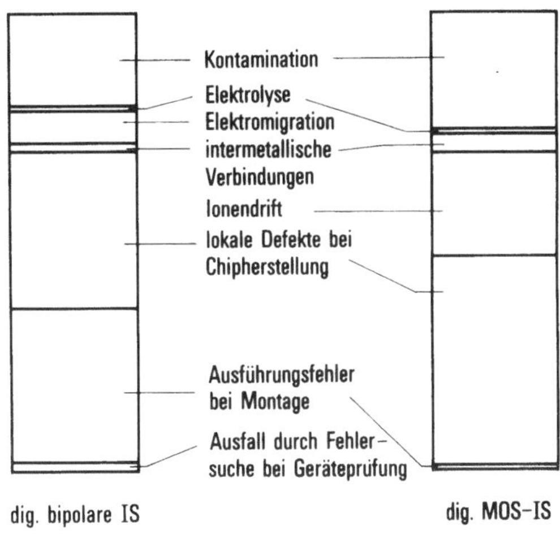

Abb. 4.9. Relative Verteilung von wesentlichen, durch visuelle Beurteilung bestimmbaren Mechanismen und Defekten, die Ausfälle digitaler integrierter Schaltungen verursachten; nach [4.17]

4.4 Maßnahmen der Zuverlässigkeitssicherung

4.4.1 Auswahl geeigneter Testobjekte

Die Maßnahmen der Zuverlässigkeitssicherung und allgemeiner der Qualitätssicherung ziehen sich durch die Phasen des Entwurfs, der Entwicklung neuer Technologien und Produkte sowie der versuchsweisen und laufenden Fertigung. Die bisherige Darstellung von Fehlern macht auch deutlich, daß in jeder Phase verschiedene Schwerpunkte der Zuverlässigkeitssicherung zu behandeln sind.

Das Produkt "Integrierte Schaltung" ist ein Bauelement hoher Komplexität, an dem anders als bei einem diskreten Bauelement die Mehrzahl der einzelnen Zuverlässigkeitsaspekte der Messung und Untersuchung nicht direkt zugänglich sind. Neben dem Produkt spielen deshalb sog. Teststrukturen in der Zuverlässigkeitssicherung und Prozeßkontrolle (Gütesicherung) eine wesentliche Rolle. Sie sind zur Untersuchung einzelner Mechanismen und zur Kontrolle bestimmter Parameter so dimensioniert, daß sich gut meßbare und eindeutig interpretierbare Indikatorgrößen für die jeweilige Fragestellung ergeben. Es werden sowohl diskrete Strukturen zur Untersuchung einzelner physikalischer Parameter oder Mechanismen als auch großflächige Strukturen und Vielfachstrukturen in Form von Ketten und Matrizen zur Anzeige von Defekten aus den Schichtherstellungs- und Strukturierungsprozessen und ihrer zeitlichen Auswirkung benutzt. Die Messungen und Belastungen werden möglichst auf statische Kennwerte bzw. Bedingungen reduziert.

Tabelle 4.2 enthält Beispiele von Teststrukturen für Zuverlässigkeitsuntersuchungen. Bereits im Laufe einer Technologie- und Produktentwicklung entstehen Teststrukturen für notwendige Untersuchungen. Zur Prozeßkontrolle und Zuverlässigkeitssicherung einer laufenden Fertigung werden daraus schließlich geeignete Strukturen abgeleitet und zusammengestellt. Die Maßnahmen im einzelnen sind technologiespezifisch.

Tabelle 4.2. Teststrukturen für Zuverlässigkeitsuntersuchungen

Strukturen	Zu untersuchende Größen	Beispiele geeigneter Teststrukturen
Parameter-Teststrukturen	Stabilität der Kennwerte von Grundstrukturen	Widerstände, Dioden, Transistoren in versch. Abmessungen
	kritische Parameter und Mechanismen:	
	Leckströme	Dioden (feldsteuerbar), Tetroden
	mobile Ladungen (Oxide, Grenzflächen)	Kapazitäten
	Kontaktwiderstände	Metall-Silizium-Kontakte
Material-Teststrukturen		Leitbahnstrukturen
	Stabilität Kontakte	Kontaktketten Metall-Silizium-Metall
	Dauerfestigkeit Oxide	Kapazitäten
Defektdichte-Teststrukturen	zeitliche Auswirkung von Schwachstellen:	Strukturmatrizen:
	Kristallgitterfehler	Speicherzellenmatrizen
	Oxiddefekte	Transistor-Arrays
	Strukturierungsdefekte	CCD-Strukturen

Das mit einer neuen Technologie gefertigte Pilotprodukt enthält die Summe aller mit Teststrukturen überprüften Einzelaspekte. Zusätzlich kommen in ihm zur Wirkung Effekte, die vom individuellen Layout des speziellen Schaltkreistyps beeinflußt werden, z.B.

- Einzelheiten des dynamischen Verhaltens der Bauelemente,
- Wechselwirkung zwischen benachbarten Strukturen über parasitäre Elemente,
- über größere Signalverstärkung wirksame Effekte, speziell bei linearen Schaltungen (Offsetdrift, Rauschen).

Bei komplexen integrierten Schaltungen haben reguläre Schaltungsanordnungen (Speichermatrizen, CCDs) gegenüber nichtregulären Schaltungen den Vorteil der leichteren Analysierbarkeit (Lokalisierung von Defekten und physikalischer Erklärung des Ausfallmechanismus), so daß sie auch gut zur Ermittlung von Defektdichten nach Art und zeitlicher Auswirkung geeignet sind.

4.4.2 Standardisierte Verfahren der Zuverlässigkeitssicherung

Grundlagen der Standardisierung

Verfahren der Qualitätssicherung beinhalten zwar, abhängig von der speziellen Technologie, ihrem Reifestand und Herstellbedingungen, individuelle Maßnahmen; jedoch führt der ziemlich einheitliche Stand der Technik in der Herstellung von integrierten Schaltungen, bedingt durch die verfügbaren Fertigungsmittel und Prüfmethoden, bereits auf weitgehend übereinstimmende Verfahrensweisen der Qualitätssicherung. Sie werden hinsichtlich Konzept, wichtiger Aspekte und ihrer Überprüfung in allgemeinen Spezifikationen beschrieben. Eine gewisse Standardisierung haben Zuverlässigkeitssicherungs*methoden* vorwiegend am *fertigen Bauelement* erreicht. Damit wird die Zuverlässigkeitsbeurteilung neuer Produkte und die Beschaffung von Produkten vergleichbarer Zuverlässigkeit aus verschiedenen Quellen für den Anwender erleichtert. Heute übliche Verfahren und

Standards gehen im wesentlichen zurück auf Spezifikationen und Methodenbeschreibungen für integrierte Schaltungen in US-militärischen Anwendungen:

- General Specification for Microcircuits MIL M 38 510 [4.18],
- Test Methods and Procedures for Microelectronics MIL STD 883 [4.19].

Die überwiegende Zahl marktüblicher Qualitätsspezifikationen ist daraus abgeleitet und hinsichtlich der Anforderungen der verschiedenen Anwendungsbereiche modifiziert.

Ausfallmechanismen, spezifische Belastungen und optische Prüfungen auf Defekte

Die Standardisierung der Sicherungsverfahren am Endprodukt beruht auf einer Bestandsaufnahme von Ausfallarten an integrierten Schaltungen, ihrer Häufigkeit und der prinzipiellen Ausfallmechanismen. Damit konnte vereinfachend ein Katalog wahrscheinlicher Ausfallarten an integrierten Schaltungen aus verschiedenen Technologien und Quellen erstellt werden, ohne im Detail auf die verursachenden Fehler eingehen zu müssen. Den Ausfallmechanismen wurden verschärfte Anwendungsbelastungen zugeordnet, die die verschiedenen Mechanismen gezielt wirksam werden lassen. Mit Kenntnis des Herstellprozesses kann auch auf die Art des verursachenden Fehler geschlossen werden.

Das Gesamtkonzept dieser ausfallmechanismenspezifischen Belastung ist in Tabelle 4.3 vereinfachend umrissen. Angegeben sind die verschiedenen Belastungen und ihre beabsichtigte Wirkung. Ergänzt sind Beispiele von typischen Mechanismen und ihren Folgen, wie sie abhängig von Aufbaudetails und Herstellbedingungen der IS auftreten können.

Statische thermische Belastungen führen zum Ausfall, wenn unerwünschte Diffusionseffekte durch Defekte stark begünstigt sind. Sie wirken jedoch stabilisierend hinsichtlich Abbau mechanischer Spannungen und der Fixierung von kontaminierenden beweglichen Ionen an freien Valenzen (Gettern an Störstellen bzw. Grenzschichten).

Als anwendungsnahe und sehr breit wirksame Methode, aber auch teure Methode, ist der Testbetrieb unter elektrischen und thermischen Grenzbedingungen üblich. Für komplexe Bauelemente ist dabei der dynamische Betrieb notwendig, um alle Schaltungsteile zu belasten.

Temperaturwechsel- und mechanische Belastungen weisen eine relativ große Selektivität hinsichtlich Erkennbarkeit von Montage- und Gehäuse-bezogenen Ausfallarten auf, während die Unterscheidbarkeit von chipbezogenen Ausfällen erst über intensivere Ausfallanalysen möglich ist. Die Beschleunigungsbelastungen bei Stoß- und Zentrifugentest werden extrem hoch gewählt mit dem Zweck, Chipbefestigung und Drahtkontaktierung (Golddrähte) in Hohlraumgehäusen über die beteiligten geringen Massen zu belasten.

Diese aus praktischen Gesichtspunkten entwickelte Methodik ist eng mit der allgemeinen Technologie der integrierten Schaltungen verbunden. Sie bedarf deshalb der Anpassung an die weitere technologische Entwicklung, wenn neue Verfahren und Materialien zum Einsatz kommen.

In die Standardisierung zuverlässigkeitssichernder Maßnahmen sind zusätzlich als Prüfungen am Teilprodukt Kontrollen auf optisch erkennbare Fehler aufgenommen. Sie werden am Chip vor Montage sowie am Bauelement vor Verschluß des Gehäuses durchgeführt.

Die optischen Prüfungen haben einen stark präventiven Charakter, da die Auswirkung sichtbarer Unregelmäßigkeiten und Defekte nicht abgeschätzt werden kann. Sie beschränken sich andererseits auf erkennbare, d.h. genügend große und nicht verdeckte Fehler.

Screeningverfahren und Zuverlässigkeitsklassen

Als Screening werden Selektionsverfahren bezeichnet, die unter Belastung der Bauelemente potentiell unzuverlässige Produkte erfaßbar machen. Dabei ist das Modell unterlegt, daß die Belastung zum Ausfall oder zur meßbaren Veränderung defektbehafteter

Tabelle 4.3. Übersicht über Belastungen, die bestimmte Mechanismen beschleunigen und ihre Wirkung meßtechnisch erfaßbar machen

Belastung	Wirkung	Beispiele von Mechanismen	
		chipbezogen	montage- und gehäusebezogen
Lagerung bei erhöhter Temperatur	Beschleunigung von Diffusionsprozessen	Ausbreitung kontaminierender Stoffe Diffusion an Defekten im Kristallgitter und in Schichten: u.a. Dotierungs-Pipes, Legierspitzen Metallisierung-Substrat	Interdiffusion von Metallen an Kontaktverbindungen (Au-Al), zwischen mehrlagigen Schichten (Galvanik-Schichten)
	kristalline Gefügeänderungen	Ausbreitung von Kristallgitterfehlern, Korngrößenveränderungen, Ausscheidungen in Metallisierungen (Bildung v. Whiskern)	Rekristallisierung von Kontaktierdrähten, intermetallische Phasen zwischen Kontakten
	Beschleunigung von chemischen Reaktionen	Reaktionsprodukte mit Kontaminationen, z.B. Korrosion auf Metallisierungen (Leitbahnen)	Korrosion an Kontakten und Außenanschlüssen
Temperaturwechsel, Temperaturschocks	mechanische Belastung von Materialverbindungen mit verschiedenen thermischen Ausdehnungskoeffizienten, Belastung verspannter Komponenten	Risse an Leitbahn-Dünnstellen, z.B. an Oxidstufen Rißbildung an Oxidschichten (Schutzoxide)	Lösen der Chipbefestigung, Undichtigkeiten an Gehäusen, Unterbrechung von kunststoffumhüllten schwachen Kontaktverbindungen
mechanischer Schock, mech. Beschleunigung	Kraftwirkung auf einseitig befestigte Teile (in Gehäusen mit Hohlraum)	-	Lösen von Partikeln, schwachen Chipbefestigungen u. Drahtkontakten
mechanische Vibration	wie oben, zusätzlich Resonanzeffekte		"

statischer elektrischer Betrieb bei erhöhter Temperatur (vorzugsweise unter Sperrbelastung an möglichst vielen pn-Übergängen	Unterstützung thermisch aktivierter Prozesse durch elektrische Feldstärke und Temperaturgradienten (inhomogene Verteilung der Verlustleistung) Wechselwirkung des Elektronenflusses mit dem Gitter	Transport kontaminierender Ionen und Einfluß der Ladungen auf elektrische Bauelement-Kennwerte hohe Belastung von Schwachstellen (an Isolationsschichten, Leitbahnen, Grundelementen) Elektromigration	Beitrag montagebedingter Kontaminationen zu chipbezogenen Effekten
dynamischer elektrischer Betrieb bei erhöhter Temperatur	zusätzliche Belastung von Schaltungsteilen, die unter statischen Bedingungen nicht belastbar sind	wie oben Belastbarkeit von Leistungselementen (safe operating area)	zusätzl. Temperaturerhöhung bei fehlerhafter Wärmeableitung
intermittierender elektrischer Betrieb	periodische Erwärmung durch Verlustleistungswechsel	wie oben	Stabilität mechanischer Verbindungen insbesondere bezügl. der Wärmeableitung
statischer elektrischer Betrieb unter erhöhter Temperatur und Feuchteeinfluß	elektrolytische Prozesse zwischen Komponenten und Kontaminationen	bei nicht hermetisch dichtem Gehäuse: Ionentransport zur Chipoberfläche, Korrosion an Metallisierung (falls ungeschützt)	Ionenwanderung an Gehäuseoberfläche, Korrosion von Gehäuseteilen, Metallmigration zwischen Anschlüssen

Bauelemente führt, unter vernachlässigbarer Lebensdauerbeschränkung einwandfreier Bauelemente. Diese Bedingung wird erfüllt, wenn bezogen auf die angewendete Belastung der zeitliche Abstand zwischen den Ausfallverteilungen des defektbehafteten Teilkollektivs und des defektfreien Kollektivs mindestens der vorgesehenen Anwendungsdauer äquivalent ist. Screeningmethoden werden benutzt, wenn keine effektiveren Maßnahmen im Herstellprozeß möglich sind, um bestimmte Zuverlässigkeitsrisiken (potentielle Ausfallursachen) zu vermeiden.

In den standardisierten Screeningverfahren werden die in Tabelle 4.3 aufgeführten Methoden benutzt. Das anzulegende Belastungsniveau ist darin weniger aus detailliert entwickelten Beschleunigungsmodellen als aus der genannten Bestandsaufnahme wahrscheinlicher Ausfallarten und der Belastung zu ihrer überwiegenden Selektion abgeleitet. Ein Beispiel eines ausführlichen Screeningablaufs gibt Tabelle 4.4 mit Angabe typischer Belastungen wieder. Vorgeschaltet sind die optischen Prüfungen am Teilprodukt. Sie werden in dieser Konstellation häufig mit zu den Screeningmaßnahmen gezählt.

Diese vorbeugenden, zuverlässigkeitssichernden Screeningmaßnahmen verursachen einen beachtlichen Kostenaufwand. Es ist deshalb üblich, entsprechend den Zuverlässigkeitsanforderungen der einzelnen Anwendungsbereiche, durch einen abgestuften Sicherungsaufwand angepaßte Zielniveaus durchschnittlicher Ausfallraten vorzusehen. Die abgestuften Sicherungsmaßnahmen definieren damit Zuverlässigkeitsklassen (meist bezeichnet als <u>Qualitätsklassen</u>). Die Beschreibung der Zuverlässigkeitsklassen nach [4.20] ist in Tabelle 4.5 angegeben zusammen mit dem erwarteten Wert des Ausfallratenverhältnisses. In Ausfallraten-Prognosenmodellen (s. Abschnitt 4.5) werden die Screeningmaßnahmen durch Qualitätsfaktoren berücksichtigt.

Screeningverfahren sind mitunter in Qualitätsspezifikationen, vgl. z.B. [4.18] fest vorgeschrieben. Unter dem Kostengesichtspunkt ist es zweckmäßiger, Screeningmaßnahmen im Gesamtkonzept technologischer Maßnahmen und Fertigungskontrollen vorzusehen, das auf die wesentlichen Zuverlässigkeitsrisiken abgestimmt ist und damit einen äquivalenten, aber kostengünstigeren Effekt

Tabelle 4.4. Übersicht über eine Folge von Screeningmaßnahmen mit Angabe typischer Belastungen

	Maßnahme	Bedingungen
	Im Fertigungsablauf:	
1.	optische Prüfung - der Chips vor Montage - des Bauelements vor Verschluß	Vergrößerung 30- bis 100fach Anwendung eines Fehlerkatalogs
	Nach Fertigung:	
2.	Temperaturlagerung	150°C, 24 h
3.	Temperaturschock	0/100°C in Flüssigkeit, 15 Schocks
4.	Temperaturwechsel	-65/+150°C in Luft, 10 Wechsel
5.*	konstante Beschleunigung	30000 g, Zentrifuge
6.*	mechanischer Schock	1500 g, Fallmaschine
7.*	Test auf lose Partikel im Gehäuse	Vibration 40 - 2000 Hz, 20 g Kontrolle auf Schallemission
8.*	Dichtheitsprüfung	
	- Grobleck	Anzeige durch Gasblasen in warmer inerter Flüssigkeit
	- Feinleck	Abdrücken in Helium und Messung der He-Leckrate im Spektrometer
9.	Röntgenprüfung	
10.	Einbrennen	thermische und elektrische Grenzbedingungen, 240 h
11.	elektrische Endmessung	Spezifikation

*Nur bei Gehäusen mit Hohlraum

bietet. Derartige Zuverlässigkeitssicherungsabläufe werden damit allerdings zum Teil prozeß- und herstellerindividuell. Sie werden von den Bauelementherstellern, ebenfalls in abgestufter Form, angeboten.

Verfahren der Qualifizierung von integrierten Schaltungen und der periodischen Prüfung der Produktqualität

Die Qualifizierung eines Produkts enthält die Prüfung der Qualitätsmerkmale nach einer mit dem Anwender vereinbarten Spezifikation. Dieser Qualifizierung im engeren Sinne gehen voraus die Detailuntersuchungen der Entwicklungsphase, betreffend der

Tabelle 4.5. Zuverlässigkeitsklassen nach MIL-M-38510 [5.1] und MIL HDBK 217 C [4.3]

Klasse	Beschreibung	Wesentliche Screening-Modifikationen	Ausfall-raten-Verhältnis
S	Ausfallersatz extrem aufwendig, Zuverlässigkeit unbedingt notwendig Beispiel: Satellitenanwendungen	entsprechend 4.4	0,5
B	Unterhaltung aufwendig, Zuverlässigkeitsanforde-derungen hoch Beispiel: elektron. Systeme mit hohen Ausfallkosten	reduziert gegenüber S: opt. Kontrollen (Kriterien) Partikelprüfung Einbrennen (Dauer)	1
C	Ausfallersatz gut möglich	reduziert gegenüber B: ohne Einbrennen	8
D	Standardanwendungen	keine Anwendung von Screening-Standards neben den Herstellermaßnahmen	15 - 30

Zielwerte der elektrischen Kennwerte, der Eigenschaften der weiteren Verarbeitbarkeit des Bauelements und der lebensdauerbegrenzenden Mechanismen sowie der Reproduzierbarkeit dieser Merkmale unter Fertigungsbedingungen.

Die weitgehend standardisierte Vorgehensweise der Qualifikation des Produkts bedient sich wieder möglichst der ausfallartenspezifischen Prüfung. In der üblichen Terminologie werden unterschieden [4.19]:[1]

Gruppe-A-Prüfungen: Messung der elektrischen Kennwerte bei Normal- und Grenztemperaturen.

Gruppe-B-Prüfungen: Prüfung der Montagequalität.

Gruppe-C-Prüfungen: Zuverlässigkeitsprüfungen betr. chipbezogener Eigenschaften.

Gruppe-D-Prüfungen: Zuverlässigkeitsprüfungen betr. montage- und gehäusebezogener Eigenschaften.

[1] In den Prüfstandards und Normen werden die verschiedenen Prüfgruppen (A, B, C, D) und Qualitätsklassen (A, B, C...) mit den gleichen Buchstaben gekennzeichnet, obwohl keine Zuordnung zwischen diesen Begriffen gegeben ist

Tabelle 4.6. Zusammenstellung von Zuverlässigkeitsprüfungen für die Qualifikation von integrierten Schaltungen mit Kurzangaben typischer Bedingungen. Nach [4.19]

Prüfung	Bedingungen
Gruppe-B-Prüfungen (Montagequalität)	
1. Abmessungen (außen)	Prüfung nach Zeichnung
2. Beständigkeit der Beschriftung gegen Lösungsmittel	Prüfung mit Lösungsmitteln
3. Lötbarkeit der Anschlüsse	Beurteilung der Zinnbenetzung nach Tauchverzinnung
4. Sichtprüfung innen	Prüfung der Chiptopographie
5. Festigkeit innere Verbindungen	Zugprüfung an Kontaktierdrähten
6. Innenfeuchte	$<$ 1000 ppm Wassergehalt bei 100°C
Gruppe-C-Prüfungen (Zuverlässigkeit chipbezogen)	
1. elektrischer Betriebstest	125°C, 1000 h
2. Temperaturwechselbelastung	-65/+150°C, 10 Wechsel
konst. Beschleunigung	30000 g, 1 min
Dichtheitsprüfung	äquiv. Standardleckrate $\leqq 10^{-7}$ bar cm^3/s He
Sichtprüfung (außen)	
elektrische Prüfung nach Pos. 1 und 2	
Gruppe-D-Prüfungen (Zuverlässigkeit gehäusebezogen)	
1. Abmessungen	Zeichnung
Innenfeuchte	$<$ 5000 ppm Wasserdampfgehalt bei 100°C
2. Biegefestigkeit der Anschlüsse	3 Biegungen um $\pm$90°, Kraft 200 p
Dichtheit	äquiv. Standardleckrate $< 10^{-7}$ bar cm^3/s He
3. Temperatur-Schock	-55/+125°C, 15 Schocks
Temperaturwechsel	-65/+150°C, 100 Wechsel
Feuchtklimatest	+25/+65°C, $>$90 % rel. Feuchte, 10 Tage
Dichtheit	s. Punkt 2
4. mechanischer Schock	1500 g, 5 Schocks
Schwingung var. Frequenz	20 g, 20 - 2000 Hz, 4 min
konst. Beschleunigung	30000 g, 1 min
Dichtheit	s. Punkt 2
Sichtprüfung	
5. Salzatmosphäre	Salznebel bei 35°C, 24 h Salzniederschlag pro Tag 10 - 50 g/m^2
Dichtheit	s. Punkt 2
Sichtprüfung	
elektrische Prüfung nach Pos. 3 und 4	

Prüfungen der Gruppen B, C und D, die üblicherweise angewendet werden, sind mit typischen Belastungsbedingungen in Tabelle 4.6 aufgeführt. Derartige Prüfabläufe werden in den Qualitätsspezifikationen einschließlich Ausfallkriterien und Entscheidungsgrenzen über das Bestehen der Prüfungen - zulässige Anzahl Ausfälle aus einem festgelegten Stichprobenumfang - festgelegt.

Entsprechende Prüfabläufe können auch in periodischer Wiederholung eingesetzt werden, um die Gleichmäßigkeit der Produktqualität und -zuverlässigkeit zu überprüfen. Für den Hersteller ist es oft aussagekräftiger, außerhalb der Standardisierung die Belastungen bis in den Verschleißbereich zu steigern, um eine empfindliche Anzeige von Fertigungsschwankungen auf bestimmte Eigenschaften zu erzielen.

Aus Aufwandsgründen können periodische Prüfungen nicht an allen Produkttypen durchgeführt werden. Es ist üblich, dies an repräsentativen Typen von Produktfamilien zu tun, wobei die Übertragbarkeit der Ergebnisse durch die strukturelle Ähnlichkeit gewährleistet wird. Dieser Bezug auf die strukturelle Ähnlichkeit ist auch in Prüfstandards vorgesehen.

4.5 Maßzahlen der Zuverlässigkeit

4.5.1 Zuverlässigkeit und Fortschritt der Integration

Der Fortschritt der Integration ermöglicht, bezogen auf die Anzahl elektrischer Grundfunktionen, erhöhte Zuverlässigkeit und Signalgeschwindigkeit bei Verringerung von Platzbedarf, Leistungsaufnahme und Kosten. Den Verbesserungstrend der Ausfallrate pro Gatterfunktion über den Zeitraum der Entwicklung der Halbleitertechnologie zeigt Abb. 4.10 bzw. [4.20].

Bezogen auf das komplette Bauelement "Integrierte Schaltung" ergibt sich über den entsprechenden Zeitraum ein Zuverlässigkeitsniveau, das ziemlich unabhängig vom jeweilig beherrschten Integrationsgrad ist. Darin spiegelt sich der allgemeine technologische Lernprozeß wider, der die Optimierung von Fertigungs-

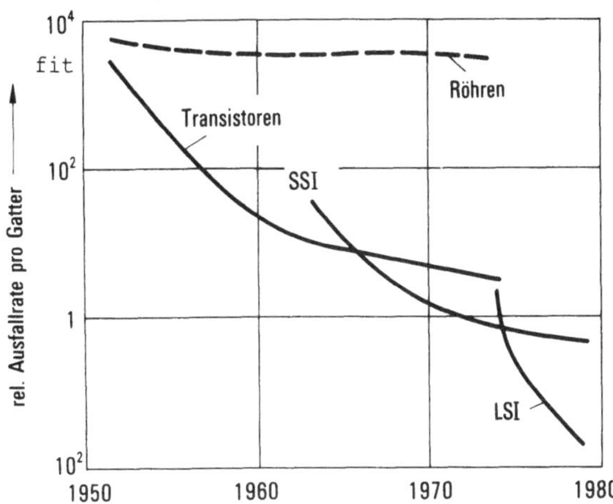

Abb. 4.10. Verbesserung der Ausfallrate pro Gatterfunktion durch Integration in normierter Darstellung [4.19]. SSI: Small Scale Integration, LSI: Large Scale Integration

kosten und Ausbeute wesentlich über stetige Reduzierung der "Gesamtdefektdichte" erzielt und damit auch das Zuverlässigkeitsrisiko mindert (vgl. Abschnitt 4.3.3).

Betrachtet man zu einem bestimmten Zeitpunkt das Zuverlässigkeitsniveau in Abhängigkeit vom Integrationsgrad, so stellt man für das komplette Bauelement einen merklichen Anstieg der Ausfallrate mit dem Integrationsgrad fest. Dies ist wegen des nicht abgeschlossenen Lernprozesses jüngerer LSI-Technologien verständlich. Diese Abhängigkeit ist in Abb. 4.11 dargestellt; sie ist abgeleitet aus den Ausfallratenprognosemodellen des MIL-HDBK 217 C [4.20] (vgl. Abschnitt 4.5.3). Die jüngere Erfahrung zeigt jedoch bereits, daß dieses Modell die Ausfallrate von LSI-Bauelementen zu pessimistisch einschätzt.

4.5.2 Zeitlicher Verlauf der Ausfallrate

Aus den Feststellungen zu lebensdauerbegrenzenden Mechanismen und zum möglichen Prüfschlupf schwachstellenbehafteter Bauelemente wurde deutlich, daß der frühe und der späte Anwendungszeitbereich mit einem erhöhten Zuverlässigkeitsrisiko behaftet sind. Im zeitlichen Verlauf der Ausfallrate äußert sich dies

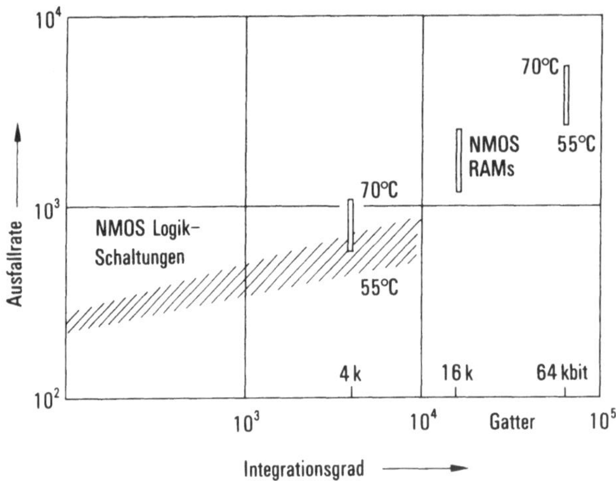

Abb. 4.11. Ausfallrate in Abhängigkeit vom Integrationsgrad von Logikschaltungen und dynamischen Speichern nach dem Prognosemodell des MIL HDBK 217 C für MOS-IS (n-Kanal) in hermetisch dichtem Gehäuse, Chiptemperaturen 55 bis 70°C. Gewählt wurde die Qualitätsklasse B-2, die dem Qualitätssicherungsaufwand und Screening (einschl. Einbrennen) von IS für industrielle und kommerzielle Anwendungen entspricht.

in einer Charakteristik $\lambda(t)$, die schematisiert in Abb. 4.12 dargestellt ist. Während des Frühausfallbereichs nimmt der Anteil schwachstellenbehafteter Bauelemente durch Ausfall unter Anwendungsbelastung stetig ab. Es stellt sich ein Niveau nahezu konstanter Ausfallrate ein, in dem noch zufallsbedingte Anwendungseinflüsse (innerhalb zulässiger Betriebsgrenzwerte) zu Ausfällen schwacher Elemente führen. Verschleißmechanismen schließlich lassen prinzipiell die Ausfallrate wieder ansteigen.

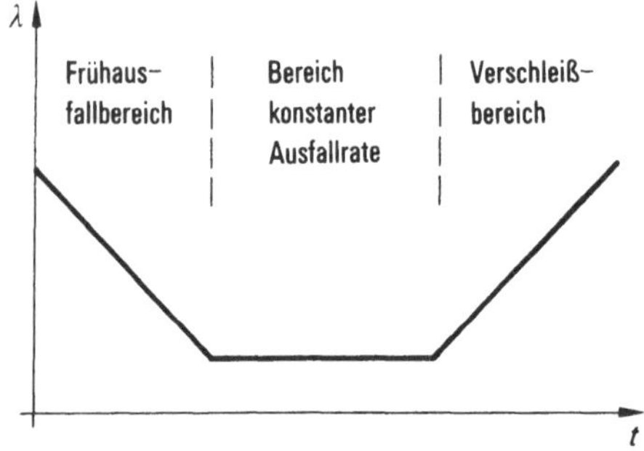

Abb. 4.12. Zeitlicher Verlauf der Ausfallrate, schematisiert

Die Ausfallratenkurve ergibt sich somit aus der "Widerstandsfähigkeit" der Bauelemente eines Kollektivs unter einer speziellen Anwendungsbeanspruchung.

Diese Bauelementlebensphasen haben für verschiedene Anwendungsbereiche ein verschiedenes Gewicht unter dem gemeinsamen Aspekt, mit diesen Bauelementen zuverlässige elektronische Systeme herzustellen.

Bei Massenprodukten mit einer größeren Anzahl von Bauelementen je System hat die Frühausfallphase ein hohes Kostengewicht durch Reparaturkosten an Baugruppen und Geräten im Fertigungsablauf, durch Gewährleistungskosten in der Anwendung und schließlich auch durch möglichen Prestigeverlust bei unbefriedigender Zuverlässigkeit. Screeningmaßnahmen, insbesondere Einbrennen, haben zum Ziel, einen Teil der Frühausfallkurve vorwegzunehmen und so einen bestimmten Alterungszustand einzustellen. Die beim Einbrennen meist angewendeten elektrischen und thermischen Grenzbedingungen wirken auch bis in den Bereich konstanter Ausfallrate hinsichtlich Mechanismen, die thermisch sehr stark beschleunigt werden.

Bei größeren Systemen des industriellen und kommerziellen Einsatzes steht hohe Verfügbarkeit während der vorgesehenen Gebrauchsdauer im Vordergrund. Zuverlässigkeitsmaßstab für die Bauelemente ist vorwiegend das Niveau konstanter Ausfallrate. Das Frühausfallproblem verliert hier oft durch längere Prüf- und Einlaufphasen dieser Systeme, in denen Störungen beseitigt werden, an Bedeutung.

Der Verschleißbereich ist zu beachten bei extremem Langzeiteinsatz unter sonst normalen Betriebsbedingungen bzw. bei Einsatzfällen mit wesentlich erhöhter Beanspruchung, die häufig bereits im Bauelement-Design oder in Schutzmaßnahmen berücksichtigt werden müssen.

4.5.3 Erwartungswerte der Ausfallrate

Die quantitative Angabe von Zuverlässigkeitskenngrößen bedeutet eine Prognose aus bisherigen Erfahrungswerten bzw. Extrapolation aus Testbetriebsergebnissen, die unter verschärften Bedingungen gewonnen wurden. Zuverlässigkeitsangaben sind in diesem Sinne Erwartungswerte. Sie werden zweckmäßig für anwendungsnahe Bezugsbedingungen angegeben.

Die Berücksichtigung verschiedener Anwendungsbedingungen oder auch verschiedener Qualitätssicherungsaufwendungen setzt geeignete Ausfallratenprognosemodelle voraus. Modelle, die auf der Analyse umfangreicher Datensammlungen für verschiedene Bauelementarten basieren, enthält MIL HDBK 217 C [4.20]. Die darin enthaltenen Modelle für integrierte Schaltungen berücksichtigen an Einflußgrößen unter Annahme einer konstanten Ausfallrate:

- Qualitätsklasse (Q-Sicherungsaufwand, Screening) s. Abschnitt 4.4.2;
- Gehäuse (hermetisch bzw. nicht hermetisch dicht; Anschlußzahl);
- Integrationsgrad;
- Chiptemperatur (mittlere scheinbare Aktivierungsenergie differenziert nach IS-Technologien);
- Betriebsspannung (beschränkt auf CMOS);
- Umgebungseinflüsse und Qualität der Wartung (pauschal für verschiedene Anwendungsbereiche).

Ausfallratenwerte können zur Orientierung der Abb. 4.11 entnommen werden.

Diese Modelle werden häufig bei Zuverlässigkeitsprognosen für Systeme der Raumfahrt und Wehrtechnik eingesetzt. Ihre mathematische Formulierung verführt leicht zur Genauigkeitsansprüchen, die die Aussagekraft der den Modellen zugrunde liegenden Zuverlässigkeitsdaten überfordern.

Die Benutzung dieser Modelle für Geräte der Unterhaltungselektronik und Systeme der industriellen und kommerziellen Elektronik ist nicht ohne weiteres angebracht. Die Qualitätsklassen der Bauelemente für diese Bereiche sind abweichend definiert, da Qualitätssicherungsaufwand und Screening aus Kostengründen stärker auf den aktuellen Stand der Herstelltechnik optimiert sind. Daneben werden in diesen Anwendungsbereichen nicht hermetisch dichte Kunststoffgehäuse in weit überwiegendem Ausmaß erfolgreich eingesetzt. Bei sonst gleichwertigen Qualitätssicherungsmaßnahmen ergibt sich hier eine wesentliche Unterbewertung dieser Bauform im MIL-Modell.

Für Zuverlässigkeitsabschätzungen von Systemen für übliche Anwendungsbedingungen ist es meist zweckmäßiger, sich auf vereinfachte Modelle zu beschränken, die mit relativ wenigen Ausfallratenerwartungswerten für Funktionsfamilien integrierter Schaltungen und einer vergröberten Klassierung von Einflußgrößen wie Integrationsgrad und Anwendungsbedingungen auskommen. Gleichzeitig ergibt sich auf dieser Basis eine durchsichtige Charakterisierung des Bauelemente-Zuverlässigkeitsniveaus nach dem Stand der Technik bei Anwendung angemessener Qualitätssicherungsmaßnahmen.

Die Vergleichbarkeit von Ausfallratenangaben bzw. von Zuverlässigkeitsschätzungen setzt voraus, daß das gleiche Modell und die gleichen Bezugsbedingungen zugrunde liegen. Modelle und Bezugsbedingungen werden deshalb auch in der technischen Normung behandelt (vorgesehen in DIN 40 039).

Im folgenden einfachen Modell wird ein Erwartungswert der Ausfallrate unter Anwendungsbedingungen λ_A ermittelt aus der Bauelementeausfallrate unter Bezugsbedingungen λ_B durch Faktoren, die Abweichungen von den Bezugsbedingungen berücksichtigen:

$$\lambda_A = \lambda_B \, \pi_T \, \pi_F \, \pi_Q \tag{4.14}$$

(π_T Temperaturfaktor, π_F Faktor für Frühausfallbereich, π_Q Qualitätsklassenfaktor).

Die Bezugsbedingungen und Ausfallratenerwartungswerte unter Bezugsbedingungen sind in Tabelle 4.7 aufgeführt für Bauformen mit normalen Verlustleistungen und Gehäuseausführungen in grober Klassierung nach Funktionsfamilien, Technologien und Integrationsgrad. Unterscheidungen nach Gehäusearten werden nicht getroffen.

Tabelle 4.7. Erwartungswerte der Ausfallrate bei Bezugsbedingungen verschiedener Funktionsgruppen und Technologien integrierter Schaltungen

Funktion	Ausfallraten in fit[1] Integrationsgrad[2] SSI/MSI	LSI	VLSI	Temperatur θ_{vj1} °C
Allgemeine Logikschaltungen				
TTL	10			55
TTL S	30			65
ECL 10 k	20			65
CMOS	10			45
Gate Arrays				
TTL		100		50
ECL			(200)	
CMOS		100	(200)	
Mikroprozessoren NMOS				70
8085		400		
8086			400	
Mikrocomputer NMOS				
8048			400	55
Speicher RAM dyn. MOS				
16 kbit		80		50
64 kbit		80		
256 kbit			(100)	
analoge Schaltungen				
bipolar	50/150			55

[1]Die Einheit der Erwartungswerte ist fit (failures in time), das ist die Anzahl der Ausfälle pro 10^9 Bauelementestunden $[10^{-9}\ h^{-1}]$.

[2]SSI: Small Scale Integration; MSI: Medium Scale Integration; VLSI: Very Large Scale Integration.

Die eingeklammerten Werte sind Richtwerte, für die noch keine umfangreichen Einsatz- und Prüferfahrungen vorliegen.

Bezugsbedingungen für Ausfallraten-Angaben	
Ausfallkriterien	Totalausfälle und solche Änderungen von Hauptmerkmalen, die in der Mehrzahl der Anwendungen zum Ausfall führen
Zeitbereich	Betriebszeit 3000 h
elektrische Beanspruchung	
Betriebsspannung	empfohlene Betriebsspannung
Betriebsart	Dauerbetrieb
klimatische und mechanische Beanspruchung	
mittlere Umgebungstemperatur	θ_u = 40°C
Ersatzsperrschichttemperatur	siehe Spalte für $\theta_{(vj)1}$
relative Luftfeuchte	rel. Feuchte 85 % (max. Jahresmittel der Feuchteklasse F nach 40040)
mechanische Beanspruchung	Kennbuchstabe W nach DIN 40040

Als Bezugstemperatur wird von $\theta_u = 40°C$ Bauelement-Umgebungstemperatur im Einsatz ausgegangen. Die für das Bauelement wirksame Temperatur ist die (mittlere) Chiptemperatur (Ersatzsperrschichttemperatur $\theta_{(vj)}$), die sich aus Verlustleistung und Umgebungstemperatur ergibt:

$$\theta_{(vj)} = \theta_u + PR_{thu} \qquad (4.15)$$

(P Verlustleistung, R_{thu} Wärmewiderstand zwischen Chip und Bauelementumgebung (Luft)).

Wärmewiderstände sind Datenblättern zu entnehmen. Sie betragen für übliche Standard Dual-in-line-Bauformen $R_{thu} = 60...100$ K/W.

Vereinfachend sind ungefähre Chiptemperaturen $\theta_{(vj)1}$ für verschiedene Funktionsgruppen bereits in Tabelle 4.7 berücksichtigt ($\pi_T = 1$). Umrechnungsfaktoren π_T für ander Bezugsbedingungen, die andere Ersatzsperrschichttemperaturen $\theta_{(vj)2}$ ergeben, sind entsprechend (4.15) und (4.13) zu ermitteln.

Für die Temperaturabhängigkeit wird hier meist eine mittlere scheinbare Aktivierungsenergie $\Delta E = 0,4$ eV angesetzt.

Die Ausfallratenerwartungswerte gelten für den Zeitbereich konstanter Ausfallrate. Die erhöhte Frühausfallrate kann man vereinfachend durch Faktoren π_F berücksichtigen, mit denen mittlere Erwartungswerte der Ausfallrate in begrenzten Zeitintervallen bestimmt werden (Abb. 4.13). Sie können auch zur Abschätzung des Nutzens von Einbrennmaßnahmen dienen. Es bedarf sehr genauer Verfolgung umfangreicher Bauelementkollektive in Systemen unter Anwendungsbedingungen, um exaktere Beschreibungsweisen für das Frühausfallverhalten abzuleiten; ein Beispiel enthält [4.22].

Zu beachten ist, daß der Frühausfallbereich als relativ lang anzunehmen ist. Die verschiedenen Wertangaben für π_F, abhängig von Technologiegruppen, sind wesentlich auf den größeren Anteil jüngerer Technologien in der MOS-Gruppe zurückzuführen (Lernkurve).

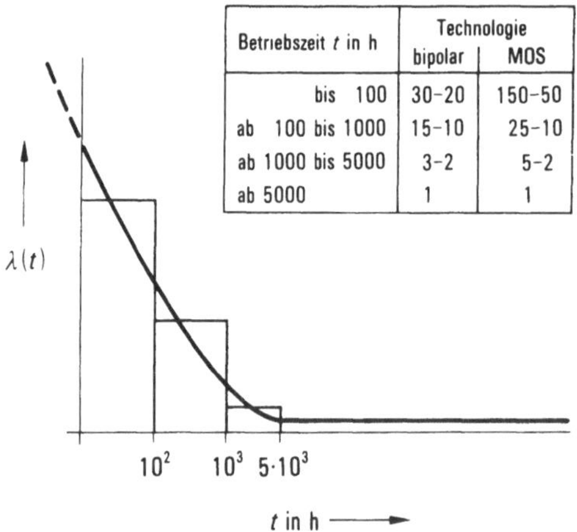

Abb. 4.13. Ausfallratenverlauf in der Frühausfallphase

Der Anteil der Frühausfälle werde an folgendem Beispiel verdeutlicht:

Ein MOS-Bauelement mit $\lambda_A = 100$ fit ergibt einen Ausfallanteil ΔA in einem Zeitintervall Δt des Frühausfallbereichs

$$\Delta A = \pi_F \lambda_A \Delta t \,. \tag{4.16}$$

In den drei angegebenen Intervallen erhält man

bis 100 h: $\Delta A = 1{,}5 \cdot 10^{-3} = 0{,}15\ \%$
bis 1000 h: $\Delta A = 2{,}25 \cdot 10^{-3} = 0{,}225\ \%$
bis 5000 h: $\Delta A = 2 \cdot 10^{-3} = 0{,}2\ \%$

Anschließend wird der Bereich konstanter Ausfallrate $\lambda_A = 100$ fit ($\Delta A = 0{,}01\ \%$ je 1000 h) angenommen.

Die Qualitätsklasse, die den Bezugsbedingungen zugrunde gelegt ist, entspricht

- Anwendungen mit hohen Zuverlässigkeitsanforderungen, z.B. Datentechnik, Nachrichtentechnik, Steuerungstechnik ($\pi_Q = 1$).

Klassen für höhere oder niedrigere Anforderungen lassen sich etwa umreißen mit

- sehr hohen Zuverlässigkeitsanforderungen, u.a. mit extremen Verfügbarkeitsanforderungen oder kritischen Funktionen, bzw.
- allen technischen Anwendungen mit marktüblichen Zuverlässigkeitsanforderungen.

Auf derartige Belange abgestimmte Qualitätssicherungsmaßnahmen einschließlich Screening ergeben Ausfallratenniveaus, die bis zum Faktor 10 tiefer bzw. höher liegen ($\pi_Q = 0.1$ bzw. $\pi_Q = 10$) als das Bezugsniveau.

Die aufgeführten quantitativen Angaben haben primär zum Ziel, Größenordnungen zu vermitteln und den aktuellen Stand der Technik zu umreißen. Der technologische Fortschritt wird zu verbesserten Werten bei hochintegrierten Schaltungen führen. In diesem Zusammenhang ist bereits der Vergleich dieser Angaben mit den älteren Angaben in Abb. 4.11 interessant.

Die Ausfallrate einer Baugruppe oder eines Gerätes ergibt sich, wenn keine speziellen Maßnahmen (z.B. Fehlerkorrektur, Redundanz) getroffen werden, aus der Summe der Bauelementeausfallratenbeiträge

$$\lambda_{Gerät} = \sum \lambda_{A_i} n_i \tag{4.17}$$

(n_i Anzahl Bauelemente gleicher Ausfallrate (gleichen Typs und gleicher Belastung)) beispielsweise bei $n = 10^3$ gleichen Bauelementen mit $\lambda_A = 10^{-7}\ h^{-1}$ (100 fit) zu $\lambda_{Gerät} = 10^{-4}\ h^{-1}$. Über die Dauer von 10^4 h (ca. 1,25 Jahre) wäre im Mittel ein Geräteausfall zu erwarten bei Dauerbetrieb.

4.5.4 Zuverlässigkeitssichernde Maßnahmen an elektronischen Geräten und Systemen

Bisher wurde Zuverlässigkeit vorwiegend als Eigenschaft von Bauelementen bzw. integrierten Schaltungen betrachtet. Die Zuverlässigkeit von Geräten oder Systemen gründet sich neben der Bauelementezuverlässigkeit wesentlich auch auf weitere Maßnahmen. Sie betreffen

- kritische Berücksichtigung der Beanspruchung der Bauelemente,
- Möglichkeiten der Fehlerkorrektur, Anzeige von Funktionsstörungen, Einsatz von Ersatzfunktionseinheiten.

Die Beanspruchung der Bauelemente wird durch Bauelementauswahl, Schaltungsdimensionierung und Schutzmaßnahmen gegen Umwelteinflüsse in der Anwendung bestimmt. Verallgemeinert läßt sich der Einfluß von Beanspruchungen (Belastung, Streß) an der Ausfallratenkurve darstellen (Abb. 4.14). Erhöhte bzw. erniedrigte Belastungen ergeben vergröbert eine zeitliche Kürzung bzw. Dehnung der Ausfallratenkurve mit entsprechendem Einfluß auf das Ausfallratenniveau. Der Effekt auf die drei "Lebensphasen" (Teilbereiche der Ausfallratenkurve) ist durchaus verschieden.

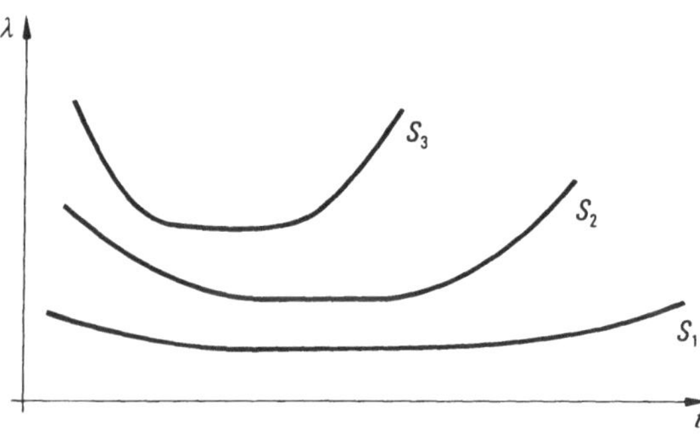

Abb. 4.14. Zeitlicher Verlauf der Ausfallrate bei verschiedenen Beanspruchungen S, Prinzipdarstellung mit $S_1 < S_2 < S_3$

Die gezielte Verminderung der elektrisch-thermischen Belastungen der Bauelemente wird als Derating bezeichnet. Mit zunehmender Komplexität der Bauelemente nimmt jedoch die mögliche Einflußnahme auf Bauelementarbeitspunkte ab. Als wichtige Maßnahme verbleibt die Begrenzung der Bauelementbetriebstemperatur durch wirksame Wärmeableitung. Daneben sind u.U. Schutzmaßnahmen gegen Feuchtklima, Schadstoffe und mechanische Belastung notwendig. Extreme Belastungen erfordern dafür entwickelte Spezialbauteile.

Neben diesen Geräte-Designmaßnahmen sind auch Vorkehrungen gegen Bauelementschädigung bei der Gerätefertigung zu nennen. Häufige Schadensursachen sind elektrostatische Schädigung integrierter Schaltungen sowie Folgefehler von Kurzschlüssen und Fehlverbindungen auf Leiterplatten. Der Umfang derartiger Bauelementschäden kann den Nutzen kostspieliger Sceeningmaßnahmen (Einbrennen) an den Bauelementen vor ihrer weiteren Verarbeitung in Frage stellen.

Abhängig von Komplexität der Funktion von Systemen werden Zuverlässigkeitsanforderungen an Bauelemente u.U. sehr kostspielig oder extrem, so daß sie auf der Basis der Bauelementeauswahl und Screeningmaßnahmen allein nicht lösbar sind. In diesen Fällen werden geeignete Ersatzfunktionen notwendig, die Bauelementfehler anzeigen oder korrigieren. Fehlermeldungen werden z.B. über Selbstprüfung von Funktionsgruppen erzielt. Selbstprüfung kann auch in komplexen integrierten Schaltungen vorgesehen werden. Fehlerkorrekturen werden in großem Umfang in der Datentechnik angewendet, um z.B. Einzelbitfehler zu korrigieren. Kompletter Ersatz gestörter Funktionseinheiten wird durch redundante Einheiten möglich, die im Bedarfsfall die betreffende Funktion übernehmen.

Diese kurze Aufzählung von Maßnahmen "aktiver Zuverlässigkeit" soll nur als Hinweis auf Möglichkeiten dienen, um hohen Verfügbarkeitsanforderungen und Sicherheitsbelangen zu genügen.

4.6 Literatur zu Kapitel 4

4.1 Masing, W.: Handbuch der Qualitätssicherung. München Wien: Hanser 1980.

4.2 Technische Zuverlässigkeit, 2. Aufl. Hrsg. v. Messerschmidt, Bölkow, Blohm. Berlin: Springer 1977.

4.3 Müller, R.; Schwarz, E.: Zuverlässigkeitssicherung. Tabellen und Nomogramme für die Praxis. Siemens AG, Berlin und München 1982.

4.4 Begriffe der Qualitätssicherung und Statistik, DIN 55 350, Teil 11: Zuverlässigkeit von Betrachtungseinheiten der Elektrotechnik. DIN 40 041.

4.5 Steinecke, V.: Das Lebensdauernetz, Wahrscheinlichkeitspapier für die Weibull-Verteilung. DGQ-Schrift Nr. 17-25, Dtsche. Ges. f. Qualität. Berlin: Beuth-Verlag 1979.

4.6 Goldthwaite, L.R.: Failure rate study for the lognormal lifetime model. Proc. 7th Nat. Symp. on Rel. and Q.C. in Electronics, Philadelphia 1961.

4.7 Tomasek, K.: Zur Problematik zeitraffender Zuverlässigkeitsprüfungen an Si-Transistoren. NTZ 1 (1971) 41.

4.8 Lycoudes, N.; Childers, C.: Semiconductor instability failure mechanisms review. IEEE Trans. R 29 (1980) 3.

4.9 Eli Harari: Dielectric breakdown in electrically stressed thin films of thermal SiO_2. J. Appl. Phys. 49 (4) 1978.

4.10 Chaudari, P.K.: Leakage-induced hot carrier instabilities in phosphorus-doped SiO_2 gate IGFET devices. Int. Rel. Phys. Symp. 1977.

4.11 Crook, D.L.: Methods of determining reliability screens for time-dependent dielectric breakdown. 17th Ann. Proc. Rel. Phys. Symp. 1979.

4.12 Hersener, J.; Ricker, T.: Elektrotransport in Aluminium-Leiterbahnen. Wiss. Ber. AEG-Telefunken 48 (1975) 2/3.

4.13 Sim, S.P.: Procurement specification requirements for protection against electromigration failures in aluminium metallization. Microelectron. Rel. 19 (1979) 3.

4.14 Venables, J.D.; Lye, R.G.: A statistical model for electromigration-induced failures in thin film conductors. 10th Ann. Proc. Rel. Phys. Symp. 1972.

4.15 Kemeny, A.P.: Survey of dominant IC failure mechanism and analysis of failure causes. Microelectron. Rel. 14 (1975) 5/6.

4.16 Peck, D.S.; Zierdt, C.H:: The reliability of semiconductor devices in the bell system. Proc. IEEE 62 (1974) 2.

4.17 Microcircuit device reliability MDR-15 digital evaluation and failure analysis data. RAC, Summer 80.

4.18 General specification for microcircuits. MIL M 38510 D, Amendment 1, 21 (July 1978).

4.19 Test methods and procedures for microcircuits. MIL STD 883, 31. Aug. 1977.

4.20 Reliability prediciton of electronic equipment. MIL HDBK 217 C, 9. Apr. 1979.

4.21 Mayo, S.: The role of microelectronics in communication. Sci. Am. 237 (Sept. 1977) 192.

4.22 Peck, D.S.: New concerns about integrated circuit reliability. Int. Rel. Phys. Symp. 1978.

5 Elektronenstrahl-Potentialmeßtechnik

5.1 Einführung

Unter dem Begriff Elektronenstrahl-Potentialmeßtechnik werden hier diejenigen Elektronenstrahlverfahren zusammengefaßt, die auf den ursprünglich im Raster-Elektronen-Mikroskop beobachteten Potentialkontrast zurückzuführen sind. Sie haben zur Prüfung von integrierten Schaltungen bereits großte technische Bedeutung erlangt und werden deshalb in diesem Kapitel ausführlich behandelt.

5.1.1 Aufgabe

Im Prüffeld einer Halbleiterfertigung werden integrierte Schaltungen mit rechnergesteuerten Testautomaten geprüft. Dabei wird in Bruchteilen einer Sekunde festgestellt, ob ein Baustein die Spezifikationen erfüllt oder ob er verworfen werden muß.

Eine ganz anders geartete Aufgabe kommt der Prüftechnik in der Entwicklungsphase neuer Schaltungen zu. Zur Verbesserung von Entwurf und Technologie ist es erforderlich, auftretende Fehler und Schwächen rasch nach Art, Ort und Ursache zu analysieren. Dazu reicht eine elektrische Prüfung von den äußeren Anschlüssen her nicht immer aus. Am Spitzenmeßplatz lassen sich Meßspitzen unter mikroskopischer Kontrolle an bestimmten Stellen im Innern einer Schaltung aufsetzen. Damit konnten in der Vergangenheit Teilschaltungen getestet und Fehler lokalisiert werden. Mit zunehmendem Integrationsgrad verbietet sich aber die Verwendung mechanischer Spitzen: Leitbahnstrukturen mit einer Breite von einigen Mikrometern oder weniger können durch die mechanische Berührung zerstört, die Meßergebnisse durch die Kapazität der Meßspitzen verfälscht oder gar die Funktion der Schaltung verändert werden. Daraus folgt, daß hochintegrierte Schaltungen ohne eine neue Meßtechnik nicht ausreichend geprüft werden können.

Die Forderung nach einer zerstörungs- und belastungsfrei arbeitenden Meßsonde kann mit Hilfe von Elektronen realisiert werden. Elektronenstrahlen lassen sich mit elektronenoptischen Mitteln fein fokussieren sowie schnell und exakt positionieren. Beschleunigungsspannung und Strahlstrom können so gewählt werden, daß die zu untersuchende Schaltung weder mechanisch noch elektrisch gestört und auch das Meßergebnis nicht beeinträchtigt wird.

Elektronensonden werden schon seit vielen Jahren z.B. in Elektronenstrahl-Mikroanalysatoren und Raster-Elektronen-Mikroskopen (REM) verwendet. Für ein Elektronenstrahl-Meßgerät wird ein Signal benötigt, das über die elektrischen Potentiale auf der Probe Auskunft gibt. Als Meßsignal eignen sich die am Auftreffort der Elektronensonde ausgelösten Sekundärelektronen (SE), deren auf Massepotential bezogene Energie vom Probenpotential abhängig ist. Aufbauend auf diesem Prinzip konnten in jüngster Vergangenheit an verschiedenen Stellen leistungsfähige Meßsysteme entwickelt werden.

5.1.2 Historischer Überblick

Bei Untersuchungen über die Kontrastentstehung im REM wurde bereits 1957 im Engineering Laboratory der Universität Cambridge entdeckt, daß die Helligkeit des SE-Bildes durch Änderung des elektrischen Objektpotentials beeinflußt werden kann. Diesen Effekt haben als erste C.W. Oatley und T.E. Everhart ausgenutzt, um pn-Übergänge mit angelegter Sperrspannung im REM sichtbar zu machen.

In den Westinghouse Research Laboratories wurde Anfang der 60er Jahre ein Elektronenstrahl-Rastergerät entwickelt und zur Beurteilung von Halbleiterbausteinen eingesetzt. 1964 führten damit T.E. Everhart und Mitarbeiter erste Messungen an integrierten Schaltungen durch. G.S. Plows und W.C. Nixon am Engineering Department der University of Cambridge wendeten 1968 das Potentialkontrastverfahren in Verbindung mit einer stroboskopischen Abbildungstechnik an, um mit hochfrequenter Wechselspannung betriebene Halbleiterbauelemente zu untersuchen.

Durch Einführung eines SE-Spektrometers in das REM konnten 1968 O.C. Wells und C.G. Bremer am IBM Watson Research Center erstmalig elektrische Potentiale quantitativ bestimmen. Bereits ein Jahr später gelang es J.P. Flemming und E.W. Ward im Post Office Research Station (London) mit Hilfe einer elektronischen Rückkopplungsschaltung, eine vom Probenpotential abhängige Meßgröße zu erzeugen und damit die Voraussetzung für ein praktikables Meßverfahren zu schaffen.

In den Jahren seit 1970 sind die Elektronenstrahlmethoden von mehreren Arbeitsgruppen intensiv weiterentwickelt worden. Zu erwähnen sind u.a.: A. Gopinath und Mitarbeiter am University College of North Wales, E. Kubalek und Mitarbeiter an der Universität Duisburg (bis 1975 Technische Hochschule Aachen) und K. Ura mit Mitarbeitern an der Osaka University.

Seit 1973 wurde in den Siemens-Forschungslaboratorien München von E. Wolfgang, H.-P. Feuerbaum, P. Fazekas und J. Otto ein eigenes, den Anforderungen der industriellen Praxis angepaßtes Elektronenstrahl-Meßsystem entwickelt und zur Prüfung von hoch- und höchstintegrierten Schaltungen eingesetzt. Die folgenden Ausführungen basieren zum großen Teil auf den Erfahrungen und Arbeitsergebnissen dieser Gruppe.

5.2 Qualitative Verfahren

In diesem und im folgenden Abschnitt werden die Methoden der Elektronenstrahl-Potentialmeßtechnik beschrieben. Weitergehende Informationen darüber findet man in den Arbeiten [5.1,5.2] sowie in der dort zitierten Literatur. Für das Studium der physikalischen Grundlagen sind auch die Bücher über Raster-Elektronen-Mikroskopie [5.3,5.4] zu empfehlen.

Zunächst wird das Potentialkontrastverfahren behandelt, mit dessen Hilfe sich ein Schalt<u>zustand</u>, d.h. die elektrische Potentialverteilung U(x,y) an der Oberfläche einer integrierten Schaltung, bildhaft darstellen läßt. Ferner werden Methoden zur Untersuchung von Schalt<u>vorgängen</u> U(x,y,t) geschildert. Alle diese Verfahren haben gemeinsam, daß man über den Bildkontrast zu qualitativen Aussagen über die elektrischen Potentiale gelangt.

5.2.1 Potentialkontrastabbildung

Im Elektronenstrahl-Meßgerät wird ein Bündel schneller Primärelektronen (PE) mit mehreren Elektronenlinsen auf den Meßpunkt fokussiert, was in Abb. 5.1a vereinfacht dargestellt ist. Die

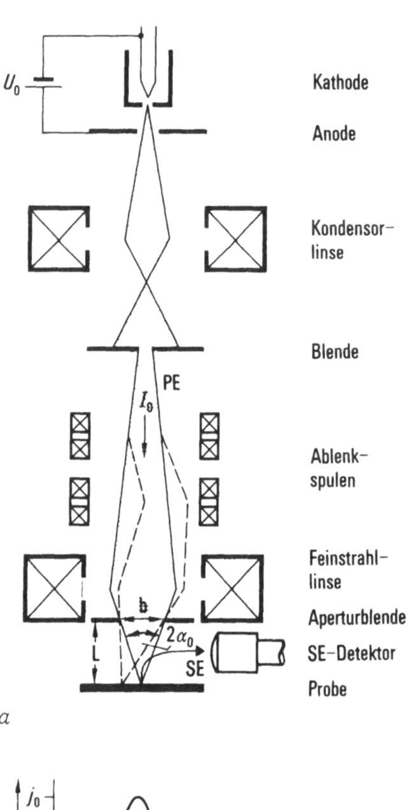

Abb. 5.1. a) Strahlengang der Primärelektronen (PE) in einem Elektronenstrahl-Meßgerät, schematisch dargestellt (gestrichelt: PE-Strahlenbündel in ausgelenktem Zustand); b) Stromdichteverteilung j(x) im bestrahlten Fleck auf der Probe

Beschleunigungsspannung U_0 beträgt zwischen 1 und 20 kV und die PE-Stromstärke (Sondenstrom) I_0 zwischen 10^{-11} und 10^{-7} A.

Zur flächenhaften Darstellung von Potentialverteilungen bedient man sich der vom REM her bekannten Abbildungstechnik. Dazu wird der PE-Strahl mit Hilfe von Ablenkspulen im Zeilenraster über die abzubildende Probenoberfläche geführt. Die dabei ausgelösten SE werden von einem Detektor abgesaugt, verstärkt und zur Helligkeitsmodulation einer synchron gesteuerten Bildröhre ausgenutzt. Diese Abbildungstechnik führt zu Bildern, deren Kontrast von der Topographie und vom Material der Probe abhängig ist. Potentialkontrast wird beobachtet, wenn auf der Oberfläche einer Probe Gebiete unterschiedlichen Potentials nebeneinander existieren. Als Beispiel zeigt Abb. 5.2 eine integrierte Schaltung im geerdeten Zustand und nach Anlegen von Gleichspannung. Man erkennt auf dem zweiten Bild deutlich eine neue Art des Kontrastes, der auf die verschiedenen elektrischen Potentiale der Aluminiumleitbahnen zurückzuführen ist. Im folgenden wird beschrieben, wie dieser Potentialkontrast zustande kommt.

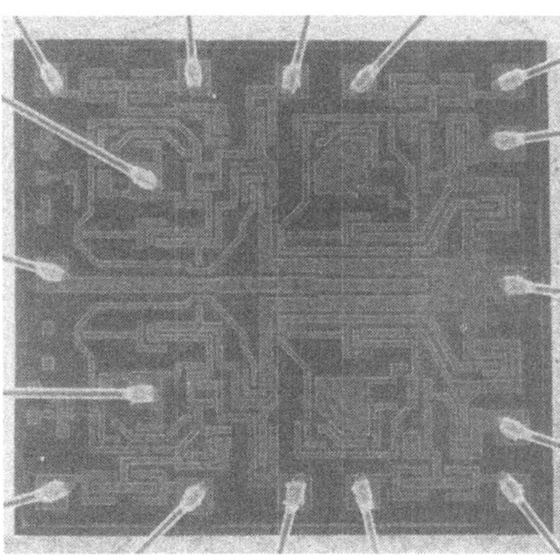

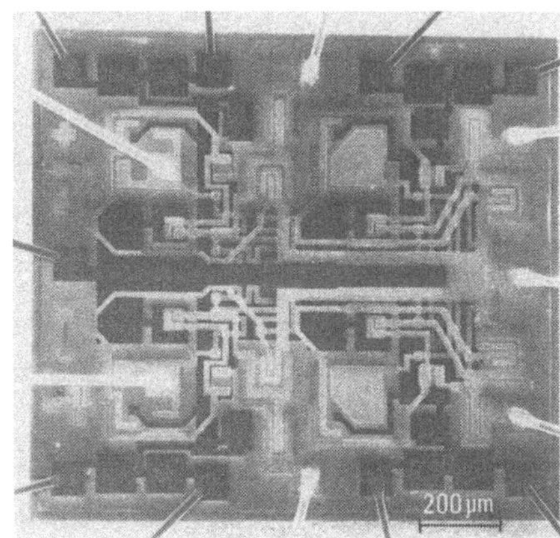

a *b*

Abb. 5.2. Rasterelektronenmikroskopische Abbildung einer integrierten Logikschaltung. a) Normales SE-Bild, alle Anschlüsse geerdet; b) SE-Bild mit Potentialkontrast; dunkle Leitbahnen: +12 V; helle Leitbahnen: 0 V

Abb. 5.3a gibt schematisch einen Ausschnitt aus der Probenkammer wieder. Als Probe ist eine Siliziumschaltung mit zwei Leitbahnen eingezeichnet, von denen die eine auf 0 V, die andere auf +10 V liegt. Zwischen Probe und SE-Detektor bildet sich ein elektrisches Feld aus, das durch die gestrichelten Äquipotentiallinien angedeutet ist. Die Randbedingungen für diese Feldverteilung sind gegeben durch die geerdete Umgebung (Probenkammer, Probenhalter, Polschuh der letzten Linse), durch die Absaugspannung von z.B. +300 V am Detektor und die Potentialverteilung auf der Probe selbst ("Nahfelder"). Die SE treten mit uneinheitlichen, sehr geringen Geschwindigkeiten aus (Energieverteilungskurve in Abb. 5.6b) und reagieren empfindlich auf die Nahfelder. Solche SE, die von einer geerdeten Leitbahn starten, werden sofort beschleunigt. Der gesamte emittierte Strom I_S gelangt zum Detektor und steuert die Bildröhre hell.

Im Fall von Abb. 5.3b trifft der PE-Strahl auf die Leitbahn mit $U_P = +10$ V. Die SE finden dort infolge der Nahfeldeinflüsse ein lokales Verzögerungsfeld vor und werden abgebremst. Das Potential am Sattelpunkt beträgt $U_S = 4$ V und die Bremsspannung daher $U_B = U_P - U_S = 6$ V. Nur ein geringer Anteil der SE mit Austrittsenergien $E_S \geqq eU_B$ erreicht den Detektor, während die anderen auf die Probe zurückfallen. Das Bildsignal ist gegeben durch

$$I_S^* = e \int_{eU_B}^{50\,eV} n(E_S)\, dE_S \,, \qquad (5.1)$$

wo $n(E_S)$ den SE-Fluß pro Energieintervall bezeichnet. Die obere Integrationsgrenze ist etwas willkürlich gewählt: Die SE-Energieverteilungskurve (Abb. 5.6b) geht kontinuierlich in die Energieverteilung der energiereicheren Rückstreuelektronen über. Da sich Elektronen der einen und der anderen Art nicht unterscheiden lassen, wird die Grenze bei 50 eV angenommen [5.3].

Beim Potentialkontrastverfahren erscheinen also Leitbahnen mit hohem Potential auf dem Bildschirm dunkel, während solche mit niedrigem Potential hell wiedergegeben werden. Das gilt auch für den Bereich negativer Potentiale, denn für den Potential-

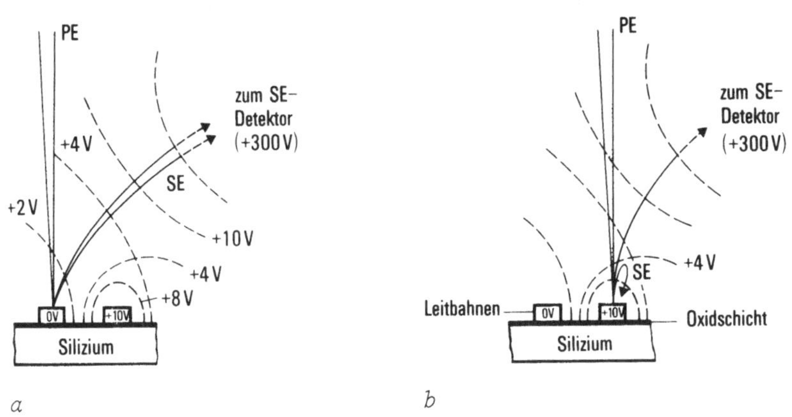

Abb. 5.3. Prinzip der Potentialkontrastabbildung. a) Der PE-Strahl trifft eine Leitbahn mit 0 V: Alle ausgelösten SE erreichen den Detektor; b) die PE treffen eine Leitbahn mit +10 V: Die SE werden an einer Potentialschwelle abgebremst, nur die energiereichen gelangen zum Detektor.

kontrast sind die Nahfelder maßgebend, und diese werden durch die lokalen Abweichungen vom mittleren Potential an der Probenoberfläche gebildet - unabhängig davon, ob dieses positiv oder negativ ist.

Die Potentialkontrastabbildung eignet sich hervorragend zur Untersuchung von digitalen Schaltungen, wobei die Schaltzustände "high" und "low" dunkel bzw. hell wiedergegeben werden (Abschnitt 5.2.4). Aber auch Analogschaltungen können mittels Potentialkontrast untersucht werden. Unterschiedliche Grauwerte lassen sich verschieden hohen Potentialen zuordnen, und in der Regel sind Potentialdifferenzen von 2 V (in günstigen Fällen bis zu 50 mV) erkennbar.

5.2.2 Voltage Coding

Im vorigen Abschnitt wurde beschrieben, wie man bestimmte Schaltzustände bildlich darstellen kann. Die einfachste Methode, Schaltvorgänge zu beobachten, ist die Fernsehabbildung. Dazu muß die Schaltfrequenz am Baustein klein gegen die Fernseh-Bildfrequenz sein. Das Verfahren ist daher auf solche Schaltungen beschränkt, die sich mit hinreichend niedriger

Frequenz von einigen Hertz betreiben lassen. Mit dieser Einschränkung ist die Fernsehaufzeichnung eine nützliche und vor allem sehr anschauliche Methode zur Überprüfung elektrischer Funktionen.

Betreibt man die zu untersuchende Schaltung bei so hoher Frequenz, daß sich das Potential während eines Zeilendurchlaufs mehrfach ändert, so entstehen im Fernsehbild Streifenmuster. Dieser Effekt wird beim sog. "Voltage-coding"-Verfahren ausgenutzt. Hierbei wird die Schaltung mit einer Frequenz $f = m f_Z$ betrieben, die ein ganzzahliges Vielfaches m der Zeilenfrequenz f_Z ist. Das Prinzip wird in Abb. 5.4 gezeigt. Während eines Zeilendurchlaufs t_Z (die Zeit für den Zeilenrücklauf ist in Abb. 5.4a vernachlässigt) ändert sich das Potential im Fall von z.B. m = 4 auf der Probe achtmal (Abb. 5.7b). Auf Leitbahnen, die eine Richtungskomponente parallel zur Zeilenrichtung (x-Richtung) besitzen, wechselt infolge des Potentialkontrastes die Helligkeit achtmal, und es erscheinen dadurch vier helle und vier dunkle Balken (obere Leitbahn in Abb. 5.4c). Bei halber Frequenz ist die Anzahl der Balken entsprechend geringer (untere Leitbahn). Das Voltage-coding-Bild entspricht einer

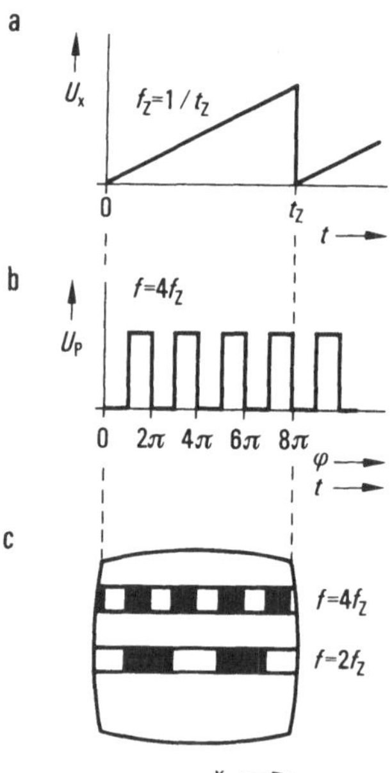

Abb. 5.4. Prinzip des "Voltage-coding"-Verfahrens. a) Zeilenablenkspannung U_X an den Ablenkspulen; b) gepulste Spannung U_P auf einer Leitbahn; c) Abbildung zweier Leitbahnen auf dem Monitor mit unterschiedlicher Schaltfrequenz f und entsprechend alternierendem Potentialkontrast (f_Z Zeilenfrequenz)

Potentialverteilung $U(x,y,\varphi(x))$, die eine Funktion des Ortes und der Phase ist. Wegen der Synchronisation von Schalt- und Zeilenfrequenz sind x und φ durch $x/L = \varphi/2m\pi$ miteinander verknüpft (L Zeilenlänge).

Die untere Grenze für die Schaltfrequenz f ist gegeben durch m = 1, d.h. 1 Periode pro Zeile. In diesem Fall ist gemäß Fernsehnorm (625 Zeilen/Bild; 25 Bilder/s) $f = f_Z = 15{,}6$ kHz. Da sich kaum mehr als 30 Balkenpaare pro Zeile auf dem Bildschirm überblicken lassen, ist das Voltage-coding-Verfahren nur für Frequenzen bis zu $f = 30\ f_Z \approx 500$ kHz praktikabel.

5.2.3 Stroboskopische Potentialkontrastabbildung

Einzelne Schaltzustände von dynamischen Schaltungen, die im Frequenzbereich von einigen kHz bis MHz arbeiten, lassen sich nur mit Hilfe der stroboskopischen Abbildungstechnik sichtbar machen. Dazu muß entweder das SE-Signal phasenselektiv verstärkt oder der PE-Strahl synchron zur Schaltfrequenz ein- und ausgetastet werden.

Die zweite dieser beiden Möglichkeiten hat Vorteile z.B. bezüglich der Strombelastung der Probe. Wie bei der normalen REM-Abbildung wird dazu der PE-Strahl von Objektpunkt zu Objektpunkt abgelenkt. Zusätzlich wird er zeitlich periodisch in eine Folge von PE-Impulsen unterbrochen. Die Impulsfolgefrequenz muß mit der Schaltfrequenz am Objekt synchronisiert werden. Außerdem muß sie mindestens so groß sein wie die Punktfolgefrequenz, damit man von jedem Objektpunkt wenigstens einmal ein Signal erhält. In Abb. 5.5 ist der Potentialverlauf U(t) an einer Spannungszuführung (A) schematisch als Trapezkurve angenommen worden. Die schraffierten Balken geben die Dauer und die Phasenlage φ der PE-Impulse an. Der PE-Strahl ist in Abb. 5.5a immer gerade dann eingetastet, wenn bei A die Spannung +12 V anliegt. Abb. 5.5c zeigt den zugehörigen Schaltzustand $U(x,y,\varphi_1)$. Wird die Phasenlage der PE-Impulse um eine halbe Periode verschoben, dann ist bei A die Spannung U = 0 (Abb. 5.5b), und im Potentialkontrastbild stellt sich

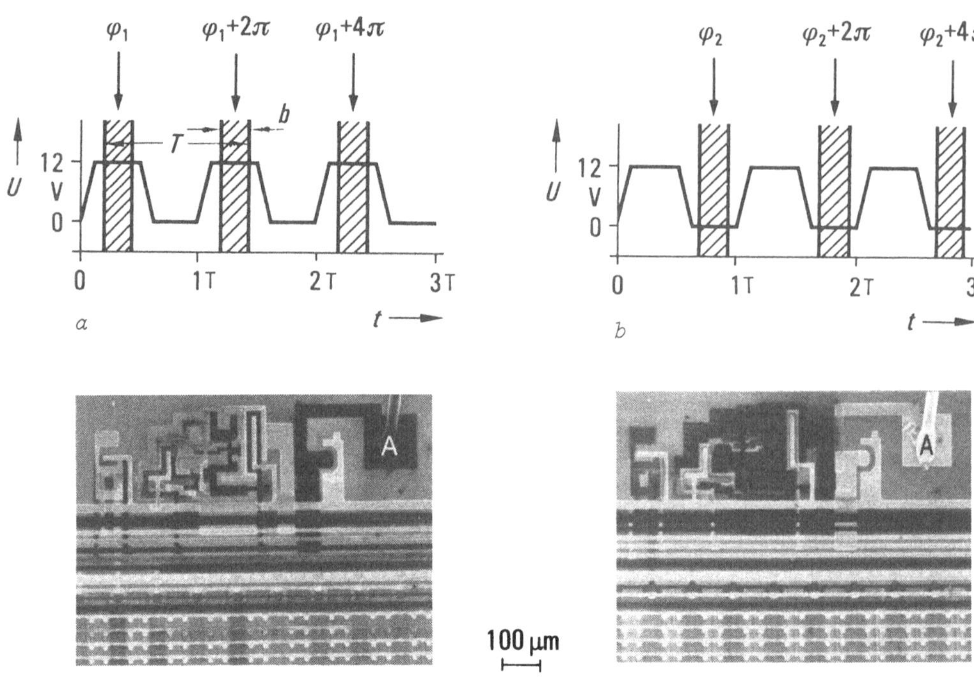

Abb. 5.5. Prinzip der stroboskopischen Potentialkontrastabbildung. a) und b) Potentialverlauf U(t) an der Spannungszuführung A und PE-Impulse (schraffierte Balken) in Phasenlage φ_1 bzw. φ_2; c) und d) zugehörige Potentialkontrastbilder

eine andere Helligkeitsverteilung entsprechend $U(x,y,\varphi_2)$ ein (Abb. 5.5d)[1].

Bezeichnet man die Periodendauer mit T und die zeitliche Breite der PE-Impulse mit b, so ist $V = T/b$ das Tastverhältnis. Im Beispiel von Abb. 5.5 ist $V = 4$. Die Grenzwerte für die Schaltfrequenz f sind vom Strahltastsystem (Abschnitt 5.5.2) und der Signalverarbeitungselektronik abhängig. Je nach den verwendeten

[1] Einige Autoren beschreiben die Bildinformation bei der stroboskopischen Abbildung als $U(x,y,t_0)$-Verteilung. In der vorliegenden Arbeit wird die Zeit in solchen Fällen als unabhängiger Parameter angegeben, bei denen es sich um Echtzeit-Aufzeichnungen handelt: Fernsehabbildung niederfrequenter Vorgänge, Echtzeit-Logikdiagramm. Bei den stroboskopischen Methoden ebenso wie beim Sampling-Verfahren (Abschnitt 5.3.2), bei denen sich Aufnahme- bzw. Meßzeit von der Realzeit unterscheiden, wird die Phase als Parameter bevorzugt. Das schließt natürlich nicht aus, daß man gemäß $t/T = \varphi/2\pi$ (T Periodendauer) der Phase eine Zeit bzw. der Phasenachse eine Zeitskala zuordnen kann, was für die Anwendung (Abschnitt 5.6) von Vorteil sein kann.

Impulsgeneratoren liegt die obere Grenzfrequenz zwischen 25 und 50 MHz. Bei sehr niedriger Frequenz kann das Tastverhältnis so groß, d.h. die Pause zwischen zwei Impulsen so lang werden, daß die Signalausbeute eine Grenze setzt (Abschnitt 5.4.2). Noch praktikable Werte sind z.B. $b = 5$ ns und $V = 10^4$, woraus $f = 20$ kHz folgt.

5.2.4 Darstellung logischer Zustände

Im Abschnitt 5.2.1 wurde bereits ausgeführt, daß der Schaltzustand "0" einer digitalen Schaltung ein niedriges, der Zustand "1" ein hohes SE-Signal ergeben. Im folgenden werden Methoden beschrieben, die speziell für die Kontrolle solcher "logischer" Zustände ausgearbeitet worden sind [5.2].

Logikbild

Wenn bei der stroboskopischen Potentialkontrastabbildung die Phasenlage φ der PE-Impulse in geeigneter Weise variiert wird, dann erhält man ein "Logikbild". Dazu ist eine Phasensteuerung erforderlich, die mit der Zeilen- oder Bildfrequenz synchronisiert wird. Das Ergebnis ist eine Potentialkontrastaufnahme mit einem Streifenmuster, ähnlich wie beim normalen voltage coding. Die Aufnahmetechnik ist nicht an die Fernsehfrequenz gebunden. Raster- und Schaltfrequenz können unabhängig voneinander gewählt werden.

Wenn die Leitbahnen wie z.B. beim Datenbus eines Mikroprozessors parallel zueinander verlaufen, dann ist folgende Vorgehensweise vorteilhaft: Die Schaltung wird im Elektronenstrahl-Meßgerät so ausgerichtet, daß die Leitbahnen wie z.B. in Abb. 5.18a in y-Richtung verlaufen. Die y-Ablenkung für den abtastenden Elektronenstrahl (nicht jedoch für die Bildröhre) wird ausgeschaltet. Der (gepulste) PE-Strahl läuft dann während der Aufnahme nur auf einer Zeile $y = y_0$ quer über die Leitbahnen hinweg hin und her. Während des Zeilenvorschubs auf der Bildröhre wird die Phasenlage der PE-Impulse variiert. Dabei ändert sich der Potentialkontrast und auf dem Bildschirm entsteht das Logikbild mit einem Streifenmuster, das der Potentialverteilung

$U(x,y_0,\varphi)$ entspricht. Es gibt für alle Punkte $P(x,y_0)$ die Variation des Potentials $U(\varphi)$ wieder. Die Phaseninformation ist bei dieser Art der Darstellung nicht mehr - wie beim voltage coding - von einer Ortsinformation überlagert.

Die φ-Achse (der man auch eine Zeitskala zuordnen kann) verläuft im Logikbild in y-Richtung. Das soll am Beispiel von Abb. 5.18a noch näher erläutert werden: An die mit Φ_1 bezeichnete Leitbahn ist eine 5-V-Impulsspannung mit einer Frequenz von 5 MHz angelegt. Dies ist der "Grundtakt" der dort untersuchten Schaltung. Während der Aufnahme wurde der Grundtakt durch Phasenschiebung der PE-Impulse 18mal von 0 bis 2π "abgetastet". Infolgedessen findet man auf dieser Leitbahn 18 helle und 18 dunkle Streifen, entsprechend dem periodischen Wechsel des Leitbahnpotentials zwischen 0 V ("0") und +5 V ("1"). Ein Streifenpaar entspricht einer Periode des Grundtaktes bzw. 200 ns, wodurch der Zeitmaßstab festgelegt ist. Das ganze Logikbild gibt demnach einen Zeitraum von 3,6 µs wieder. Das Programm wird mit einer Frequenz von 1/3,6 µs = 278 kHz so lange wiederholt, bis das ganze Logikbild aufgezeichnet ist.

Logikdiagramm

Die im Logikbild enthaltenen Informationen können auch in einem Phasen- bzw. Zeitdiagramm dargestellt werden. Dazu muß der (gepulste) PE-Strahl von Leitbahn zu Leitbahn springen, wobei die Meßpunkte nicht unbedingt auf einer Zeile liegen müssen. Die Verweilzeit pro Meßpunkt muß so gewählt werden, daß der logische Zustand "0" bzw. "1" sicher bewertet werden kann. Wenn alle Meßpunkte P_i $(i = 1,2,\ldots,n)$ erfaßt sind, wird die Phasenlage der PE-Impulse um einen einstellbaren Wert verschoben und der PE-Strahl spring zurück zum Anfangspunkt P_1. Dieser Vorgang wird so lange wiederholt, bis das gesamte Programm durchlaufen ist. Das Meßergebnis wird auf dem Bildschirm eines Logikanalysators wiedergegeben. Ein Beispiel findet man in Abb. 5.18b, wo für die acht Leitbahnen eines Datenbusses die Potentiale $U(x_i,y_i,\varphi)$ $(i = 0,1,\ldots,7)$ dargestellt sind. Wegen der viel geringeren Zahl von Meßpunkten ist die Meßzeit kürzer als beim Logikbild. Sie kann weiter reduziert werden, wenn man große Phasenschritte wählt. Das ist dann erlaubt, wenn (ohne Rücksicht auf hohe Zeitauflösung) lediglich die zeitliche Reihenfolge logischer Zustände auf den Leitbahnen von Interesse ist.

Echtzeit-Logikdiagramm

Mit den bisher beschriebenen Methoden können nur periodisch wiederkehrende Zustände erfaßt werden. Es ist auch versucht worden, einmalige bzw. nicht periodische Schaltvorgänge aufzuzeichnen [5.5].

Dazu bleibt der PE-Strahl fest auf einen einzigen Meßpunkt gerichtet. Das zeitabhängige SE-Signal wird mit einer sehr schnellen Detektor-Verstärker-Anordnung erfaßt und einem Logikanalysator zugeführt. Um ein genügend hohes Signal/Rausch-Verhältnis zu erhalten, wie es für eine sichere Bewertung logischer Zustände erforderlich ist, muß mit sehr hohem Sondenstrom von z.B. $I_0 = 10^{-7}$ A (Dauerstrom!) gearbeitet werden. Dadurch ergeben sich Schwierigkeiten bezüglich Ortsauflösung und Probenschädigung, worüber im Abschnitt 5.4 referiert wird.

Die Amplitude in einem Logikdiagramm sagt nichts über die Höhe des elektrischen Potentials aus. Sie gibt lediglich Auskunft darüber, ob das vom Elektronenstrahl-Meßgerät registrierte Signal von der Meßelektronik als "0" oder "1" eingestuft worden ist. Insofern gehören die hier beschriebenen Verfahren zu den qualitativen Methoden.

5.3 Quantitative Verfahren

Alle bisher behandelten Verfahren basieren auf der Potentialkontrastabbildung und liefern qualitative Informationen. In diesem Abschnitt wird beschrieben, wie man an einzelnen Meßpunkten $P(x_0,y_0)$ das elektrische Potential $U(x_0,y_0)$ bzw. dessen zeitlichen Verlauf $U(x_0,y_0,t)$ messen kann.

5.3.1 Potentialmessung

Bei der Potentialkontrastabbildung dient als Signal der durch (5.1) beschriebene SE-Strom. Dieser ist wegen der Umgebungseinflüsse auf das Sattelpunktpotential U_S und damit auf die Bremsspannung $U_B = U_P - U_S$ (untere Integrationsgrenze von (5.1)) nicht eindeutig vom Probenpotential U_P abhängig. So können Punkte gleichen Potentials, aber mit verschiedener Umgebung (z.B. Abstand und Potential benachbarter Leitbahnen) unterschiedliche SE-Signale ergeben, so daß eine exakte Potentialmessung unmöglich ist.

Zum Prüfen von integrierten Schaltungen ist es jedoch erforderlich, elektrische Potentiale an einzelnen Schaltungsknotenpunkten auch quantitativ zu bestimmen. Dazu dient die in Abb. 5.6a schematisch dargestellte Anordnung mit einem Gegenfeldspektrometer: Oberhalb der Probe befindet sich eine Gitterelektrode G1, die ein starkes Absaugfeld von z.B. 6 kV/cm erzeugt. Dadurch werden die Nahfeldeinflüsse weitgehend unterdrückt. Die am Meßpunkt P ausgelösten SE werden zunächst auf die Absaugelektrode zu beschleunigt, gelangen dann in das Gegenfeld GF und müssen dort gegen das Potential des Gitters G2 anlaufen. Die wirksame Bremsspannung beträgt jetzt $U_B = U_P - U_{G2}$, und das SE-Signal I_S^* nach (5.1) wird dadurch eindeutig vom Meßpunktpotential abhängig. Für z.B. $U_P = 0$ V und $U_{G2} = -6$ V wird $U_B = 6$ V und alle SE mit einer Austrittsenergie von mehr als 6 eV (schraffierte Fläche in Abb. 5.6b) tragen zum Bildsignal bei.

Ändert sich das Potential am Meßpunkt z.B. um $\Delta U_P = +2$ V (oder geht man zu einem anderen Meßpunkt mit $U_P = +2$ V über), dann erhalten die SE zusätzlich zu ihrer kinetischen Energie eine auf Massepotential bezogene potentielle Energie $e\Delta U_P = -2$ eV. Das entspricht einer Verschiebung des Anfangspunktes der Energieverteilungskurve um diesen Betrag auf der Energieskala (Abb. 5.6c). Bei unveränderter Einstellung des Spektrometers würden weniger SE den Detektor erreichen (karierte Fläche). Die Signaländerung wäre wegen der Form der Energieverteilungskurve nicht linear. Zu einer vom Meßpunktpotential linear abhängigen Meßgröße gelangt man, wenn die Spannung am Spektro-

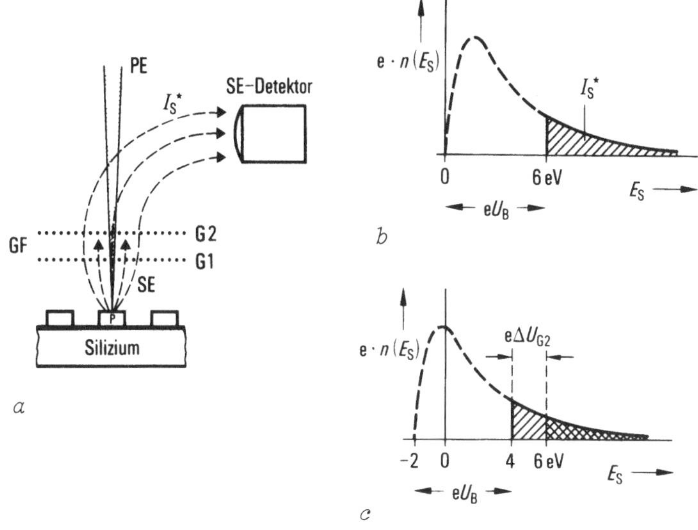

Abb. 5.6. Prinzip der Potentialmessung. a) Gegenfeldspektrometer GF mit Absaugelektrode G1 und Gegenfeldelektrode G2. Der Detektor empfängt das SE-Signal I_S^* (gekennzeichnete Fläche in b) bzw. c)); b) SE-Energieverteilungskurve für Meßpunktpotential U_P = 0 V; U_{G2} = -6 V; c) für U_P = +2 V; U_{G2} = -4 V. $n(E_S)$ relative Anzahl emittierter SE pro Zeit- und Energieintervall, $U_B = U_P - U_{G2}$ wirksame Bremsspannung

meter so nachgeregelt wird, daß die Bremsspannung und damit der registrierte Strom I_S^* wieder die gleichen sind wie vorher. Das ist der Fall, wenn U_{G2} = -4 V gewählt wird. Die Bremsspannung beträgt jetzt $U_B = U_P - U_{G2}$ = 2 V + 4 V = 6 V, und das SE-Signal entspricht der gesamten gekennzeichneten Fläche in Abb. 5.6c. Die Regelspannung ΔU_{G2} = +2 V ist gleich der zu messenden Größe ΔU_P.

In der Praxis wird die Spannung am Gegenfeldspektrometer mit einer elektronischen Rückkopplungsschaltung (Abschnitt 5.5.3) stets so nachgeregelt, daß der registrierte SE-Strom konstant ist. Wichtig ist dabei die richtige Wahl des Arbeitspunktes (Abschnitt 5.4.3). Wird die Bremsspannung U_B zu niedrig gewählt, dann trägt ein Teil der niederenergetischen SE zum Meßsignal bei, der noch durch Nahfelder beeinflußt sein und das Meßsignal verfälschen kann. Wird dagegen eine zu hohe Bremsspannung eingestellt, dann wird das Meßsignal zu gering und verschwindet im Rauschen.

Mit Hilfe eines SE-Spektrometers läßt sich also das Potential an einem Meßpunkt quantitativ bestimmen. Man kann aber auch mit dem PE-Strahl die Probe abrastern und die Gitterspannung U_{G2} zur Helligkeitssteuerung der Bildröhre ausnutzen. Man erhält damit Bilder mit "linearisiertem Potentialkontrast". Eliminiert man noch die Einflüsse von Topographie- und Materialkontrast mit einer Kontrastisolationsschaltung [5.6], dann sind die Grauwerte im Bild dem elektrischen Potential streng proportional. Wollte man die Informationen aus einem solchen Bild quantitativ erfassen, müßte ein Rechner mit sehr großer Speicherkapazität bereitgestellt werden. Zur Prüfung von integrierten Schaltungen sind aber Messungen an einzelnen Schaltungsknotenpunkten in aller Regel ausreichend.

5.3.2 Sampling-Verfahren

Mit der im vorigen Abschnitt beschriebenen Anordnung können auch zeitlich sich ändernde Potentiale gemessen werden. Die Schaltfrequenz ist jedoch durch die Bandbreite der Regelschaltung begrenzt und beträgt z.B. 10 kHz. Dies reicht zur Prüfung schneller, dynamischer Schaltungen nicht aus. Zu diesem Zweck muß ähnlich wie bei der stroboskopischen Abbildung phasenselektiv gemessen werden: Der PE-Strahl wird synchron mit der Schaltfrequenz ein- und ausgetastet. Er bleibt jedoch ortsfest auf einen Meßpunkt gerichtet, und lediglich die Phasenlage der PE-Impulse wird verschoben. Dieses aus der elektrischen Meßtechnik als Sampling-Methode bekannte Verfahren ist auf Abb. 5.7 schematisch dargestellt. Der PE-Strahl ist immer gerade dann eingetastet, wenn das Meßpunktpotential einen bestimmten Wert durchläuft, z.B. 2 V (schraffierte Balken in Abb. 5.7a). Diese Phasenlage wird so lange beibehalten, bis der Meßwert mit hinreichendem Signal-Untergrund-Verhältnis gemessen worden ist. Erst dann wird die Phasenlage geändert, so daß ein neuer Meßwert erfaßt wird, z.B. 3 V (gestrichelte Balken). Wählt man die zeitlichen Schritte genügend klein, so läßt sich nach und nach der ganze Potentialverlauf $U(\varphi)$ messen (Abb. 5.7b).[2] In der Praxis geschieht das kontinuierlich, und das Ergebnis wird

[2] Vgl. Fußnote 1 Seite 230

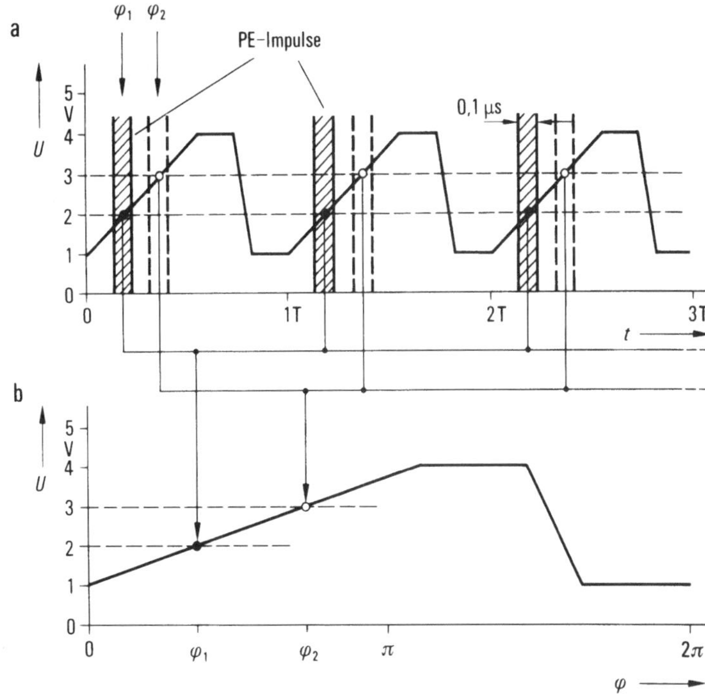

Abb. 5.7. Prinzip des Sampling-Verfahrens. a) Potentialverlauf U(t) am Meßpunkt; schraffierte Balken: Phasenlage der PE-Impulse für Meßwert 2 V; gestrichelte Balken: für 3 V; b) gemessene Kurve

als Kurve auf einem Oszillographenschirm oder Schreiber ausgegeben. Die Meßzeit für eine Periode von 1 µs Dauer kann z.B. 30 s betragen.

Für die Schaltfrequenz gelten die gleichen Grenzwerte wie für die stroboskopische Potentialkontrastabbildung. Die erreichbare Zeitauflösung hängt von der zeitlichen Breite der PE-Impulse ab und wird im Abschnitt 5.4.5 abgeschätzt.

Um eine das Meßergebnis verfälschende Drift durch Geräteinstabilitäten oder Kontamination des Meßpunktes auszuschalten, wird die Methode der "Phasenmodulation" vorgeschlagen [5.7]. Die Phasenlage der PE-Impulse wird hierbei nicht kontinuierlich verschoben, sondern mit Hilfe eines Treppengenerators alternierend zwischen einer festen Bezugsphase (z.B. beim Nulldurchgang des Meßpunktpotentials) und der fortschreitenden Meßphase variiert. Das SE-Signal enthält dann einen Gleichstromanteil, der von den

Drifteffekten abhängig ist, und einen dem Meßpunktpotential streng proportionalen Wechselstromanteil, der mit Hilfe eines Lock-in-Verstärkers separiert wird. Dabei werden gleichzeitig Material- und Topographieeinflüsse eliminiert. Mit einer solchen Anordnung können noch Potentialdifferenzen im mV-Bereich gemessen werden.

5.4 Meßbedingungen

Ehe apparative Fragen und Anwendungsbeispiele behandelt werden können, sind noch einige grundsätzliche Überlegungen nachzuholen, die die Wahl der Abbildungs- bzw. Meßbedingungen betreffen. Halbleiterschaltungen können durch die PE-Bestrahlung in ihren elektrischen Eigenschaften ganz wesentlich beeinflußt oder gar zerstört werden [5.8]. Für die Elektronenstrahl-Meßtechnik müssen daher Bedingungen gefunden werden, bei denen dieser Einfluß vernachlässigbar klein, andererseits das Meßsignal hinreichend groß ist. Die Parameter, die jetzt zur Diskussion stehen, sind die Beschleunigungsspannung und der Sondenstrom. Sie sind von Einfluß auf die erreichbaren Werte für Potential-, Orts- und Zeitauflösung.

5.4.1 Beschleunigungsspannung

Die vom PE-Strahl mitgeführte elektrische Ladung fließt von einer Probe mit hinreichender Leitfähigkeit als Probenstrom I_P gegen Masse ab, soweit sie nicht mit den Rückstreu- und Sekundärelektronen (Ströme I_R und I_S) wieder emittiert wird:

$$I_P = I_0 - I_R - I_S = (1 - \sigma) I_0 \, . \qquad (5.2)$$

Hier bedeutet $\sigma = \eta + \delta$ mit dem Rückstreukoeffizienten $\eta = I_R/I_0$ und der SE-Ausbeute $\delta = I_S/I_0$. Die totale Ausbeute σ ist in Abb. 5.8 in Abhängigkeit von der PE-Energie E_0 aufgetragen. Für $E_0 < 1$ keV ist der Kurvenverlauf schematisch dargestellt, im Bereich $E_0 = 1...25$ keV sind Meßwerte für einige wichtige Werkstoffe der Halbleitertechnik aufgetragen.

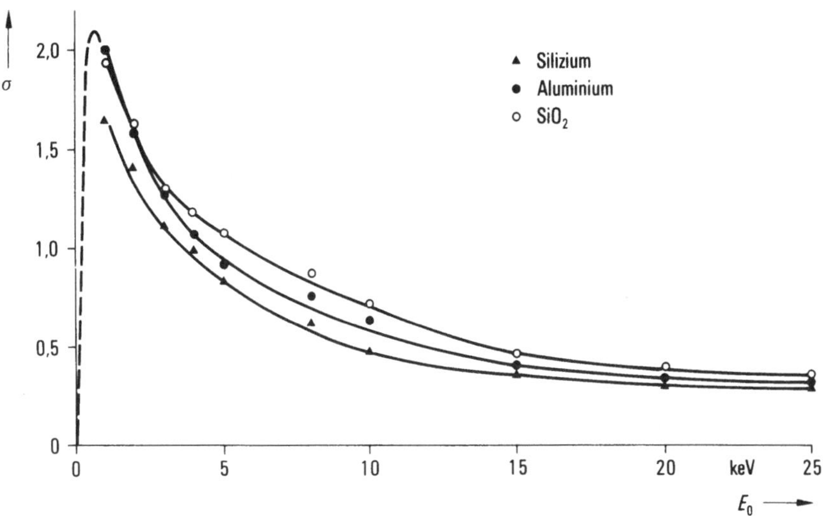

Abb. 5.8. Totale Ausbeute σ an Rückstreu- und Sekundärelektronen in Abhängigkeit von der Primärelektronenenergie E_0. Für $E_0 < 1$ keV schematisch; für $E_0 = 1...25$ keV Meßwerte von technischen Silizium-, Aluminium- und SiO_2-Oberflächen [5.9]

Die untersuchten Proben waren den in der Halbleiterfertigung üblichen Technologieschritten und Reinigungsprozeduren unterworfen. Für diese Werkstoffe liegt das Maximum der Ausbeute bei $E_0 < 1$ keV und ist z.B. für Aluminium (mit natürlicher Oxidschicht) und SiO_2 größer als 2. Für große E_0 nehmen die Kurven nach einem Exponentialgesetz auf Werte $\sigma < 1$ ab.

Ein durch eine Schaltung abfließender Probenstrom kann das Ergebnis einer Potentialmessung verfälschen oder die Funktion der Schaltung verändern (z.B. eine Speicherzelle umladen). Es sollte daher $I_P \approx 0$, d.h. $\sigma \approx 1$, angestrebt werden. Für Messungen auf Aluminiumleitbahnen ist diese Bedingung für $E_0 \approx 4{,}5$ keV erfüllt (Abb. 5.8). Eine Beeinflussung des Meßergebnisses ließe sich also durch Wahl einer niedrigen Beschleunigungsspannung vermeiden, wenn der PE-Strom die einzige kritische Größe wäre.

Anders verhält es sich mit der PE-Energie. Diese wird nur zum geringen Teil wieder emittiert, der Rest wird in der Probe umgesetzt. Schädigungen des Kristallgitters durch Elektronenstoß oder eine bemerkenswerte Erwärmung der Probe sind bei den hier verwendeten Energien und Sondenströmen nicht zu erwarten. Es gibt aber eine Menge anderer Effekte, die für die Elektronenstrahl-Meßtechnik von Bedeutung sind.

Durch Ionisation entstehen im Halbleiter Elektron-Loch-Paare. Diese Veränderung ist reversibel, da die Elektronen in Bruchteilen einer Sekunde (bei Silizium $2 \cdot 10^{-6}$ s) mit den Löchern rekombinieren. Nur wenn der PE-Strahl elektrisch aktive Gebiete des Halbleiters (pn-Übergänge, Schottky-Sperrschichten) erreicht, dann werden die dort erzeugten Ladungsträgerpaare durch das elektrische Feld der Raumladungszone getrennt. Dieser Effekt wird beim EBIC-Verfahren (electron-beam-induced current) ausgenutzt (Kapitel 6). Da die Ionisationsenergie nur wenige eV beträgt (bei Silizium 3,6 eV), kann ein PE viele hundert bis tausend Atome ionisieren. Die daurch hervorgerufene Anreicherung von Ladungsträgern kann das Ladungsgleichgewicht und damit die Funktion einer Schaltung empfindlich stören.

Die Oberfläche moderner Halbleiterbausteine ist in der Regel mit einer ca. 1 µm dicken Siliziumoxidschicht oder Nitridpassivierung bedeckt. Wenn die Eindringtiefe der PE kleiner als die Schichtdicke ist, dann kann der Probenstrom nicht abfließen. Je nachdem, ob σ größer oder kleiner als 1 ist, lädt sich die Oberfläche dann positiv oder negativ auf. Bei geeigneter Beschleunigungsspannung (so daß $\sigma \approx 1$), geringem Sondenstrom und großem Rasterfeld lassen sich störende Aufladungen zumindest für kurze Zeit vermeiden; bei längerer Elektronenbestrahlung kann der Potentialkontrast verschwinden.

Falls die Eindringtiefe größer als die Schichtdicke ist, dann können die PE durch das Substrat abfließen. Beim Durchdringen der Oxidschicht erzeugen sie Ladungsträgerpaare. Da die Elektronen im Leitungsband des Isolators leicht beweglich sind, entsteht im Oxid ein leitfähiger Kanal. Das hat zur Folge, daß die Oxidoberfläche an dieser Stelle das Potential des darunter befindlichen Substrats annimmt. Man kann also Potentiale durch eine Isolatorschicht hindurch messen, wenn die PE diese Schicht vollständig durchdringen können. Dies würde für eine 1 µm dicke SiO_2-Schicht nach Abb. 5.9 eine Beschleunigungsspannung von $U_0 > 10$ kV erfordern.

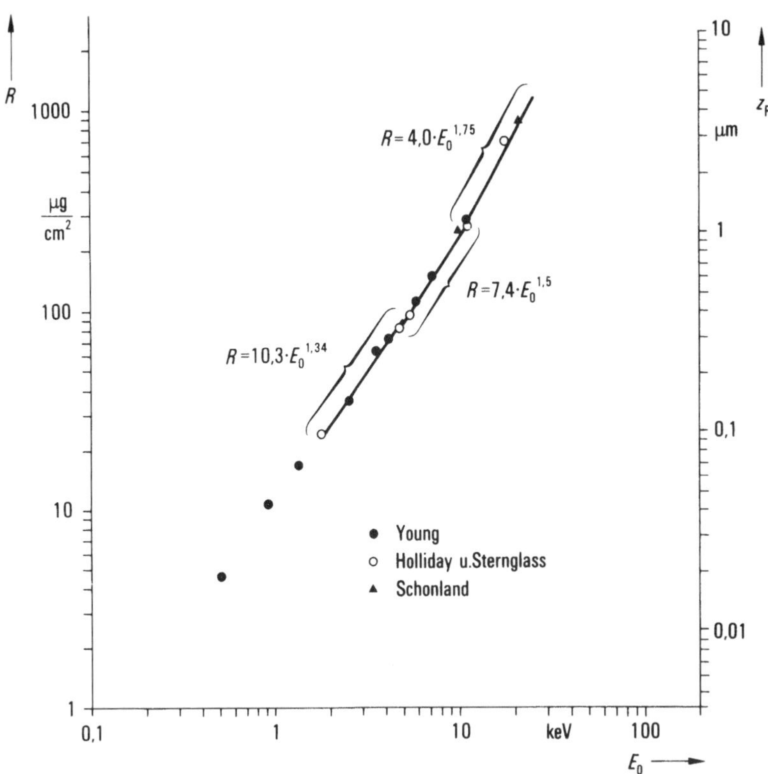

Abb. 5.9. Reichweite R von Elektronen in Abhängigkeit von der Energie E_0; gemessene [5.11-5.13] und berechnete [5.14,5.15] Werte. Eindringtiefe $z_R = R/\rho$ mit $\rho = 2{,}5\ g/cm^3$ (Mittelwert für Silizium, Aluminium und SiO_2)

Die Beweglichkeit der im Oxid erzeugten Elektronen ist sehr viel größer als diejenige der Löcher, die an die ionisierten Atome gebunden sind. Die Elektronen nehmen an Rekombinationsprozessen im Substrat teil, oder sie wandern, wie im Fall des Gateoxids eines MOS-Transistors, zu der positiv gepolten Metallelektrode auf der Oberfläche. In jedem Fall bleibt die Oxidschicht positiv aufgeladen zurück (weshalb z.B. die Oxidschicht in Abb. 5.2a trotz höherer SE-Ausbeute dunkler erscheint als die Aluminiumleitbahnen). Außerdem werden durch den Elektronenbeschuß an der Grenzfläche SiO_2/Si Oberflächenzustände erzeugt. Die Aufladung und die Oberflächenzustände können die elektrischen Eigenschaften einer Schaltung erheblich beeinflussen.

Die Folgerungen aus allen diesen Beobachtungen hängen stark vom Schaltungstyp ab, der untersucht werden soll [5.8]. Für MOS-Schaltungen ist meistens schon eine Beschleunigungsspannung von 4,5 kV, wie sie am Anfang dieses Abschnitts gefordert wurde, schädlich. Sie reagieren empfindlich mit Veränderung der Einsatzspannung, der Durchbruchsfeldstärke und mit erhöhten Leckströmen. In der Praxis hat sich bei Messungen an MOS-Schaltungen in vielen Fällen eine Beschleunigungsspannung von 2,5 kV bewährt [5.10]. Die Eindringtiefe beträgt in diesem Fall in Aluminium und SiO_2 (Abb. 5.9) ca. 140 nm, so daß die Grenzfläche SiO_2/Si oder elektrisch aktive Gebiete des Halbleiters mit Sicherheit nicht getroffen werden. Einige Autoren verwenden sogar Beschleunigungsspannungen unterhalb von 1 kV, um zu verhindern, daß in der Oxidschicht geladene Haftstellen entstehen.

Bipolare Schaltungen reagieren weniger empfindlich auf die PE-Energie als MOS-Schaltungen. Messungen durch eine Passivierungsschicht hindurch mit U_0 = 10 kV sind bei Bipolarschaltungen möglich, ohne daß ihre Eigenschaften signifikant verändert werden. Bei passivierten MOS-Schaltungen ist es dagegen am besten, die Schicht abzulösen [5.10] oder bei der Schaltungsentwicklung von vornherein an den wichtigen Schaltungsknotenpunkten Fenster für die Elektronenstrahl-Meßtechnik vorzusehen.

5.4.2 Sondenstrom

Bei der Rasterabbildung gilt für den Sondenstrom

$$I_0 = n\, q/t_B\,, \qquad (5.3)$$

wo n die Anzahl der Bildpunkte, q die zugeführte Ladung pro Objektpunkt und t_B die Belichtungszeit pro Bild bedeuten. Wenn man eine bestimmte Signaldifferenz erkennen will, dann ist wegen des Rauschens der SE-Emission für q ein Mindestwert erforderlich [5.3]. Er hängt von der SE-Ausbeute ab und beträgt unter den bei der Elektronenstrahl-Meßtechnik üblichen Versuchsbedingungen (Aluminium, U_0 = 2,5 kV) ca. $q_{min} = 5 \cdot 10^{-16}$ As.

Typische Aufnahmedaten für die Potentialkontrastabbildung sind: $I_0 = 10^{-10}$ A, $n = 10^6$ (Bildschirm mit 1000 Zeilen) und $t_B = 60$ s. Man erhält damit rauschfreie, kontrastreiche Bilder.

Kritischer sind die Verhältnisse bei der Fernsehaufzeichnung und der stroboskopischen Abbildung. Im einen Fall ist das Bildsignal gering wegen der hohen Bildfrequenz, im anderen Fall wegen der intermittierenden PE-Bestrahlung.

Nach Fernsehnorm ist die Bildpunktzahl $n \approx 4 \cdot 10^5$, und die Bildfrequenz beträgt $1/t_B = 25$ Hz. Damit und mit q_{min} liefert (5.3) $I_0 \geqq 5 \cdot 10^{-9}$ A. Diese Bedingung gilt auch für das Voltagecoding-Verfahren.

Bei der stroboskopischen Abbildung ist für die Signalausbeute das Tastverhältnis V maßgebend. Der für die Signalausbeute wirksame zeitliche Mittelwert des Sondenstroms $\overline{I}_0 = I_0/V$ ist entsprechend gering. In (5.3) muß I_0 durch $\overline{I}_0$ ersetzt werden, und man erhält für den Sondenstrom im eingetasteten Zustand $I_0 = Vnq/t_B$. In der Praxis kann V sehr hohe Werte annehmen, nämlich dann, wenn ein Schaltzustand sehr kurzer Dauer abgebildet werden soll, der sich mit geringer Frequenz wiederholt. Beträgt z.B. die PE-Impulsbreite b = 1 ns und die Wiederholfrequenz 100 kHz, dann ist $V = 10^4$. Damit und mit $n = 10^6$, $t_B = 60$ s und $q = q_{min}$ folgt $I_0 \geqq 10^{-7}$ A.

5.4.3 Potentialauflösung

Für die quantitativen Verfahren ist die minimale Potentialdifferenz ΔU_{min} von Interesse, die gemessen werden kann. Die Potentialauflösung hängt von Eigenschaften des SE-Spektrometers und von den Meßbedingungen ab. Andererseits müssen geeignete Meßbedingungen gewählt werden, wenn ein bestimmter Wert für die Potentialauflösung angestrebt wird.

Wenn man mit einem SE-Spektrometer arbeitet, dann wird nicht der gesamte SE-Strom $I_S = \delta I_0$ registriert, sondern lediglich der Anteil $I_S^* = \gamma \beta I_S$. Hier bedeutet β die Transmission der Spektrometernetze, und γ ist der Bruchteil der SE, der die am Gegenfeldspektrometer eingestellte Bremsspannung U_B überwinden

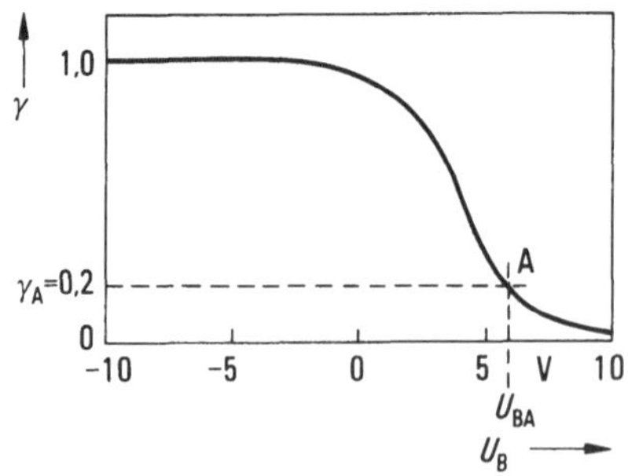

Abb. 5.10. Kennlinie, gemessen mit dem Gegenfeldspektrometer von Abb. 5.13c: Bruchteil γ des SE-Stroms, der bei einer Bremsspannung U_B das Spektrometer passiert (A Arbeitspunkt) [5.7]

kann. Abb. 5.10 ist eine mit der Anordnung von Abb. 5.13c gemessene Kennlinie und zeigt γ als Funktion von U_B. Durch U_{BA} wird der Arbeitspunkt A festgelegt. Für diesen ist $\gamma = \gamma_A$ und

$$(I_S^*)_A = \gamma_A \beta \delta I_0 . \qquad (5.4)$$

Eine Variation des Meßpunktpotentials ΔU_P bewirkt eine Änderung der Bremsspannung $\Delta U_{BA} = \Delta U_P$. Ihr Einfluß auf das SE-Signal hängt von der Steigung $s_A = \Delta\gamma_A/\Delta U_{BA} = \Delta\gamma_A/\Delta U_P$ der Kennlinie im Arbeitspunkt ab. Mit $\Delta\gamma_A$ aus (5.4) wird

$$s_A = \Delta(I_S^*)_A/\beta \delta I_0 \Delta U_P . \qquad (5.5)$$

Eine Signaländerung $\Delta(I_S^*)_A$ läßt sich nur messen, wenn sie deutlich, z.B. um den Faktor 3, über dem Rauschen (I_r) liegt, d.h. $\Delta(I_S^*)_A \geqq 3\,I_r$. Aus (5.5) folgt damit

$$\Delta U_P \geqq 3\,I_r/s_A \beta \delta I_0 . \qquad (5.6)$$

Das Rauschen des SE-Signals wird im wesentlichen durch das Schrotrauschen der PE und durch statistische Schwankungen der SE-Ausbeute verursacht. Es wird beschrieben durch [5.1]:

$$I_r = \sqrt{2e\,\gamma_A \beta \delta (1+\delta)\, I_0 \Delta f} . \qquad (5.7)$$

Hierbei ist der Einfluß des Spektrometers und seiner Einstellung bereits berücksichtigt. Aus (5.6) mit (5.7) erhält man, wenn man die untere Grenze von ΔU_P mit ΔU_{min} bezeichnet,

$$\Delta U_{min} = \frac{3\sqrt{2e\,\gamma_A \beta \delta (1+\delta)\, I_0 \Delta f}}{s_A \beta \delta I_0} . \qquad (5.8)$$

Berücksichtigt man noch, daß bei einem Tastverhältnis V im zeitlichen Mittel nur der Strom I_0/V auf die Probe gelangt, so erhält man eine Beziehung der Form

$$\Delta U_{min} = k_A \sqrt{V \Delta f / I_0} . \quad (5.9)$$

Die Konstante k_A enthält neben der SE-Ausbeute δ die Parameter des Spektrometers. Arbeitet man, wie im Abschnitt 5.4.1 gefordert, bei niedrigen Beschleunigungsspannungen, so daß stets $\delta \approx 1$, dann ist k_A eine Spektrometerkonstante, die nur von der Wahl des Arbeitspunktes A abhängig ist. Ihren Wert kann man näherungsweise berechnen [5.1]. Experimentell geht man so vor, daß man das Spektrometer im Arbeitspunkt eicht. Für die Anordnung nach Abb. 5.13c erhält man, wenn der Arbeitspunkt bei $U_{BA} = 6$ V, $\gamma_A = 0{,}2$ (Abb. 5.10) gewählt wird, für die Spektrometerkonstante einen Wert von $k_A = 8 \cdot 10^{-9}$ $V\sqrt{As}$ [5.7].

Im folgenden Zahlenbeispiel soll mit (5.9) der Sondenstrom abgeschätzt werden, der erforderlich ist, wenn eine Potentialauflösung von 1 mV erreicht werden soll. Die Schaltfrequenz am Baustein betrage 1 MHz und die Dauer der PE-Impulse 1 ns. Daraus ergibt sich, wenn in jeder Periode der PE-Strahl einmal eingetastet werden soll, ein Tastverhältnis V = 1000. Wenn man nun einen Schaltvorgang von 200 ns Dauer beispielsweise in 100 s messen will, dann sind dafür (bei 1 ns Impulsbreite) 200 Phasenschritte und eine Integrationszeit pro Phasenschritt von 0,5 s erforderlich. Die Signalwechselfrequenz hat dann einen Wert von 2 Hz, der hier für die Bandbreite Δf eingesetzt werden kann. Aus (5.9) folgt dann mit $\Delta U_{min} = 1$ mV für den Sondenstrom $I_0 = 10^{-7}$ A.

5.4.4 Ortsauflösung

Der Sondendurchmesser d_0 (Halbwertsbreite der Stromdichteverteilung in Abb. 5.1b) ist, wenn man von den Abbildungsfehlern der Elektronenlinsen absieht, durch den Richtstrahlwert R [5.3] des Strahlerzeugungssystems bestimmt:

$$d_0 = \frac{2}{\pi \alpha_0} \sqrt{\frac{I_0}{R}} = \frac{4L}{\pi b} \sqrt{\frac{I_0}{R}} . \quad (5.10)$$

Hier bedeuten (Abb. 5.1a) $\alpha_0 = b/2L$ den halben Öffnungswinkel des Strahlenkegels, b den Durchmesser der Aperturblende in der Feinstrahllinse und L den Arbeitsabstand zwischen dieser Blende und dem Objekt. Bei Glühkathoden ist die obere Grenze für den Richtstrahlwert $R_{max} \sim U_0$ [5.3], so daß nach (5.10) $d_{0min} \sim \sqrt{I_0/U_0}$. Die in den letzen Abschnitten erhobenen Forderungen nach hohem Sondenstrom und niedriger Beschleunigungsspannung sind daher mit den Bedingungen für gute Ortsauflösung nicht verträglich. Auch α_0 kann nicht beliebig groß gemacht werden, da die Abmessungen b und L mit Rücksicht auf den Öffnungsfehler der Feinstrahllinse und auf die Baulänge des SE-Spektrometers nicht frei gewählt werden können. Im günstigsten Fall kann man mit $\alpha_0 = 2 \cdot 10^{-2}$ rad rechnen. Damit und mit den Richtstrahlwerten für Wolfram- und LaB_6-Glühkathoden [5.3] wurde d_{0min} abgeschätzt und in Abb. 5.11 als Funktion von I_0 aufgetragen.

Bei Potentialmessungen auf Leitbahnen muß man unbedingt vermeiden, daß PE die benachbarte Oxidschicht treffen, da sonst Aufladungen das Meßergebnis verfälschen. Erfahrungsgemäß darf

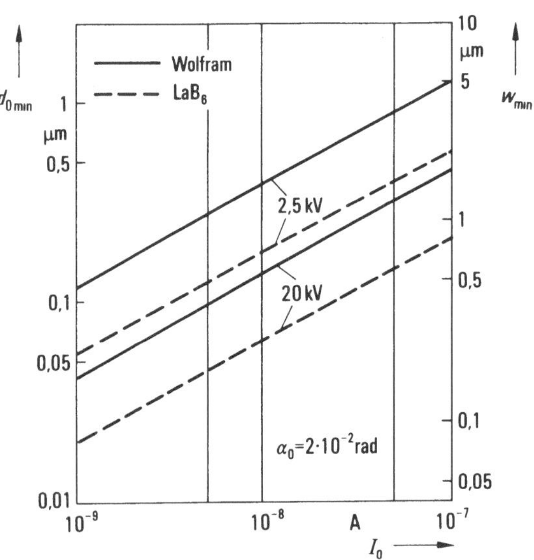

Abb. 5.11. Richtwerte für den minimalen Sondendurchmesser d_{0min} in Abhängigkeit vom Sondenstrom I_0, abgeschätzt für Wolfram- und LaB_6-Glühkathoden. Minimale Leitbahnbreite $W_{min} = 4\ d_{0min}$

d_0 wegen der Ausläufer der Gauß-Verteilung des Sondenstroms (Abb. 5.1b) und wegen der Einflüsse von Abbildungsfehlern und Geräteinstabilitäten höchstens 1/4 so groß sein wie die Leitbahnbreite w. Damit läßt sich abschätzen, bis zu welchen minimalen Leitbahnbreiten w_{min} unter bestimmten Versuchsbedingungen noch zuverlässige Messungen möglich sind. Richtwerte für w_{min} können aus Abb. 5.11 abgelesen werden. Daraus ist ersichtlich, daß Wolframkathoden zur Prüfung hochintegrierter Schaltungen mit Leitbahnbreiten unterhalb von 5 µm nicht geeignet sind, sofern bei 2,5 kV Beschleunigungsspannung und 10^{-7} A Sondenstrom gearbeitet werden muß. Bei Leitbahnbreiten $w < 5$ µm muß man entweder den Sondenstrom reduzieren oder die Beschleunigungsspannung erhöhen. Beides ist aber aus den in den vorigen Abschnitten genannten Gründen nicht immer zulässig. Deshalb werden neuerdings in Elektronenstrahl-Meßgeräten LaB_6-Kathoden eingesetzt, die wegen ihres höheren Richtstrahlwertes bei sonst gleichen Bedingungen geringere Sondendurchmesser ermöglichen als Wolframkathoden. Für künftige Schaltungsgenerationen mit Leitbahnbreiten von 1 µm oder weniger ist sogar die Entwicklung neuartiger Elektronenquellen und Strahlformungssysteme erforderlich, die bei niedrigen Beschleunigungsspannungen hohe Ströme in einem kleinen Sondendurchmesser zu fokussieren gestatten.

5.4.5 Zeitauflösung

Die beim Sampling-Verfahren erreichbare Zeitauflösung hängt von der zeitlichen Breite b der PE-Impulse ab. Der zur Messung der Anstiegszeit einer Potentialflanke zulässige Wert für b läßt sich folgendermaßen abschätzen:

Nimmt man zunächst für den PE-Impuls und eine abzutastende Potentialstufe U(t) ideale Rechteckformen an, dann beträgt die Anstiegszeit des gemessenen Signals von 10 % auf 90 % des Endwertes: $t_1 = 0{,}8$ b. Hat U(t) selbst eine Anstiegsflanke der Dauer $t_2 = a$, dann gilt für die gemessene Anstiegszeit näherungsweise

$$t_a^2 = t_1^2 + t_2^2 = (0{,}8\,b)^2 + a^2 .$$

Mit einer Meßunsicherheit Δa wird der Meßwert $t_a = a \pm \Delta a$, und man erhält für den Fall $\Delta a \ll a$:

$$b = \frac{a}{0{,}8} \sqrt{2 \frac{\Delta a}{a}}. \qquad (5.11)$$

Wenn beispielsweise eine Anstiegsflanke von a = 2 ns mit einem Meßfehler $\Delta a/a \leqq 1\,\%$ gemessen werden soll, folgt aus (5.11): b = 350 ps.

Nimmt man statt eines Rechteckimpulses eine Impulsform mit Gauß-Verteilung und b als Halbwertsbreite dieser Verteilung an, so ändert sich der Zahlenfaktor in (5.11) lediglich um ca. 30 %. In beiden Fällen ist die Meßunsicherheit Δa deutlich geringer als die Dauer b der PE-Impulse, wie es in der Praxis auch beobachtet wird. Δa ist nach (5.11) bei vorgegebenem b vom Meßwert a selbst abhängig und deshalb zur Charakterisierung des Meßsystems nicht geeignet. Die Impulsdauer b ist dagegen eine allein von den Geräteeigenschaften abhängige Größe. Aus diesem Grund sollte, ähnlich wie der Sondendurchmesser für die Ortsauflösung, die Impulsdauer zur Beschreibung der Zeitauflösung herangezogen werden. Bei entsprechender Konzeption des Strahltastsystems lassen sich für die Halbwertsbreite der Impulse Werte im ps-Bereich realisieren (Abschnitt 5.5.2).

5.5 Geräte

Der Aufbau von Geräten für die Elektronenstrahl-Potentialmeßtechnik wird hier im Prinzip beschrieben. Auf einige wichtige Gerätekomponenten wird näher eingegangen. Weitergehende apparative Einzelheiten findet man in der zitierten Literatur.

5.5.1 Prinzipaufbau

Die bisher in der Literatur vorgestellten Elektronenstrahl-Meßgeräte bauen auf einem handelsüblichen REM als Grundgerät auf, z.B. [5.6,5.10,5.16]. Je nachdem, welche der geschilderten Meßtechniken man anwenden will, sind verschiedene Umrüstungen des Grundgerätes und Zusatzkomponenten erforderlich. Abb. 5.12 zeigt schematisch ein Elektronenstrahl-Meßgerät a) im Betriebszustand für stroboskopische Potentialkontrastabbildung und b) für Sampling-Technik.

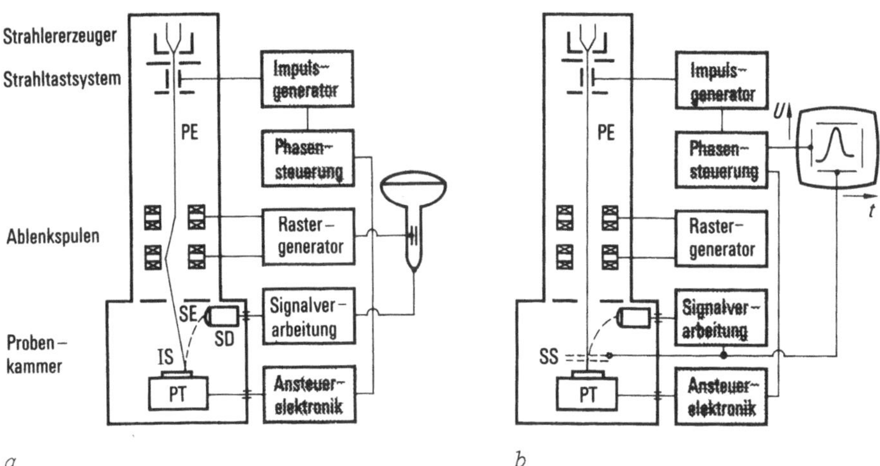

Abb. 5.12. Elektronenstrahl-Meßgerät (schematisch) im Betriebszustand. a) Für stroboskopische Potentialkontrastabbildung; b) für Sampling-Verfahren. IS: Integrierte Schaltung; PT: Probentisch; SD: SE-Detektor; SS: SE-Spektrometer. Elektronische Zusatzkomponenten sind durch Raster gekennzeichnet.

Zum Grundgerät gehören die elektronenoptische Säule (Elektronenlinsen nicht eingezeichnet) und die Bildwiedergabeelektronik. Für den Betrieb als REM werden die Ablenkelemente in der elektronenoptischen Säule und in der Bildröhre vom Rastergenerator synchron gesteuert. Als SE-Detektor (SD) dient in der Regel eine Szintillator-Photomultiplier-Anordnung, deren von der Signalverarbeitung verstärktes Signal die Helligkeit der Bildröhre moduliert.

Für die statische Potentialkontrastabbildung sind elektrische Durchführungen in der Probenkammer, eine Steckfassung im Probentisch (PT) und die Spannungsversorgung für die Probe erforderlich. Wenn stroboskopisch gearbeitet werden soll (Abb. 5.12a), muß zur periodischen Unterbrechung des PE-Strahls in die elektronenoptische Säule ein hinreichend schnelles Strahltestsystem

(Abschnitt 5.5.2) eingebaut werden. Es besteht im einfachsten Fall aus einem Ablenkkondensator und einer unterhalb der Ablenkplatten befindlichen Blende. Der Elektronenstrahl wird ausgetastet, indem er aus der Blendenöffnung herausgelenkt wird. Die Ablenkspannung liefert z.B. ein Impulsgenerator, der mit der Schaltfrequenz der Probe synchronisiert ist. Die Phasenlage der PE-Impulse läßt sich mit Hilfe einer Phasensteuerung einstellen. Eine Ansteuerelektronik liefert die zum Betreiben der Schaltung erforderlichen Spannungen und Frequenzen.

Für das Sampling-Verfahren (Abb. 5.12b) muß zwischen Probe und SE-Detektor das SE-Spektrometer (SS) eingesetzt werden (Abschnitt 5.5.3). Die Signalverarbeitung enthält die Rückkopplungsschaltung zur automatischen Regelung der Gegenfeldspannung am Spektrometer. Mit der dem Meßwert U entsprechenden Regelspannung wird die y-Ablenkung am Monitor oder Schreiber gesteuert. Die Ablenkspannung für die Zeitachse liefert die Phasensteuerung, die gleichzeitig die Phase der PE-Impulse kontinuierlich verschiebt. Signalverarbeitung und Phasensteuerung können vorteilhaft mit Hilfe eines modifizierten Boxcar-Integrators bewerkstelligt werden [5.2]. Der Rastergenerator dient beim Sampling-Verfahren lediglich für die Positionierung des PE-Strahles auf dem Meßpunkt.

Zur Überwachung der Geräteparameter, zur Steuerung des Abbildungs- bzw. Meßvorgangs sowie zur Erfassung und Verarbeitung der Meßergebnisse wurden bereits an verschiedenen Stellen Rechner oder Mikroprozessoren eingesetzt, z.B. [5.16,5.17].

5.5.2 Strahltastsysteme

Für die stroboskopische Abbildung bzw. Potentialmessung von integrierten Schaltungen muß das Strahltastsystem einer Reihe von Anforderungen genügen:

- Variable Frequenz (Wiederholrate) der PE-Impulse bis zu mehreren 10 MHz (bei Mikrowellenbausteinen bis zu einigen GHz);
- regelbare Impulsdauer bis zu weniger als 1 ns;
- hohes Stromverhältnis zwischen ein- und ausgetastetem Zustand;

- keine störende Beeinflussung der Strahlfokussierung und der Strahlposition.

In [5.18,5.19] werden die verschiedenen Methoden zur Strahltastung ausführlich diskutiert. Die o.g. Forderungen können weitgehend und relativ einfach durch Ablenkung des PE-Strahls über eine Blende mit Hilfe eines Plattenkondensators (Strahltastsystem in Abb. 5.12a) erfüllt werden. Der Kondensator wird mit sinusförmiger Wechselspannung oder mit gepulster Gleichspannung gespeist. Dabei ist es vorteilhaft, der Ablenkspannung eine Gleichspannung derart zu überlagern, daß der PE-Strahl nur durch die Maxima der Sinusspannung bzw. durch die Spannungsimpulse kurzzeitig eingetastet wird.

Die erreichbaren Werte für Wiederholrate und Tastgeschwindigkeit hängen von der Ablenkelektronik und der Kapazität des Ablenksystems ab, sind aber durch die Laufzeit τ der Elektronen im Kondensator begrenzt.

Der Ablenkwinkel α ist bei Ablenkung mit Wechselspannung $U = U_a \sin \omega t$ zeitabhängig und seine Amplitude beträgt [5.20]

$$\alpha_A = \frac{U_a \ell}{2U_0 a} \; \frac{\sin(\omega\tau/2)}{\omega\tau/2} = \alpha_0 f(\omega\tau) , \tag{5.12}$$

wo ℓ und a Länge und Abstand der Kondensatorplatten bedeuten.

Für $\omega\tau/2 = n\pi$, d.h. $\tau = nT$ $(n = 1,2,...)$, wird $f(\omega,\tau) = 0$. Damit wird der Ablenkwinkel $\alpha_A = 0$, weil sich nämlich unter diesen Bedingungen die Einflüsse der positiven und negativen Sinushalbwellen gerade kompensieren. Man arbeitet sinnvoll im Bereich $\tau < T$ und erhält die günstigsten Verhältnisse bei $\tau \ll T$, d.h. $\omega\tau/2 \approx 0$. Damit wird nämlich in (5.12) $f(\omega,\tau) \approx 1$ und α_A nimmt unter sonst gleichen Bedingungen einen möglichst großen Wert ($\alpha_A \approx \alpha_0$) an (oder man erreicht eine vorgegebene Ablenkung α_A mit möglichst geringer Ablenkspannung).

Ähnliche Überlegungen gelten für die Ablenkung mit gepulster Gleichspannung. Bei sehr kurzen Ablenkimpulsen kann man näherungsweise die Impulsbreite zu $b \approx 2\,t_a$ annehmen (t_a Impulsanstiegszeit) und den Impuls als Halbwelle einer Sinusschwingung mit $T \approx 4\,t_a$ betrachten. Maßgebend für die Laufzeiteffekte ist hierbei das Verhältnis zwischen Laufzeit und Impulsanstiegszeit, und man erhält die größte mögliche Ablenkung bei $\tau \ll t_a$.

Die Laufzeit in einem Kondensator der Länge ℓ beträgt $\tau = \ell/\sqrt{2\,(e/m)\,U_0}$. Da sich die Beschleunigungsspannung U_0 nach dem Meßproblem richten muß, können kurze Laufzeiten nur durch kurze Ablenkplatten realisiert werden. Das bedeutet aber nach (5.12) geringe Ablenkwinkel. Ein Ausgleich durch höhere Ablenkspannung U_a verbietet sich mit Rücksicht auf die Impulsanstiegszeit. Dem Plattenabstand a ist durch den Durchmesser des PE-Bündels eine untere Grenze gesetzt. Der einzige Ausweg, um bei vorgegebenem Ablenkwinkel α_A in der Blendenebene die Auslenkung $x = L\alpha_A$ zu beeinflussen, ist die Variation des Abstandes L zwischen Kondensator und Blende. Wie groß L gemacht werden kann, hängt von den räumlichen und elektronenoptischen Gegebenheiten in REM ab.

Am einfachsten und daher am meisten gebräuchlich ist es, das Strahltastsystem zwischen Elektronenkanone und erster Linse anzuordnen. Dort divergiert allerdings das Strahlenbündel. Dies erfordert eine große Ablenkung und daher eine hohe Ablenkspannung. Es ist günstiger, die Austastblende in der Nähe eines Fokussierungspunktes (d.h. eines verkleinerten Bildes vom engsten Strahlquerschnitt an der Kathode) anzuordnen, weil man dort mit extrem geringen Auslenkungen auskommt. Das läßt sich mit einigem technischen Aufwand realisieren, wenn man das Strahltastsystem unterhalb der ersten Linse unterbringt, oder (was noch günstiger ist) wenn man eine zusätzliche fokussierende Linse zwischen Ablenkkondensator und Austastblende einbaut. Ein solches System, das sich in einem weiten Spannungsbereich einsetzen läßt, wird in [5.18] beschrieben. Es nutzt zur Austastung das verkleinerte, virtuelle Bild der in der letzten Linse befindlichen Aperturblende aus. In dieser Arbeit wird auch der Einfluß der Ablenkung auf die Strahlfokussierung (Degratation) diskutiert und durch geeignete Anordnung von Blenden minimalisiert. Zur Austastung von 2,5-keV-Elektronen ist mit diesem System eine Mindestablenkspannung von nur 25 mV und für 20-keV-Elektronen von 100 mV erforderlich. Für die Halbwertsbreite von PE-Impulsen wurde ein Wert von 10 ps erreicht.

Für sehr hohe Ablenkfrequenzen bzw. sehr kurze Impulse sind Ablenksysteme entwickelt worden, bei denen der Plattenkondensator durch eine Wanderwellenanordnung [5.21] oder durch Hohlraumresonatoren [5.22] ersetzt ist. Im einen Fall konnte eine Halbwertsbreite von 5 ps bei 9 GHz, im anderen Fall von 0,2 ps bei 4 GHz realisiert werden. Diese Anordnungen sind jedoch für den Einsatz bei fest vorgegebener Frequenz oder Beschleunigungsspannung geeignet. Wenn man diese Größen variieren will, ist ein System mit Plattenkondensator vorzuziehen, das aber sehr sorgfältig dimensioniert werden muß.

5.5.3 Sekundärelektronen-Spektrometer

Den Ausführungen im Abschnitt 5.3.1 zufolge wird bei der quantitativen Potentialmessung die durch das Meßpunktpotential verursachte Verschiebung der SE-Energieverteilung gemessen. Es kommt also nicht darauf an, mit einem Spektrometer hoher Energieauflösung die Energieverteilungskurve exakt zu bestimmen. Das Spektrometer hat lediglich die Aufgabe, einen konstanten, durch Wahl des Arbeitspunktes festgelegten Anteil des emittierten SE-Stromes zu erfassen - unabhängig von wechselnden Nahfeldeinflüssen. Daraus ergeben sich folgende Forderungen:

- Hohes Absaugfeld zwischen Probe und Spektrometer, um die Nahfeldeinflüsse weitgehend zu unterdrücken;
- Arbeitspunkt im hochenergetischen Teil der Spektrometerkurve (Abb. 5.10);
- hohe Transmission;
- geringe Beeinflussung des PE-Strahls;
- geringe Bauhöhe mit Rücksicht auf kurzen Arbeitsabstand und gute Ortsauflösung (Abschnitt 5.4.4).

Von den aus der Literatur bekannten Spektrometeranordnungen [5.23] haben die drei in Abb. 5.13 gezeigten Systeme am meisten praktische Bedeutung erlangt. Das Gegenfeldspektrometer mit halbkugelförmigen Elektroden (Abb. 5.13a) [5.24] berücksichtigt besser als die anderen Anordnungen die Austrittscharakteristik der SE. Der dadurch erzielte Gewinn an Energieauflösung kommt

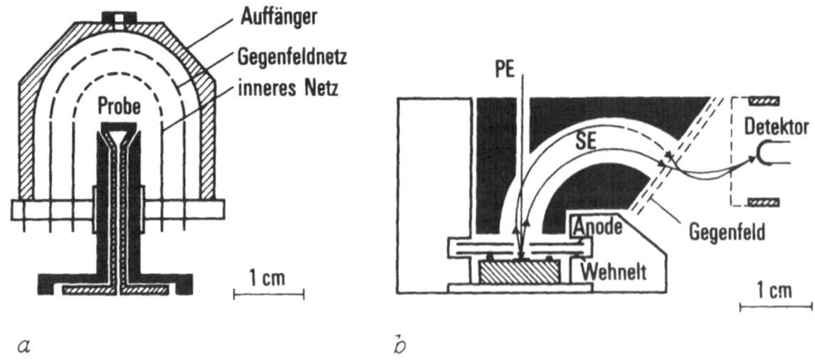

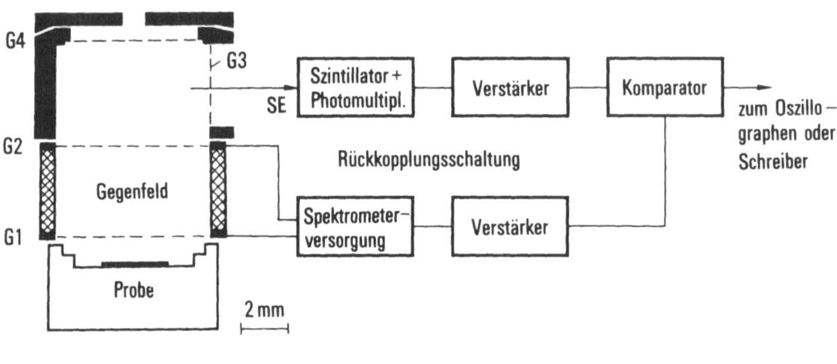

Abb. 5.13. Sekundärelektronen-Spektrometer. a) Gegenfeldspektrometer mit halbkugelförmigen Netzen [5.24]; b) Anordnung mit Absaugfeld, Ablenkkondensator und Gegenfeld [5.6]; c) Gegenfeldspektrometer mit ebenen Netzen und Absaugfeld [5.7] und Rückkopplungsschaltung

aber aus den o.g. Gründen für die Elektronenstrahl-Meßtechnik nicht zum Tragen. Vielmehr hat dieses Spektrometer den Nachteil, daß sich kein starkes Absaugfeld am Meßpunkt realisieren läßt.

Die Anordnung in Abb. 5.13b [5.6] erzeugt mit Hilfe einer Anode und einer Wehnelt-Blende an der Probenoberfläche eine Feldstärke von 1 kV/cm und saugt damit die SE in einen Zylinderkondensator. Dieser lenkt die SE aus dem PE-Strahlengang heraus. Erst dann gelangen sie in das Gegenfeld und - sofern sie dieses überwinden - in den Detektor. Beim Eintritt in den Kondensator haben die SE eine dem Anodenpotential entsprechende Energie von ca. 300 eV. Um sie durch den 127°-Sektor des Kondensators zu führen, ist an den Kondensatorelektroden eine Spannungsdifferenz von etwa 300 V erforderlich, die (zumindest bei niedrigen Beschleunigungsspannungen) den PE-Strahl ablenkt und deformiert. Die Bauhöhe dieser Anordnung verlangt einen Arbeitsabstand von mehr als 20 mm.

Diese Nachteile vermeidet das Spektrometer in Abb. 5.13c [5.7]. Wie in Abb. 5.6 (Abschnitt 5.3.1) bereits angedeutet, wird hier mit einer Gitterelektrode G1 eine hohe Absaugfeldstärke von 6 kV/cm erzeugt. Die dadurch beschleunigten SE werden zunächst im Gegenfeld zwischen den Gittern G1 und G2 wieder abgebremst, selektiert und erst dann von der Gitterelektrode G3 seitlich in Richtung auf den Detektor beschleunigt. Dazu ist eine Spannung an G3 von nur 100 V erforderlich, deren Einfluß auf den PE-Strahl hinreichend gering ist. Eine weitere Gitterelektrode G4 hat die Aufgabe, am Spektrometerdeckel durch Rückstreuelektronen ausgelöste SE, die das Meßergebnis verfälschen würden, abzufangen. Die geringen Abmessungen dieses Spektrometers erlauben einen Arbeitsabstand von 10 mm.

Nachteilig erscheint an dieser Anordnung zunächst, daß sich drei Gitter im Strahlengang der PE befinden. Die Gitter haben aber eine hohe Transmission (Stegbreite 10 µm, Maschenweite 250 µm, größere Fenster in der Mitte) und sind so montiert, daß der PE-Strahl bei einer Punktmessung ungehindert den Meßpunkt erreichen kann, der stets mit dem Probentisch in Bildmitte gefahren wird.

Alle drei Spektrometertypen werden in Verbindung mit einer Kompensationsschaltung zur Linearisierung der Signal-Potential-Kennlinie benutzt (Abschnitt 5.3.1). Eine Ausführungsform ist in Abb. 5.13c dargestellt: Das vom Spektrometer ausgehende SE-Signal wird von der Szintillator-Photomultiplier-Anordnung detektiert, im Verstärker aufintegriert und im Komparator mit dem eingestellten Sollwert verglichen. Die Abweichung vom Sollwert steuert nach Verstärkung die Spannung U_{G2} am Spektrometer so, daß das SE-Signal bei einer Änderung des Probenpotentials konstant bleibt. Die Bandbreite dieser Anordnung beträgt 300 kHz. Durch die Wahl des Sollwertes wird für vorgegebene Photomultiplierverstärkung der Arbeitspunkt auf der

Spektrometerkennlinie (Abb. 5.10) festgelegt. Eine Schaltung zur automatischen Arbeitspunktsteuerung wird in [5.7] beschrieben.

Mit einer Kontrastisolationsschaltung kann der Einfluß von Material- und Topographie-Kontrast auf den Potentialkontrast eliminiert werden. Dazu wird z.B. die Spannung an der Schaltung mit einer Frequenz von 10 kHz zwischen Null und Betriebsspannung moduliert und das Differenzsignal mit Hilfe eines Lock-in-Verstärkers detektiert [5.6]. Eine ähnliche, das Meßergebnis von fremden Einflüssen isolierende Wirkung hat die Methode der Phasenmodulation [5.7] in Verbindung mit dem Sampling-Verfahren (Abschnitt 5.3.2).

5.5.4 Probenkammern

Die Konzeption der Probenkammer richtet sich nach der Art der Proben und nach der Untersuchungsmethode. Zum Beispiel erfordern Potentialkontrastuntersuchungen auf großflächigen Siliziumscheiben eine "Großraumprobenkammer". Bei quantitativen Potentialmessungen an Einzelsystemen steht das Ansteuerproblem im Vordergrund: Eine störungsfreie Ansteuerung der Probe erfordert kurze Zuleitungen, was den Bau einer "Miniprobenkammer" nahelegt.

Potentialkontrastuntersuchungen auf Scheiben sind notwendig, wenn man schon in einem möglichst frühen Fertigungsstadium Fehler analysieren und Fehlerquellen eliminieren will. Ein Elektronenstrahl-Meßplatz für 3-Zoll-Scheiben mit Großraumprobenkammer wird in [5.10] beschrieben. Von einer solchen Anordnung wird verlangt, daß jede beliebige Schaltung auf der Scheibe ins Gesichtsfeld des REM gebracht und zur Zuführung der Ansteuersignale kontaktiert werden kann. Letzteres geschieht mit Hilfe eines auf einer Adapterkarte montierten Spitzensystems. Die Spitzen sind so vorjustiert, daß sie auf die Kontaktflecken des betreffenden Schaltungstyps passen. Mit Hilfe motorgesteuerter Antriebe können die Schaltungen zum Spitzensystem justiert, die Spitzen aufgesetzt und die kontaktierte Schaltung durchgemustert werden. Eine andere in der Literatur beschriebene Probenkammer ist für 5-Zoll-Scheiben ausgelegt und in UHV-Ausführung gebaut [5.17].

Empfindliche Potentialmessungen sind bisher nur an Einzelsystemen durchgeführt worden. Dabei ist es schwierig, die von der Ansteuereinheit erzeugten Signale störungsfrei bis an die Anschlüsse der Schaltung zu übertragen. Bei modernen Logikschaltungen sind dazu mehr als 300 Hochfrequenzzuführungen erforderlich. Um störende Reflexionen zu vermeiden, müssen die Kabelenden mit angepaßten Widerständen abgeschlossen werden. Meistens sind sogar, wegen der Leistungsverluste in den Kabeln und Abschlußwiderständen, Spannungsverstärker (Treiberstufen) notwendig, um die zum Betrieb der Schaltung erforderlichen Spannungspegel einzustellen [5.25].

Auf elegante Weise kann das Ansteuerproblem mit Hilfe einer Miniprobenkammer gelöst werden. Bei dieser Konzeption ist die zu untersuchende Schaltung so angeordnet, daß sich ihre Anschlüsse außerhalb der Kammer befinden. Dazu muß die Steckfassung für die Schaltung so ausgeführt sein, daß sie die Probenkammer vakuumdicht abschließt. Besonders vorteilhaft ist diese Lösung in Verbindung mit hängender REM-Säule: Die Anschlüsse der Schaltung sind dann besonders bequem zugänglich und die Treiberschaltung kann außerhalb des Vakuums angebracht und leicht variiert werden. Über einen Elektronenstrahlmeßplatz mit Miniprobenkammer wird in [5.16] berichtet.

5.6 Anwendungen

Alle in den Abschnitten 5.2 und 5.3 beschriebenen Verfahren sind bereits mit Erfolg zur Prüfung von Halbleiterschaltungen eingesetzt worden. Das Spektrum der untersuchten Bauelemente umfaßt Logikschaltungen [5.26], Mikrowellenbausteine [5.27], MOS-Speicherbausteine [5.28], CCD- und ECL-Speicher [5.25], Mikrocomputer und Mikroprozessoren [5.29]; die Literaturzitate sind beispielhaft für viele andere Arbeiten.

5.6.1 Auswahl der Methode

Von der Aufgabenstellung her sind folgende Fälle zu unterscheiden:

- Fehleranalyse: Durch elektrische Messungen ist ein Baustein bereits als defekt erkannt worden (Fehler-Grobklassifizierung) und der Fehler soll lokalisiert und spezifiziert werden (Feinklassifizierung).
- Funktionskontrolle: Bei einem neu entwickelten Baustein sollen Teilschaltungen überprüft und interne Potentiale mit vorausberechneten Werten verglichen werden.

Für jedes Meßproblem und jeden Schaltungstyp muß die am besten geeignete Methode ausgesucht werden [5.30]. Dazu sind in der Tabelle 5.1 alle Verfahren und die Informationen, die mit ihnen erhältlich sind, zusammengestellt. Die beiden anschließend mitgeteilten Anwendungsbeispiele sind aus den Arbeiten [5.29, 5.31,5.32] entnommen.

Tabelle 5.1. Informationen, die mit den verschiedenen Verfahren der Elektronenstrahl-Potentialmeßtechnik erhältlich sind. U elektrisches Potential; x,y,φ,t Koordinaten für Ort, Phase und Zeit (vgl. Fußnote Seite 230)

Verfahren	Abschnitt	Informationen		
Statische Pot.Kontr.Abb.	5.2.1	qualitativ	Bild	$U(x,y)$
Fernseh-Pot.Kontr.Abb.	5.2.2		Bildfolge	$U(x,y,t)$
Stroboskop. Pot.Kontr.Abb.	5.2.3		Bild	$U(x,y,\varphi_0)$
Voltage coding	5.2.2		Bild	$U(x,y,\varphi(x))$
Logikbild	5.2.4		Bild	$U(x,y_0,\varphi)$
Logikdiagramm	5.2.4		Diagramm	$U(x_i,y_i,\varphi)$ $i=1,2,\ldots,n$
Echtzeit-Logikdiagramm	5.2.4		Diagramm	$U(x_0,y_0,t)$
Statische Pot.-Messung	5.3.1	quant.	Meßwert	$U(x_0,y_0)$
Sampling-Verfahren	5.3.2		Diagramm	$U(x_0,y_0,\varphi)$

5.6.2 16-kbit-MOS-Speicherbaustein

In Abb. 5.14 ist ein dynamischer 16-kbit-MOS-Speicherbaustein vom Typ Siemens HYB 4116 schematisch dargestellt. Die 16384 Speicherzellen werden von den Adreßleitungen $A_0 \ldots A_6$ aus über Wort- und Bit-Decoder angewählt. Die adressierte Zelle (C_{ik}) liegt jeweils am Überkreuzungspunkt des ausgewählten Wort- und Bitleitungspaares (W_i, D_k). Während der Schreiboperation liegt die zu speichernde Information am Dateneingang und wird über die Eingangsstufe und die ausgewählte Bitleitung in die Zelle eingeschrieben. Beim Lesevorgang werden die gespeicherten Daten vom Leseverstärker verstärkt und dann über die Ausgangsstufe zum Datenausgang übertragen. Der Speicher arbeitet mit drei externen Takten, die mit $\overline{RAS}$, $\overline{CAS}$ und $\overline{WE}$ bezeichnet sind.

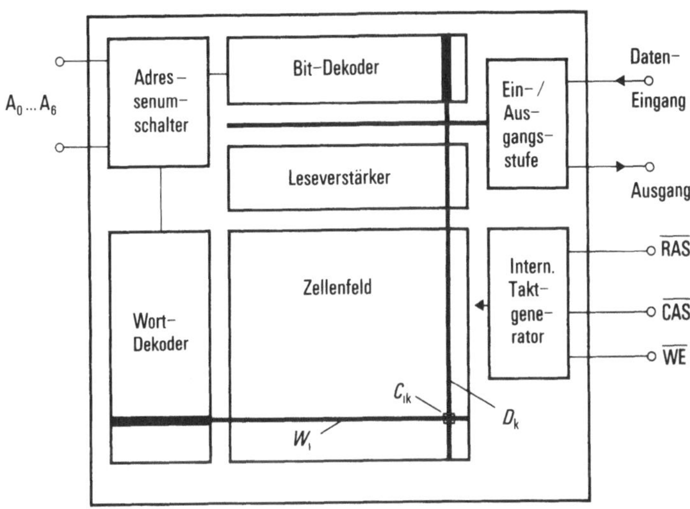

Abb. 5.14. Blockdiagramm des 16-kbit-MOS-Speicherbausteins. Über die Wortleitung W_i und die Bitleitung D_k wird die Zelle C_{ik} ausgewählt. $\overline{RAS}$, $\overline{CAS}$, $\overline{WE}$: externe Takte

Zur Überprüfung der Decoderschaltungen müssen die elektrischen Potentiale auf 128 Wort- und 128 Bitleitungen kontrolliert werden, was mit mechanischen Spitzen nahezu unmöglich ist. Dagegen geben Potentialkontrastbilder rasch einen Überblick über den Schaltzustand einer großen Anzahl von Wort- bzw. Bitleitungen.

Allerdings muß die Beobachtung in der aktiven Phase φ_0 des $\overline{RAS}$-Taktes erfolgen, wozu die stroboskopische Potentialkontrastabbildung $U(x,y,\varphi_0)$ eingesetzt werden muß.

Die Abb. 5.15a-c sind Aufnahmen von einem Ausschnitt aus dem Wortdecoder. Die Versuchsbedingungen waren: U_0 = 2,5 kV; $I_0 = 10^{-9}$ A; Impulsdauer b = 100 ns; Wiederholfrequenz f = 1,2 MHz; daraus ergibt sich das Tastverhältnis zu V = 8. Die Decodierung der Wortadresse wird in zwei Schritten ausgeführt: Im ersten Schritt erfolgt eine Auswahl "Eins aus 32". Entsprechend befinden sich in der oberen Reihe (1. Stufe) 32 Decoderausgänge, von denen auf allen drei Aufnahmen jeweils nur die drei ersten zu sehen sind (kurze horizontale Aluminiumflecken). Von diesen ist hier stets der Decoderausgang "0" ausgewählt, erkennbar an seinem hohen elektrischen Potential (Dunkelheit). Im zweiten Schritt wird eine Auswahl "Eins aus vier" vorgenommen. Dafür ist jedem der 32 Decoderausgänge der 1. Stufe ein Decoder der 2. Stufe mit den vier Ausgängen 0...3 nachgeschaltet (kurze vertikale Aluminiumflecken). Von diesen sind auf den drei Abbildungen die Ausgänge 0, 1 bzw. 2 ausgewählt, was eine Adressierung der Wortleitungen W_0, W_1 bzw. W_2 bedeutet (Pfeile). Von den insgesamt 128 Wortleitungen sind am unteren

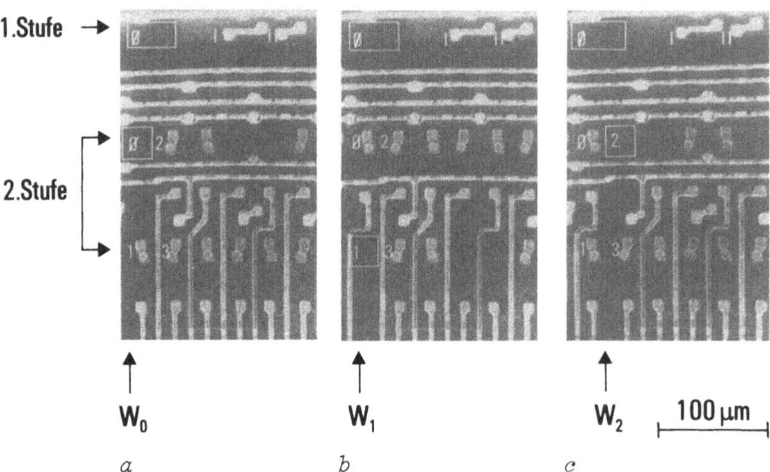

Abb. 5.15. Ausschnitt aus dem Wortdecoder, stroboskopische Potentialkontrastabbildung [5.31]. Über zwei Stufen des Dekoders sind die Wortleitungen a) W_0, b) W_1, c) W_2 ausgewählt.

Rand der Bilder 12 Wortleitungen zu sehen, die von dort aus in das Zellenfeld führen. Das Weiterschalten der Adressen kann man auch direkt auf dem Bildschirm beobachten, wobei Abweichungen im Kontrast auf Fehler in der Schaltung hindeuten. Durch dieses Vorgehen ist eine schnelle und vollständige Funktionsüberprüfung solcher Schaltungen möglich.

Abb. 5.16a zeigt das Schaltschema einer Speicherzelle. Die gespeicherte Information ist als Ladung im Speicherkondensator C_{ik} enthalten. Dieser ist über einen Transistor T und die Bitleitung D_k mit dem Differenz-Leseverstärker verbunden, dessen andere Seite über die Leitung $\overline{D_k}$ mit der Referenzzelle RZ in Kontakt steht.

Zur Messung des Lesesignals ist nur die Elektronensonde geeignet, da die Eigenkapazität einer mechanischen Meßspitze die Funktion des Leseverstärkers stören und das Ergebnis verfälschen würde. Gemessen werden muß der Potentialverlauf $U(\varphi)$ auf einem Punkt $P(x_0, y_0)$ der Bitleitung D_k, wofür das Sampling-Verfahren die geeignete Methode ist. Abb. 5.16b (mit einer Zeitskala an der Phasenachse; vgl. Fußnote S. 230) zeigt das Ergebnis einer solchen Messung. Da es nur auf Relativwerte ankommt, wurde die Information während der Messung zwischen "0" und "1" hin- und hergeschaltet. Die Meßkurve oszilliert daher zwischen den beiden Einhüllenden, die nachträglich eingezeichnet worden sind. Die Meßbedingungen waren: $U_0 = 2{,}5$ kV; $I_0 = 5 \cdot 10^{-8}$ A; $b = 4$ ns; $f = 2$ MHz; $V = 125$; Meßzeit $t_M = 30$ s.

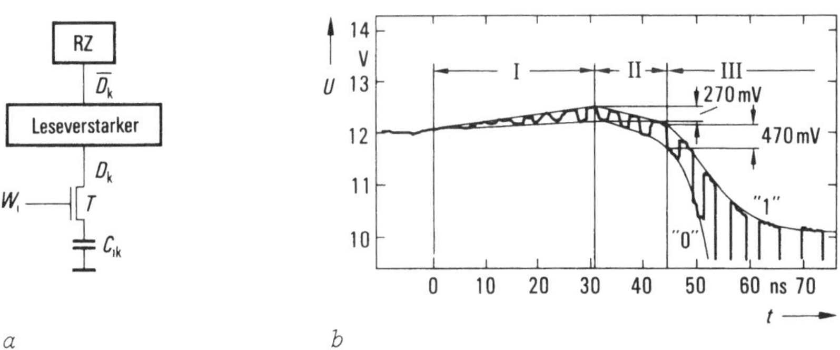

Abb. 5.16. Messung des Lesesignals [5.31]. a) Schaltschema einer Speicherzelle mit Leseverstärker; b) Signalverlauf, gemessen auf der Bitleitung D_k mit dem Sampling-Verfahren

Vor dem Lesevorgang liegen beide Seiten des Leseverstärkers auf gleichem Potential (ca. 12 V). Der Lesevorgang beginnt damit, daß über die ausgewählte Wortleitung W_i der Transistor T auf Durchgang geschaltet und die gespeicherte Ladung auf die Bitleitung D_k übertragen wird (Lesephase I). Im Fall einer gespeicherten "1" ändert sich das Potential auf D_k innerhalb von 31 ns um 270 mV. Dieser Wert wird vom Leseverstärker in der Lesephase II auf 470 mV verstärkt und in der Phase III auf den Sollwert 10 V gebracht.

Ob die gespeicherte Information mit Sicherheit als "1" oder "0" bewertet wird, hängt von der Größe des Lesesignals am Ende der Lesephase I ab. Der Meßwert 270 mV stimmt nicht mit dem vorher berechneten Wert von 450 mV überein. Das ist auf dynamische Effekte beim Ladungstransfer vom Speicherkondensator auf die Bitleitung zurückzuführen, die bei der Rechnung nicht berücksichtigt worden waren. Wie die Messung zeigt, reichen die 270 mV aus, um die Information sicher zu bewerten. Für höher integrierte Speicher, die mit noch geringeren Spannungspegeln arbeiten, mußten solche Effekte schon beim Schaltungsentwurf berücksichtigt werden, um die Zuverlässigkeit dieser Schaltungen zu garantieren.

5.6.3 8-bit-Mikroprozessor 8085

Abb. 5.17 ist eine statische Potentialkontrastabbildung eines Mikroprozessors vom Typ Siemens SAB 8085 A. Einige Funktionseinheiten, die in den folgenden Ausführungen eine Rolle spielen, sind gekennzeichnet und in der Bildunterschrift benannt. Der Informationsfluß zwischen den Funktionseinheiten des Prozessors und dem externen Speicher läuft über einen internen Datenbus (IDB). Die Informationen werden 8bit-weise übertragen und verarbeitet; entsprechend umfaßt der Datenbus 8 Leitbahnen und führen 8 Anschlüsse $AD_0 \dots AD_7$ zum externen Speicher. Über 8 Leitungen können in binärer Form 256 Informationen (Befehle oder Daten) übertragen werden. Es ist zweckmäßig, diese im hexadezimalen Code darzustellen: Mit den 16 Ziffern 0,1,...,9, A,...,F des Hexadezimalsystems ergibt das die 256 Zahlen 00, 01,...,FF (d.i. 0000 0000, 0000 0001, ..., 1111 1111).

Abb. 5.17. 8-bit-Mikroprozessor 8085, statische Potentialkontrastabbildung [5.32]. $AD_0 \ldots AD_7$ Anschlüsse zum externen Speicher; DAB Daten-Adressen-Puffer; IDB interner Datenbus; IR Befehlsregister; ID Befehlsdecoder; AC Register A; PC Befehlszähler

Viele Funktionen des Mikroprozessors lassen sich überprüfen, indem man den Informationsfluß über den Datenbus kontrolliert. Man kann dies bei der vollen Arbeitsgeschwindigkeit mit Hilfe der stroboskopischen Potentialkontrastabbildung. Um jedoch eine ganze Folge von Informationen auf einmal zu erfassen, sind die Darstellungen im Logikbild $U(x,y_0,\varphi)$ oder im Logikdiagramm $U(x_i,y_i,\varphi)$ die am besten angepaßten Methoden.

In Abb. 5.18a ist auf den acht Leitungen (Bit-Nr. 0...7) des Datenbusses ein kurzes Programm dargestellt. Auf einer Leitbahn links im Bild erkennt man den "Grundtakt" Φ_1, der den zeitlichen Ablauf des Programms steuert. Bei einer Taktfrequenz von 5 MHz beträgt die Dauer eines Taktes 200 ns und für die 18 Takte des gesamten Programms sind 3,6 µs erforderlich. Die Aufnahmedaten sind: U_0 = 2,5 kV; $I_0 = 10^{-8}$ A; Impulsdauer b = 20 ns; Wiederholfrequenz f = 278 kHz (entsprechend der Zyklusfrequenz der Programmschleife); Tastverhältnis V = 180, Aufnahmezeit t_B = 50 s.

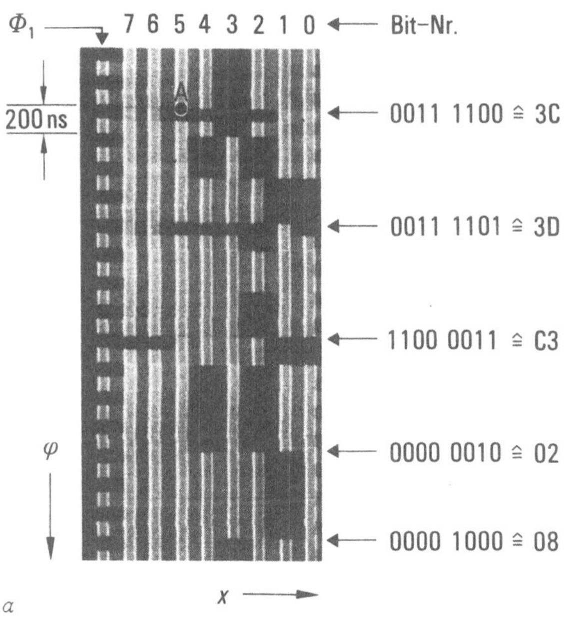

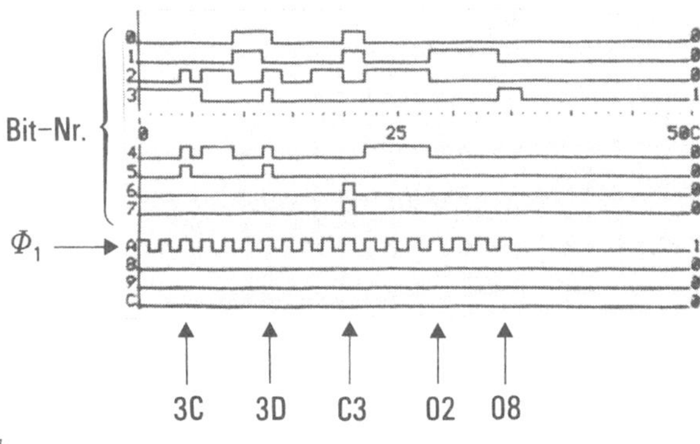

Abb. 5.18. Darstellung eines Programms (s. Tabelle 5.2) auf dem Datenbus (IDB). a) Logikbild; b) Logikdiagramm. Φ_1 interner Takt

Das Programm beschreibt folgende Operation: Vom Befehlszähler (PC) werden nacheinander die Adressen 0802...0806 im externen Speicher aufgerufen. Von dort bekommt der Prozessor die in Tabelle 5.2 aufgeführten Befehle bzw. Daten.

Tabelle 5.2. In Abb. 5.18 dargestelltes Programm

Adresse	Befehl	Befehlscode	Daten	Erläuterung
0802	INR A	3 C		Inkrementiere Reg. A
0803	DCR A	3 D		Dekrementiere Reg. A
0804	JMP	C 3		Springe zurück zu
0805			02	} Adresse 0802
0806			08	

Dies besagt nichts anderes, als daß (zum Zwecke der Funktionsprüfung) der Inhalt von Register A abwechselnd um 1 erhöht und wieder erniedrigt werden soll. Man findet diese Befehle und Daten an den mit Pfeilen bezeichneten Stellen im Logikbild wieder. Dazwischen erscheinen eine Menge anderer Informationen (interne Befehle, Zwischenergebnisse) die zur Ausführung eines externen Befehls notwendig sind und die hier nicht näher erläutert werden sollen. Man kann aus dem Logikbild ablesen, in welcher Phase (bzw. bei welchem Takt) der Programmschleife die Befehle und Daten auf dem Datenbus ankommen und ob sie richtig codiert sind. Die gleichen Informationen liefert das Logikdiagramm in Abb. 5.18b, das aber in nur 2 s aufgenommen werden konnte. Die Darstellung im Logikdiagramm ist daher vorzuziehen, sofern das Elektronenstrahl-Meßgerät mit entsprechender Zusatzelektronik (Ablaufsteuerung, Bewerter, Schieberegister, Logikanalysator) ausgestattet ist.

Logikbild und -diagramm liefern qualitative Informationen über die logischen Zustände und deren zeitliche Reihenfolge. Um weitergehende Kenntnisse z.B. über die Höhe der Signale und ihre Laufzeiten zu erhalten, müssen an den kritischen Schaltungsknotenpunkten Potentialverlaufsmessungen $U(x_0,y_0,\varphi)$ nach dem Sampling-Verfahren durchgeführt werden. Die Abb. 5.19 (mit einer Zeitskala an der Phasenachse; vgl. Fußnote S. 230) zeigt

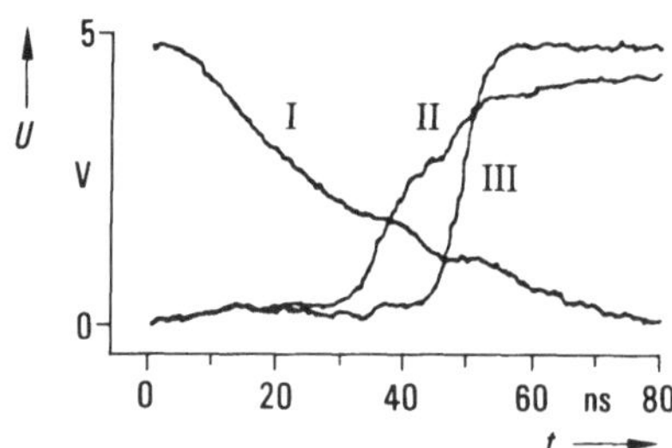

Abb. 5.19. Datentransfer vom Daten-Adressen-Puffer (DAB) zum Befehlsregister (IR), gemessen mit Sampling-Verfahren [5.32]. Kurve I: Steuersignal "Lies Zwischenspeicher"; II: Information gelangt auf den Datenbus (IDB); III: Abspeicherung einer "1" (5 V) im Befehlsregister nach 50 ns

als Beispiel eine Operation aus dem beschriebenen Programm. Da die einzelnen Schaltvorgänge im Laufe des Programms nur einmal ablaufen, muß die Wiederholfrequenz der PE-Impulse der Zyklusfrequenz der Programmschleife entsprechen, d.h. f = 278 kHz betragen. Die Impulsdauer wurde mit Rücksicht auf die angestrebte Zeitauflösung zu b = 4 ns gewählt, so daß sich für das Tastverhältnis V = 900 ergibt. Die übrigen Versuchsbedingungen sind: $U_0 = 2{,}5$ kV, $I_0 = 5 \cdot 10^{-7}$ A; Meßzeit pro Kurve $t_M = 30$ s.

Die Abb. 5.19 stellt den Transfer einer Information ("1") vom Daten-Adressen-Puffer (DAB) zum Befehlsregister (IR) dar. Kurve I wurde auf einer Steuerleitung gemessen und gibt das Steuersignal "Lies Zwischenspeicher" wieder. Etwa 30 ns nach Einleitung dieser Operation unterschreitet dieses Signal einen Schwellwert, bei dem ein Transistor öffnet und die Information aus dem Zwischenspeicher auf den Datenbus fließt. Dies zeigt die auf dem Datenbus (Leitbahn zu Bit-Nr. 5) gemessene Kurve II: Ab t ≈ 30 ns schaltet diese Leitbahn von "0" auf "1" um (das entspricht Stelle A in Abb. 5.18a). Weitere 20 ns später erreicht die Information das Befehlsregister und wird dort abgespeichert (Kurve III).

Alle Operationen müssen innerhalb eines halben Taktes Φ_1 ausgeführt sein, d.h. bei einer Taktfrequenz von 5 MHz innerhalb von 100 ns. Diese Bedingung ist bei dem Beispiel von Abb. 5.19 erfüllt. Andere Operationen können längere Zeit in Anspruch nehmen und die Geschwindigkeit des Mikroprozessor begrenzen. Mit Hilfe des Sampling-Verfahrens lassen sich solche Schwachstellen aufspüren und dadurch Hinweise zur Verbesserung des Schaltungsentwurfs gewinnen.

5.7 Literatur zu Kapitel 5

5.1 Menzel, E.; Kubalek, E.: Fundamentals of electron beam testing of integrated circuits. Scanning 5 (1983) 103.

5.2 Feuerbaum, H.P.: Electron beam testing: Methods and applications. Scanning 5 (1983) 14.

5.3 Reimer, L.; Pfefferkorn, G.: Rasterelektronenmikroskopie, 2. Aufl. Berlin: Springer 1977.

5.4 Wells, O.C.: Scanning electron microscopy. New York: McGraw-Hill 1974.

5.5 Ostrow, M.; Menzel, E.; Kubalek, E.: Real time logic state analysis of IC-internal signals with an electron beam probe-logic analyser combination. Microcircuit Engineering 81; Proc. Int. Conf. Microlithography, Switzerland 1981, p. 514.

5.6 Balk, L.J.; Feuerbaum, H.P.; Kubalek, E.; Menzel, E.: Quantitative voltage contrast at high frequencies in the SEM. Scanning electron microscopy 1976, Part IV; IIT Res. Inst., Chicago 1976, p. 615.

5.7 Feuerbaum, H.P.: VLSI-testing using the electron probe. Scanning electron microscopy 1979, I; SEM Inc., AMF O'Hare, Ill., USA, p. 285.

5.8 Wolfgang, E.: Electron beam testing; problems in practice. Scanning 5 (1983) 71.

5.9 Tollkamp, C.: Unveröffentlichte Ergebnisse.

5.10 Fazekas, P.; Lindner, H.; Lindner, R.; Otto, J.; Wolfgang, E.: On-wafer defect classification of LSI-circuits using a modified SEM. Scanning electron microscopy 1978, Vol. I; SEM Inc., AMF O'Hare, Ill., USA, p. 801.

5.11 Young, J.R.: Penetration of electrons and ions in aluminum. J. Appl. Phys. 27 (1956) 1.

5.12 Holliday, J.E.; Sternglass, E.J.: New method for range measurements of low-energy electrons in solids. J. Appl. Phys. 30 (1959) 1428.

5.13 Schonland, B.F.J.: The passage of cathode rays through matter. Proc. Roy. Soc. (London) A 104 (1923) 235.

5.14 Cosslett, V.E.; Thomas, R.N.: Multiple scattering of 5-30 keV electrons in evaporated metal films. Brit. J. Appl. Phys. 15 (1964) 1283.

5.15 Everhart, T.E.; Hoff, P.H.: Determination of kilovolt electron energy dissipation vs. penetration distance in solid materials. J. Appl. Phys. 42 (1971) 5837.

5.16 Köllensberger, P.; Krupp, A.; Sturm, M.; Weyl, R.; Widulla, F.; Wolfgang, E.: Automated electron beam testing of VLSI circuits. Proc. Int. Test Conf. 1984, IEEE Computer Society Press 1984, p. 550.

5.17 Menzel, E.; Kubalek, E.: Electron beam test system for VLSI circuit inspection. Scanning electron microscopy, 1979, I; SEM Inc., AMF O'Hare, Ill., USA, p. 297.

5.18 Menzel, E.; Kubalek, E.: Electron beam chopping systems in the SEM. Scanning electron microscopy, 1979, I; SEM Inc., AMF O'Hare, Ill., USA, p. 305.

5.19 Fujioka, H.; Ura, K.: Electron beam blanking systems. Scanning 5 (1983) 3.

5.20 Hollmann, H.E.: Die Braunsche Röhre bei sehr hohen Frequenzen. Hochfrequenztech. Elektroakust. 40 (1932) 97.

5.21 Gopinath, A.; Hill, M.S.: SEM stroboscopy at 9 GHz. Scanning electron microscopy, 1973, Part I; IIT Res. Inst. Chicago 1973, p. 197.

5.22 Ura, K.; Fujioka, H.; Hosokawa, T.: Stroboscopic scanning electron microscope to observe two-dimensional and dynamic potential distribution of semiconductor devices. New York: IEEE Tech. Digest of IEDM 1977, p. 502.

5.23 Menzel, E.; Kubalek, E.: Secondary electron detection systems for quantitative voltage measurements. Scanning 5 (1983) 151.

5.24 Tee, W.J.; Gopinath, A.: A voltage measurement scheme for the SEM using a hemispherical retarding analyser. Scanning electron microscopy, 1976, Part IV; IIT Res. Inst. Chicago 1976, p. 595.

5.25 Fazekas, P.: Elektronenstrahl prüft elektrische Potentiale in integrierten Schaltungen. Technisches Messen 48 (1981) 29.

5.26 Piwczyk, B.; Siu, W.: Specialized scanning electron microscopy voltage contrast techniques for LSI-failure analysis. Int. Reliabil. Phys. Symp., Las Vegas 1974, p. 49.

5.27 MacDonald, N.C.; Robinson, G.Y.; White, R.M.: Time-resolved scanning electron microscopy and its application to bulk-effect oscillators. J. Appl. Phys. 40 (1969) 4516.

5.28 Feuerbaum, H.-P.; Kantz, D.; Wolfgang, E.; Kubalek, E.: Quantitative measurement with high time resolution of internal waveforms on MOS RAMs using a modified scanning electron microscope. IEEE J. Solid-State Circuits, SC-13 (1978) 319.

5.29 Crichton, G.; Fazekas, P.; Wolfgang, E.: Electron beam testing of microprocessors. IEEE Test Conf., Long Beach, Calif., IEEE Computer Society Press 1980, p. 444.

5.30 Wolfgang, E.: Electron beam techniques for microcircuit inspection. Microcircuit engineering (eds. H. Ahmed and W.C. Nixon), Cambridge University Press 1980, p. 409.

5.31 Wolfgang, E.; Lindner, R.; Fazekas, P.; Feuerbaum, H.-P.: Electron-beam testing of VLSI-circuits. IEEE J. Solid State Circuits, SC-14 (1979) 471.

5.32 Wolfgang, E.; Fazekas, P.; Otto, J.; Crichton, G.: Internal testing of microprocessor chips using electron beam techniques. Proc. IEEE Int. Conf. on Circuits and Computers 1980, p. 548.

6 Prüfen von Halbleiterbauelementen mittels elektronenstrahlinduziertem Strom (EBIC)

6.1 Einführung

In einem Halbleiter oder Isolator werden durch Elektronenbeschuß Atome ionisiert und dadurch Elektron-Loch-Paare erzeugt. Diese Erscheinung wurde im Abschnitt 5.4.1 als Störeffekt für die Potentialmeßtechnik diskutiert. Man kann sie aber auch für analytische Zwecke ausnutzen, indem man bei Halbleitern mit Leitfähigkeitsinhomogenitäten den Ladungstrennungsstrom registriert. Diese Methode ist als EBIC-Verfahren (electron beam induced current) bekannt geworden. Sie wurde erstmals 1964 in den Westinghouse Research Laboratories von T.E. Everhart, O.C. Wells und R.K. Matta zur Untersuchung von Halbleiterbauelementen angewendet. In diesem Kapitel wird über EBIC insoweit berichtet, als es zum Prüfen von Halbleiterbauelementen von Interesse ist. Ausführlichere Darstellungen findet man in [6.1] und in der dort zitierten Literatur.

6.2 Grundlagen

6.2.1 Erzeugung von Ladungsträgern

Im Rasterelektronenmikroskop (REM) trifft ein Strahl schneller Elektronen ("Primärelektronen", PE) mit einer Energie E_0 = 1...30 keV auf die Probe. Beim Eindringen in den Festkörper werden die PE diffus in alle Richtungen gestreut. Es entsteht eine Diffusionswolke, die bei Werkstoffen wie Aluminium,

Silizium, SiO_2 als eine die Oberfläche tangierende Kugel mit der Eindringtiefe z_R als Durchmesser angenommen werden kann (Abb. 5.9 und 6.1) [6.2]. Innerhalb des Streuvolumens verlieren die PE ihre Energie durch Wechselwirkungsprozesse mit dem Festkörper. Bei Halbleitern und Isolatoren sind dafür zwei Effekte maßgebend: Ionisation von Atomen und Anregung von Gitterschwingungen (Phononen).

Die Ionisation kann man als Übergang eines Elektrons aus dem Valenzband in einen freien Zustand des Leitungsbandes, d.h. als Entstehung eines Elektron-Loch-Paares, interpretieren. Um ein solches Paar zu erzeugen, muß die mittlere Bildungsenergie

$$E_i = E_g + (9/5) E_g + \nu\hbar\omega_P \qquad (6.1)$$

aufgebracht werden [6.3]. Hier bedeutet E_g den Bandabstand, und der 2. Term beschreibt die kinetische Energie, die dem Elektron-Loch-Paar im Mittel übertragen wird. Der 3. Term berücksichtigt den Energiebetrag, der durch Anregung von Phononen verlorengeht (ν mittlere Anzahl von Phononen pro erzeugtes Elektron-Loch-Paar, $\hbar\omega_P$ Phononenenergie). Durch Anpassung von (6.1) an Meßwerte wurde festgestellt, daß $\nu\hbar\omega_P$ vom Bandabstand weitgehend unabhängig ist und zwischen 0,5 und 1,0 eV liegt [6.3]. Mit einem mittleren Wert von 0,7 eV berechnete Bildungsenergien sind zusammen mit den Bandabständen für einige wichtige Halbleiter in der Tabelle 6.1 zusammengestellt.

Tabelle 6.1. Bandabstand E_g, mittlere Bildungsenergie E_i und Erzeugungsrate G für Elektron-Loch-Paare bei Beschuß mit 10-keV- und 30-keV-Elektronen

	Ge	Si	GaAs	GaP
E_g/eV	0,7	1,1	1,4	2,4
E_i/eV	2,7	3,8	4,6	7,4
G (10 keV)	3100	2400	1800	1200
G (30 keV)	9300	7250	5500	3600

Unter der Voraussetzung, daß alle PE im Festkörper verbleiben und Ladungsträger oder Phononen produzieren, wäre die Anzahl der pro PE erzeugten Elektron-Loch-Paare durch E_0/E_i gegeben. In Wirklichkeit geht ein Teil ΔE_0 der PE-Energie durch die Elektronen-Rückstreuung verloren. Mit dem Rückstreukoeffizienten η und der mittleren Austrittsenergie $\bar{E}_R$ der Rückstreuelektronen ist $\Delta E_0 = \eta \bar{E}_R$, und man erhält für die Erzeugungsrate

$$G = (E_0 - \eta \bar{E}_R)/E_i \ . \tag{6.2}$$

Für PE-Energien im Bereich 0,2 keV $\leqq E_0 \leqq$ 3 keV läßt sich $\bar{E}_R$ abschätzen (Z Ordnungszahl) [6.4] zu

$$\bar{E}_R = (0{,}45 + 2 \cdot 10^{-3}\,Z)\,E_0 \ . \tag{6.3}$$

Mit (6.2) und (6.3) wurden die in Tabelle 6.1 eingetragenen Erzeugungsraten berechnet. Ein PE kann demnach mehrere tausend Elektron-Loch-Paare produzieren.

Nach der Anregung diffundieren das im Valenzband zurückbleibende Loch und das Elektron in beliebigen Richtungen durch den Halbleiter, ehe das Elektron direkt oder über lokalisierte Störzellen innerhalb der verbotenen Zone (Traps) in ein Loch im Valenzband zurückfällt. Die Zeitkonstante dieses Rekombinationsmechanismus ist als Lebensdauer der jeweiligen Minoritätsladungsträger definiert.

Das "Generationsvolumen", in dem die Elektron-Loch-Paare entstehen, entspricht dem Streuvolumen der PE. Nach den Ausführungen am Anfang dieses Abschnitts kann dieses als Kugel mit der Eindringtiefe z_R als Durchmesser betrachtet werden. Infolge der Diffusion halten sich Ladungsträger auch außerhalb dieses Gebietes auf. Die Ladungsträgerdichte ist aber dort gering im Vergleich zu derjenigen im Innern des Generationsvolumens. Aus diesem Grunde ist die Ortsauflösung bei EBIC nicht durch die Diffusionslänge der Ladungsträger, sondern durch die Eindringtiefe der PE gegeben [6.5].

6.2.2 Ladungstrennung

Die bisherigen Betrachtungen galten für den Fall, daß sich die Ladungsträger im feldfreien Raum bewegen können. Bei Anwesenheit eines elektrischen Feldes werden Elektronen und Löcher in entgegengesetzte Richtungen beschleunigt und dadurch die Rekombination behindert. Ein elektrisches Feld kann man durch eine außen an den Halbleiter angelegte Spannung erzeugen. Von besonderem Interesse sind hier aber die "internen Felder", wie sie in den Raumladungszonen an elektrischen Sperrschichten (pn-Übergängen, Schottky-Schichten) oder aber als Folge inhomogener Dotierstoffverteilung existieren.

Die Ladungstrennung z.B. an einem pn-Übergang bewirkt, daß im p-Gebiet erzeugte Elektronen infolge der Diffusionsspannung auf die n-Seite gezogen, die Löcher dagegen zurückgetrieben werden. Genau das Entgegengesetzte geschieht mit den im n-Gebiet produzierten Ladungsträgern. Maßgebend ist also die Bewegung der jeweiligen Minoritätsträger, die auf der anderen Seite des pn-Übergangs zu Majoritätsträgern werden. Dadurch entsteht eine Ungleichgewichts-Spannungsdifferenz am pn-Übergang, welche bei geschlossenem Stromkreis einen "Ladungstrennungsstrom" antreibt.

6.2.3 Ladungstrennungsstrom

In Abb. 6.1 sind die möglichen Anordnungen zur Untersuchung des Ladungstrennungseffekts an elektrischen Sperrschichten dargestellt. Die Anzahl der pro Zeitintervall erzeugten Elektron-Loch-Paare ist proportional zum PE-Strom I_0 und hängt wegen (6.2) und (6.3) von der PE-Energie ab. Bei 100%iger Ladungstrennung nimmt der Ladungstrennungsstrom I_i den Wert

$$I_{im} = I_0 G(E_0) \qquad (6.4)$$

an. Wieviel Strom tatsächlich fließt, ist von Eigenschaften der Probe und von den Versuchsbedingungen abhängig. Für die folgenden Überlegungen werden einige vereinfachende Annahmen gemacht:

a) Das elektrische Feld ist auf die Breite w der Raumladungszone beschränkt. Außerhalb dieser Zone ist die Feldstärke gleich Null.

b) Die Driftgeschwindigkeit der Ladungsträger ist innerhalb der Raumladungszone so groß, daß keine Rekombinationen auftreten können. Die Ladungstrennung beträgt also dort 100 %.

c) Die pro Zeit- und Volumenintervall induzierten Minoritätsträger sind innerhalb des kugelförmigen Generationsvolumens homogen verteilt.

d) Der Einfluß durch Oberflächenrekombination wird vernachlässigt.

In Abb. 6.1a befindet sich das Generationsvolumen bei $x = x_1$ außerhalb der Raumladungszone. In diesem Fall können nur solche Minoritätsträger in den Einflußbereich des elektrischen Feldes gelangen, die weit genug in Richtung pn-Übergang diffundieren. Die Lösung des Diffusionsproblems führt zu der Beziehung

$$I_i = I_{im} \exp(-\xi/L) \tag{6.5}$$

mit $\xi = |x - x_n|$ bzw. $\xi = x - x_p$ und L Diffusionslänge der jeweiligen Minoritätsträger. Wenn der PE-Strahl von $x = x_1$ in Richtung $x = 0$ über die Probenoberfläche wandert, werden sich schließlich Generationsvolumen und Raumladungszone überlapppen. Dann ist die Ladungstrennung kein reines Diffusionsproblem mehr und der Ladungstrennungsstrom kann nicht mehr durch (6.5) beschrieben werden. Er ist dann von der Breite der Raumladungszone, vom Durchmesser des Generationsvolumens und vom Grad der Überlappung abhängig.

Nur wenn die Raumladungszone so breit ist, daß das gesamte Generationsvolumen in ihr Platz hat, werden sämtliche Elektronen und Löcher vom elektrischen Feld erfaßt und die Ladungstrennung beträgt 100 %. In diesem Fall (wie auch bei der Anordnung in Abb. 6.1c) wird $I_i = I_{im}$. Ist die Raumladungszone jedoch weniger breit und überlappen sich Generationsvolumen und Raumladungszone nur teilweise (wie auch bei der Anordnung in Abb. 6.1b), dann bleibt $I_i < I_{im}$. Für diesen Fall kann I_i berechnet werden, indem man die Anteile des Ladungstrennungsstroms ermittelt,

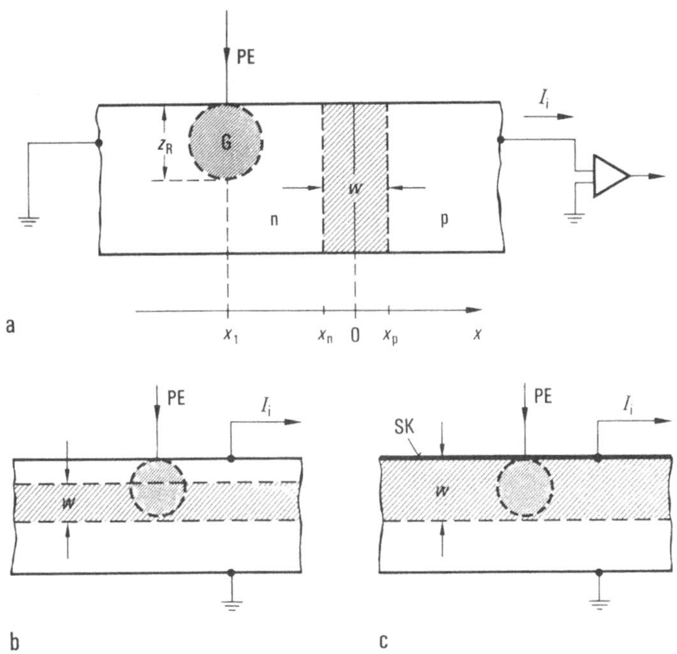

Abb. 6.1. Anordnungen für EBIC-Untersuchungen. a) pn-Übergang senkrecht; b) parallel zur Probenoberfläche; c) Schottky-Sperrschicht an der Oberfläche. z_R Eindringtiefe der Primärelektronen (PE), zugleich Durchmesser des Genrationsvolumens (G); w Breite der Raumladungszone; I_i Ladungstrennungsstrom; SK Schottky-Kontakt

die von Teilbereichen des Generationsvolumens innerhalb und außerhalb der Raumladungszone herrühren. Allgemein kann man im Überlappungsfall schreiben:

$$I_i = \eta_i I_{im} \tag{6.6}$$

mit $\eta_i \leqq 1$. Der Koeffizient η_i wird Ladungstrennungseffektivität genannt, und das Gleichheitszeichen gilt für den o.g. Fall 100%iger Ladungstrennung.

In Gebieten sehr hoher elektrischer Feldstärke, z.B. an Schwachstellen eines pn-Übergangs, können bei angelegter Sperrspannung die induzierten Ladungsträger zu so hohen Energien beschleunigt werden, daß sie durch Stoßionisation weitere Ladungsträgerpaare erzeugen (Ladungsträgermultiplikation). In diesem Fall wird

$I_i > I_{im}$ gemessen, und die Ladungstrennungseffektivität ist scheinbar $\eta_i > 1$ (z.B. bei A in Abb. 6.6c).

6.3 Versuchsbedingungen

6.3.1 Präparation

Proben, die entsprechend Abb. 6.1b untersucht werden sollen, bedürfen in der Regel keiner besonderen Behandlung. Man muß nur dafür sorgen, daß die interessierenden Leitfähigkeitsgebiete kontaktiert sind. In manchen Fällen kann es notwendig sein, Metallisierungs- und Isolatorschichten von der Oberfläche zu entfernen, wenn sie nämlich durch Absorption oder Streuung der PE das EBIC-Signal in unzulässiger Weise beeinträchtigen würden. Eine ganzflächige Metallbeschichtung, wie sie zur Verbesserung der Sekundärelektronenausbeute und des Auflösungsvermögens im REM üblich ist, würde zu Kurzschlüssen führen und muß unterbleiben.

Störungen der Halbleiteroberfläche z.B. durch Gittedefekte kann man mittels EBIC untersuchen, wenn man auf die entsprechende Fläche einen Schottky-Kontakt aufbringt (Abb. 6.1c) [6.6]. Das kann durch Aufdampfen einer sehr dünnen Metallschicht, z.B. 50 nm Gold, geschehen, die anschließend kontaktiert werden muß.

Wenn man den Verlauf eines pn-Übergangs in der Tiefe bestimmen will, muß man durch das betreffende Bauelement einen Querschnitt legen. Dazu sind Quer- und Schrägschliffe sowie Querbrüche üblich. Durch den Schliff oder Bruch wird aber eine neue, zusätzliche Oberfläche geschaffen, welche die elektrischen Eigenschaften des Bauelements erheblich verändern kann. Gute Ergebnisse erhält man bei Silizium-Bauelementen an frischen Querbrüchen nach mehrstündiger Temperung bei 200°C und intensiver Elektronenbestrahlung mit einer Dosis von ca. 10^{-2} As/cm^2 [6.7].

6.3.2 Meßbedingungen

In Abb. 6.1a ist angedeutet, wie die Probe beschaltet werden muß, um die am pn-Übergang induzierte Spannung U_i bzw. den induzierten Ladungstrennungsstrom I_i zu messen. Die Versuche können an jedem handelsüblichen REM durchgeführt werden, sofern die Probenkammer mit vakuumdichten Stromzuführungen ausgestattet ist und ein geeigneter Signalverstärker zur Verfügung steht. Das Verhältnis vom Widerstand der Meßanordnung (Außenwiderstand R_a) zum Widerstand der Probe (Innenwiderstand $R_i = dU_i/dI_i$) ist maßgebend für das Meßergebnis.

Im Fall $R_a \ll R_i$ (Kurzschlußfall) ist $U_i \approx 0$, und der externe Strom hat den größtmöglichen, durch (6.5) bzw. (6.6) gegebenen Wert. Diese Arbeitsweise wird EBIC-Verfahren genannt. Wenn dagegen $R_a \gg R_i$ ist (Leerlauffall), dann können die am pn-Übergang getrennten Ladungsträger nicht abfließen. Sie erzeugen eine Gegenspannung U_i zur Diffusionsspannung, die - wie eine Vorspannung in Flußrichtung wirkend - die Potentialschwelle am pn-Übergang reduziert. Es fließt infolgedessen ein Diffusionsstrom von Majoritätsträgern, der dem Ladungstrennungsstrom der Minoritätsträger entgegenwirkt. U_i stellt sich so ein, daß sich diese beiden Ströme gerade kompensieren und der resultierende Stromfluß gleich Null wird. Einige Autoren sprechen bei dieser Arbeitsweise von EBIV (electron beam induced voltage). Bei den Betrachtungen in diesem Kapitel wird stets $R_a \ll R_i$, die am häufigsten verwendete Methode, vorausgesetzt. Deshalb wird ausschließlich von EBIC gesprochen.

Die hohen Erzeugungsraten (Tabelle 6.1) haben zur Folge, daß der Ladungstrennungsstrom um drei Größenordnungen höher sein kann als der PE-Strom. Die im REM üblichen PE-Stromstärken zwischen $I_0 = 10^{-11}$ A und 10^{-9} A sind in der Regel ausreichend, um deutliche EBIC-Signale und kontrastreiche EBIC-Bilder zu erzeugen. Es ist weniger ein Problem, hinreichend hohe Signale zu erhalten, als vielmehr darauf zu achten, daß die Dichte der injizierten Minoritätsträger im Vergleich zur Majoritätsträgerdichte klein bleibt ($\Delta n < p_0$ bzw. $\Delta p < n_0$). Andernfalls werden die Leitfähigkeitseigenschaften der Probe so grundlegend gestört, daß keine Ladungstrennung mehr stattfinden kann. Bei

Stromstärken $I_0 > 10^{-9}$ A entsteht am Auftreffort des fokussierten PE-Strahls ein "Elektron-Loch-Plasma" sehr hoher Ladungsträgerdichte. Das Innere dieser Wolke kann durch Polarisation an der Peripherie vom "äußeren" Feld abgeschirmt und dadurch $\eta_i \ll 1$ werden [6.1].

Die maximale Dichte der injizierten Minoritätsträger im Zentrum des Generationsvolumens läßt sich abschätzen [6.8]: Für den hier angenommenen Fall eines kugelförmigen, die Oberfläche tangierenden Generationsvolumens erhält man unter Vernachlässigung der Oberflächenrekombination z.B. $\Delta p_{max} = GI_0/(\pi e D z_R)$. Hier ist GI_0/e die Anzahl der pro Zeitintervall erzeugten Minoritätsträger. Bei Beschuß mit 10-keV-Elektronen sind G = 2400 (Tabelle 6.1) und z_R = 1 µm (Abb. 5.9). Die effektive Diffusionskonstante D nimmt je nach der Stärke der Injektion Werte zwischen 12,5 und 18,5 cm^2/s an. Mit einem mittleren Wert von D = 15 cm^2/s und $I_0 = 10^{-9}$ A erhält man $\Delta p_{max} = 3 \cdot 10^{15}$ cm^{-3}. Daraus folgt, daß man vor allem bei niedriger Dotierung ($< 10^{16}$ cm^{-3}) mit möglichst geringem PE-Strom arbeiten muß.

Die Wahl der Beschleunigungsspannung muß sich nach der Lage der elektrischen Sperrschicht in der Probe richten. Bei den Anordnungen nach Abb. 6.1a und c kann mit niedrigen PE-Energien von z.B. 5 keV gearbeitet werden. Um ein Bauelement gemäß Abb. 6.1b zu prüfen, ist selbst bei sehr flachen pn-Übergängen eine Beschleunigungsspannung von etwa 10 kV notwendig, damit die PE die üblichen, auf Abb. 6.1b nicht dargestellten Oxid- und Passivierungsschichten auf der Oberfläche durchdringen können. Aus den Ausführungen im Abschnitt 5.4.1 folgt, daß die elektrischen Eigenschaften z.B. einer MOS-Schaltung durch 10-keV-Elektronen bereits erheblich verändert werden können. Insofern ist das EBIC-Verfahren keine zerstörungsfreie Prüfmethode für integrierte Schaltungen. In den folgenden Abschnitten wird gezeigt, daß man trotzdem wertvolle Informationen mittels EBIC erhalten kann, die für den Halbleiterentwickler von großer Bedeutung sind.

6.4 Anwendungen

6.4.1 EBIC-Profile

Mit der Anordnung in Abb. 6.1c kann man I_{im} messen, sofern die Absorption in der dünnen, metallischen Schottky-Kontaktschicht vernachlässigt werden kann. Die Bedingung $w > z_R$ läßt sich durch Variation der Beschleunigungsspannung oder durch Anlegen einer Sperrspannung leicht erfüllen. Bei Kenntnis von I_{im} läßt sich dann nach (6.4) die Erzeugungsrate G bestimmen.

Die Anordnung in Abb. 6.1a ist geeignet, um z.B. die Diffusionslänge der Minoritätsladungsträger zu messen. Dazu rastert man den PE-Strahl in x-Richtung quer zum pn-Übergang und trägt $I_i(x)$ in halblogarithmischem Maßstab auf. Man erhält dann in hinreichendem Abstand beiderseits vom pn-Übergang Gerade, aus deren Steigung sich gemäß (6.5) die Diffusionslängen L_n und L_p ermitteln lassen. In Abb. 6.2 sind einige solcher Kurven für verschiedene Versuchsbedingungen aufgetragen. Sie wurden unter den in Abschnitt 6.2.3 gemachten Annahmen berechnet. Der elektrische pn-Übergang (bei $x = 0$) ist unsymmetrisch zur Raumladungszone und das Verhältnis der Diffusionslängen zu $L_n/L_p = 2/5$ angenommen worden [6.7].

Bei punktförmiger Quelle ($z_R = 0$, Kurve 1) hat das EBIC-Profil ein Plateau der Höhe I_{im} und der Breite w, innerhalb dessen der pn-Übergang nicht lokalisiert werden kann. Mit wachsendem Durchmesser z_R werden die Kanten des Plateaus zunehmend verrundet. Der Wert I_{im} wird erreicht, solange $z_R \leqq w$ ist (Kurven 2 und 3). In den Fällen $z_R > w$ (Kurven 4 und 5) haben die Kurven ein Maximum, dessen Höhe kleiner als I_{im} ist. Wegen der unsymmetrischen Feldverteilung und der unterschiedlichen Diffusionslängen fallen die Orte der Maxima nicht mit dem pn-Übergang zusammen (Kurven 3 bis 5). Nur wenn die Breite der Raumladungszone vernachlässigbar klein ist (Kurve 5), kann man durch Extrapolation der exponentiellen Ausläufer nach $x = 0$ die wahre Lage des pn-Übergangs (und den Wert von I_{im}) ermitteln.

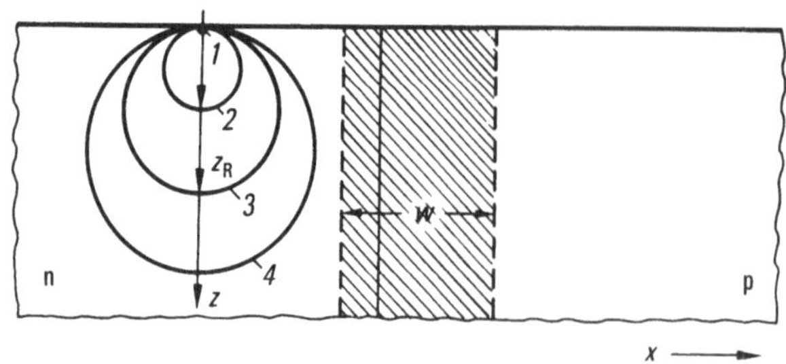

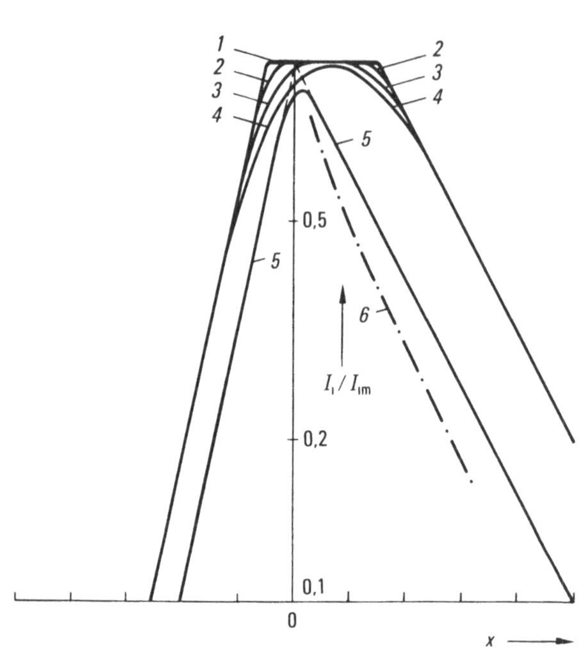

Abb. 6.2. EBIC-Profile. a) pn-Übergang bei $x = 0$ mit Raumladungszone der Breite w; Generationsvolumina (1...4) mit verschiedenen Durchmessern z_R; b) Linienabtastungen $I_i(x)$ quer zum pn-Übergang, für die Generationsvolumina 1...4 näherungsweise berechnet. Kurve 1: $z_R = 0$; 2: $z_R < w$; 3: $z_R = w$; 4: $z_R > w$; 5: wie 4, jedoch mit $w = 0$; 6: wie 5, jedoch Einfluß starker Oberflächenrekombination auf der p-Seite

Diese Betrachtungen zeigen sehr anschaulich, wie die Ausdehnung des Generationsvolumens, die Breite der Raumladungszone und die Diffusionslängen der Minoritätsträger das Meßergebnis beeinflussen. Die Kenntnis dieser Einflüsse ist notwendig, weil man das EBIC-Signal vor einer Messung abschätzen und danach die Versuchsbedingungen (Beschleunigungsspannung, Sperrspannung) optimieren sollte.

Die zugrunde gelegten Annahmen von Abschnitt 6.2.3 (a bis d) gelten jedoch nur in mehr oder weniger guter Näherung:

Zu a) Infolge von Dotierstoff-Konzentrationsgradienten muß mit elektrischen Feldern außerhalb der eigentlichen Raumladungszone gerechnet werden. Der Ladungsträgerdiffusion überlagert sich eine Drift, und das EBIC-Signal folgt nicht dem Exponentialgesetz (6.5).

Zu b) Bei geringer Feldstärke in der Raumladungszone oder geringen Lebensdauern (oder beidem) finden auch innerhalb der Raumladungszone Rekombinationen statt. Die Ladungstrennungseffektivität ist also dort $\eta_i < 1$, und der Wert I_{im} wird (auch für $z_R \leqq w$) nicht erreicht.

Zu c) Die Ladungsträgerdichte ist innerhalb des Generationsvolumens nicht konstant, sondern nimmt wegen der Diffusion vom Zentrum nach außen ab [6.5].

Zu d) Ein wesentlicher Teil der induzierten Ladungsträger rekombiniert an der Oberfläche. Damit muß besonders bei niedrigen Beschleunigungsspannungen gerechnet werden. Die Oberflächenrekombination äußert sich in einer Verringerung des Ladungstrennungsstroms und in einer Einschnürung der $I_i(x)$-Kurve (6 in Abb. 6.2) [6.9].

Durch eindimensionale Simulationsrechnungen wurde bereits versucht, wenigstens einige dieser Effekte zu berücksichtigen [6.7,6.10]. Abb. 6.3 zeigt ein Beispiel: Das Dotierstoffprofil N(x) (Abb. 6.3a) wurde aus den Implantationsdaten numerisch berechnet und durch eine analytische Funktion angenähert. Für die derart beschriebene Dotierstoffverteilung wurden die Poisson-Gleichung und die Kontinuitätsgleichungen eindimensional gelöst. Man erhält die Feldverteilung E(x) und das EBIC-Profil $I_i(x)$, die auf Abb. 6.3b für eine Sperrspannung $U_{sp} = 5$ V dargestellt sind. Die Übereinstimmung mit der Meßkurve ist befriedigend.

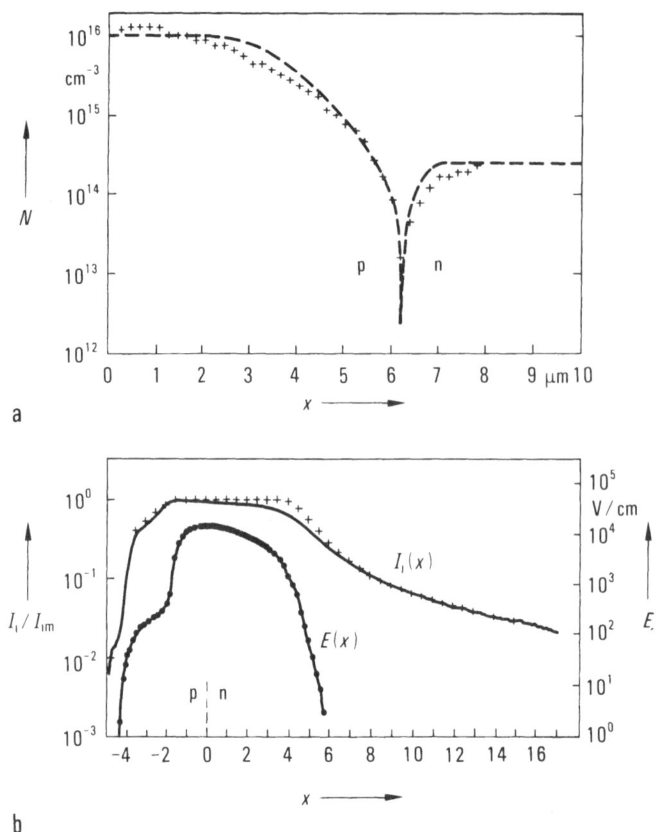

Abb. 6.3. Simulationsrechnungen für eine Diode (p: 10^{16} cm^{-3}, n: $2{,}5 \cdot 10^{14}$ cm^{-3}) [6.7]. a) Dotierstoffverteilung N(x), numerisch berechnete Werte (+) und analytische Näherung; b) Feldverteilung E(x) und Vergleich zwischen gemessenem und berechnetem (+)EBIC-Profil für U_{sp} = 5 V

6.4.2 pn-Übergänge

Zu bildlichen Darstellungen $I_i(x,y)$ gelangt man, wenn das verstärkte EBIC-Signal zur Helligkeitssteuerung der REM-Bildröhre verwendet wird. Bei der Anordnung nach Abb. 6.1a kann man auf diese Weise die Lage und den Verlauf eines pn-Übergangs sichtbar machen, der senkrecht oder schräg auf die Probenoberfläche trifft. Man erhält längs des pn-Übergangs einen hellen Streifen, dessen Breite durch das EBIC-Profil und die Verstärkereinstellung gegeben ist.

Als Beispiel zeigt Abb. 6.4 pn-Übergänge auf der Bruchfläche durch eine Bipolarschaltung. Den EBIC-Aufnahmen wurden SE-Bilder überlagert, um die pn-Übergänge den Strukturen auf der Schaltungsoberseite zuordnen zu können, die man im oberen Teil der Bilder erkennen kann. Da die Höhe der EBIC-Maxima nicht einheitlich ist, sind auch die hellen Linien unterschiedlich breit, z.B. 0,4 bis 1,2 µm in Abb. 6.4b. Damit läßt sich die Lage eines pn-Übergangs nicht immer mit der erforderlichen Genauigkeit bestimmen.

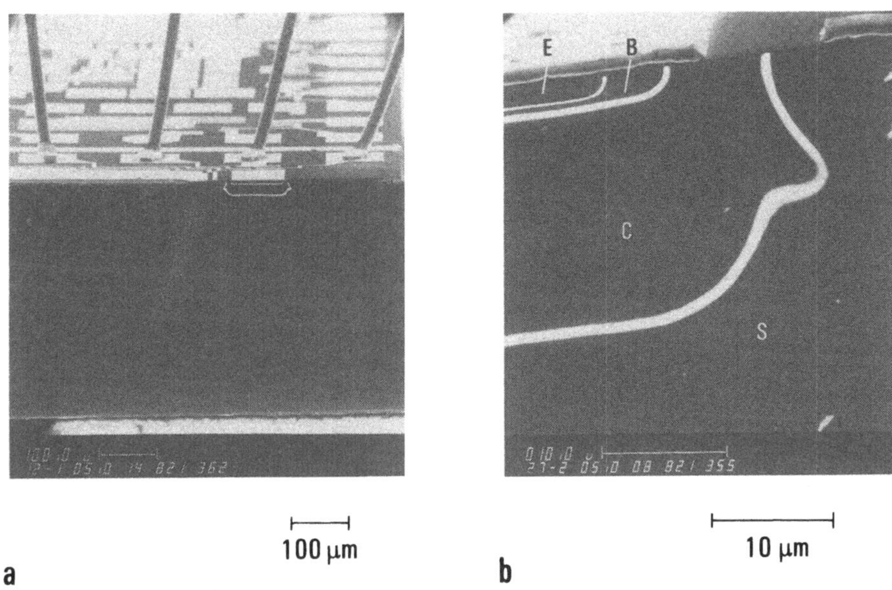

Abb. 6.4. Integrierte Bipolarschaltung; Überlagerung von Sekundärelektronen- und EBIC-Bildern zur Darstellung der pn-Übergänge auf einer Bruchfläche. a) Übersichtsaufnahme mit zwei pn-Übergängen; b) Ausschnitt mit drei pn-Übergängen. E Emitter; B Basis; C Kollektor; S Substrat

In Abb. 6.5a ist ein pn-Übergang einer MOS-Schaltung wiedergegeben. Die Genauigkeit für die Lokalisierung des EBIC-Maximums läßt sich erheblich verbessern, wenn das Bild wie in Abb. 6.5b mit einem Rechner ausgewertet wird [6.11]. Hier ist der Verlauf des EBIC-Maximums auf der gesamten Länge des pn-Übergangs durch eine gleichmäßig scharfe Linie dargestellt. Die Unsicherheit,

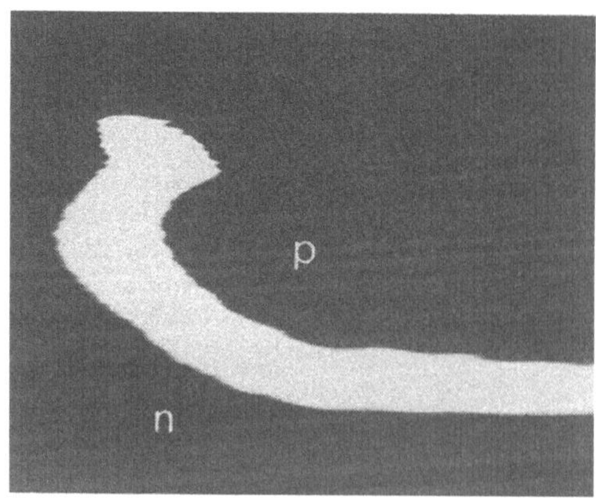

a

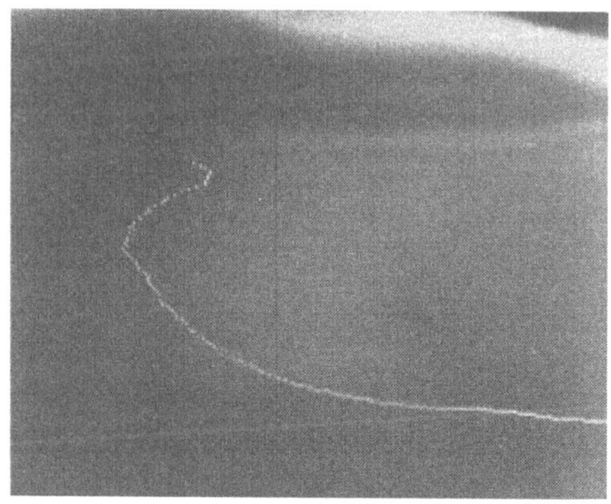

b

1 µm

Abb. 6.5. pn-Übergang einer MOS-Schaltung (p: 10^{16} cm^{-3}, n: 10^{14} cm^{-3}, U_{sp} = 0) [6.11]. a) Konventionelles EBIC-Bild; b) rechnergestützte Darstellung des EBIC-Maximums (SE-Bild überlagert)

mit der das Maximum aus dem vom Rechner gespeicherten Bild ermittelt werden kann, beträgt in diesem Fall ± 30 nm.

Nach den Ausführungen im vorigen Abschnitt fällt das EBIC-Maximum nicht immer mit dem pn-Übergang zusammen. Nur bei sehr geringer Breite der Raumladungszone (d.h. beidseitig hohen Dotierstoffkonzentrationen > 10^{18} cm^{-3}) oder bei annähernd symmetrischem pn-Übergang (d.h. annähernd gleichen Dotierstoffkonzentrationen und Diffusionslängen auf beiden Seiten) ist die Abweichung vernachlässigbar klein. Bei dem in Abb. 6.5 dargestellten Beispiel ist keine der beiden Voraussetzungen erfüllt. Aus Simulationsrechnungen [6.7] folgt jedoch, daß der pn-Übergang dieser Probe nicht mehr als 0,1 µm vom EBIC-Maximum abweicht.

Welche weitere Möglichkeiten die Rechnerverarbeitung von EBIC-Signalen birgt, demonstrieren die Aufnahmen in Abb. 6.6. Zunächst ist ein Querschnitt durch einen Bipolartransistor schematisch dargestellt. Auf den beiden folgenden Bildern sind vom Rechner ermittelte "Höhenlinien", d.h. Linien gleicher EBIC-Signalhöhe, aufgezeichnet. In Abb. 6.6b (mit überlagertem SE-Bild und Potentialkontrast) ist am Basis-Kollektor-Übergang eine Sperrspannung von 50 V angelegt worden. Das EBIC-Signal bildet dort ein breites Plateau mit nur geringen Signalschwankungen. Die steil abfallenden Flanken sind an der erhöhten Dichte der Höhenlinien zu erkennen. Man erhält mit dieser Methode einen Überblick über den Verlauf und die Ausdehnung der Raumladungszone. Für Abb. 6.6c ist die Sperrspannung auf 80 V erhöht worden. Am Rande der Raumladungszone erscheinen hier (bei A) zusätzliche Höhenlinien, die auf Signalüberhöhung ($\eta_i > 1$) infolge Ladungsträgermultiplikation zurückzuführen sind. Auf diese Weise kann man den Ort beginnenden Lawinendurchbruchs lokalisieren. Abschließend zeigt Abb. 6.6d eine weitere Variante: Durch Extrapolation der exponentiellen Ausläufer des EBIC-Profils auf die Signalhöhe des Plateaus wurden hier vom Rechner die Grenzen der Raumladungszone für eine Sperrspannung von 50 V ermittelt und als Begrenzungslinien dargestellt.

6.4.3 Kanallängen

Rastert der PE-Strahl lateral zum pn-Übergang wie in Abb. 6.1b, dann erhält man im EBIC-Bild eine flächenhafte Darstellung der Dotierungsgebiete, sofern der pn-Übergang flach unter der Oberfläche liegt und von den diffundierenden Ladungsträgern erreicht wird. Die Helligkeit ist meistens modifiziert durch die unterschiedliche Absorption der PE in den darüberliegenden Schal-

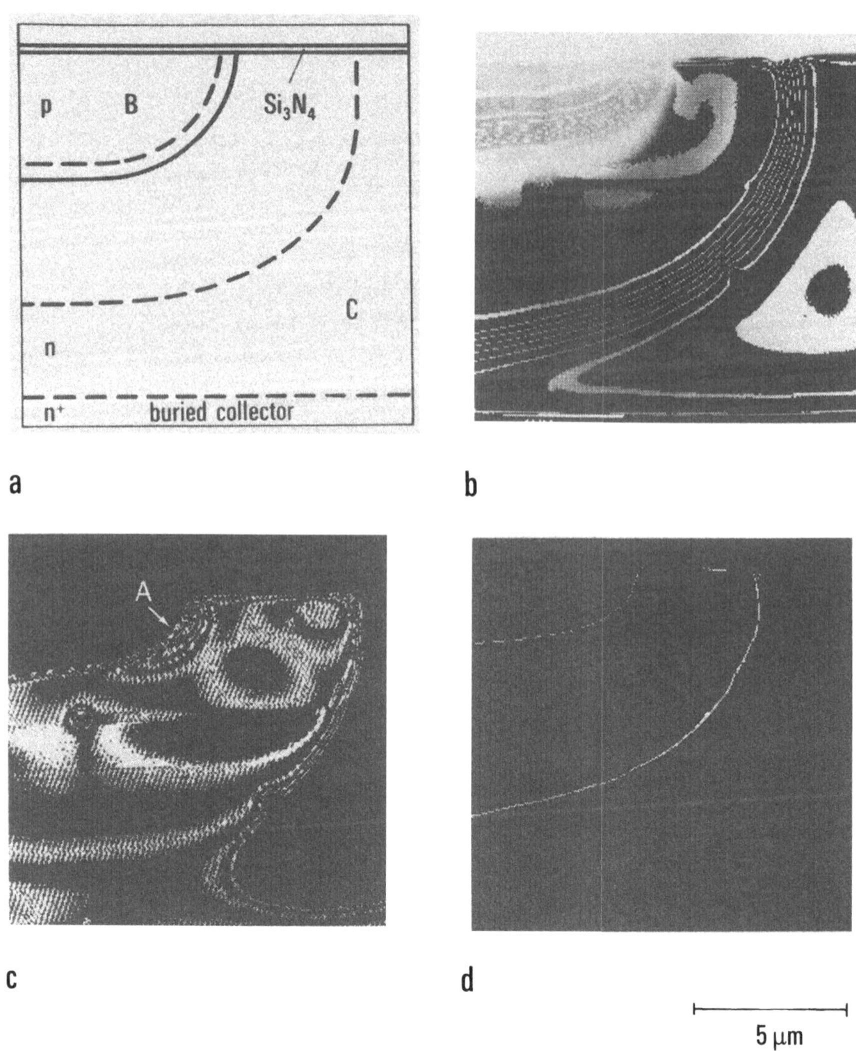

Abb. 6.6. Basis-Kollektor-Übergang eines Bipolartransistors [6.11]. a) Schematischer Querschnitt; b) "Höhenlinien"-Darstellung des EBIC-Signals, U_{sp} = 50 V (SE-Bild mit Potentialkontrast überlagert); c) wie b), jedoch U_{sp} = 80 V (Ladungsträgermultiplikation bei A); d) Grenzen der Raumladungszone für U_{sp} = 50 V

tungsstrukturen (Oxidkanten, Leitbahnen usw.), die in Abb. 6.1b nicht dargestellt sind. Die Methode ist z.B. geeignet, um die Kanallänge von Kurzkanaltransistoren zu messen [6.12]. An den Rändern der wannenförmigen Source- und Drain-Gebiete erhält man ein erhöhtes EBIC-Signal, weil dort die pn-Übergänge nach oben zur Substratoberfläche gebogen sind (Abb. 6.7a). Bei Linien-

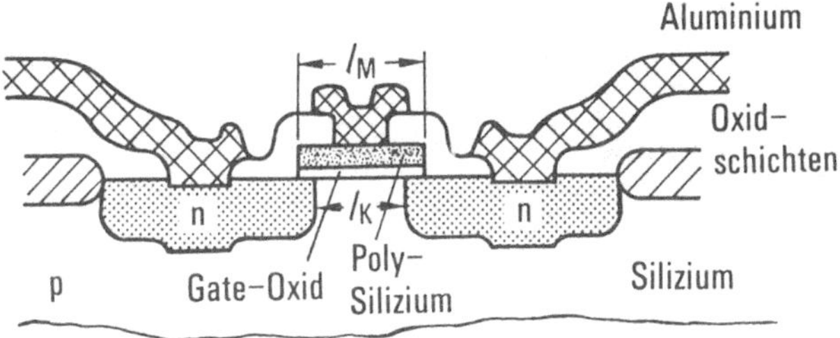

a

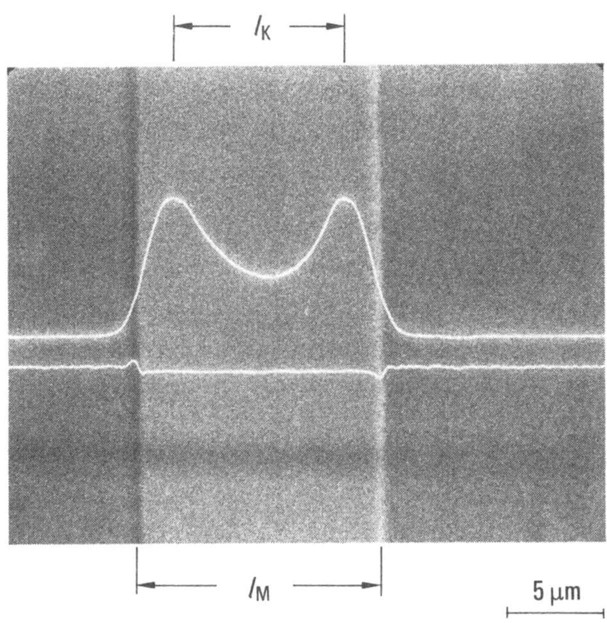

b

Abb. 6.7. Zur Messung von Gatelänge und Unterdiffusion bei einem NMOS-Transistor [6.12]. a) Querschnitt (schematisch); b) SE-Bild (nach Ablösen der Deckschichten) mit eingeblendeten Linienabtastungen für EBIC- (obere Kurve) und SE-Signal (untere Kurve)

abtastung quer zur Gateelektrode erhält man zwei Maxima an den Rändern von Source und Drain (Abb. 6.7b), deren Abstand der Kanallänge l_K entspricht. Die Beschleunigungsspannung muß so gewählt werden, daß die das Substrat bedeckenden Schichten gerade durchdrungen werden. Bei zu großer Eindringtiefe werden die Maxima unscharf und das Meßergebnis verfälscht. Um die Unterdiffusion unter die Kante der Gatemaske zu bestimmen, muß deren Breite l_M genau gemessen werden. Dies kann mit Hilfe des SE-Signals, evtl. nach Ablösen störender Deckschichten, erfolgen. Bei dem hier gezeigten Beispiel beträgt die Unterdiffusion $(l_M - l_K)/2 = 1{,}86$ µm.

6.4.4 Fehlstellen und Gitterdefekte

Störungen in der Umgebung eines pn-Übergangs können sich durch erhöhtes oder erniedrigtes EBIC-Signal bemerkbar machen. So führen Fehlstellen in den Schichten oberhalb eines pn-Übergangs (z.B. Leitbahnunterbrechungen, Poren) dazu, daß dort ein größerer PE-Strom die Raumladungszone erreicht und diese Stellen daher im EBIC-Bild heller erscheinen als ihre Umgebung. Andererseits sind lokale Fehler im pn-Übergang selbst (z.B. Kurzschlüsse, Pipes) Orte mit verringertem Signal, weil an diesen Stellen das elektrische Feld und damit die Ladungstrennung gestört sind. Schwachstellen, an denen es infolge Ladungsträgermultiplikation zum Lawinendurchbruch kommen kann, können ebenso wie im Querbruch (Abb. 6.6c) auch von der Oberfläche her durch überhöhtes EBIC-Signal lokalisiert werden.

Viele Funktionsfehler sind auf Störungen des Kristallgitters zurückzuführen. Gitterdefekte können erhöhte Rekombination oder Ladungsträgermultiplikation zur Folge haben. Welche Rolle sie spielen, hängt von ihrer Lage relativ zum pn-Übergang ab [6.13]. Liegen sie im feldfreien Raum, so begünstigen sie lediglich die Rekombination. Es diffundieren dann von dort aus weniger induzierte Ladungsträger zum pn-Übergang, und die Gitterdefekte erscheinen im EBIC-Bild dunkel (Abb. 6.8a).

Eine andere Situation liegt vor, wenn Gitterdefekte in das elektrische Feld der Raumladungszone hineinragen oder gar den pn-Übergang durchdringen. Sie verursachen Leckströme, Ladungsträgermultiplikation und schließlich Lawinendurchbruch. Beschaltet man eine derart beschaffene Probe in Sperrichtung, dann beobachtet man bei einem bestimmten Schwellwert der Sperrspannung im EBIC-Bild einen Übergang von "Rekombinationskontrast" zum "Multiplikationskontrast", d.h. die Defektstellen erscheinen zuerst dunkler und dann infolge der Ladungsträger-

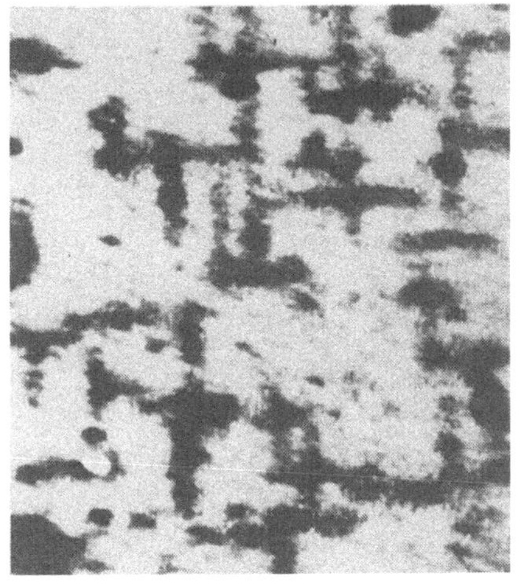

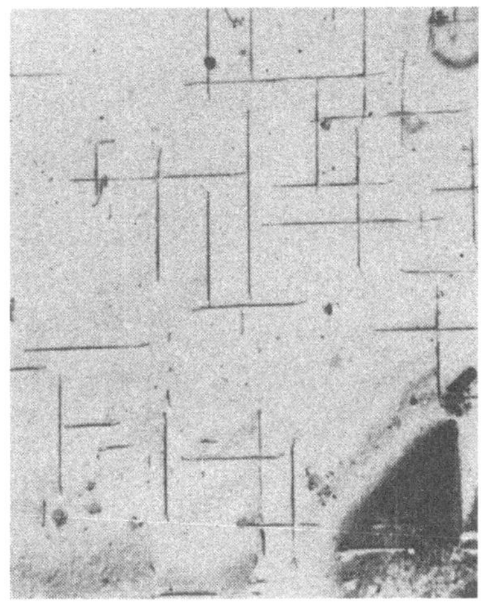

Abb. 6.8. Oberflächennahe Versetzungen in Silizium mit pn-Übergang in 1 µm Tiefe. a) EBIC-Aufnahme im REM; b) Vergleichende Abbildung im TEM (1000 kV) [6.13]

vervielfachung deutlich heller als die übrige Fläche des pn-Übergangs.

Gitterdefekte wurden schon in vielen Arbeiten mittels EBIC untersucht. So konnten z.B. Versetzungsnetzwerke und Einzelversetzungen [6.14], Stapelfehler [6.15] und Korngrenzen [6.16] sichtbar gemacht werden. Häufig werden Schottky-Sperrschichten eigens zu dem Zwecke erzeugt, um oberflächennahe Gitterdefekte abbilden zu können [6.6]. Durch vergleichende Untersuchungen im Transmissionselektronenmikroskop (Abb. 6.8b) gelingt es, die elektrisch aktiven Defekte mittels Beugungskontrast zu identifizieren [6.13]. Bei Gitterdefekten, an denen Ladungsträgermultiplikation erfolgt, handelt es sich in der Regel um Ausscheidungen oder um prozeßinduzierte Stapelfehler, die mit Verunreinigungen dekoriert sind.

Der EBIC-Kontrast eines Gitterdefekts hängt leider nicht eindeutig von seiner elektrischen Aktivität, sondern noch von vielen Einflußgrößen ab (Lage relativ zur Raumladungszone und zur Oberfläche, Oberflächenrekombinationsgeschwindigkeit,

Ausdehnung des Generationsvolumens usw.). Zum Verständnis des Mechanismus der Kontrastentstehung tragen Modellrechnungen bei, die bisher allerdings nur für den Fall des Rekombinationskontrastes durchgeführt worden sind [6.5,6.17].

Mit wachsendem Integrationsgrad hängen Ausbeute, Qualität und Zuverlässigkeit von Halbleiterschaltungen zunehmend von Gitterdefekten ab. Um diese vermeiden zu können, muß man in der Lage sein, sie zu erkennen, zu lokalisieren und zu charakterisieren. Dazu ist EBIC - ebenso wie für die in den vorigen Abschnitten genannten anderen Anwendungen - ein hervorragend geeignetes Verfahren.

6.5 Literatur zu Kapitel 6

6.1 Leamy, H.J.: Charge collection scanning electron microscopy. J. Appl. Phys. 53 (1982) R 51.

6.2 Bresse, J.F.: Electron beam induced current in silicon planar pn-junctions: Physical model of carrier generation. Determination of some physical parameters in silicon. Scanning electron microscopy, 1972, Part I; IIT Res. Inst., Chicago 1972, p. 105.

6.3 Klein, C.A.: Bandgap dependence and related features of radiation ionization energies in semiconductors. J. Appl. Phys. 39 (1968) 2020.

6.4 Sternglas, E.J.: Backscattering of kilovolt electrons from solids. Phys. Rev. 95 (1954) 345.

6.5 Donolato, C.: Contrast formation in SEM charge collection images of semiconductor defects. Scanning-electron microscopy, 1979, I; SEM Inc. AMF O'Hare, Ill., USA, p. 257.

6.6 Kimerling, L.C.; Leamy, H.J.; Benton, J.L.; Ferris, S.D.; Freeland, P.E.; Rubin, J.J.: Analysis of impurity distributions and defect structures in semiconductors by SEM-charge collection microscopy. Semiconductor silicon 1977 (eds.: Huff, H.R.; Sirtl, E.). Princeton, N.J.: The Electrochemical Society, Inc., p. 468.

6.7 Schink, H.: Elektronenmikroskopische Darstellung von Feldverteilungen in Halbleiter-Bauelementen. Diss., TU München 1984.

6.8 Berz, F.; Kuiken, H.K.: Theory of life time measurements with the scanning electron microscope: Steady state. Solid State Electron. 19 (1976) 437.

6.9 Fuyuki, T.; Matsunami, H.; Tanaka, T.: The influence of the generation volume of minority carriers on EBIC. J. Phys. D.: Appl. Phys. 13 (1980) 1093.

6.10 Marten, H.W.; Hildebrand, O.: Computer simulation of electron beam induced current (EBIC) linescans across pn-junction. Scanning electron microscopy, 1983, III; SEM Inc., AMF O'Hare, Ill., USA, p. 1197

6.11 Schink, H.; Rehme, H.: Mapping of pn-junctions and depletion layers by computer-processed EBIC-signals. Beitr. elektronenmikroskop. Direktabb. Oberfl. 16 (1983) 287.

6.12 Hersener, J.: Messung der Unterdiffusion mit dem Rasterelektronenmikroskop. Phys. Bl. 37 (1981) 319.

6.13 Heydenreich, J.; Blumtritt, H.; Gleichmann, R.; Johansen, H.: Combined application of SEM (EBIC) and TEM for the investigation of the electrical activity of crystal defects in silicon. Scanning electron microscopy, 1981, I; SEM Inc., AMF O'Hare, Ill., USA, p. 351.

6.14 Bull, C.J.; Ashburn, P.; Gowers, J.P.: A study of diffused bipolar transistors by electron microscopy. Solid State Electron. 23 (1980) 953.

6.15 Dishman, J.M.; Haszko, S.E.; Marcus, R.B.; Murarka, S.P.; Sheng, T.T.: Electrically active stacking faults in CMOS-integrated circuits. J. Appl. Phys. 50 (1979) 2689.

6.16 Hersener, J.; Baumgartl, R.: Untersuchungen zur Diffusionslänge der Minoritätsträger in poly-kristallinen Silizium-Solarzellen. Beitr. elektronenmikroskop. Direktabb. Oberfl. 13 (1980) 121.

6.17 Pasemann, L.: A contribution to the theory of the EBIC contrast of lattice defects in semiconductors. Ultramicroscopy 6 (1981) 237.

7 Leistungshalbleiterbauelemente

7.1 Übersicht

Die Methoden sowie Geräte und Anordnungen zum Messen und Prüfen von Leistungshalbleiterbauelementen unterscheiden sich in vielfacher Hinsicht von denen zur Prüfung von signalverarbeitenden Halbleiterbauelementen und Halbleiterbauelementen zur Verarbeitung mittlerer und kleiner Leistungen. Unter Leistungshalbleiterbauelementen sind im vorliegenden Rahmen Halbleiterbauelemente zu verstehen, die zum Steuern von elektrischen Strömen größer als 50 A je Bauelement bei typischen Spannungen größer als 1000 V verwendet werden. Es handelt sich hierbei um Thyristoren, abschaltbare Thyristoren, Gleichrichterdioden, im Bereich kleiner Leistung auch bipolare Leistungstransistoren und MOS-Leistungstransistoren, die vorzugsweise in Anlagen zur elektrischen Energieumformung und -steuerung eingesetzt werden. Beispiele hierfür sind Stromrichteranordnungen, mit denen Gleichstrom oder Wechselstrom in Gleichstrom oder Wechselstrom mit unterschiedlicher Spannung, Frequenz und Phasenlage umgewandelt wird, insbesondere Anordnungen zur Energiesteuerung von elektrischen Verbrauchern, z.B. Motorsteuerungen.

Abb. 7.1 zeigt die zwei gebräuchlichsten Bauformen von Leistungshalbleiterbauelementen: eine Zelle mit Schraubfassung sowie eine Scheibenzelle. Kernstück des Bauelements ist eine meistens runde einkristalline Siliziumscheibe mit einem Durchmesser von 5 bis 100 mm und einer Dicke zwischen 0,3 und 1,0 mm, die entsprechend ihrer Funktionsweise mehrere unterschiedlich mit Fremdatomen dotierte Zonen enthält. Auf die physikalischen Grundlagen und Einzelheiten zur Funktion der Leistungsbauele-

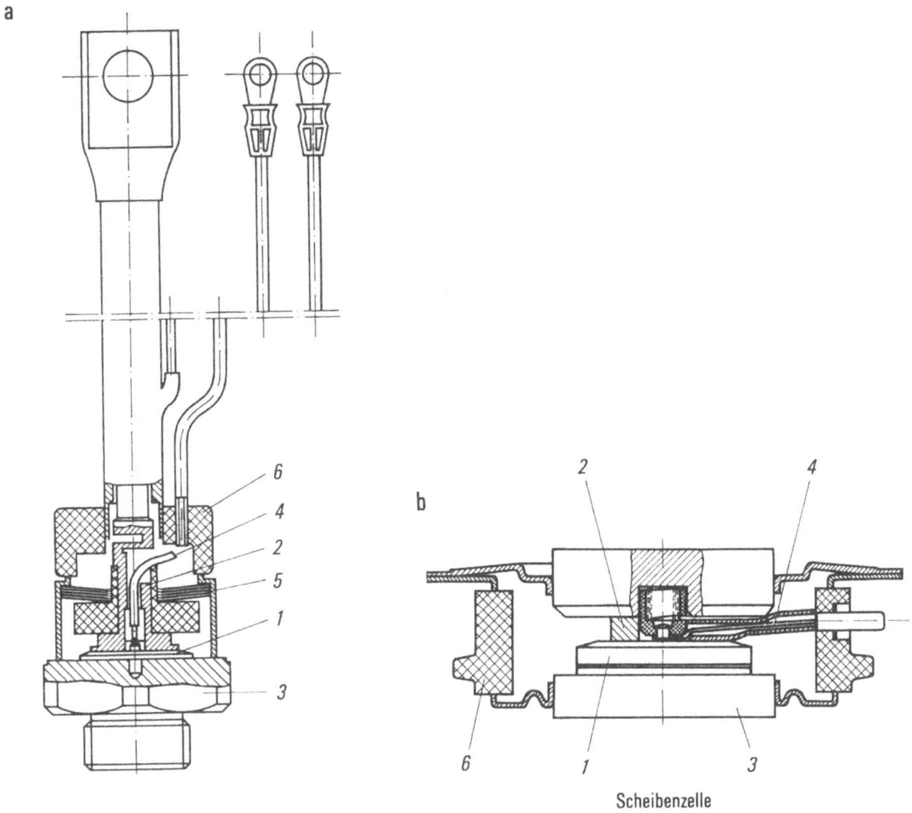

Abb. 7.1. Aufbau eines Thyristors in Schraubbodenfassung (a) und Scheibenzelle (b). 1 Siliziumtablette, 2 Kathodenstempel, 3 Anodenkontakt, 4 Steuerelektrodenanschluß, 5 Druckfeder, 6 keramische Isolation

mente soll hier nicht eingegangen werden. Diese findet man beispielsweise in [7.1-7.8].

Die besonderen Bedingungen, unter denen Messungen und Prüfungen an Leistungshalbleiterbauelementen durchgeführt werden müssen, ergeben sich durch die hohen genau zu messenden Ströme und die hohen Spannungen, mit denen das Bauelement belastet wird. Zusätzlich muß die während des Meßvorgangs entstehende Verlustleistung sicher abgeführt werden. Die daraus folgenden allgemeinen Anforderungen an den Aufbau von Meßanordnungen sowie die Durchführung von Messungen und Prüfungen an Leistungshalbleiterbauelementen werden in Abschnitt 7.2 beschrieben.

Die Meß- und Prüfmethoden für Gleichrichter und Leistungsthyristoren einschließlich der Sonderbauformen asymmetrischer, lichtzündbarer und abschaltbarer Thyristor unterscheiden sich nur insofern, als bestimmte Messungen oder Prüfungen nur bei Thyristoren sinnvoll sind, wie Messungen zur Charakterisierung des Einschaltverhaltens, während andere Messungen, beispielsweise die der Sperrfähigkeit und der Durchlaßspannung, in analoger Weise bei Thyristor und Diode durchgeführt werden. Die typischen Methoden der Meßtechnik für Leistungshalbleiterbauelemente werden deshalb in Abschnitt 7.3 am Beispiel der an Thyristoren üblichen Messungen und Prüfungen dargestellt. Sie lassen sich leicht auf die Meß- und Prüfprobleme bei anderen Leistungshalbleiterbauelementen übertragen. Auf darüber hinausgehende spezielle Meßprobleme bei Leistungs-MOS-Transistoren und bipolaren Leistungstransistoren, wie beispielsweise die Bestimmung des sicheren Arbeitsbereichs eines bipolaren Leistungstransistors soll nicht eingegangen werden. Bei den Beschreibungen wird nur jeweils das Prinzip einer Meß- oder Prüfmethode und das Schema der zugehörigen Meß- oder Prüfanordnung diskutiert. Anmerkungen zur Realisierung einer Anordnung werden nur insoweit gemacht, als sie eng mit dem beschriebenen Meßprinzip zusammenhängen. Um eine Verbindung zwischen diesen auf das Grundsätzliche beschränkten Beschreibungen und der praktischen Realisierung einer entsprechenden Anordnung herzustellen und um einen Eindruck vom apparativen Aufwand zu geben, wird in Abschnitt 7.4 ein moderner Meßplatz zur Erfassung des Rückstromverhaltens beschrieben.

Bei Meß- und Prüfproblemen ist zwischen den Fällen zu unterscheiden, in denen eine Meßgröße bei vorgegebenen Werten anderer Größen oder ihre Abhängigkeit von einer anderen Größe gemessen werden soll, und solchen Fällen, bei denen durch eine Messung festgestellt werden soll, ob das Meßergebnis in einem vorgegebenen Toleranzbereich liegt. Die erste Art von Messungen wird in der Regel in Forschungs- und Entwicklungslabors vorkommen und dient zur Feststellung gegenseitiger Abhängigkeiten verschiedener Meßgrößen. Ein Beispiel hierfür ist die Aufnahme der Sperrkennlinie einer Diode, wozu der Strom durch eine in Sperrichtung gepolte Diode bei variierender Spannung und fest eingestellter Temperatur gemessen werden muß. Zum Zweck der Qualitätskontrolle bei der Produktion oder der Anwendung von Bauelementen tritt der zweite, allgemein als Prüfung bezeichnete Fall auf. Es ist beispielsweise zu prüfen, ob der Strom einer in Sperrichtung gepolten Diode bei einer bestimmten Spannung und einer bestimmten Temperatur einen vorgegebenen Maximalwert nicht überschreitet. Von besonderer Bedeutung ist hier die Situation, daß ein Prüfling mit einem vorgesehenen Wert beansprucht und danach festgestellt wird, ob er diese Beanspruchung ohne Schaden ausgehalten hat.

Zum Zweck der Produktbeschreibung und der Qualitätssicherung soll eine bestimmte Eigenschaft eines Bauelements durch den Zahlenwert einer physikalischen Größe beschrieben werden, der durch eine Messung bestimmt werden muß: die Sperrfähigkeit einer Diode z.B. durch die Angabe der Spannung an der Diode, wenn diese von einem bestimmten Strom bei einer bestimmten Temperatur in Sperrichtung durchflossen wird. Damit die Kennzeichnung der Bauelementeigenschaft durch einen solchen Meßwert eindeutig und reproduzierbar ist, muß das Meßverfahren genau beschrieben sein sowie die Größe aller das Meßergebnis beeinflussenden Parameter angegeben werden. Die Wahl der Meßmethode und die Festlegung des Wertes der das Meßergebnis beeinflussenden Parameter ist jedoch mit einer gewissen Willkür behaftet. Zum Zwecke der Vergleichbarkeit von Angaben über Bauelemente ist es deshalb notwendig, möglichst einheitliche Festlegungen zu treffen. Solche Festlegungen von Meßgrößen, Meßverfahren und Meßbedingungen für die wichtigsten Eigenschaften der Leistungshalbleiterbauelemente sind - zwischen den maßgeblichen Herstellern und Anwendern der Bauelemente vereinbart - in verschiedenen Normensystemen zusammengestellt. Für den Gebrauch in der Bundesrepublik Deutschland sind dies die DIN-Normen. Die für Leistungshalbleiterbauelemente wichtigsten Vorschriften daraus sind in Tabelle 7.1 zusammengestellt. Durch sie werden insbesondere die bei der Beschreibung der Bauelemente verwendeten Begriffe definiert, die Bezeichnung von Meßgrößen durch Kurzzeichen und die Angaben in Datenblättern vereinheitlicht sowie einheitliche Meßverfahren festgelegt. Soweit durch DIN-Normen Festlegungen über Begriffsbildung, Kurz-

Tabelle 7.1. Für Leistungshalbleiterbauelemente maßgebliche DIN-Vorschriften

DIN-Nr.	Inhalt
41 785 (Blatt 1)	Kurzzeichen für Halbleiterbauelemente der Leistungselektronik
	Gleichrichterdioden der Leistungselektronik
41 781	Begriffe
41 782	Richtlinien für Datenblattangaben
41 783	Meßverfahren
	Thyristoren
41 786	Begriffe
41 787	Richtlinien für Datenblattangaben
41 784	Meß- und Prüfverfahren

zeichenschreibweise, Meßverfahren und Datenblattangaben getroffen sind, folgt die vorliegende Darstellung diesen Festlegungen. Abweichungen hiervon werden ausdrücklich angemerkt.

Das bei einer bestimmten Messung ermittelte Ergebnis bezieht sich immer nur auf das jeweils untersuchte Meßobjekt. Je nach Art der gemessenen Größe und Qualität des untersuchten Bauelementtyps wird man bei der Bestimmung der gleichen Meßgröße an mehreren gleichartigen Bauelementen eine mehr oder weniger große Exemplarstreuung des Meßergebnisses feststellen. Zur Angabe der Bauelementeigenschaften in Datenblättern sowie zur Qualitätssicherung sind deshalb nur Angaben über den Streubereich eines Meßergebnisses sinnvoll. Solche Angaben sind grundsätzlich statistischer Natur und beziehen sich immer auf eine große Anzahl gleichartiger Bauelemente. Oftmals wird in der Praxis eine obere und/oder untere Grenze für das Ergebnis einer Messung angegeben. Die konkreten Meßbedingungen werden dabei durch die Anwendung des Bauelements bestimmt. Da der Anwender eines Thyristors oder einer Diode z.B. wissen muß, wie groß ein Sperrstrom unter ungünstigsten Bedingungen werden kann, gibt man sinnvollerweise eine obere Grenze des Sperrstroms bei der höchstzulässigen Bauelementtemperatur und einer möglichst hohen Spannung an.

7.2 Typische Probleme der Meßtechnik für Leistungshalbleiterbauelemente

7.2.1 Erzeugung von Meßströmen und Meßspannungen

Zum Prüfen und Messen von Leistungshalbleiterbauelementen muß der Prüfling mit Strömen bis zu mehreren tausend Ampere sowie Spannungen von maximal mehreren tausend Volt belastet werden können. Methoden, bei denen stationäre Ströme und Spannungen verwendet werden, sind in den meisten Fällen hierzu ungeeignet. Der Aufwand für entsprechende Stromquellen würde unvertretbar hoch und die Belastung des Prüflings durch die Messung in den meisten Fällen zu groß. In der Leistungshalbleiterbauelemente-Meßtechnik werden statt dessen meist andere Methoden verwendet:

- Der Prüfling wird mit einer Wechselspannungs- oder Wechselstromhalbwelle so niedriger Frequenz (50 Hz) belastet, daß merkliche Strom- und Spannungsänderungen in Zeiten erfolgen, die groß gegen die für das Bauelement charakteristischen Zeiten, wie z.B. die Durchschaltzeit oder die Freiwerdezeit, sind (quasistatische Methoden). Solche Anordnungen werden vorzugsweise zum Messen des Sperrverhaltens und der Durchlaßkennlinie verwendet.
- Ein auf hohe Spannung aufgeladener Kondensator wird über den Prüfling entladen. Bei dieser zur Messung dynamischer Größen verwendeten Methode kann der Entladevorgang einmalig sein oder periodisch wiederholt werden. Zwischen den Entladevorgängen wird der Kondensator von einem geeigneten Hochspannungsnetzgerät wieder aufgeladen.
- Soll das Verhalten des Bauelements in einem vorgesehenen Anwendungsfall geprüft werden, so kann es zweckmäßig sein, die Messung oder die Prüfung des Bauelements in der vorgesehenen Anlage durchzuführen. Da ein solches Vorgehen jedoch meist zu aufwendig ist, testet man das Prüfobjekt in einer Simulationsschaltung, die die Wechselwirkung des Bauelements mit der Anlage, in der es eingesetzt werden soll, simuliert [7.9]. Solche Verfahren sind im allgemeinen sehr eng an den vorgesehenen Anwendungsbereich des Prüflings gebunden und sollen im vorliegenden Zusammenhang nicht behandelt werden.

7.2.2 Aufbau und Thermostatisierung

Von entscheidender Bedeutung beim Betrieb von Leistungshalbleiterbauelementen und damit bei allen Meß- und Prüfverfahren ist die Temperatur des Bauelements. Die meisten Eigenschaften von Leistungshalbleiterbauelementen sind in starkem Maße von der Temperatur abhängig. Vielfach verschlechtern sie sich mit ansteigender Temperatur, wie es z.B. bei der Sperrfähigkeit der Fall ist. Die Betriebstemperatur darf deshalb eine obere Grenze, die bei 125°C bei Thyristoren und bei 180°C bei Dioden liegt, nicht überschreiten. Damit die im Bauelement auftretende Verlustleistung gut abgeführt werden kann, sollte andererseits ein guter thermischer Kontakt zwischen Bauelement und einem Kühlmedium bestehen und die Temperaturdifferenz zwischen diesen beiden möglichst groß sein. Typische Betriebstemperaturen von Leistungshalbleiterbauelementen liegen deshalb zwischen 75 und 125°C. Der Aufbau zur Aufnahme des Prüflings muß für den Betrieb in diesem Temperaturbereich geeignet sind, er sollte eine Temperaturregelung besitzen und unter Umständen auch große Verlustleistungen abführen können. Soll ein gekapseltes Leistungshalbleiterbauelement gemessen oder geprüft werden, so wird es im allgemeinen entsprechend den Herstellervorschriften auf eine temperaturgeregelte Unterlage mit guter Wärmeleitfähigkeit, die meist auch als die eine Zuführung des Stroms dient, aufgebaut. Dabei ist darauf zu achten, daß die aufeinanderliegenden Metallflächen sauber sind, plan aufeinanderliegen und mit dem vorgeschriebenen Druck aufeinandergepreßt werden. Bei Scheibengehäusen (Abb. 7.1b) ist der richtige Anpreßdruck darüber hinaus für einen definierten thermischen und elektrischen Kontakt zwischen Siliziumscheibe und Gehäuse wichtig.

Bei Messungen und Prüfungen an der Siliziumscheibe wird diese im allgemeinen mit einer Presse gegen die temperaturgeregelte Unterlage gepreßt. Der Druckstempel der Preßanordnung ist dabei so ausgebildet, daß er den elektrischen Kontakt mit der einen Seite der Siliziumscheibe herstellt. Oftmals ist er ebenfalls temperaturgeregelt. Zum Anpressen des Kontakts auf die Siliziumscheibe - bei großen Bauelementen ist eine Anpreßkraft von bis zu 70000 N erforderlich - werden Anordnungen mit Tellerfedern, Spiralfedern oder mit einer hydraulischen oder pneumatischen Presse eingesetzt.

Bauelementträger und Anpreßvorrichtung müssen, da sie gleichzeitig zur elektrischen Kontaktierung und zur Thermostatierung dienen, so gestaltet sein, daß die hohen Lastströme dem Bauelement verlustfrei zugeführt werden können und sie der hohen am Bauelement auftretenden Spannung standhalten. Bei manchen Messungen ist darüber hinaus ein extrem induktivitätsarmer und/ oder kapazitätsarmer Aufbau der Prüflingsaufnahme erforderlich.

Die meisten Kenngrößen von Leistungshalbleiterbauelementen müssen außer bei Raumtemperatur auch bei der höchstzulässigen Betriebstemperatur gemessen werden. Wegen der im allgemeinen relativ großen Wärmekapazität sowohl der Bauelemente als auch der Meßaufnahmen ist nur ein langsames Aufheizen oder Abkühlen des Prüflings auf die für die Messung geforderte Temperatur möglich. Einem schnell aufeinanderfolgenden Prüfen einer großen Anzahl von Prüflingen sind dadurch sehr enge Grenzen gesetzt. Zum zeitsparenden Prüfen großer Stückzahlen eignen sich deshalb nur Anordnungen, in denen eine möglichst große Anzahl von Prüflingen gleichzeitig thermostatisiert werden kann.

7.2.3 Strom- und Spannungsmessung

Zur Spannungsmessung am stromdurchflossenen Bauelement sind Abgriffe direkt am Bauelement vorzusehen, die unabhängig von den stromführenden Anschlüssen sind, da bei den hohen auftretenden Strömen die Spannungsmessung sonst durch Spannungsabfälle an Zuleitungs- und Kontaktwiderständen verfälscht wird. Meist wird man den auf dem thermostatisierten Bauelementträger aufliegenden Laststromkontakt auf Massepotential legen. Wenn dies nicht möglich ist, muß die Messung der Bauelementspannung mit einem Spannungsmesser mit in bezug auf das Massepotential symmetrischen Eingangsklemmen, beispielsweise einem Oszilloskop mit Differenzverstärkereinschub, erfolgen. Spannungen größer als etwa 100 V werden mit Hochspannungsmeßköpfen gemessen, die als Zubehör für Oszilloskope oder Voltmeter hergestellt werden. Bei der Benutzung solcher Meßköpfe zur Messung schnellveränderlicher Vorgänge ist darauf zu achten, daß der Frequenzgang entsprechend den Herstellervorschriften abgeglichen wird.

Die Messung eines Stroms kann durch Messung des Spannungsabfalls an einem Strommeßwiderstand oder mit einer sogenannten Stromzange erfolgen. Bei der Strommessung mit einer Stromzange wird meist die Induktionsspannung an einer um den stromführenden Leiter gelegten Induktionsspule gemessen. Das Verfahren gestattet eine galvanische Entkoppelung des Meßkreises vom Stromkreis, in dem der zu messende Strom fließt, ist jedoch nur für Wechselstrommessungen im Frequenzbereich $\gtrsim$ 100 Hz anwendbar. Bei einigen Stromzangen ist deshalb zusätzlich zum Stromtransformator eine Hall-Sonde angebracht, die die Erfassung sogar des Gleichstromanteils des zu messenden Stroms gestattet. Die Genauigkeit der Messung mit Stromzange ist im allgemeinen nicht so groß wie bei der mit Strommeßwiderständen. Strommeßwiderstände müssen getrennte Anschlüsse für die Stromzuführung und zum Spannungsabgriff besitzen. Zur Messung der am Strommeßwiderstand abfallenden Spannung müssen im allgemeinen Spannungsmeßanordnungen mit symmetrischer Eingangsbeschaltung verwendet werden. Für sehr schnell veränderliche Ströme müssen extrem induktivitätsarm aufgebaute Strommeßwiderstände verwendet werden. Mit einer koaxialen Bauform nach Abb. 7.2 lassen sich Stoßströme bis 800 kA mit Frequenzkomponenten bis 170 MHz messen [7.10].

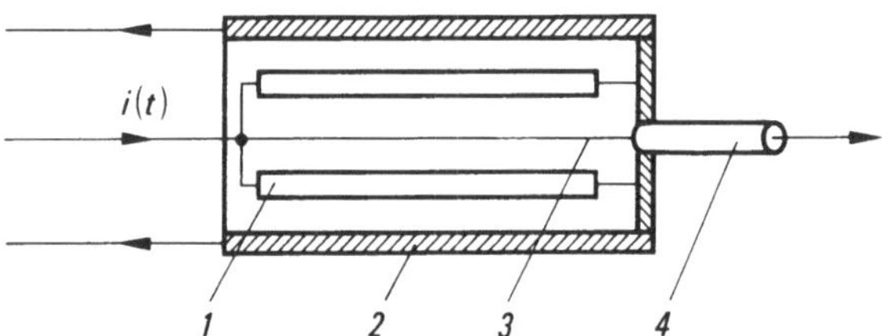

Abb. 7.2. Aufbau eines koaxialen Meßwiderstands: 1 Meßwiderstand, 2 Stromrückführung, 3 Anschluß zur Spannungsmessung, 4 Spannungsabgriff. Nach [7.10]

7.2.4 Sicherheitsmaßnahmen

Beim Betrieb einer Anlage zum Messen oder Prüfen von Leistungshalbleiterbauelementen werden unter Umständen sehr große elektrische Leistungen in der Anlage und im Prüfling umgesetzt. Dies kann zur Gefährdung des Bedienungspersonals, des Gerätes und des Prüflings führen. Um solche Gefährdungen auszuschließen, ist beim Bau und Betrieb solcher Anlagen neben der Einhaltung der üblichen Regeln für den Bau und Betrieb von Hochspannungs- und Starkstromanlagen darauf zu achten, daß entsprechende Schutzmaßnahmen vorgesehen werden. Die Bedienungselemente einer Meß- oder Prüfeinrichtung sollen so eingerichtet sein, daß sich nur Betriebszustände einstellen lassen, die nicht zur Beschädigung der Einrichtung oder von Teilen derselben führen können. Werden zur Prüflingsaufnahme Pressen benutzt, so müssen Maßnahmen zum Schutz des Bedienungspersonals vor Verletzungen durch die Pressen getroffen werden. Darüber hinausgehende Einrichtungen zum Schutz des Bedienungspersonals vor mechanischen Verletzungen müssen vorgesehen werden, wenn bei einer Prüfung die Möglichkeit besteht, daß der Prüfling so zerstört wird, daß er dabei explosionsartig auseinanderfliegt. Von besonderer Bedeutung ist die Einhaltung der Sicherheitsbestimmungen für Prüfanlagen und Laboratorien mit Spannungen über 1 kV [7.11].

7.3 Typische Meßmethoden

7.3.1 Statisches Verhalten

7.3.1.1 Durchlaßverhalten

Durchlaßkennlinien von Thyristoren werden heute bei Strömen bis zu 5000 A und Spannungen bis etwa 10 V gemessen. Bei Strömen kleiner als etwa 1 A läßt sich die Durchlaßkennlinie im einfachsten Fall mit Hilfe einer einstellbaren Stromquelle sowie je einem Gleichstrom- und Gleichspannungsmeßgerät ermitteln. Durch Einspeisen eines hinreichenden Steuerstroms ist der Thyristor dabei dauergezündet. Ist die Größe des Steuerstroms mit der des Laststroms vergleichbar, dann ist zu beachten, daß die Durchlaßkennlinie vom Steuerstrom beeinflußt wird. Die Meßzeit und die Größe des Laststroms müssen so gewählt werden, daß durch den Laststrom keine merkliche Erwärmung des Thyristors gegenüber der Prüflingsaufnahme stattfindet. Um bei hohen Prüfströmen die Erwärmung des Prüflings durch den Meßvorgang zu vermeiden, werden im allgemeinen quasistatische Pulsstrommethoden verwendet. Abb. 7.3 zeigt das Schema geeigneter Anordnungen.

a

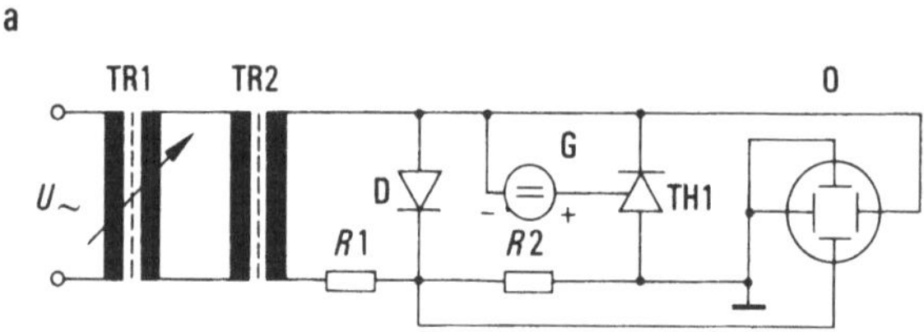

b

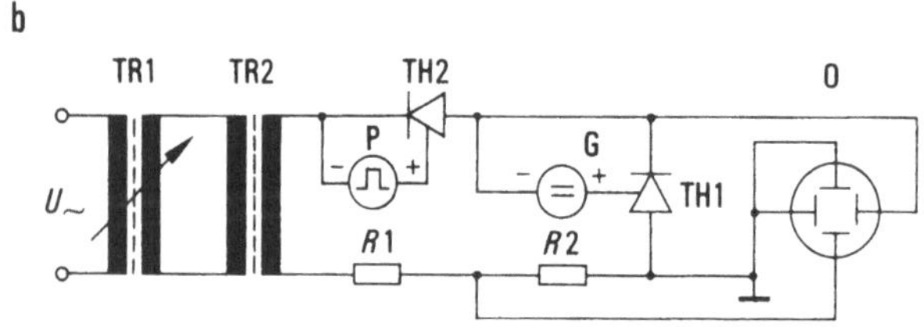

c

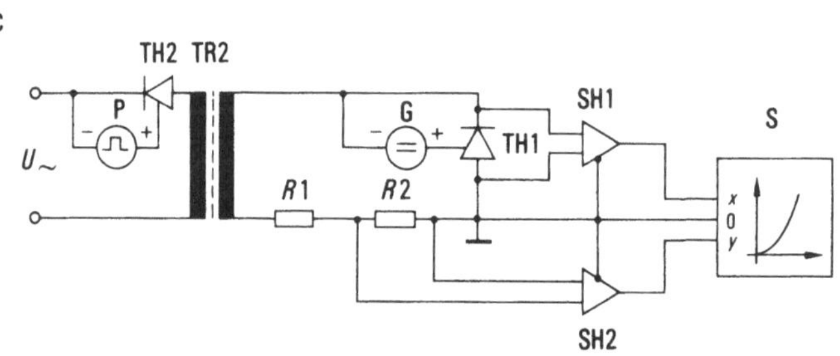

Abb. 7.3. Anordnungen zur Messung der Durchlaßkennlinie. a) Stromregelung durch Stelltransformator, Kennliniendarstellung auf Oszilloskop; b) wie a), jedoch reduzierbare Prüfstromfrequenz; c) Stromregelung durch Phasenanschnittsteuerung, Kennliniendarstellung auf x-y-Schreiber

Die Netzwechselspannung wird über einen Hochstromtransformator TR2 dem Prüfling TH1, der durch den Steuerstrom aus der Gleichstromquelle G dauergezündet ist, zugeführt. Der dem Transformator TR2 vorgeschaltete Stelltransformator TR1 mit einem maximalen Spannungsübertragungsverhältnis 1:1 dient zur Einstellung der Stromamplitude (s. Abb. 7.3a). Darüber hinaus erlaubt TR1 ein Einschalten der Meßanordnung durch langsames Hochregeln der Primärspannung von TR2 auf den vorgesehenen Endwert. Die Diode D schließt über den Strombegrenzungswiderstand R1 die positiven Spannungshalbwellen vor dem Prüfling kurz. Der Strom durch den Prüfling wird mit dem Strommeßwiderstand R2 gemessen. Die Augenblickswerte von Thyristorstrom und Thyristorspannung werden in einer x-y-Darstellung auf dem Schirm des Oszilloskops O dargestellt.

Bei praktisch verwendeten Meßanordnungen wird der Prüfling meist nicht von jeder, sondern von beispielsweise nur jeder achten Halbwelle des Netzwechselstroms durchflossen. Hierzu wird ein Hilfsthyristor TH2 (s. Abb. 7.3b) durch einen Pulsgenerator P jeweils im Nulldurchgang vor der entsprechenden Wechselstromhalbwelle gezündet. Eine flackerfreie Schirmbilddarstellung der Kennlinien ist bei niedriger Taktfrequenz jedoch nur noch mit Hilfe eines Speicheroszilloskops möglich.

Eine Anordnung nach Abb. 7.3c erlaubt die graphische Darstellung der Kennlinie mit Hilfe eines x-y-Schreibers. Hier werden bei jeder Stromhalbwelle durch den Prüfling mit Hilfe von Sample-and-Hold-Anordnungen oder Spitzenwertmesser SH1 und SH2 die Scheitelwerte von Strom und Spannung gemessen und bis zur nächsten Stromhalbwelle festgehalten, während der Scheitelwert des Wechselstroms langsam erhöht wird. Das Ändern der Wechselstromamplitude kann mit einem motorgetriebenen Stelltransformator wie in Abb. 7.3a und Abb. 7.3b oder durch eine Verschiebung des Zündzeitpunkts des wie in Abb. 7.3c angeordneten Hilfsthyristors TH2 geschehen (Phasenanschnittsteuerung). Da der Sekundärkreis des Transformators TR2 im wesentlichen durch die Transformatorinduktivität bestimmt ist, wird auch in der Anordnung nach Abb. 7.3c der Prüfling von einem nahezu sinusförmigen Strompuls durchflossen.

Die Anordnungen nach Abb. 7.3a und Abb. 7.3b mit direkter oszillographischer Darstellung der Momentanwerte von Strom und Spannung und die Anordnung nach Abb. 7.3c mit der Darstellung der Scheitelwerte von Strom- und Spannungspulsen liefern dann gleiche Ergebnisse, wenn der Prüfling zu jedem Zeitpunkt des Strompulses als im stationären Zustand befindlich betrachtet werden kann, wenn also die Durchschaltzeit des Prüflings kleiner als etwa 1 ms ist. Bei einer Durchschaltzeit, die größer als etwa 1 ms ist, liefert die Messung des Scheitelwertes die genaueren Werte, da bei der Messung der Momentanspannung, wenn der Thyristor noch nicht vollständig durchgezündet hat, zu hohe Werte ermittelt werden.

Oftmals wird nicht die vollständige Kennlinie, sondern nur die Durchlaßspannung bei einem vorgegebenen Wert des Durchlaßstroms, etwa beim dreifachen Wert des zulässigen Dauergrenzstroms, gemessen. Hierzu wird mit einem der Verfahren aus Abb. 7.3 der vorgegebene Scheitelstrom eingestellt und die Durchlaßspannung an einem Spitzenspannungsmeßgerät abgelesen.

7.3.1.2 Sperrverhalten

Die Beschreibung des Sperrverhaltens des (n-Basis)-(p-Emitter)- und des (p-Basis)-(n-Basis)-Übergangs geschieht in der Regel durch die Angabe der Strom-Spannungs-Kennlinie des Thyristors bei Sperrpolung des entsprechenden pn-Übergangs. Für den anodenseitigen pn-Übergang wird diese Kennlinie als (negative) Sperrkennlinie, für den kathodenseitigen inneren pn-Übergang als positive Sperrkennlinie oder Blockierkennlinie bezeichnet. Die entsprechenden Ströme und Spannungen werden als negative bzw. positive Sperrströme und Sperrspannungen bezeichnet. Im Rahmen der Typenspezifikation werden die höchstzulässige periodische (negative) Spitzensperrspannung U_{DRM} (U_{RRM}) sowie der bei U_{DRM} (U_{RRM}) oder/und 2/3 U_{DRM} (2/3 U_{RRM}) gemessene größte positive (negative) Sperrstrom I_D (I_R) angegeben. Daneben wird oftmals die höchste positive (negative) Stoßspitzenspannung U_{DSM} (U_{RSM}), das ist der erlaubte Höchstwert von gelegentlich, nicht periodisch auftretenden Spannungspulsen, angegeben. Für kurze Zeit (10 bis 20 µs) können Thyristoren im Bereich des Steilanstiegs der negativen Sperrkennlinie mit Strömen bis zu 30 A betrieben werden, ohne daß es zur Zerstörung des Bauelements kommt. Bei Thyristoren, deren Belastbarkeit in negativer Sperrichtung bekannt sein muß, müssen entsprechende Prüfungen durchgeführt werden.

Die Sperrkennlinien sowie die daraus abgeleiteten Kenngrößen sind in sehr starkem Maße von der Temperatur abhängig und werden daher zur vollständigen Charakterisierung des Sperrverhaltens für verschiedene Temperaturen, meist Raumtemperatur und maximale Betriebstemperatur, angegeben. Auf eine temperaturgeregelte Prüflingshalterung ist unbedingt zu achten. Außerdem muß durch ein geeignetes Meßverfahren dafür gesorgt werden, daß die Temperatur im Innern des Prüflings, insbesondere die Sperrschichttemperatur, durch die Messung nicht wesentlich verändert wird. Ein Sperrstrom von 10 mA bei einer Spannung von 1 kV kann bei einer Verlustleistung von 10 W bei Dauerbelastung und ungenügender Wärmeableitung schon zu einer erheblichen Erwärmung des Prüflings oder von Teilen des Prüflings führen. Bei allen Messungen des Sperrverhaltens mit Ausnahme der Stoßbelastbarkeit in (negativer) Sperrichtung, ist durch einen hinreichend großen Schutzwiderstand in Serie zum Prüfling dafür zu sorgen, daß ein unkontrollierter Stromanstieg auf dem Steilanstieg der Sperrkennlinie oder ein Überkopfzünden in Kipprichtung nicht zur Zerstörung des Prüflings führt. Da die Sperrkennlinien eines Thyristors durch die Beschaltung des Steuerbasisanschlusses beeinflußt werden, ist diese entsprechend den Herstellervorschriften oder in einer dem untersuchten Problem angepaßten Weise vorzunehmen.

Im einfachsten Fall, wenn die thermische Belastung des Prüflings durch die Messung zu vernachlässigen ist, kann die Sperrkennlinie durch eine Gleichstrommessung mit Hilfe einer einstellbaren Gleichspannungsquelle und einem geeigneten Volt- und einem Amperemeter aufgenommen werden. Zur Reduzierung der thermischen Belastung wird bei höheren Strömen und Spannungen im allgemeinen jedoch eine Halbwellenmethode verwendet. Das Schema einer entsprechenden Anordnung ist in Abb. 7.4 dargestellt.

Die Netzwechselspannung wird mittels der Transformatoren TR1 und TR2 auf einen mit TR1 einstellbaren Wert transformiert. Je nach Stellung des Schalters S wird die positive oder negative Halbwelle der Sekundärspannung von TR2 durch die Diode D1 oder D1' gesperrt. Die Diode D2 bzw. D2', die auch durch passend dimensionierte Widerstände ersetzt werden kann, verhindert, daß

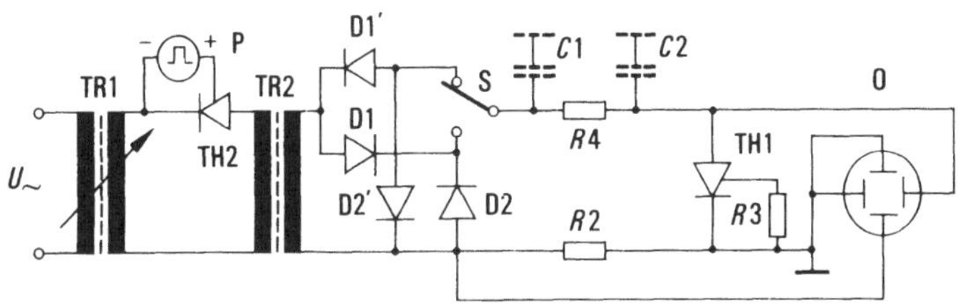

Abb. 7.4. Anordnung zur Messung der Sperrkennlinien

der Sperrstrom von D1 (D1') über den Prüfling TH1 fließt. Die nicht gesperrten Wechselspannungshalbwellen liegen über dem Strombegrenzungswiderstand R4 und dem Strommeßwiderstand R2 am Prüfling. Die Momentanwerte der Anoden-Kathoden-Spannung des Prüflings sowie der Spannung am Strommeßwiderstand werden im Oszilloskop O als Strom-Spannungs-Kennlinie dargestellt. Mit Hilfe des Thyristors TH2 ist es möglich, zur Reduktion der thermischen Belastung des Prüflings nicht jede Halbwelle, sondern nur jede zweite, dritte oder in noch größerem Abstand folgende Halbwellen der Netzwechselspannung zu verwenden. Wenn die Meßanordnung nicht vernachlässigbare Schaltkapazitäten C1 und C2 aufweist, fließt der Verschiebungsstrom dieser Kapazitäten über den Massepunkt der Anordnung und den Strommeßwiderstand zum Fußpunkt der Sekundärwicklung von TR2 und führt zu einer Verfälschung des gemessenen Sperrstroms. Dieser Effekt kann vermieden werden, wenn der Massepunkt der Anordnung an den Fußpunkt der Sekundärwicklung von TR2 gelegt wird. In diesem Fall muß jedoch der Prüfling gegen den Massepunkt isoliert aufgebaut und die Anoden-Kathoden-Spannung mit Hilfe eines Differenzverstärkers gemessen werden.

Analog zu den zur Messung der Durchlaßkennlinie beschriebenen Verfahren lassen sich Sperrkennlinien auch aufnehmen, indem mit einem motorgetriebenen Stelltransformator TR1 die Spannung langsam von niedrigen zu hohen Werten verstellt wird und bei jeder am Prüfling anliegenden Spannungshalbwelle die Scheitelwerte von Strom und Spannung mit einer Sample-and-Hold-Anordnung erfaßt und auf einem x-y-Schreiber oder Speicheroszilloskop aufgezeichnet werden.

Zur Messung der Sperrspannung bei vorgegebenem Strom wird durch eine stromregelnde Anordnung ein voreingestellter Strom in den Thyristor eingespeist und die Anoden-Kathoden-Spannung gemessen. Der Sperrstrom wird in analoger Weise unter Verwendung einer Konstantspannungsquelle gemessen. Je nach den zu messenden Strömen und Spannungen kann dabei eine Gleichstrom- oder Halbwellenmethode zur Anwendung kommen.

Die Prüfung der Belastbarkeit des Thyristors mit einem einmaligen negativen oder positiven Sperrspannungspuls läßt sich mit Hilfe der Anordnung nach Abb. 7.4 vornehmen, wenn der Hilfsthyristor TH2 nur für eine Halbwelle gezündet und Strom- und Spannungsverlauf am Testthyristor mit Hilfe eines Speicheroszilloskops aufgezeichnet wird. Die Pulsbreite ist dabei durch die Netzfrequenz auf 10 ms festgelegt. Bei Prüfungen mit weniger als 10 ms Pulsdauer kann eine Anordnung nach Abb. 7.5 benutzt werden.

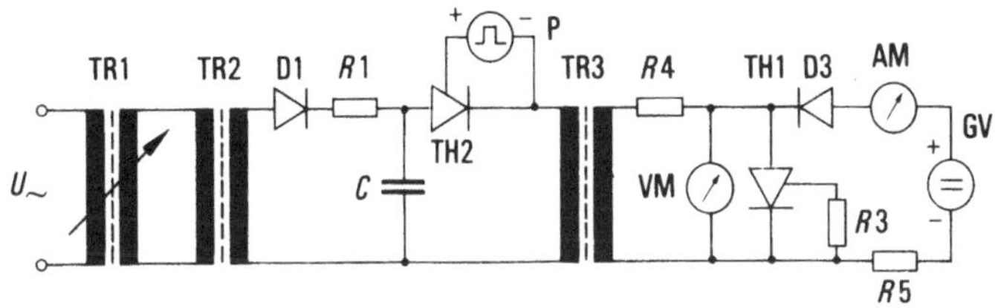

Abb. 7.5. Anordnung zur Messung der Stoßspannungsbelastbarkeit

Der Stoßkondensator C wird über die Diode D1 und den Ladewiderstand R1 auf eine am Transformator TR1 einstellbare Spannung U_0 aufgeladen und anschließend durch Zünden des Hilfsthyristors TH2 über die Primärwicklung des Transformators TR3 entladen. Pulshöhe I_0 und Pulsdauer T des sinusförmigen Stroms durch die Primärwicklung von TR3 werden durch die Kapazität C_s des Stoßkondensators und die Induktivität L_p der Primärwicklung von TR_3 zu

$$I_0 = U_0 (C_s/L_p)^{1/2} \tag{7.1}$$

und

$$T = (\pi/2) (C_s L_p)^{1/2} \tag{7.2}$$

bestimmt. Der in der Sekundärwicklung von TR3 entstehende Spannungsstoß wird über den Strombegrenzungswiderstand R4 dem Prüfling TH1 zugeführt und die auftretende Spitzenspannung mit dem Voltmeter VM erfaßt. Bei der Prüfung in Kipprichtung ist darauf zu achten, daß die kritische Spannungssteilheit $(dU/dt)_{cr}$ nicht überschritten wird. Führt die Stoßspannungsbelastung zum Zünden des Prüflings, so kann von der Gleichspannungsquelle GV über die Diode D3 und den Strombegrenzungswiderstand R5 ein Laststrom fließen, der mit dem Amperemeter AM registriert wird.

Die Prüfung der Belastbarkeit von Thyristoren im Avalanche-Bereich der (negativen) Sperrkennlinie ist mit einer Anordnung nach Abb. 7.6 möglich. Die Schaltung entspricht weitgehend der aus Abb. 7.5, nur daß der Prüfling TH1 sich im Entladekreis des Stoßkondensators C befindet und die Primärwicklung von TR3 in Abb. 7.5 durch die Spule L1 ersetzt ist. Die Lage des Arbeitspunktes auf der Sperrkennlinie während der Stoßstrombelastung wird in der dargestellten Anordnung auf einem Speicheroszilloskop O dargestellt. Üblicherweise wird die Avalanche-Belastung durch die dem Prüfling während dem Stromstoß zugeführte Energie E, die mit Hilfe der Beziehung

$$E = 1/2 \cdot C_s (U_0^2 - U_1^2) \tag{7.3}$$

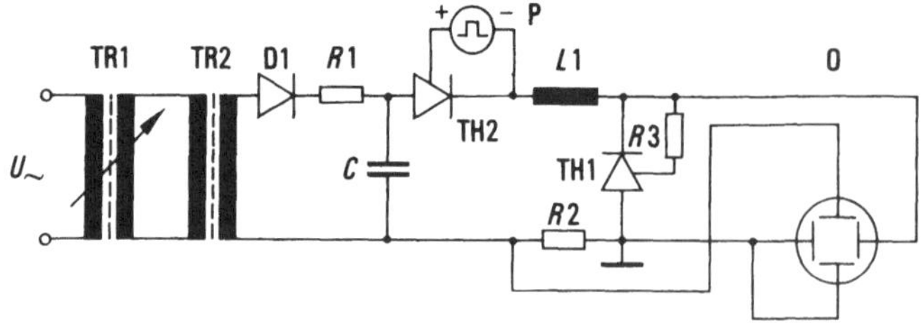

Abb. 7.6. Anordnung zur Messung der Belastbarkeit von Bauelementen im Avalanche-Bereich der (negativen) Sperrkennlinie

aus der Spannung U_0 am Stoßkondensator vor dem Entladevorgang und der Spannung U_1 nach dem Entladevorgang berechnet werden kann, charakterisiert. Da die Feststellung der Belastungsgrenze mit der Zerstörung des Prüflings verbunden sein kann, kann eine solche Messung nur an einigen für einen Bauelementtyp oder eine Produktionscharge typischen Exemplaren durchgeführt werden. Zur Charakterisierung eines bestimmten Bauelements wird nur geprüft, ob der Prüfling mit einer vorgegebenen Belastung beaufschlagt werden kann, ohne daß dies zu seiner Zerstörung führt.

7.3.1.3 Zündverhalten

Die Strom-Spannungs-Kennlinie des Steuerkreises kann im allgemeinen mit einer einstellbaren Gleichspannungsquelle und je einem geeigneten Volt- und Amperemeter oder einem x-y-Schreiber gemessen werden. Soll ein Zünden des Thyristors vermieden werden, so ist mit offenem Anodenanschluß zu messen.

Zur Charakterisierung der Zündempfindlichkeit eines Thyristors wird der Zündstrom I_{GT} als der kleinste Steuerstrom, der gerade zum Zünden führt, angegeben. Die Zündspannung U_{GT} ist als die Spannung definiert, die man zwischen Kathoden- und Steuerelektrodenanschluß mißt, wenn dieser Steuerstrom bei offenem Anodenanschluß in die Steuerelektrode fließt. Ein bestimmter Steuerstrom I_G führt zum Zünden des Thyristors, wenn die Anoden-Kathoden-Spannung größer als die zu diesem Steuerstrom gehörende Kippspannung $U_{(BO)}$ ist. Der Zündstrom ist deshalb im allgemeinen eine Funktion der Anoden-Kathoden-Spannung. Da jedoch die

Kippspannung in einem sehr engen Bereich des Steuerstroms vom Wert der Nullkippspannung bis auf einige Volt abfällt, genügt es, den Zündstrom bei einer Anoden-Kathoden-Spannung von einigen Volt, beispielsweise nach DIN 41 787 bei U_D = 6 V zu messen.

Die Ermittlung des Zündstroms kann mit einer Gleichspannungsanordnung geschehen, bei der der Lastkreis des Thyristors aus einem strombegrenzenden Widerstand und einer Spannungsquelle für die Anoden-Kathoden-Spannung besteht. Der von einer einstellbaren Gleichstromquelle gelieferte Steuerstrom wird dabei so lange erhöht, bis der Thyristor zündet. Der kurz vor dem Zünden gemessene Steuerstrom ist dann gleich dem Zündstrom. Die Zündspannung wird ermittelt, indem anschließend der Anodenkreis aufgetrennt und bei Einspeisung des ermittelten Zündstroms in den Steuerkontakt die Spannung zwischen Kathode und Steuerkontakt gemessen wird. Das Prinzip einer Anordnung, die den beschriebenen Meßzyklus selbsttätig durchführt, ist in Abb. 7.7 dargestellt.

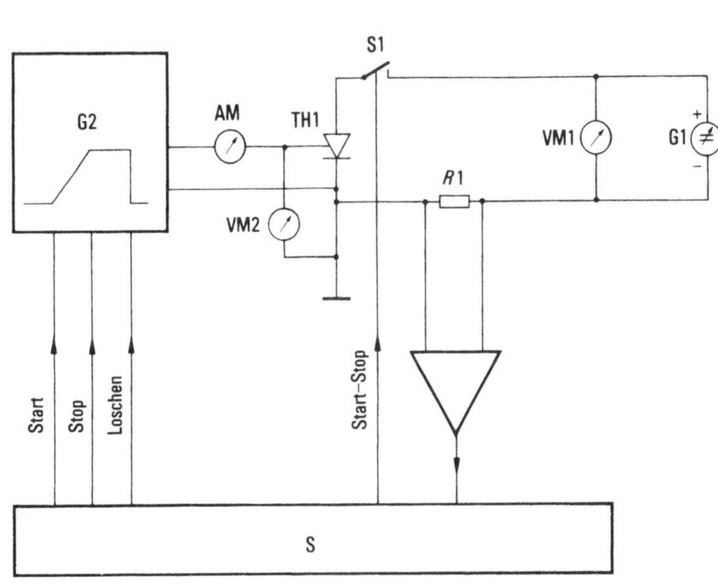

Abb. 7.7. Anordnung zur Messung von Zündstrom und Zündspannung bei konstanter Anoden-Kathoden-Spannung

Der Ablauf der Messung wird durch die Steuerung S kontrolliert. Zu Beginn eines Meßzyklus wird die Spannung der Gleichspannungsquelle G1 als Anoden-Kathoden-Spannung an den Prüfling TH1 gelegt und die Steuerelektrode des Prüfling mit einem von Null langsam ansteigendem Gleichstrom aus dem Zündstromgenerator G2 beaufschlagt. Zur Messung der Anoden-Kathoden-Spannung dient das Voltmeter VM1, der Anodenstrom wird am Widerstand R1 gemessen. Wenn am Anstieg des Anodenstroms erkannt wird, daß der Prüfling zündet, wird der Steuerstromanstieg gestoppt und der Hauptstromkreis am Schalter S1 getrennt. Im Steuerkreis fließt weiterhin der im Moment des Zündens erreichte Strom. Der Zündstrom läßt sich dann am Amperemeter AM und die Zündspannung am Voltmeter VM2 ablesen.

Vielfach wird die Anordnung zum Messen von Zündstrom- und Zündspannung mit der Anordnung zum Aufnehmen der Durchlaßkennlinie nach der Halbwellenmethode kombiniert. In diesem Fall liegt zwischen Anode und Kathode des Prüflings keine Gleichspannung, sondern Wechselspannungspulse, deren Spitzenwert U_1 im nicht gezündeten Zustand größer ist als die Anoden-Kathoden-Spannung U_0, bei der gezündet werden soll. Der Steuerstrom wird nun manuell oder mit Hilfe einer geeigneten Regeleinrichtung so eingestellt, daß die Zündung des Thyristors erfolgt, wenn die ansteigende Wechselspannung den Wert U_0 annimmt (vgl. Abb. 7.8a). Das Schema einer solchen Anordnung ist in Abb. 7.8b dargestellt.

Der Lastkreis entspricht der Anordnung aus Abb. 7.3a. Der Steuerstrom wird durch die einstellbare Stromquelle ST geliefert. Der Spitzenwert der Anoden-Kathoden-Spannung wird mit dem Spitzenwertmesser VM1 erfaßt und dem Regler RE zugeführt. Dieser stellt die Stromquelle ST so nach, daß die gemessene Spitzenspannung gleich dem zuvor eingestellten Wert von U_0 ist. Am Amperemeter AM kann dann der Zündstrom abgelesen werden. Die Bestimmung der Zündspannung erfolgt durch Auftrennen des Lastkreises und Messung der Steuerspannung am Voltmeter VM2, wenn der Zündstrom I_{GT} in den Steuerkontakt eingespeist wird.

7.3.2 Dynamisches Verhalten

7.3.2.1 Einschaltverhalten

Definition der Kenngrößen. Die Messung des Einschaltverhaltens eines Thyristors wird zunächst für den Fall betrachtet, daß der Übergang vom blockierenden zum Durchlaßzustand durch einen Zündstromimpuls verursacht wird. Lichtzündbare Thyristoren werden in dazu analoger Weise untersucht, indem die Steuerstromquelle

a

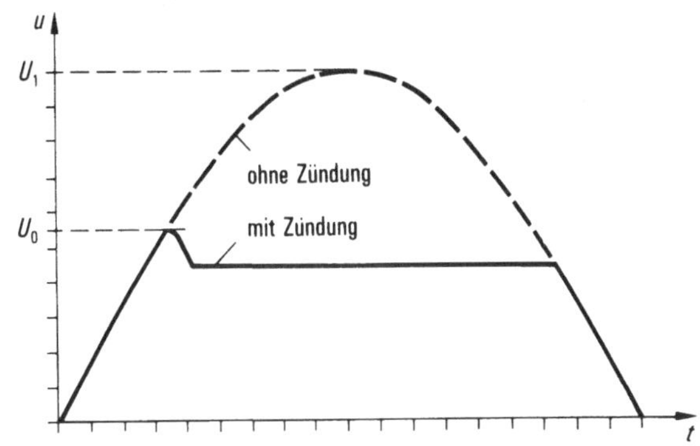

b

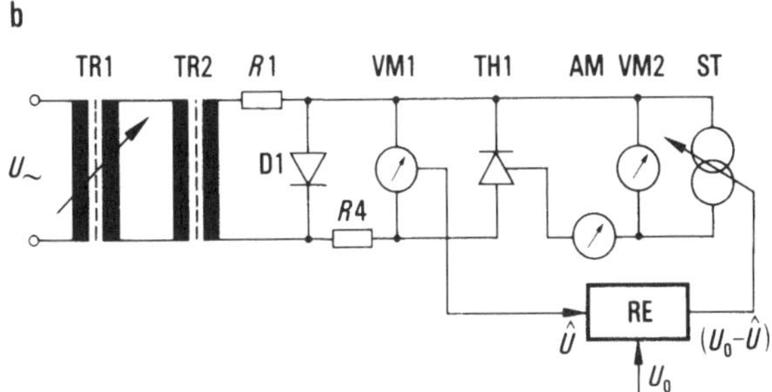

Abb. 7.8. Anordnung zur Messung von Zündstrom und Zündspannung bei periodisch ansteigender Anoden-Kathoden-Spannung. a) Zeitverlauf der Anoden-Kathoden-Spannung bei zur Zündung (-----) und nicht zur Zündung (———) führendem Steuerstrom; b) Prinzipschaltbild der Meßanordnung

zur Speisung einer Leuchtdiode dient, deren Licht dem lichtempfindlichen Teil des Thyristors zugeführt wird. Zur Bestimmung der Störsicherheit ist es darüber hinaus meist auch erforderlich, mit einer geeigneten Anordnung den kritischen Wert der Spannungsanstiegsgeschwindigkeit $(dU/dt)_{cr}$, der zur Zündung des Thyristors durch den Verschiebungsstrom der Raumladungskapazität des blockierenden pn-Übergangs führt, zu bestimmen.

Das Einschaltverhalten bei Steuerstromzündung, also Strom- und Spannungsverlauf am Thyristor bis zum Einstellen der stationären Werte, sind sowohl vom Thyristor als auch von den Lastkreis- und Steuerkreisparametern abhängig. Im allgemeinen wird zur Prüfung des Einschaltverhaltens eine Anordnung verwendet, deren Grundprinzip in Abb. 7.9a dargestellt ist. In besonderen Fällen muß die Prüfung in einer modifizierten Anordnung, die mehr dem beabsichtigten Verwendungszweck des Prüflings entspricht, beispielsweise mit einer Serienschaltung mehrerer Prüflinge, erfolgen.

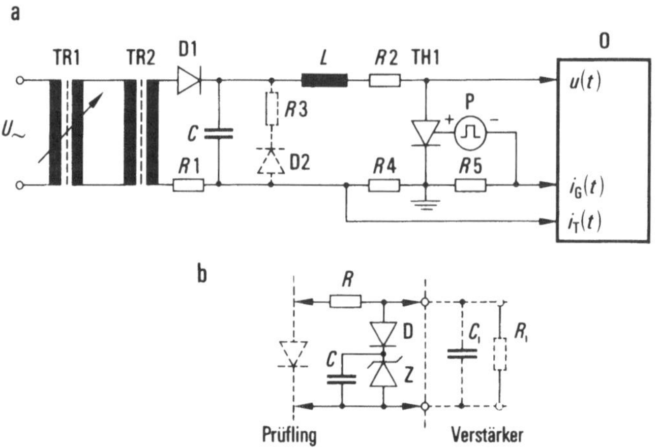

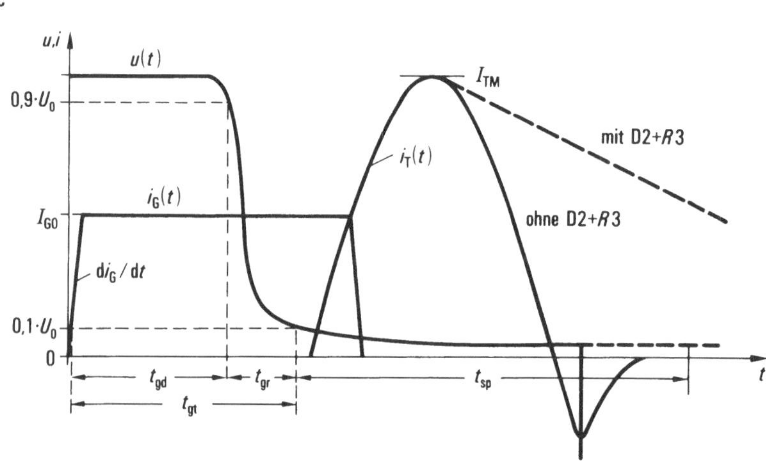

Abb. 7.9. a) Anordnung zur Messung von Zündverzugszeit, Durchschaltzeit und Ausbreitungszeit; b) Spannungsteileranordnung zur Spannungsmessung bei der Bestimmung der Ausbreitungszeit; c) typischer Verlauf von Anoden-Kathoden-Spannung u(t), Steuerstrom $i_G(t)$ und Anodenstrom $i_T(t)$ des Prüflings TH1 in Anordnung a)

Während der positiven Halbwellen der Sekundärspannung vom Transformator TR2 wird der Kondensator C über die Gleichrichterdiode D1 und den Ladewiderstand R1 auf die Spannung U_0 aufgeladen. TR2 dient zur Transformation der Netzwechselspannung auf den für die Aufladung von C erforderlichen Wert. Der gewünschte Wert von U_0 wird mit Hilfe des Stelltransformators TR1 eingestellt. Während der negativen Halbwelle der Sekundärspannung von TR 2 wird der Prüfling TH1 durch einen Steuerstrompuls aus dem Pulsgenerator P gezündet und der Kondensator C über den aus Prüfling, Induktivität L und Widerstand R2 bestehenden Lastkreis entladen. Der Pulsgenerator G arbeitet netzsynchron und liefert Zündpulse mit je nach Meßzweck einstellbarer Pulshöhe, Stromanstiegsgeschwindigkeit und Pulslänge. Um den Prüfling oder die Transformatoren TR1 und TR2 weniger zu belasten, kann die Zündung des Prüflings nur bei jeder zweiten, dritten oder in noch größerem Abstand folgenden negativen Halbwelle der Netzwechselspannung erfolgen. Die Widerstände R4 und R5 dienen zum Messen des Laststroms und des Steuerstroms. Der Verlauf der Anoden-Kathoden-Spannung u(t), des Anodenstroms $i_T(t)$ und des Steuerstroms $i_G(t)$ wird in geeigneter Form auf einem Mehrstrahloszilloskop O dargestellt.

In Abb. 7.9c ist der typische Verlauf von u(t), $i_T(t)$ und $i_G(t)$ beim Einschalten des Thyristors zusammen mit den wichtigsten Kenngrößen des Einschaltvorgangs dargestellt. Zum Zeitpunkt t = 0 liegt am Prüfling die Blockierspannung U_0 und der Steuerstrom beginnt mit der Stromanstiegsgeschwindigkeit di_G/dt auf den Endwert I_{G0} anzusteigen. Alle für den Zündvorgang charakteristischen Zeiten werden auf den Zeitpunkt bezogen, zu dem der Steuerstrom 10 % seines Endwerts erreicht hat. Der erste Zeitabschnitt des Zündvorgangs wird dadurch charakterisiert, daß im Lastkreis des Prüflings ein Strom in der Größenordnung des Sperrstroms fließt und die Anoden-Kathoden-Spannung im wesentlichen konstant bleibt. Nach Ablauf der Zündverzugszeit t_{gd} setzt ein ansteigender Laststrom durch den Prüfling ein, der zum Abbau der Anoden-Kathoden-Spannung führt. Dieser Abbau der Anodenspannung wird durch die Durchschaltzeit t_{gr} charakterisiert, während der u(t) von 90 % auf 10 % des ursprünglichen Wertes abfällt. Nach Ablauf dieser Zeit ist die Spannung über dem Prüfling so gering, daß der Laststrom nur noch vom Laststromkreis bestimmt wird. Der auf U_0 aufgeladene Kondensator C bildet mit L und R2 einen Serienschwingkreis, durch den ein Strom mit der Form einer gedämpften Sinushalbwelle

$$i_T(t') = \frac{U_0}{\omega L} \sin(\omega t') \exp\left(-\frac{R_2 + R_4}{2L} t'\right) \quad (7.4)$$

mit der Frequenz

$$\omega = \left(\frac{1}{LC} - \frac{R_2^2}{4L^2}\right)^{1/2} \tag{7.5}$$

und dem Maximalwert I_{TM} fließt. t' wird auf den Beginn des Stromanstiegs bei $t \approx t_{gt} = t_{gd} + t_{gr}$ bezogen, wobei t_{gt} als Zündzeit bezeichnet wird.

Im Fall des ungedämpften Kreises mit $R_2 + R_4 = 0$ wird der Maximalwert I_{TM} des Laststroms dadurch bestimmt, daß in dem Augenblick, wenn dieser Wert erreicht ist, die ursprünglich im Kondensator C gespeicherte Energie vollständig im Magnetfeld der Spule L gespeichert ist, daß also

$$\frac{1}{2} C U_0^2 = \frac{1}{2} L I_{TM}^2 \tag{7.6}$$

gilt. Die Energieverluste im Prüfling sind dabei vernachlässigt. Nach dem Ende der positiven Stromhalbwelle durch den Prüfling ist der Kondensator C wieder auf etwa die Spannung U_0 aufgeladen, jedoch mit umgekehrter Polarität wie vor Beginn des Zündvorgangs. Wenn nun der Prüfling nach dem Auftreten der Rückstromspitze in den sperrenden Zustand übergeht, belastet diese Spannung den Prüfling in Sperrichtung und führt u.a. zu entsprechend hohen Ausschaltverlusten. Soll diese Situation vermieden werden, kann die negative Aufladung des Kondensators C durch eine Diode D2 eventuell zusammen mit einem Widerstand R3 verhindert werden. Nachdem der Strom seinen Maximalwert angenommen hat, wird er in diesem Fall durch die mit R2, R4 und R3 in Serie geschaltete Induktivität L bestimmt. Er fällt dann vom Maximalwert I_{TM} exponentiell in der Form

$$i_T(t'') = I_{TM} \exp\left(- \frac{R_2 + R_3 + R_4}{L} t''\right) \tag{7.7}$$

ab, wobei t" vom Zeitpunkt, der zu I_{TM} gehört, gezählt ist. Die ursprünglich im elektrischen Feld des Kondensators C, dann im Magnetfeld der Spule L gespeicherte Energie wird in den Widerständen R2, R3 und R4 in Wärme umgesetzt.

Wenn die Thyristorspannung auf etwa 10 % des Ursprungswertes abgesunken ist, ist der Zündvorgang noch nicht abgeschlossen.

Es dauert vielmehr noch relativ lange Zeit, bis die Spannung auf den stationären Wert der Durchlaßspannung U_T abgesunken ist. Ursache hierfür ist die relativ geringe Geschwindigkeit, mit der sich der gezündete Bereich in der Nähe der Steuerelektrode über die gesamte Kathodenfläche ausbreitet. Da es sich hierbei um einen asymptotischen Vorgang handelt, ist eine charakteristische Zeit t_{sp} für diesen Vorgang nur schwer zu definieren. In der Praxis läßt sich beispielsweise die Zeit bis zum Abfall der Anoden-Kathoden-Spannung auf den doppelten Wert der stationären Durchlaßspannung angeben. Sie wird vielfach als Zündausbreitungszeit bezeichnet.

Zündverzugszeit, Durchschaltzeit, Ausbreitungszeit. Die Zündverzugszeit t_{gd} wird nach DIN 41 784 als Zeit zwischen dem Anstieg des Zündstromimpulses auf 10 % seines Endwertes I_{G0} und dem Abfall der Anoden-Kathoden-Spannung auf 90 % des Ausgangswertes gemessen. Diese Vorschrift ist mit einer gewissen Willkür behaftet und ist dann vorteilhaft, wenn die zu prüfenden Thyristoren in Serienschaltung eingesetzt werden sollen. Für manche Anwendungen, wie für die Parallelschaltung mehrerer Thyristoren, ist unter Umständen die Charakterisierung des Zündverzugs- und Durchschalteverhaltens an Hand des $i_T(t)$-Verlaufs angemessener. Sinnvollerweise wird in diesem Fall die Zündverzugszeit t_{gd} beispielsweise als Zeit vom Beginn des Zündstromimpulses bis zum Anstieg des Laststroms auf 10 % des Endwertes definiert.

Die Messung von t_{gd} geschieht durch die Auswertung des am Oszilloskop dargestellten $i_T(t)$- und $u(t)$-Verlaufs. Der Wert der Zündverzugszeit hängt in starkem Maße von Anstiegsgeschwindigkeit und Endwert des Zündstrompulses sowie von den Lastkreisparametern und U_0 ab. Nach DIN 41 787 und 41 784 sollte $U_0 = 1/2\ U_{DRM}$ sein. Der rechteckförmige Steuerstrompuls mit einer Anstiegszeit $< 0{,}5\ \mu s$ sollte länger als der zweifache Wert der erwarteten Zündverzugszeit sein. Die Zündverzugszeit selbst wird im allgemeinen zu einem bestimmten Wert des Steuerstroms I_{G0} angegeben, der mit 1 bis 6 A so hoch ist, daß er zur starken Übersteuerung führt. Der maximale Laststrom I_{TM} soll gleich dem 0,1fachen Dauergrenzstrom des Thyristors sein. Der Lastkreis soll induktivitätsarm aufgebaut sein, so daß $L/R < 2\ t_{gd}$. Die Zeitkonstante $R_2\ C$ soll groß im Vergleich zur Dauer des Zündvorgangs sein.

Die Durchschaltzeit t_{gr} und die Zeit t_{gt} bis zum Anstieg des Laststroms wird in analoger Form gemessen. Die Parameter von Steuer- und Lastkreis sind nicht durch DIN-Normen festgelegt. Sie sind entsprechend dem Untersuchungsziel zu wählen.

Soll die Zündausbreitungszeit gemessen werden, indem man in einer Anordnung nach Abb. 7.9a den Abfall der Anode-Kathoden-Spannung auf den zweifachen Wert der stationären Durchlaßspannung bestimmt, dann liegt zu Beginn des Einschaltvorgangs die volle Blockierspannung U_0 von u.U. mehreren tausend Volt am Eingangsspannungsteiler des Oszilloskops. Nach Ablauf der Ausbreitungszeit soll jedoch eine Spannung von einigen Volt gemessen werden. Die meisten Oszilloskop-Eingangsverstärker sind für solche Messungen jedoch nicht genügend übersteuerbar. In Abb. 7.9b ist deshalb eine Spannungsteileranordnung angegeben, die vor den Eingangsverstärker des Oszilloskops geschaltet wird und bei der bei $U \gtrsim 10$ V die am Oszilloskop liegende Spannung durch die Zehnerdiode Z auf etwa 10 V begrenzt wird [7.12]. Ist u(t) kleiner als 10 V, so sperrt die Diode D und am Oszilloskopeingang liegt die unbegrenzte Anoden-Kathoden-Spannung.

Kritische Stromanstiegsgeschwindigkeit. Nach Ablauf der Durchschaltzeit t_{gt} wird der Laststrom des Thyristors im wesentlichen nur noch von den Schaltelementen des Lastkreises bestimmt. Wenn zu Beginn des Stromanstiegs der gezündete Zustand erst über einen kleineren Teil der Kathodenfläche ausgebreitet ist und der durch den Lastkreis bestimmte Stromanstieg schneller erfolgt, als sich der gezündete Zustand über die Kathodenfläche ausbreitet, so kann dies zu einer zu hohen Strombelastung des gezündeten Kathodenbereichs und eventuell zu einer Zerstörung des Thyristors führen. Für einen bestimmten Thyristortyp gibt man deshalb einen Höchstwert der Stromanstiegsgeschwindigkeit $(di/dt)_{cr}$ an, den der Thyristor ohne bleibende Beeinträchtigung verträgt. Der Wert der zur Zerstörung des Bauelements führenden Stromsteilheit kann nur durch eine mit der Zerstörung des Prüflings verbundenen Prüfung bestimmt werden. Im Rahmen der Qualitätssicherung wird deshalb durch eine Verifikationsprüfung nur festgestellt, ob ein bestimmtes Bauelement eine im Datenblatt festgelegten di/dt-Belastung, die deutlich unter dem typischen zur Zerstörung führenden Wert liegt, schadlos übersteht.

Die Prüfung der di/dt-Belastbarkeit kann mit einer Anordnung nach Abb. 7.9a vorgenommen werden. Die Prüfung erfolgt bei der für das Bauelement höchstzulässigen Sperrschichttemperatur mit einer sinusförmig ansteigenden und exponentiell abfallenden Laststromhalbwelle, deren Maximalwert L_{TM} gleich dem dreifachen Wert des zulässigen Dauergrenzstroms I_{TAV} ist. Die Stromanstiegsgeschwindigkeit wird nach $di_T/dt = 0{,}5 \cdot I_{TM}/t_1$ berechnet, wobei t_1 die Zeit ist, in der i_T auf $0{,}5 \cdot I_{TM}$ angestiegen ist. Die Einstellung von I_{TM} und di_T/dt erfolgt durch eine geeignete Dimensionierung der Schaltkreiselemente L und C. Im allgemeinen erfolgt die Prüfung bei einer Wiederholungsfrequenz des Zündvorgangs von f = 50 Hz. Die Sperrspannung vor dem Zünden des Thyristors soll zwei Drittel der höchstzulässigen periodischen Vorwärts-Spitzensperrspannung betragen. Die Prüfung ist ohne RC-Beschaltung des Prüflings durchzuführen und die Steuerkreisbedingungen sind anzugeben. Zur Feststellung, ob der Thyristor nach einer Prüfung noch funktionsfähig ist, werden Durchlaß- und Sperrkenngrößen kontrolliert.

Eine leistungsfähige Methode zur Beobachtung der Zündausbreitung und zur Beurteilung der di/dt-Belastbarkeit, die jedoch nur im Labormaßstab und an passend präparierten Thyristorscheiben angewendet werden kann, besteht in der Beobachtung der im gezündeten Thyristorbereich auftretenden Infrarot-Rekombinationsstrahlung mit Hilfe einer Infrarot-Bildwandler-Anordnung. Details hierüber sind beispielsweise in [7.13] zu finden.

Kritische Spannungsanstiegsgeschwindigkeit. Wird an einen nicht gezündeten Thyristor eine schnell ansteigende positive Anodenspannung angelegt, so kann der Ladestrom der Sperrschichtkapazität des blockierenden pn-Übergangs so groß werden, daß er zum Zünden des Thyristors führt, ehe die maximale Blockierspannung erreicht ist. Der größte Wert der Spannungsanstiegsgeschwindigkeit, bei der der Thyristor ohne Steuerpuls noch nicht vom sperrenden in den leitenden Zustand umschaltet, wird als kritische Spannungsanstiegsgeschwindigkeit $(du/dt)_{cr}$ bezeichnet. Ihr Wert ist von der Form des Spannungsanstiegs, dessen Anfangs- und Endwert, der Temperatur und der Beschaltung des Steuerelektrodenanschlusses abhängig. Wenn kurze Zeit vor dem Spannungsanstieg ein Laststrom geflossen ist, hängt $(du/dt)_{cr}$ darüber hinaus von der Höhe dieses Stroms, der Steilheit des Stromnulldurchgangs bei dessen Abschalten und der Zeit zwischen Abschalten des Laststroms und Beginn des Spannungsanstiegs ab. Die Angabe eines $(du/dt)_{cr}$-Wertes erfolgt im allgemeinen für den Fall, daß ein vorausgegangener Laststrompuls so weit zurückliegt, daß er keinen Einfluß mehr auf den $(du/dt)_{cr}$-Wert hat. Der Fall, daß ein Spannungsanstieg in Blockierrichtung kurz nach einem vorausgehenden Laststrompuls erfolgt, wird im Begriff der Freiwerdezeit (s. Abschnitt 7.3.2.2) berücksichtigt.

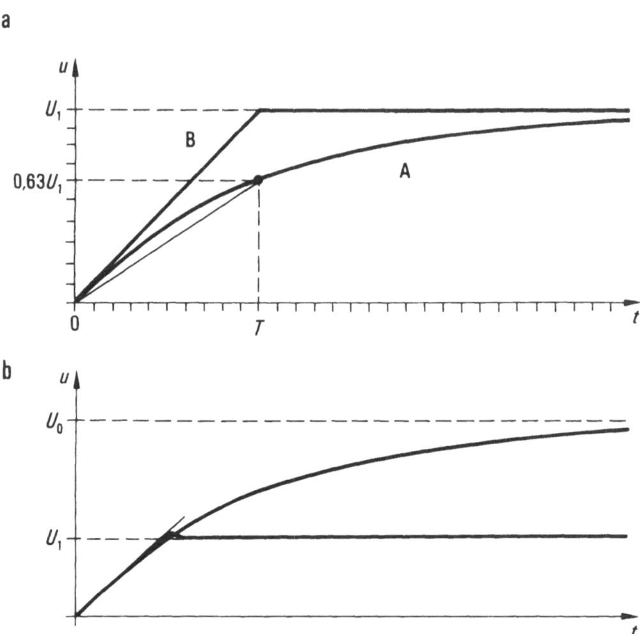

Abb. 7.10. a) Verlauf der Anoden-Kathoden-Spannung zur Messung der kritischen Spannungssteilheit. Kurve A: Exponentieller Spannungsanstieg, Kurve B: linearer Spannungsanstieg; b) Erzeugung eines näherungsweise linearen Spannungsanstiegs aus einer exponentiell ansteigenden Spannung

Die Messung der kritischen Spannungsanstiegsgeschwindigkeit erfolgt mit einer entweder linear (s. Abb. 7.10a, Kurve B) oder einer exponentiell (s. Abb. 7.10a, Kurve A) von Null auf zwei Drittel der höchstzulässigen periodischen Spitzensperrspannung ansteigenden Anodenspannung. Bei exponentiellem Anstieg der Spannung in der Form $u(t) = U_1(1 - \exp(-t/T))$ wird die Spannungsanstiegsgeschwindigkeit in der Form $(du/dt) = 0{,}632 \cdot U_1/T$ angegeben. Nach erfolgtem Spannungsanstieg soll die Spannung am Thyristor bei exponentiellem Anstieg noch mindestens 1 ms mindestens $0{,}7 \cdot U_1$ betragen, bei linearem Anstieg mindestens für die fünffache Anstiegszeit erhalten bleiben. Das Prinzip einer Anordnung zur Messung der kritischen Spannungsanstiegsgeschwindigkeit mit exponentiell ansteigender Spannung ist im oberen Teil von Abb. 7.11a dargestellt.

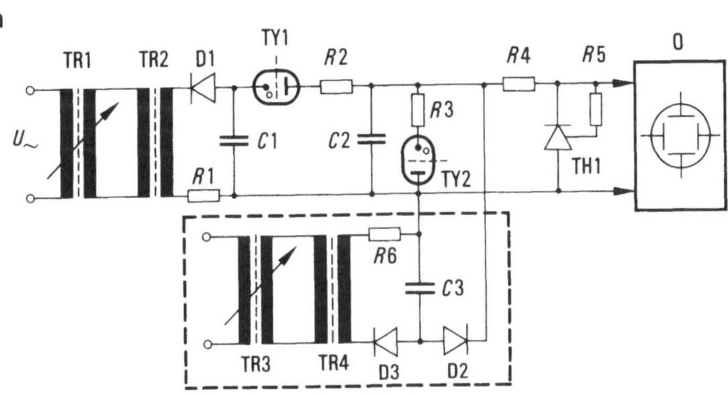

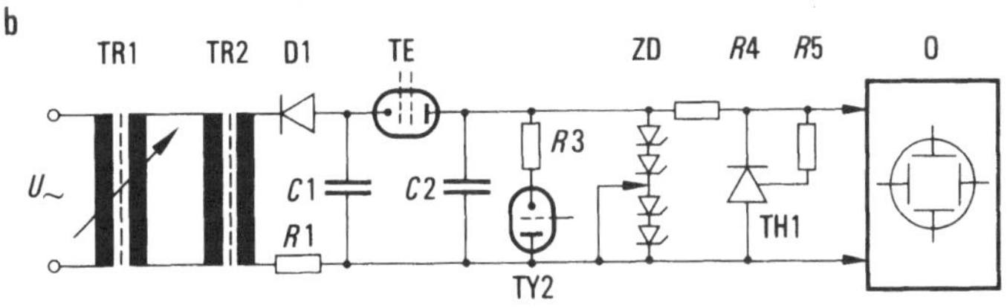

Abb. 7.11. a) Anordnung zur Messung der kritischen Spannungssteilheit mit exponentiellem Spannungsanstieg (ohne umrahmten Schaltungsteil) oder mit näherungsweise linearem Spannungsanstieg (mit umrahmtem Schaltungsteil); b) Anordnung zur Messung der kritischen Spannungssteilheit mit exakt linearem Spannungsanstieg

Während der negativen Netzspannungshalbwelle wird der Stoßkondensator C1 über die Diode D1 und den Ladewiderstand R1 auf die mit Hilfe des Stelltransformators TR1 einstellbare Spannung U_1 aufgeladen. Während der folgenden positiven Wechselspannungshalbwelle wird das Thyratron TY1 gezündet und der Kondensator C1 entlädt sich über R2 auf C2. Wenn die Kapazität von C1 wesentlich größer als die von C2 ist, ergibt sich an C2 und damit am Prüfling TH1 eine exponentiell mit der Zeitkonstanten $T = R_2C_2$ auf U_1 ansteigende Spannung. R_2 ist der Widerstand von R2, C_2 die Kapazität von C2. Der Widerstand R4 dient zur Begrenzung des Thyristorstroms in dem Fall, daß der Spannungsanstieg zum Zünden des Prüflings führt. Mit Hilfe des Thyratrons TY2 läßt sich C2 vor der Zündung von TY1 definiert entladen. Die Spannungsanstiegsgeschwindigkeit wird durch passende Wahl von R2 und C2 eingestellt und so lange erhöht, bis der Thyristor aufgrund des Spannungsanstiegs zündet. Der Anstieg der Prüflingsspannung wird am Oszilloskop O beobachtet. Führt eine Spannungsanstiegsgeschwindigkeit, die größer als $(du/dt)_{cr}$ ist, zur Zündung des Prüflings, so ist dies am Oszilloskop am Zusammenbruch der Prüflingsspannung zu erkennen.

Um einen möglichst exakten exponentiellen Verlauf des Spannungsanstiegs zu erhalten, ist bei der Dimensionierung und beim Aufbau der Meßanordnung darauf zu achten, daß die Kapazität von C1 wesentlich größer als die von C2 ist, daß der aus R2, C2 und TY1 bestehende Entladekreis von C1 induktivitätsarm aufgebaut ist und daß die aus dem Widerstandswert von R4 und der Sperrschichtkapazität des Prüflings sich ergebende Zeitkonstante wesentlich kleiner als R_2C_2 ist. Ist die Sperrschichtkapazität des Prüflings nicht wesentlich kleiner als C_2, dann muß zur Ermittlung der Zeitkonstanten T die Summe dieser Kapazitäten, eventuell unter Einschluß von Schaltkapazitäten, verwendet werden.

Ein näherungsweise linearer Spannungsanstieg läßt sich erzeugen, wenn man eine exponentiell auf U_0 ansteigende Spannung bei einem Wert $U_1 < U_0$ begrenzt (s. Abb. 7.10b). Ist $U_1 \lesssim 0,4\ U_0$, dann weist der bis U_1 ansteigende Teil der Exponentialfunktion Abweichungen von einer Geraden auf, die kleiner als 10 % sind. Ein Spannungsanstieg in dieser Form läßt sich mit einer Anordnung nach Abb. 7.11a unter Einschluß des gestrichelt umrandeten Teils erzeugen.

Der exponentielle Anstieg der Spannung wird durch den mit TR1 eingestellten Wert von U_0 und R_2 und C_2 bestimmt. Der Kondensator C3, dessen Kapazität wesentlich größer als die des Kondensators C1 ist, wird über den Ladewiderstand R6 und die Gleichrichterdiode D3 auf die am Stelltransformator TR3 einstellbare Spannung U_1 aufgeladen. Solange nach dem Zünden des Thyratrons TY1 die am Prüfling liegende, exponentiell ansteigende Spannung kleiner als U_1 ist, ist die Diode D2 gesperrt, und der Ladevorgang von C2 wird durch die Spannung an C3 nicht beeinflußt. Sobald jedoch die Spannung an C2 die an C3 um mehr als etwa 1 V übersteigt, wird D2 in Durchlaßrichtung gepolt. Da die Kapazität von C3 sehr viel größer als die von C1 und C2 ist, wird nun von C3 der gesamte Entladestrom von C1 aufgenommen, ohne daß sich dabei U_1 wesentlich verändert. Beim praktischen Aufbau einer solchen Anordnung muß u.U. noch eine Entladevorrichtung für den Kondensator C3 vorgesehen werden. Darüber hinaus ist darauf zu achten, daß die Sperrschichtkapazität der Diode D2 möglichst gering ist, da diese parallel zu C2 liegt.

Das Prinzip einer Anordnung, mit der ein exakt linearer Spannungsanstieg erzeugt werden kann, ist in Abb. 7.11b wiedergegeben.

Der auf die Spannung $U_0 > U_1$ aufgeladene Stoßkondensator C1 wird mit einem konstant gehaltenen, einstellbaren Strom I_0 über den Kondensator C2 entladen. Der Spannungsanstieg an C2 erfolgt dann in der Form $u(t) = 1/C_2 I_0 t$. Die Stromregelung erfolgt durch ein Bauelement mit einer Stromsättigungscharakteristik, beispielsweise einer Tetrode TE oder einer Anordnung aus hochsperrenden Bipolar- oder MOS-Transistoren. Die Beendigung des Aufladevorgangs, wenn die Spannung U_1 an C2 erreicht ist, erfolgt hier durch eine Anordnung aus Zehnerdioden ZD mit einstellbarer Durchbruchspannung.

7.3.2.2 Ausschaltverhalten

Definition der Kenngrößen. Wenn man von abschaltbaren Thyristoren absieht, kann ein Leistungsthyristor nur abgeschaltet werden, indem durch Zuschalten eines dem Thyristor parallel liegenden Strompfades der Hauptstrom durch den Thyristor so weit abgesenkt wird, daß der Thyristor vom Durchlaßzustand in den blockierenden Zustand zurückgeht (Abkommutieren des Laststroms). In Abb. 7.12 sind das Schema einer solchen Kommutierungsschaltung sowie der typische Strom- und Spannungsverlauf beim Abschalten eines Thyristors dargestellt.

Zunächst fließt, durch die Spannung U_0 getrieben, der konstante Hauptstrom I_{TM} durch den im durchgeschalteten Zustand befindlichen Thyristor. Die Spannung am Thyristor ist gleich der zu diesem Strom gehörenden stationären Durchlaßspannung U_T. Zum Einleiten des Abschaltvorgangs wird zum Zeitpunkt t_0 eine Spannungsquelle mit einer in negativer Richtung treibenden Kommutierungsspannung U_K in Serie mit der Induktivität L parallel zum Thyristor geschaltet. Diese Spannung versucht nun, einen

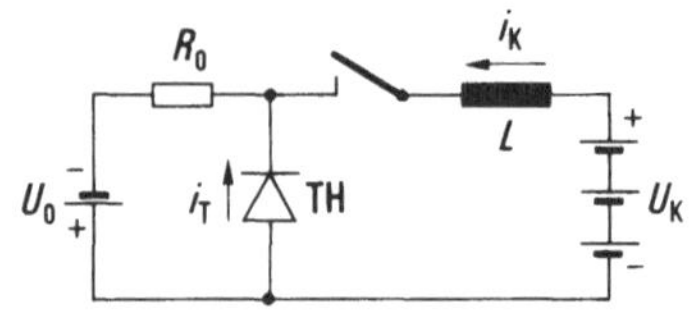

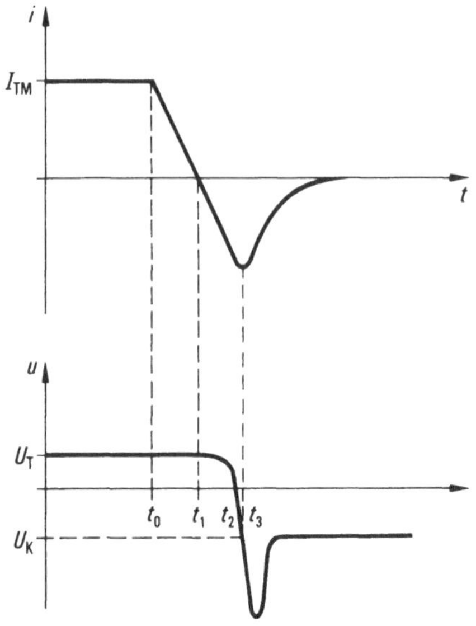

Abb. 7.12. Prinzip einer Anordnung zum Abschalten eines Thyristors (Kommutierungsschaltung) sowie Verlauf von Hauptstrom und Hauptspannung des Thyristors

entsprechend dem Kirchhoffschen Gesetz für den Kommutierungskreis

$$U_T(t) + U_K - L \cdot di_K/dt = 0 \tag{7.8}$$

mit der Geschwindigkeit

$$di_K/dt = (U_K - U_T(t))/L \tag{7.9}$$

ansteigenden Rückwärtsstrom i_K durch den Thyristor zu treiben. Der Hauptstrom wird dadurch mit der Geschwindigkeit $di_T/dt = -di_K/dt$ vom Anfangswert I_{TM} ausgehend abgesenkt. Wenn die Kommutierungsspannung U_K wesentlich größer als die Durchlaßspannung des Thyristors ist, wird die Abkommutierungssteilheit des Hauptstroms im wesentlichen nur durch U_K und L bestimmt.

Das Absenken des Hauptstroms erfolgt meist so schnell, daß, wenn der Strom zum Zeitpunkt t_1 den Wert Null erreicht hat, die Ladungsträgerdichten sich noch nicht durch Rekombination auf den Gleichgewichtswert einstellen konnten. Es kann deshalb auch in negativer Richtung noch ein Strom durch den Thyristor fließen. Dieser Rückwärtsstrom, der zum Abbau der freien Ladungsträger führt, fließt so lange, bis die Ladungsträgerdichten so weit reduziert sind, daß sich an den Emitter-Basis-Übergängen eine sperrende Raumladungszone aufbauen kann. Von diesem Augenblick t_2 an baut sich am Thyristor eine negative Sperrspannung auf. Ein Rückwärtsstrom kann jetzt nur noch in dem Maße durch den Thyristor fließen, wie er bei ansteigender Sperrspannung zum Aufbau der Raumladungszonen benötigt wird. Wenn zum Zeitpunkt t_3 die Sperrspannung etwa gleich der Kommutierungsspannung ist, beginnt der Rückwärtsstrom auf Null abzufallen. Der damit verbundene positive Wert von di_T/dt führt zu einem Spannungsstoß an der Induktivität L, der sich der Kommutierungsspannung gleichgerichtet überlagert. Die am Thyristor anliegende Spannung kann dadurch wesentlich größer als die zulässige negative Sperrspannung werden und zur Zerstörung des Bauelements führen. Zur Bedämpfung dieser Spannungsspitze wird daher meist eine RC-Serienschaltung dem Thyristor parallel geschaltet.

Wird sofort, nachdem der Rückwärtsstrom auf den Sperrstrom abgeklungen ist, eine positive Sperrspannung an den Thyristor angelegt, so hat der Thyristor noch nicht seine volle Sperrfähigkeit erreicht, da sich zwischen den sperrenden pn-Übergängen noch ein Überschuß von freien Ladungsträgern befindet, der nur durch Rekombination abgebaut werden kann. Erst wenn nach Ablauf der sogenannten Freiwerdezeit die Dichte der freien Ladungsträger unter einen kritischen Wert abgefallen ist, ist beim Wiederanlegen einer positiven Sperrspannung die volle Sperrfähigkeit wieder erreicht.

Die wichtigsten Kenngrößen des Ausschaltverhaltens eines Thyristors sind in Abb. 7.13 dargestellt. Die Zeitspanne zwischen dem Zeitpunkt, bei dem der Strom beim Wechsel von der Vorwärts- zur Rückwärtsrichtung durch Null geht, und dem Zeitpunkt, bei dem der Rückwärtsstrom von seinem Spitzenwert I_{RRM} auf einen vorgegebenen Wert abgeklungen ist, oder bis zu dem Zeitpunkt, wenn der extrapolierte Wert die Nullinie erreicht, wird als

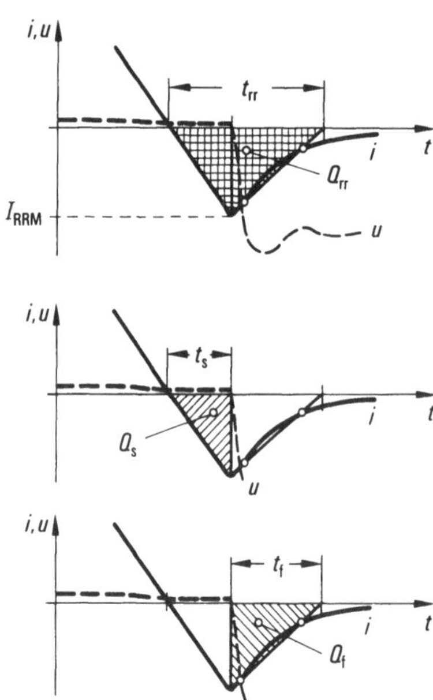

Abb. 7.13. Definition der Kenngrößen des Ausschaltverhaltens eines Thyristors

Sperrverzögerungszeit t_{rr} bezeichnet. Die Gesamtladung, die während dieser Zeit aus dem Thyristor abfließt, nennt man Sperrverzögerungsladung Q_{rr}. Als Spannungsnachlaufzeit t_s bezeichnet man die Zeit zwischen Nulldurchgang des Laststroms und dem folgenden Nulldurchgang der Thyristorspannung, die während dieser Zeit ausgeräumte Ladung als Nachlaufladung Q_s. Die Zeit vom Nulldurchgang der Spannung bis zum Ende der Sperrverzögerungszeit wird als Rückstromfallzeit t_f, die während dieser Zeit ausgeräumte Ladung als Restladung Q_f bezeichnet. Die Freiwerdezeit t_q ist die Mindestzeit zwischen dem Nulldurchgang des abkommutierenden Hauptstroms und dem Nulldurchgang einer wiederkehrenden positiven Sperrspannung bestimmter Höhe, die erforderlich ist, damit der Thyristor nicht wieder in den Durchlaßzustand zurückfällt (vgl. Abb. 7.14).

Die meisten der genannten Kenngrößen sind stark von den Bedingungen, unter denen sie gemessen werden, abhängig. Insbesondere wird das Ergebnis von der Höhe und der Dauer der der Abkommutierung vorausgehenden Durchlaßstrombelastung, der Abkommutierungsgeschwindigkeit sowie der Höhe der negativen Sperrspannung und der Temperatur bestimmt. Die Dauer des Laststroms sollte so

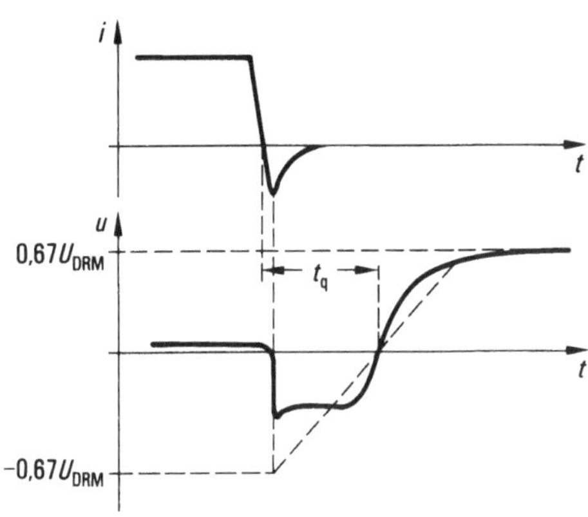

Abb. 7.14. Definition der Freiwerdezeit

groß sein, daß der Thyristor zu Beginn des Abschaltvorgangs vollständig durchgeschaltet ist. Eine eventuell vorhandene RC-Schutzbeschaltung sowie die Beschaltung der Steuerelektrode sind anzugeben. Bei der Bestimmung der Freiwerdezeit sind darüber hinaus die Form des wiederkehrenden positiven Spannungsanstiegs und dessen Endwert von Bedeutung. Eine Möglichkeit ist, daß man die negative Sperrspannung eine bestimmte Zeit nach dem Umschalten konstant bei etwa -100 V stehen läßt, um sie dann von diesem Wert aus exponentiell auf zwei Drittel der höchstzulässigen positiven Spitzensperrspannung U_{DRM} ansteigen zu lassen (vgl. Abb. 7.14 durchgezogene Kurve). Eine andere Möglichkeit ist, daß der wiederkehrende Spannungsanstieg linear erfolgt (vgl. Abb. 7.14 gestrichelte Kurve).

Rückstromspitze, Sperrverzögerungszeit, Sperrverzögerungsladung.
Die Messung der beschriebenen Kenngrößen, mit Ausnahme der Freiwerdezeit, geschieht mit einer Meßanordnung, die dem Prinzip in Abb. 7.12 entspricht, wobei zur Ermittlung der jeweiligen Kenngröße der Strom- und Spannungsverlauf am Prüfling ausgewertet wird. Im einfachsten Fall geschieht diese Auswertung anhand des auf einem Oszilloskop dargestellten Kurvenverlaufs. Die Meßgrößen können jedoch auch durch geeignete analog arbeitende elektronische Anordnungen wie Integrationsverstärker, Differentiationsverstärker, Spitzenwertmesser automatisch bestimmt werden. Eine digitale Ermittlung der Meßgrößen durch Abtasten und Digitalisieren des Strom- und Spannungsverlaufs

und Verarbeitung dieser Meßwerte in einem Digitalrechner ist ebenfalls möglich [7.14]. Eine Meßanordnung nach dem Prinzip aus Abb. 7.12 ist in Abb. 7.15a dargestellt.

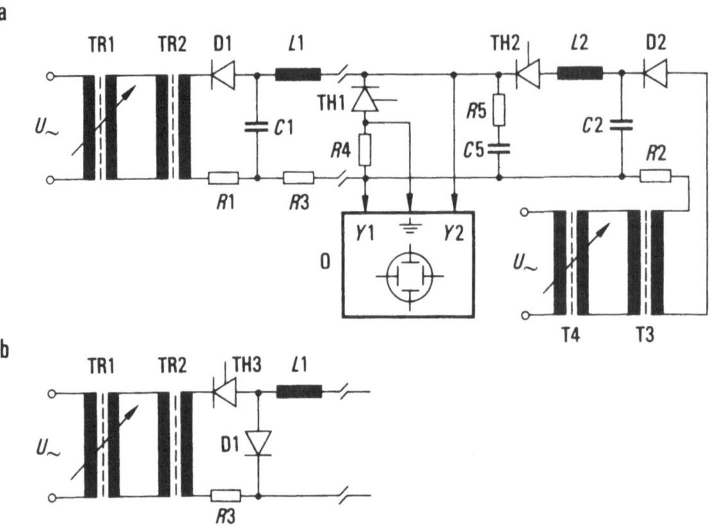

Abb. 7.15. Anordnung zur Messung von Rückstromspitze, Sperrverzögerungszeit und Sperrverzögerungsladung mit Vorstromerzeugung durch Stoßkondensatorentladung (a) oder durch einen Hochstromtransformator (b)

Der Laststrompuls durch den Prüfling TH1 wird in gleicher Weise wie bei den Anordnungen zur Prüfung des Einschaltverhaltens durch Entladung des auf die Spannung U_1 aufgeladenen Kondensators C1 erzeugt. Die Entladung wird durch Zünden des Prüflings eingeleitet. Sobald der Laststrom seinen Scheitelwert I_{TM} erreicht hat, wird der Kommutierungskreis mit dem auf die Spannung U_2 aufgeladenen Kondensator C2 und der Induktivität L2 durch Zünden des Thyristors TH2 parallel zum Prüfling geschaltet. Der Laststromverlauf wird mit Hilfe des Strommeßwiderstands R4 gemessen. Die Spannung am Strommeßwiderstand und die an der Kathode des Prüflings wird einem Oszilloskop O oder einer anderen elektronischen Anordnung zur Auswertung des Strom- und Spannungsverlaufs zugeführt. Eine aus R5 und C5 bestehende RC-Schutzbeschaltung zur Dämpfung der negativen Spannungsspitze darf nicht direkt zwischen Anode und Kathode des Prüflings geschaltet werden, da der Strom durch diese Schaltung die Messung des Prüflingsstroms verfälschen würde, sie wird an dem dem Prüfling abgewendeten Anschluß des Strommeßwiderstands angeschlossen. Die Höhe des Laststroms sowie die Anstiegszeit bis zum Scheitelwert wird durch die Werte von C1, L1, R3 und die Spannung an C1 bestimmt, die Abkommutierungssteilheit durch U_2 und die Werte von L2 und C2. Damit der Abkommutierungsstrom durch den Prüfling näherungsweise linear verläuft, muß der Scheitelwert des sinusförmigen Abkommutierungsstroms wesentlich größer als der des Laststroms sein.

Statt durch eine Kondensatorentladung kann die Vorstrombelastung des Prüflings auch mit Hilfe eines Hochstromtransformators erzeugt werden. Die modifizierte Schaltung des Vorstromkreises ist in Abb. 7.15b dargestellt. Während einer negativen Spannungshalbwelle an der Sekundärwicklung des Hochstromtransformators TR2 wird durch Zünden des Thyristors TH3 der Vorstrom durch den Prüfling eingeschaltet. Höhe und Anstieg des Vorstroms werden im wesentlichen durch die Höhe der treibenden Spannung an der Sekundärwicklung von TR2, der Induktivität von L1 und dem Widerstand von R3 bestimmt. Im Scheitelpunkt der Strombelastung wird dann der Thyristor des Kommutierungskreises TH2 gezündet.

Freiwerdezeit. Zur Messung der Freiwerdezeit muß eine Vorstrombelastung des Prüflings erzeugt, der Vorstrom abkommutiert sowie für eine wählbare Zeit eine negative Sperrspannung und danach eine wieder ansteigende positive Sperrspannung an den Prüfling angelegt werden. In Abb. 7.16 ist das Schema einer dafür geeigneten Anordnung dargestellt.

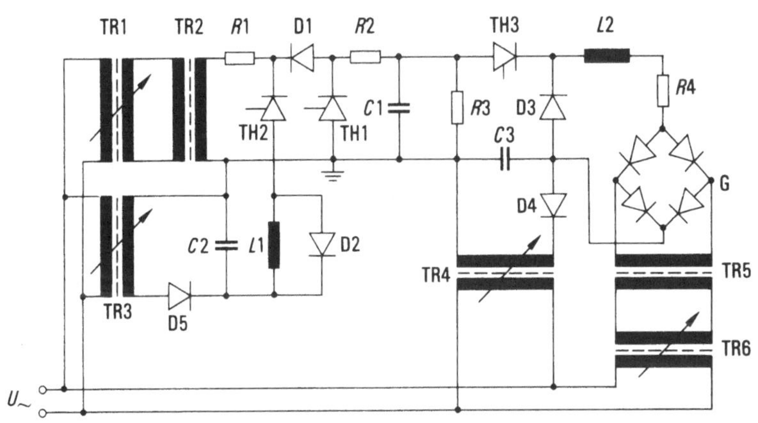

Abb. 7.16. Anordnung zur Messung der Freiwerdezeit mit voneinander unabhängig einstellbaren Meßparametern

Der Vorstrom durch den Prüfling TH1 wird von der Spannung am Hochstromtransformator TR2 und dem Widerstand von R1 bestimmt. Zum Einschalten des Vorstroms wird der Prüfling kurz nach dem Maximum der negativen Spannungshalbwelle an TR2 gezündet. Nach Ablauf der gewünschten Stromflußdauer wird der Strom durch den

Prüfling und die Diode D1 in den aus TH2, L1 und C2 bestehenden Parallelkreis abkommutiert. Der Kommutierungskondensator C2 ist vor Beginn des Meßvorgangs von der Spannung des Transformators TR3 über die Diode D5 auf die Kommutierungsspannung U_2 aufgeladen worden. Die beim Durchgang des Rückstroms durch seinen Maximalwert in L1 entstehende Spannungsspitze wird durch die Diode D2 gedämpft. Nachdem die Rückstromspitze des Prüflings abgeklungen ist, liegt die an C2 verbleibende Restspannung als negative Sperrspannung am Prüfling. Bei hinreichend großer Kapazität von C2 unterscheidet sie sich nur geringfügig von U_2. Über den Widerstand R2 liegt die Sperrspannung am Prüfling gleichzeitig am Kondensator C1. Damit die Kondensatorspannung Spannungsänderungen am Prüfling mit einer Zeitverzögerung, die kleiner als eine Mikrosekunde ist, folgen kann, muß die Zeitkonstante des von R2 und C1 gebildeten RC-Gliedes kleiner als eine Mikrosekunde sein. Zur Erzeugung der wiederkehrenden positiven Sperrspannung wird der Kondensator C1 zu einem wählbaren Zeitpunkt, nach dem Ausschalten des Prüflings beginnend, mit einem konstanten Strom aufgeladen. Der Ladestrom des Kondensators wird von der Spannung am Transformator TR5 erzeugt und fließt zunächst nur in dem aus Gleichrichterbrücke G, Widerstand R4, Induktivität L2 und Diode D3 gebildeten Kreis. Zum Einleiten des wiederkehrenden positiven Spannungsanstiegs wird dieser Strom durch Zünden des Thyristors TH3 aus der Diode D3 in die Serienschaltung von C1 und C3 kommutiert. C3, dessen Kapazität wesentlich größer als die von C1 sein sollte, ist durch den Transformator TR4 über die Diode D4 auf eine an TR4 einstellbare negative Spannung aufgeladen. Der Strom aus TR5, der von der Induktivität L2 nahezu konstant gehalten wird, fließt nun so lange in den Kondensator C1 und erzeugt dabei einen linearen Spannungsanstieg der Prüflingsspannung, bis C1 auf die gleiche Spannung wie C3 aufgeladen ist. Danach fließt er wieder durch D3 und die Spannung an C1 bleibt konstant.

Wenn bei wiederkehrendem positivem Spannungsanstieg noch nicht alle Ladungsträger im Prüfling abgebaut sind, fließt ein zusätzlicher Strom zum Abbau dieser Ladungsträger über den Schutzwiderstand R2 in den Prüfling. Dieser Strom verfälscht unter Umständen den Ladestrom des Kondensators C1. Damit es auf diese Weise nicht zu einer Verfälschung der Form des Spannungsanstiegs an C1 kommt, ist eventuell eine zusätzliche Steuerung des Ladestroms von C1 vorzusehen. Kommt es im Verlaufe des wiederkehrenden Spannungsanstiegs zur Zündung des Prüflings, dann wird der Prüflingsstrom durch R2 begrenzt und damit der Prüfling vor einer Zerstörung durch zu steilen Stromanstieg geschützt. Der Widerstand R3 dient zum Entladen von C1, falls es während des positiven Spannungsanstiegs nicht zur Zündung des Prüflings kommt. Der durch diesen Widerstand fließende Strom muß kleiner als der Haltestrom von TH3 sein, damit TH3 nach dem Aufladen von C1 sicher gelöscht wird.

Die Durchführung einer Messung der Freiwerdezeit erfolgt, indem der aus Vorstrombelastung, negativer Sperrspannungsbelastung und wiederkehrendem positiven Spannungsanstieg bestehende Meßzyklus periodisch wiederholt wird und dabei die Schonzeit für den Prüfling langsam von einem relativ großen Wert ausgehend so lange verkleinert wird, bis der Prüfling bei wiederkehrender positiver Sperrbelastung zündet. Die Beobachtung des Zündvorgangs und die Ermittlung des Wertes der Freiwerdezeit erfolgt anhand des auf einem Oszilloskop dargestellten Verlaufs von Prüflingsstrom und Prüflingsspannung.

Die beschriebene Meßanordnung zeichnet sich dadurch aus, daß die verschiedenen das Meßergebnis beeinflussenden Parameter weitgehend unabhängig voneinander in einem großen Bereich variierbar sind: Die Höhe der Vorstrombelastung wird durch den Transformator TR1 und den Widerstand R1 festgelegt, ihre Dauer durch den Zündzeitpunkt von TH2. Die negative Sperrbelastung wird von der an TR3 einstellbaren Spannung an C2 bestimmt, die Abkommutierungssteilheit des Vorstroms außer von dieser Spannung von der Induktivität L1. Die Dauer der negativen Sperrbelastung wird durch den Zündzeitpunkt von TH3, die Steilheit des wiederkehrenden Spannungsanstiegs von C1 und den durch TR5, TR6 und R4 bestimmten Ladestrom festgelegt. Der Maximalwert der wiederkehrenden positiven Sperrspannung wird an TR4 eingestellt. Nachteilig an der Anordnung der Abb. 7.16 ist der relativ große Schaltungsaufwand. Eine weniger aufwendige Schaltungsanordnung, bei der die die Messung bestimmenden Parameter jedoch nicht mehr unabhängig voneinander eingestellt werden können, ist in Abb. 7.17 dargestellt.

Zur Erklärung der Funktionsweise der Anordnung nach Abb. 7.17a ist in Abb. 7.17b der Verlauf der Spannung U_1 am Transformator TR2, Strom- und Spannungsverlauf am Prüfling TH1 sowie der Verlauf der Spannung am Löschkondensator C1 dargestellt. Vor Beginn des eigentlichen Meßzyklus wird der Kondensator C1 über den Thyristor TH4 auf die positive Spannung U_2 aufgeladen. Der Meßvorgang beginnt zum Zeitpunkt t_1 kurz nachdem die Spannung u_1 am Hochstromtransformator TR1 ihren Maximalwert erreicht hat. Zu diesem Augenblick wird der Prüfling TH1 gezündet, und der Vorstrom i_{TH1} durch den Prüfling steigt mit einer von L1 und L2 begrenzten Steigung an. Wenn der Vorstrom zum Zeitpunkt t_2 den gewünschten Wert erreicht hat, wird er durch Zünden des Löschthyristors TH2 vom Prüfling in den aus C1, D2, TH2 und L2 bestehenden Parallelkreis kommutiert. Nach dem Löschen des Prüflings liegt zum Zeitpunkt t_3 zunächst die an C1 verbleibende Restspannung als negative Sperrspannung am Prüfling. Der von TR2 über L1, D1, D2, C1 und TH2 fließende abkommutierte Vorstrom führt dann jedoch zu einer Umladung von C1, die erst dann beendet ist, wenn zum Zeitpunkt t_4 der Thyristor TH3 gezündet wird oder wenn die beim Maximum des Vorstroms in L1 gespeicherte

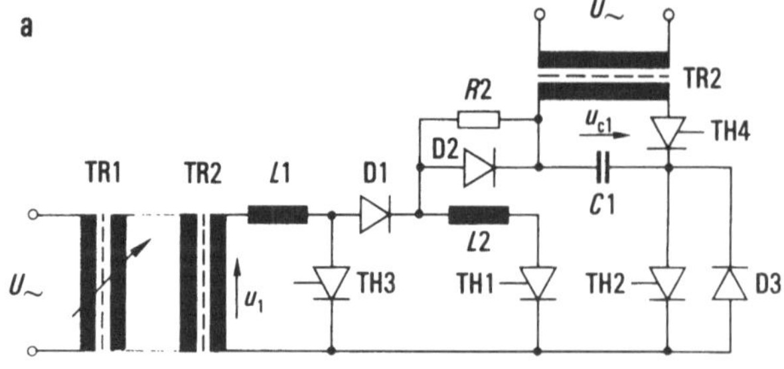

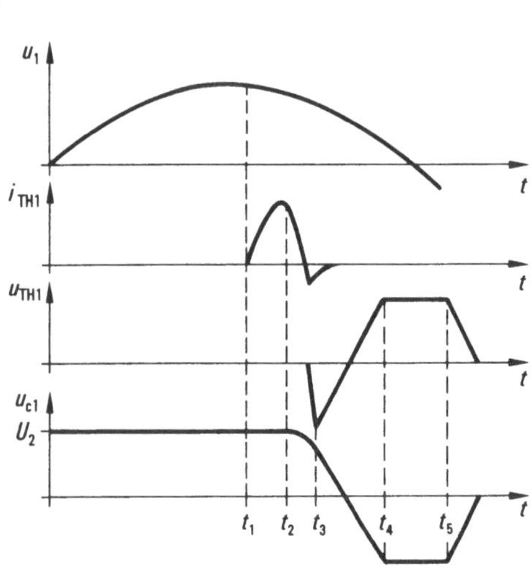

Abb. 7.17. Anordnung zur Messung der Freiwerdezeit nach der Kondensatorumlademethode nach DIN 41784. a) Prinzipschaltbild; b) Verlauf der Transformatorspannung $u_1(t)$, Hauptstrom $i_{TH1}(t)$ und Hauptspannung $u_{TH1}(t)$ des Prüflings sowie der Spannung $u_{c1}(t)$ am Kondensator C1

Energie vollständig in C1 gespeichert ist. Die Spannung an C1 bildet danach eine konstante positive Sperrspannungsbelastung des Prüflings. In dem Fall, daß der Prüfling im Verlaufe des wiederkehrenden positiven Spannungsanstiegs zündet, fließt der Prüflingsstrom über die Diode D3 und den strombegrenzenden Widerstand R2. Die Diode D2 dient zur Überbrückung dieses Widerstands beim Umladen von C1. Ein folgender Meßzyklus wird zum Zeitpunkt t_5 eingeleitet, indem durch Zünden des Thyristors TH4 der Kondensator C1 wieder auf die Kommutierungspannung U_2 umgeladen wird.

Zur Durchführung einer Messung wird bei periodisch wiederholten Meßzyklen die Steilheit der wiederkehrenden Spannung von einem kleinen Wert ausgehend durch Verringern der Kapazität von C1 so lange vergrößert, bis der Prüfling im Verlaufe dieses Spannungsanstiegs zündet. Durch eine geeignete Ansteuerung des Thyristors TH3 muß dabei dafür gesorgt werden, daß der Spannungsanstieg immer bei der gleichen Maximalspannung beendet wird.

Charakteristisch für die Meßanordnung der Abb. 7.17 ist, daß nach dem Abkommutieren des Prüflingsstroms der wiederkehrende positive Spannungsanstieg von einer negativen Spannung, die etwa gleich der Kommutierungsspannung ist, sofort nach dem Abklingen der Rückwärtsstromspitze beginnt. Eine Belastung des Prüflings mit einer für eine gewisse Zeit konstanten negativen Sperrspannung ist deshalb nicht möglich, und Steilheit des wiederkehrenden Spannungsanstiegs und Schonzeit sind nicht mehr unabhängig voneinander einstellbar. Die Meßanordnung nach Abb. 7.17 bildet die Grundlage für die in DIN 41 787 festgelegten Richtlinien für die Messung der Freiwerdezeit zur Verwendung in Datenblättern, in denen eine Verkopplung von Schonzeit und Steilheit des wiederkehrenden Spannungsanstiegs in der beschriebenen Weise gefordert wird. Sollen dieser Festlegung entsprechende Messungen mit anderen Anordnungen gemessen werden, so sind durch geeignete Steuerung der Meßparameter die Größe der Schonzeit und die der Steilheit der positiven Spannung in der geforderten Weise miteinander zu verknüpfen [7.15]. Eine weitere Schaltung, mit der mit verhältnismäßig geringem Aufwand die Freiwerdezeit von Thyristoren gemessen werden kann, ist in [7.16] beschrieben. Der mit dieser Schaltung erzeugte Kurvenverlauf von Prüflingsstrom und Prüflingsspannung entspricht jedoch nur näherungsweise den Forderungen von DIN 41 787.

Beim Aufbau einer Anordnung zur Messung der Freiwerdezeit ist außer den Gesichtspunkten, die bei Meßanordnungen mit hoher Durchlaßbelastung und bei solchen zur $(du/dt)_{cr}$-Messung zu beachten sind, zu berücksichtigen, daß die Freiwerdezeit sehr empfindlich von der Temperatur abhängt. Die Meßaufnahme sollte daher auf ±1°C genau temperaturgeregelt sein. Um eine hohe Abkommutierungsgeschwindigkeit des Vorstrompulses zu erreichen, ist daneben die Meßaufnahme in einer gedrängten induktivitätsarmen Form aufzubauen.

7.3.2.3 Schaltverlustleistung

Die während des Ein- und Ausschaltvorgangs in einem Thyristor in Wärme umgesetzte elektrische Leistung ist meist wesentlich größer als die Verlustleistung im stationären Durchlaß- und Sperrzustand. Insbesondere bei Anwendungen mit hohen Schaltfrequenzen stellt die Schaltverlustleistung deshalb einen wesentlichen Teil der gesamten Verlustleistung dar und muß vor allem bei der thermischen Belastung des Bauelements berücksichtigt werden. Die Bestimmung des Zeitverlaufs sowohl der Einschalt- als auch der Ausschaltverlustleistung kann durch Messen des zum Schaltvorgang gehörenden $i_T(t)$- und $u_T(t)$-Verlaufs geschehen. Aus den gemessenen Kurven erhält man dann durch Multiplikation der Momentanwerte den Zeitverlauf der Verlustleistung $p_T(t) = u_T(t)\, i_T(t)$. Die Multiplikation kann dabei "manuell" oder mit Hilfe einer geeigneten elektronischen Einrichtung, beispielsweise einem Analogmultiplizierer oder einer digitalen Meßwerterfassungseinrichtung mit angeschlossenem Digitalrechner [7.14], erfolgen.

Zur Bestimmung des Zeitverlaufs der Einschaltverlustleistung bei beliebigem Stromverlauf läßt sich vorteilhaft eine in [7.17] angegebene Methode, bei der die dynamischen Durchlaßkennlinien gemessen und ausgewertet werden, verwenden.

Wenn nicht die Momentanwerte der Verlustleistung, sondern nur die mittlere Verlustleistung während eines Schaltvorgangs oder die bei einem Schaltvorgang umgesetzte Gesamtenergie bestimmt werden sollen, kann dies auch durch eine thermische Messung erfolgen. Der Prüfling wird hierzu periodisch ein- und ausgeschaltet und die entstehende Verlustleistung über eine geeichte Wärmeleitungsstrecke abgeführt. Die damit verbundene Erwärmung des Prüflings wird mit einem der üblichen Verfahren, beispielsweise durch Messung der Durchlaßspannung des Emitter-Basis-Übergangs, bestimmt. Mit Hilfe des Wärmewiderstands der Wärmeleitungsstrecke läßt sich daraus unter Berücksichtigung der Schaltfrequenz die auf einen Schaltzyklus bezogene mittlere Verlustleistung oder die Verlustenergie pro Schaltzyklus bestimmen. Wenn die Meßbedingungen außerdem beispielsweise so gewählt waren, daß Durchlaß- und Ausschaltverluste gegenüber den Einschaltverlusten vernachlässigbar werden, ist die so bestimmte Verlustenergie dann gleich der Einschalt-Verlustenergie.

Die bei sinusförmiger Durchlaßstrombelastung während einer Durchlaßperiode entstehende Verlustenergie läßt sich mit einer Anordnung nach Abb. 7.9a, bei der die Diode D2 und die Widerstände R2 und R3 weggelassen sind, auch durch eine Spannungsmessung bestimmen [7.18]: Vor Beginn eines Durchlaßstrompulses durch den Prüfling ist in dem auf die Spannung U_0 aufgeladenen Kondensator C die Energie $E_0 = 1/2\,CU_0^2$ gespeichert. Nach dem Zünden des Prüflings wird C durch den sinusförmigen Schwingkreisstrom zunächst entladen und dann in umgekehrter Richtung wieder aufgeladen. Nach Abschluß der Stromflußperiode nach dem Abklingen der Rückstromspitze ist dann in dem auf die Spannung U_1 aufgeladenen Kondensator C nur noch die Energie $E_1 = 1/2\,CU_1^2$ gespeichert. Die beim Umschwingen der Kondensatorspannung in L und C entstandenen Verluste sind meist gegenüber den Verlusten im Thyristor vernachlässigbar. Deshalb ist die Gesamt-Verlustenergie des Thyristors gleich dem beim Umschwingen der Kondensatorspannung entstandenen Verlust der im Kondensator gespeicherten elektrischen Energie, der sich aus den gemessenen Werten von U_0 und U_1 berechnen läßt.

7.4 Beschreibung eines Meßplatzes

Im folgenden wird anhand eines Meßplatzes zur Erfassung des Rückstromverhaltens [7.19] beispielhaft dargestellt, wie ein Meßplatz zur Prüfung von Leistungshalbleiterbauelementen aufgebaut ist. Abb. 7.18 gibt eine Übersicht über den äußeren Aufbau der Meßanordnung, in Abb. 7.19 ist das elektrische Schaltbild von Leistungsteil und Meßaufnahme wiedergegeben, in Abb. 7.20 ein Schema des Steuerungsteils und der Sicherheitseinrichtungen. Die Anordnung, deren Schaltung dem Prinzipschaltbild in Abb. 7.15b entspricht, ermöglicht eine Vorstrombelastung des Prüflings mit einem Strom bis zu 3000 A und eine Abkommutierungssteilheit zwischen 0,3 und 500 A/µs. Sie besteht aus der in einem Schutzgehäuse untergebrachten pneumatischen Presse

Abb. 7.18. Meßplatz zur Erfassung des Rückstromverhaltens

zur Kontaktierung des Prüflings und einem Geräteschrank, in dem sich der Leistungsteil und in jeweils einem Einschub der Ansteuerteil und der Meßteil befinden. Die Bedienungselemente des Leistungsteils sind an der Frontseite des Geräteschranks angebracht. Insbesondere befinden sich dort die Steckfelder, an denen die Werte der Induktivität L1 des Vorstromkreises sowie die Werte von Kommutierungskreiskapazität C2 und Kommutierungskreisinduktivität L2 eingestellt werden. Zum Schutz des Bedienungspersonals ist der Zugang zu den Steckerfeldern mit einer Tür versehen, die geschlossen sein muß, wenn die Anordnung in Betrieb gesetzt werden soll.

Die pneumatische Presse zur Kontaktierung der Prüflings besitzt je einen beheizten Ober- und Unterstempel, zwischen die Prüflinge in Scheibenzellen oder noch nicht in ein Gehäuse eingebaute Siliziumscheiben eingesetzt werden können. Schraubzellen und Flachbodenzellen als Prüfling werden auf dem Unterstempel befestigt. Zum Schutz des Bedienungspersonals vor hohen Spannungen ist die Presse in einem allseitig geschlossenen

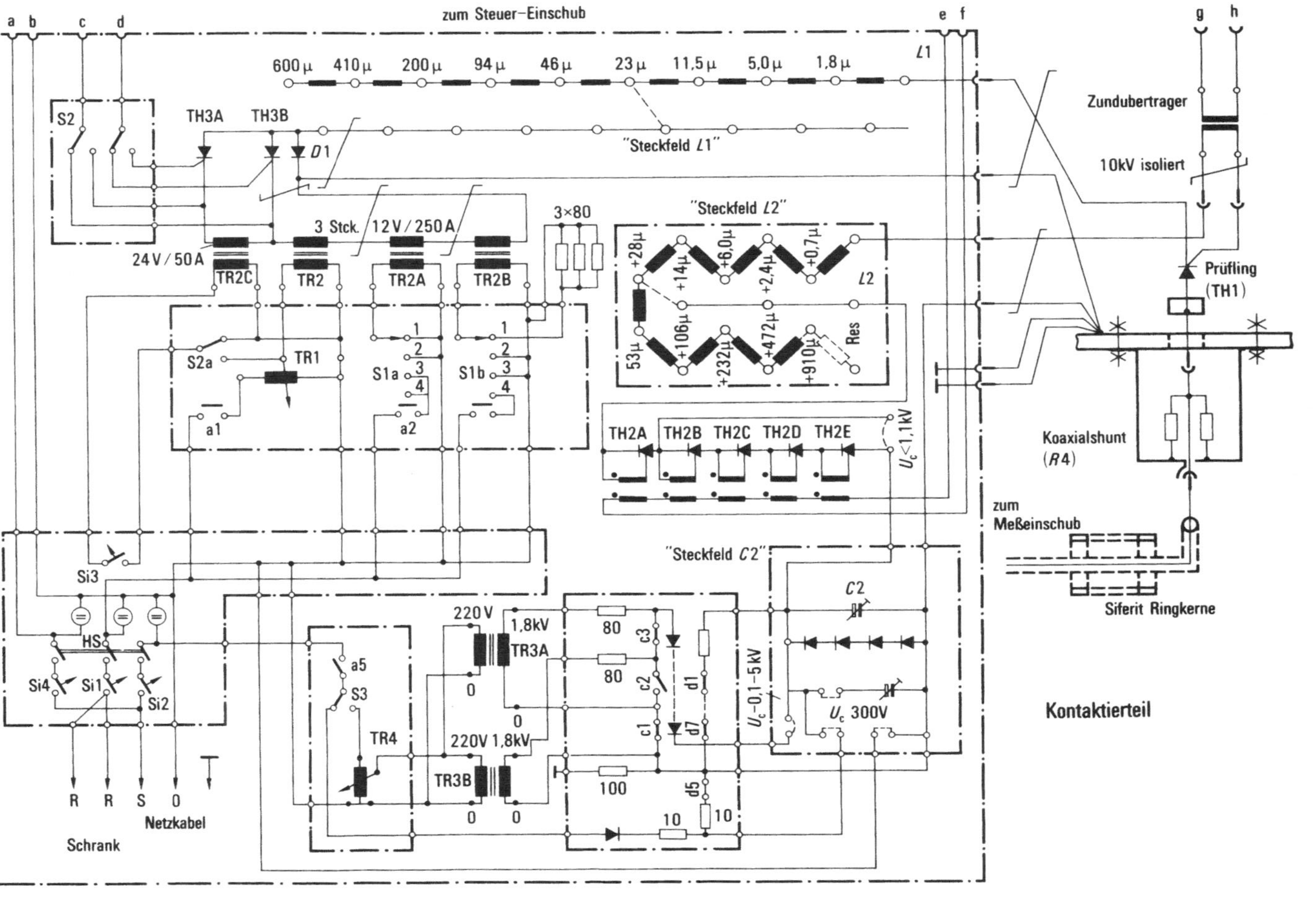

Abb. 7.19. Schaltbild von Leistungsteil und Prüflingsaufnahme des Meßplatzes aus Abb. 7.18

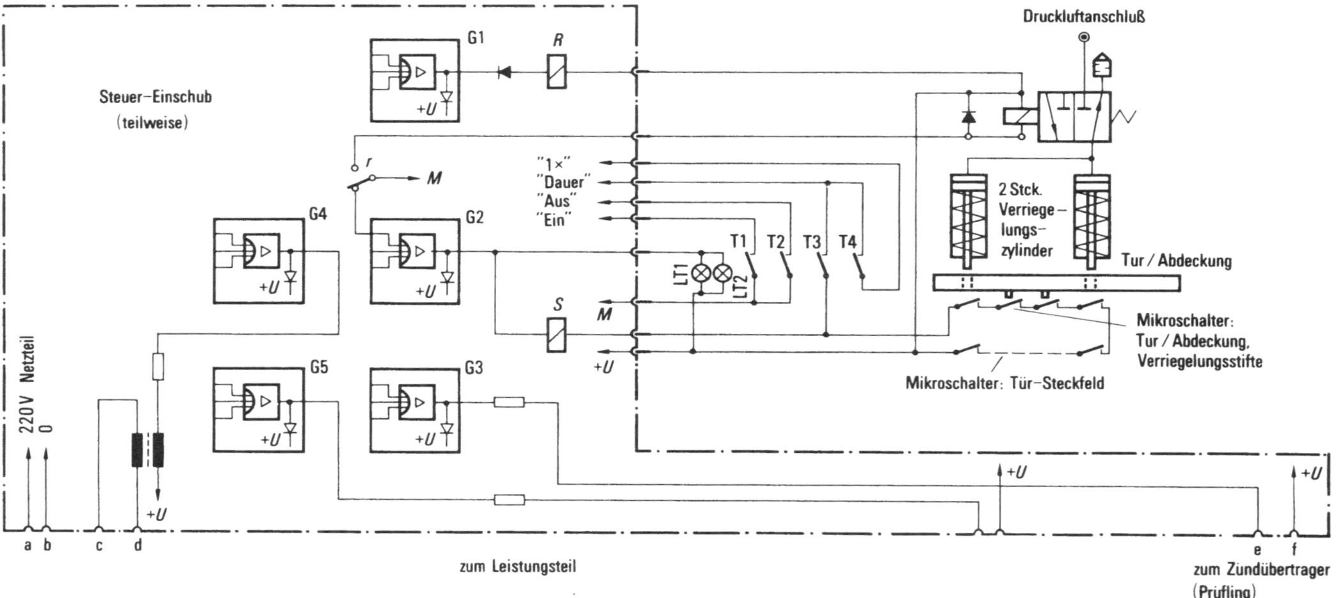

Abb. 7.20. Schaltbild von Steuerungsteil (auszugsweise) und Sicherheitseinrichtungen des Meßplatzes aus Abb. 7.18

Schutzgehäuse untergebracht. Das Öffnen der Tür dieses Gehäuses während einer Messung wird durch eine pneumatisch betätigte Verriegelung verhindert. Öffnen und Schließen dieser Verriegelung geschieht über ein vom Steuergerät aus elektrisch aktiviertes Druckluftventil. Außerdem befinden sich am Schutzgehäuse vier in Serie geschaltete und mit dem Steuergerät verbundene Mikroschalter. Zwei dieser Schalter werden durch die geschlossene Gehäusetür, die beiden anderen durch die aktivierten Verriegelungszylinder geschlossen.

Zur Steuerung der Presse dient ein Gerät "Pressensteuerung". Die Auslösung der Presse erfolgt aus Sicherheitsgründen über zwei voneinander entfernt angebrachte Drucktastenschalter, die gleichzeitig mit jeweils einer Hand zu betätigen sind. Zur Thermostatisierung der Pressenstempel sind diese über einen Ölkreislauf mit einem Umlaufthermostat verbunden. Der koaxial aufgebaute Strommeßwiderstand R4 ist unmittelbar am unteren Stempel der Prüflingsaufnahme angebracht. Damit ist eine RC-Beschaltung des Prüflings unter Umgehung des Strommeßwiderstands möglich. Der Meßsignalanschluß des Strommeßwiderstands ist über ein Koaxialkabel mit dem Meßeinschub verbunden. Zur Vermeidung von Störungen durch Erdleitungsschleifen ist die Eingangsstufe des Meßeinschubs erdfrei ausgeführt. Ausgleichsströme, die über den Mantel des Koaxialkabels fließen, können durch auf das Kabel aufgesteckte Siferrit-Ringkerne unterdrückt werden. Die Verbindung des Prüflings mit dem Leistungsteil erfolgt über zwei getrennte Leitungspaare. Ein Leitungspaar ist für hohe Strombelastbarkeit ausgelegt und mit dem Vorstromkreis verbunden, ein zweites Leitungspaar, das darüber hinaus extrem induktivitätsarm angeordnet ist, stellt die Verbindung zum Kommutierungskreis her.

Der Steuerteileinschub enthält die elektronischen Schaltungen zur Steuerung des Meßablaufs, insbesondere zur Erzeugung der Zündimpulse der Thyristoren TH1, TH3A, TH3B und TH2A bis TH2E sowie die Schaltungen zur Überwachung und Steuerung der Sicherheitseinrichtungen. Die in der Hauptsache aus Digitalbausteinen bestehende Schaltung ist mit Bausteinen einer störsicheren Logikfamilie aufgebaut. Im Meßteileinschub wird in einer Anordnung aus integrierten Operationsverstärkern der Zeitverlauf des am Strommeßwiderstand erfaßten Prüflingsstroms ausgewertet. Wahlweise ist der Betrieb als Integrationsverstärker zur Messung von Q_{rr}, als Differenzierverstärker zur Messung der Abrißsteilheit des Rückstroms oder als Spitzenwertmesser zur Messung der Rückstromspitze möglich.

Die Stromversorgung der Meßanordnung, die zur gleichmäßigen Belastung des Drehstromnetzes an zwei Phasen angeschlossen ist, wird über den Hauptschalter HS eingeschaltet. Die zur Erzeugung des Vorstrompulses erforderliche Wechselspannung wird an den hintereinandergeschalteten Sekundärwicklungen der Hochstromtransformatoren TR2, TR2A, TR2B und TR2C abgegriffen. Die Grobeinstellung dieser Spannung geschieht mit Hilfe der Schalter S1 und S2, die Feineinstellung mit Hilfe des dem Transformator TR2 vorgeschalteten Stelltransformators TR1. TR1 ist bei allen Schalterstellungen von S1 und S2 primärseitig an die Versorgungsspannung angeschlossen. Zur Erhöhung der sekundärseitig zur Verfügung stehenden Spannung lassen sich mit S1 die Transformatoren TR2A und TR2B zusätzlich an die volle Versorgungsspannung anschließen. Darüber hinaus kann TR2A und TR2B mit Hilfe von S1 primärseitig kurzgeschlossen oder TR2B mit einem Widerstand von 30 Ω belastet werden. Dadurch ist eine Belastung des Sekundärkreises mit dem jeweils auf die Sekundärseite transformierten primärseitigen Belastungswiderstand möglich. Um bei einer großen Induktivität L1 des Vorstromkreises noch eine ausreichende Vorstromstärke zu erhalten, ist u.U. eine relativ große treibende Spannung erforderlich. Hierzu kann mit Hilfe des Schalters S2 der Transformator TR2C als zusätzliche Spannungsquelle eingeschaltet werden. Da TR2C nur für eine geringere Strombelastbarkeit als die Transformatoren TR2, TR2A und TR2B ausgelegt ist, ist bei zugeschaltetem Transformator TR2C nur eine reduzierte maximale Vorstromhöhe erreichbar. Die volle maximale Höhe des Vorstrompulses läßt sich erreichen, wenn nur die Transformatoren TR2, TR2A und TR2B benutzt werden. Mit Hilfe der mit S2 alternativ angesteuerten Thyristoren TH3A und TH3B wird in diesem Fall der Vorstrom am Transformator TR2C vorbeigeleitet. TH3A oder TH3B wird gemeinsam mit dem Prüfling TH1 gezündet. Der Zündzeitpunkt in bezug auf die Netzwechselspannung ist am Steuergerät einstellbar.

Der Wert der Vorstromkreisinduktivität L1 kann durch Zusammenschaltung von Teilinduktivitäten am entsprechenden Steckerfeld eingestellt werden. Induktivitätswerte bis maximal 600 µH sind vorgesehen.

Zur Erzeugung der Kommutierungsspannung dienen die Transformatoren TR3A und TR3B, die sekundärseitig mit Hilfe des Relais C wahlweise parallel oder in Serie geschaltet werden können und denen der Stelltransformator TR4 vorgeschaltet ist. Mit dieser Anordnung lassen sich Spannungen am Kommutierungskondensator C2 zwischen 0 und 2,5 kV oder zwischen 0 und 5 kV einstellen. Verschiedene Werte der Kommutierungskapazität werden dadurch eingestellt, daß unterschiedliche Kondensatoren in ein dafür vorgesehenes Steckerfeld eingesteckt werden. Der jeweils benutzte Kondensator ist zusammen mit einer die Umladung des Kondensators verhindernden Diodenanordnung auf eine Montageplatte aufgebaut, die ihrerseits mit Steckern versehen ist, die in das Steckfeld des Meßgeräteschranks eingesteckt werden. Über zusätzliche Steckkontakte, die durch die auf das Steckfeld aufgesteckte Montageplatte miteinander verbunden werden, wird eine Einrichtung des Steuerteils so gesteuert, daß beim Überschreiten der höchstzulässigen Spannung des auf der Montageplatte befindlichen Kondensators die Spannungsversorgung kurzgeschlossen wird. Über eine mit dem Schalter S3 einschaltbare, direkt an die Stromversorgung angeschlossene Gleichrichterdiode lassen sich darüber hinaus Elektrolytkondensatoren mit extrem hoher Kapazität auf eine Kommutierungsspannung von etwa 300 V aufladen. Zum Einleiten des Kommutierungsvorgangs werden die schnellen Thyristoren TH2A bis TH2E, die zur Erzielung einer ausreichenden Sperrfähigkeit hintereinandergeschaltet sind, benutzt. Für die Kommutierungsinduktivität L2 können am entsprechenden Steckfeld Werte bis zu 910 µH eingestellt werden.

Zum Schutz des Bedienungspersonals vor gefährlichen Spannungen ist die Meßanordnung mit einer Reihe von Schutzeinrichtungen ausgestattet. Mit Hilfe der Kontakte d1 bis d5 des Relais D wird die Spannung am Kommutierungskondensator kurzgeschlossen, mit Hilfe der Kontakte a1 bis a5 des Relais A das Einschalten der Transformatoren TR1 bis TR4 kontrolliert. Im Ruhezustand des Gerätes sind die Kontakte d1 bis d5 geschlossen und die Kontakte a1 bis a5 geöffnet. Zur Durchführung einer Messung wird, nachdem der Prüfling in die Meßaufnahme eingelegt und die Schutzhaube der Meßaufnahme geschlossen ist, der Drucktastenschalter T1 (vgl. Abb. 7.20) betätigt. Vom Steuergerät aus wird daraufhin über das Gatter G1 das Relais R mit dem Kontakt r aktiviert. Dadurch wird das Druckluftventil, das die Druckluftzufuhr zu den zwei Verriegelungszylindern freigibt, eingeschaltet und als Folge dessen die geschlossene Schutzhaubentür verriegelt. Zusätzlich wird durch die Aktivierung des Relais R der Ausgang des Gatters G2 auf Massepotential geschaltet. Dies führt dazu, daß die Warnlampen LT1 und LT2 eingeschaltet werden. Wenn außerdem die an der Schutzhaubentür und vor den Verriegelungsstiften sowie die an der die Steckfelder verschließenden Tür angebrachten Mikroschalter geschlossen sind, fließt ein Strom durch die Erregerspule des Relais S. Der aktivierte Zustand des Relais S dient der Steuerelektronik als Signal dafür, daß die vorgesehenen Sicherheitsmaßnahmen zur Durchführung einer Messung getroffen sind. Vom Steuergerät wird daraufhin durch Aktivieren der Relais A und D die Spannungsversorgung der Transformatoren TR1 bis TR4 freigegeben sowie der Kontakt zum Kurzschließen der Kommutierungsspannung geöffnet.

Die eigentliche Messung kann nun durchgeführt werden, indem die Taste T3 oder T4 betätigt wird. Im ersten Fall wird ein einziger Meßzyklus durchgeführt. Bei Betätigung von T4 wird der aus Vorstrombelastung und Abkommutierung bestehende Meßvorgang periodisch wiederholt, wobei die Wiederholungsfrequenz am Steuergerät einstellbar ist.

Nach Abschluß einer Messung kann die Schutzhaube über der Probenaufnahme erst wieder geöffnet werden, wenn nach Betätigen der Taste T2 das Relais R wieder in den Ruhezustand versetzt und dadurch u.a. die Verriegelung der Schutzhaubentür gelöst wurde. Gleichzeitig damit, aber auch wenn die Schutzhaubentür der Prüflingsaufnahme oder die Tür über den Steckfeldern versehentlich während des Betriebs geöffnet wird, fällt das Relais S in seinen Ruhezustand zurück. Dies wiederum führt dazu, daß durch das Steuergerät die Relais D und A in ihren Ruhezustand versetzt werden und damit die Spannungsversorgung der Transformatoren TR1 bis TR4 unterbrochen und die Kommutierungsspannung kurzgeschlossen wird.

7.5 Literatur zu Kapitel 7

7.1 Spenke, E.: pn-Übergänge. (Hrsg. Heywang, W.; Müller, R.: Halbleiter-Elektronik, Bd. 5.) Berlin: Springer 1979.

7.2 Gerlach, W.: Thyristoren. (Hrsg. Heywang, W.; Müller, R.: Halbleiter-Elektronik, Bd. 12.) Berlin: Springer 1979.

7.3 Hoffmann, A.; Stocker, K.: Thyristor-Handbuch, 4. Aufl. Berlin, München: Siemens AG 1976.

7.4 Blicher, A.: Thyristor physics. Berlin: Springer 1976.

7.5 Ghandi, S.K.: Semiconductor power devices. New York: Wiley 1977.

7.6 Paul, R.: Transistoren und Thyristoren. Heidelberg: Hüthig 1977.

7.7 Heumann, K.; Stumpe, A.C.: Thyristoren. Stuttgart: Teubner 1970.

7.8 Müller, R.: Bauelemente der Halbleiter-Elektronik, 2. Aufl. (Hrsg. Heywang, W.; Müller, R.: Halbleiter-Elektronik, Bd. 2.) Berlin: Springer 1979.

7.9 Buri, H.; Leipold, P.: Anwendungsbezogene Prüfung schneller Thyristoren. BBC-Nachr. 61 (1979) 459.

7.10 Schwab, A.; Heinrich, C.: Meßwiderstand zur Aufzeichnung schneller Stromänderungen im Nanosekundenbereich. ETZ-A 87 (1966) 181.

7.11 VDE 0104/7.67: Bestimmungen für Prüfanlagen und Laboratorien mit Spannungen über 1 kV. Berlin: VDE-Verlag 1967.

7.12 Rice, L.R. (ed.): Silicon-controlled rectifier designers handbook. Youngwood, Pa.: Westinghouse Electric Corp. 1970.

7.13 Siehe [7.1], S. 119 ff.

7.14 Wojtalla, H.: Direktmessung von Leistungshalbleitern mittels rechnergesteuerter Anlage. Nachrichten-Elektronik 2 (1976) 35.

7.15 Siehe [7.7], S. 325.

7.16 Rumberg, J.: Messung der Freiwerdezeit von Thyristoren. Elektronik-Anz. 5 (1973) 84.

7.17 Siehe [7.3], S. 124 ff.

7.18 Golden, F.B.: Thyristorschaltverluste und ihre Messung. Elektrik 26 (1972) 107.

7.19 Schmid, W.; Wiesner, A.: "Bedienungsanleitung: Q-Prüfgerät 2120", interne Mitt., Siemens AG, DH PT MF, München (1976).

8 Optoelektronische Bauelemente

8.1 Einführung

Die optoelektronischen Bauelemente sind ihrer Art nach Wandlerbauelemente. Optische Sender wandeln elektrische Energie um in elektromagnetische Strahlung im sichtbaren Teil des Spektrums und im nahen Infrarot. Optische Empfänger wandeln elektromagnetische Strahlung in elektrische Energie oder elektrische Signale zurück. Zu der Messung der rein elektrischen Größen kommen daher bei optoelektronischen Bauelementen noch Messungen der Quantität und Qualität des Lichts und ihr Zusammenhang mit den elektrischen Größen.

Eine Schwierigkeit von Lichtmessungen liegt darin, daß meßtechnisch nie das Licht selbst erfaßt wird. Man mißt immer nur seine Einwirkung auf optoelektronische Empfangselemente, deren elektrische Ausgangssignale ausgewertet werden. Ein weiteres Problem bei allen Messungen ist das Streulicht sowohl der an der Messung beteiligten Lichtquelle als auch der Arbeitsplatzbeleuchtung für die Meßperson. Schließlich machen die erforderliche peinliche Sauberkeit aller Oberflächen und die mangelnde Vertrautheit des Elektrotechnikers mit licht- und strahlungstechnischen Größen anfänglich ein wenig den Eindruck von im wahrsten Sinne des Wortes schwarzer "Magie".

Dieses Kapitel des Buches über Meß- und Prüftechniken soll diese Kenntnisse vermitteln und zeigen, wie man durch die richtige Meßmethode und Anordnung zu reproduzierbar genauen Ergebnissen gelangt. Dabei soll das alleinige Augenmerk auf der Messung der elektrooptischen Parameter von Bauelementen liegen und keine

Meßanordnungen für rein elektrische Parameter sowie für halbleiterphysikalische Größen besprochen werden. Wegen des in laufendem Wechsel befindlichen Angebots der Meßgerätehersteller werden zwar genaue Beschreibungen der Verfahren und des Aufbaus, nicht aber der eingesetzten Geräte gegeben.

8.2 Lichtmessung

In der Lichtmeßtechnik gibt es zwei komplette, einander genau entsprechende Sätze von Größen und Einheiten. Der einzige Unterschied ist die wellenlängenabhängige Bewertung der Strahlung. Die photometrische oder auch visuelle Bewertung gewichtet die Strahlung verschiedener Wellenlängen entsprechend der spektralen Empfindlichkeit des menschlichen Auges und ist daher auf den sichtbaren Bereich des Spektrums beschränkt. Die radiometrische Bewertung hingegen mißt die in der Strahlung enthaltene Leistung und ist daher im ganzen elektromagnetischen Spektrum einsetzbar. Außerhalb des sichtbaren Bereichs und bei allen wellenlängenselektiven Messungen wird sie generell angewendet.

8.2.1 Messung mit photometrischer Bewertung

Das Einsatzgebiet der photometrischen Bewertung liegt bei allen Bauelementen mit einer Emission im sichtbaren Bereich des Spektrums, da diese Bauelemente fast ausschließlich zur Betrachtung oder Ablesung mit dem Auge vorgesehen sind. Photometrische Angaben entsprechen dem natürlichen Helligkeitsempfinden des Auges, so daß zwei Lichtquellen unterschiedlicher Farbe, aber gleicher photometrischer Helligkeit dem Auge gleich hell erscheinen.

Das menschliche Auge ist für Licht mit Wellenlängen von etwa 400 bis 750 nm empfindlich und überdeckt damit eine knappe Oktave des Spektrums. Der spektrale Verlauf ist glockenförmig mit einem Maximum bei 555 nm (gelbgrün), das annähernd beim Maximum der Intensitätsverteilung des Sonnenlichts liegt. Um objektive Messungen unabhängig von der Einzelperson zu ermöglichen, wurde aufgrund umfangreicher Meßreihen der "Hellempfindlichkeitsgrad für den Normalbeobachter" international verbindlich festgelegt (DIN 5011, Bl. 3). Abb. 8.1 zeigt den spektralen Verlauf $V(\lambda)$ der Empfindlichkeit des helladaptierten Auges (photopisches Sehen) und $V'(\lambda)$ des dunkeladaptierten Auges (skotopisches Sehen). Für die optische Meßtechnik ist nur $V(\lambda)$ von Bedeutung, das der photometrischen Bewertung zugrunde liegt.

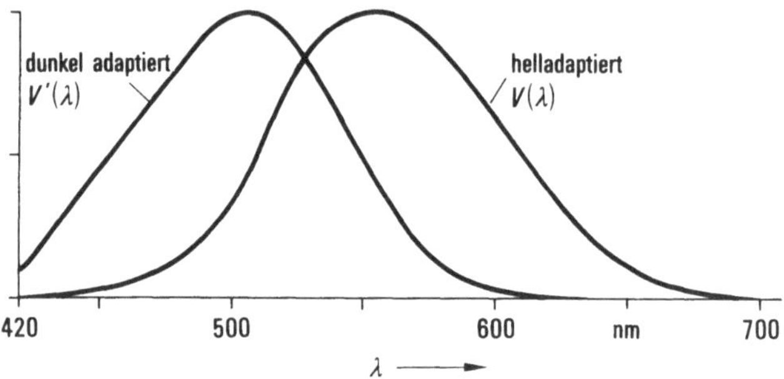

Abb. 8.1. Spektrale Empfindlichkeit des hell- und dunkeladaptierten Auges

Da das Auge als objektiver Detektor für Helligkeiten nicht geeignet ist, verwendet man für Lichtmessungen mit photometrischer Bewertung sog. $V(\lambda)$-Detektoren, deren Empfindlichkeitsverlauf durch Filter genau an denjenigen des menschlichen Auges angepaßt ist. Hochgenaue Detektoren erfordern einen individuellen Abgleich des Filters und sind daher relativ kostspielig. Besonderer Wert ist auf eine genaue Anpassung im roten Bereich des Spektrums zu legen, da die Augenempfindlichkeit für die Emission rotleuchtender Halbleiterbauelemente schon ziemlich klein ist. Eine bezogen aufs Maximum auf 1 % genaue Anpassung ist bei ca. 5 % der Maximalempfindlichkeit nicht gut genug. Von verschiedenen Herstellern gibt es zu diesem Zweck Detektoren, die nur den roten Bereich des Spektrums mit besonders hoher Genauigkeit photometrisch bewerten [8.11].

8.2.2 Farbsehen und Farbmetrik

Die Empfindung von Farben kommt durch das Zusammenwirken der drei Arten von lichtempfindlichen Zapfen auf der menschlichen Netzhaut zustande. Die Stärke der Sinnesreize der drei Gruppen ergibt als Summe die Helligkeitsempfindung, während die Verteilung auf die einzelnen Gruppen die Farbinformation liefert.

Da das Auge die drei Farbreize aufaddiert [8.5], wurde für die Farbmessung zunächst so verfahren, daß ein zu messender Farbton durch additive Mischung von drei Lichtquellen der Farbe Rot (700 nm), Grün (546 nm) und Blau (436 nm), den sog. Primärvalenzen R, G und B nachgebildet wurde. Die Intensität der drei Lichtquellen war dann ein Maß für den Farbton. Die Erfahrung zeigte, daß aus den drei Primärvalenzen nicht alle Farben des Spektrums gemischt werden können, da nur der Bereich innerhalb des Dreiecks zugänglich ist, an dessen Ecken die drei Primärvalenzen liegen. Um diese Schwierigkeit zu beseitigen, wurden neue Primärvalenzen, die Normvalenzen X, Y und Z festgelegt. Die Normvalenzen sind so bemessen, daß aus ihnen alle Farben des Spektrums gemischt werden können und daß sich die Intensität Y der Valenz Y nur durch einen konstanten Faktor von der vom Normalbeobachter empfundenen Leuchtdichte unterscheidet. Den drei Normvalenzen entsprechen keine Farben des Spektrums, sie sind mathematisch definiert. Die Intensitäten der drei Normvalenzen, die zum Mischen eines bestimmten Farbtons erforderlich sind, werden als die Normfarbwerte X, Y und Z bezeichnet.

Mit diesen drei Werten sind Farbton, Sättigung und Intensität vollständig beschrieben. Die Normfarbwerte zur Mischung einer Spektralfarbe der Wellenlänge λ werden als Normspektralwerte $\overline{x}(\lambda)$, $\overline{y}(\lambda)$ und $\overline{z}(\lambda)$ bezeichnet. Sie sind in DIN 5033, Blatt 2, tabelliert und in Abb. 8.13 dargestellt. Mit den Normspektralwerden in Abhängigkeit von der Wellenlänge bei jeweils gleicher Gesamtenergie der Strahlung ist der farbmeßtechnische Normalbeobachter eindeutig festgelegt.

Für die reine Farbmessung ist die Intensität bedeutungslos, und man verwendet die Normfarbwertanteile x, y und z. Sie entstehen durch Division jedes Normfarbwerts durch die Summe der drei Normfarbwerte, so daß die Summe der drei Normfarbwertanteile den Wert 1 ergibt.

$$x = \frac{X}{X+Y+Z}; \quad y = \frac{Y}{X+Y+Z}; \quad z = \frac{Z}{X+Y+Z}; \tag{8.1}$$

$$x + y + z = 1 . \tag{8.2}$$

In der Farbtafel des Normvalenz-Systems werden die Normfarbwertanteile x und y aufgetragen, wobei z durch die Beziehung $z = 1 - (x+y)$ ebenfalls eindeutig festliegt. Abb. 8.2 zeigt die Farbtafel mit den Farborten der Norm- und Primärvalenzen sowie den Farborten aller Wellenlängen des Lichtspektrums. Der Weißpunkt E liegt bei x = y = z = 0,33 und entspricht unbuntem, weißem Licht. Die Verbindungslinie P zwischen Anfang und Ende des Lichtspektrums wird als Purpurgerade bezeichnet und enthält die im Spektrum nicht enthaltenen Mischfarben zwischen Rot und Violett. Die Fläche innerhalb des Zuges der Spektralfarben und

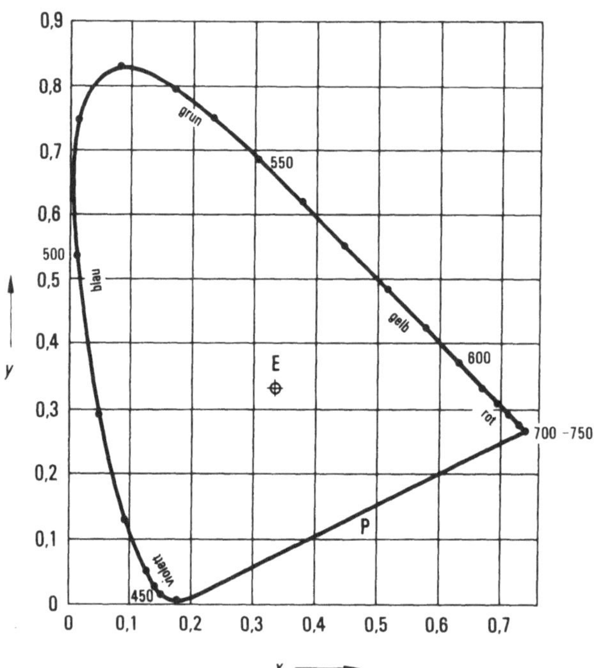

Abb. 8.2. Farbtafel des Normvalenz-Systems

der Purpurgeraden enthält die Farborte aller reellen Farbtöne, welche das menschliche Auge überhaupt empfinden kann. Alle außerhalb der Fläche liegenden Farborte entsprechen virtuellen, nur mathematisch definierten Farbtönen. Die Spektral- und Purpurfarben auf dem Rand des Gebiets werden als gesättigte Farben bezeichnet. Mischt man zu einer gesättigten Farbe kontinuierlich immer mehr weißes Licht, so sinkt der Sättigungsgrad ab und erreicht bei rein weißem Licht den Wert 0. Der Farbort bewegt sich dabei vom Rand zum Weißpunkt E hin. Bei Umkehrung dieses Verfahrens kann man von jedem Farbton durch Verlängern der Verbindungslinie Weißpunkt - Farbort über den Farbort hinaus den Ort des gesättigten Farbtons auf dem Rand finden. Die entsprechende Wellenlänge wird als farbtongleiche oder dominante Wellenlänge λ_{dom} des Farbtons bezeichnet.

Hiermit sind die in diesem Buch verwendeten Begriffe erläutert. Für eine weitergehende Behandlung siehe DIN 5033, Bl. 2 (Beuth-Vertrieb GmbH, Berlin 15 und Köln).

8.2.3 Messung mit radiometrischer Bewertung

Die radiometrische Bewertung mißt die in der Strahlung enthaltene Leistung. Dies macht sie bei allen Wellenlängen elektromagnetischer Strahlung einsetzbar. Eine Gruppe von radiometrischen Detektoren absorbiert die einfallende Strahlung und wandelt die Erwärmung des absorbierenden Mediums in ein elektrisches Signal um. Der Wellenlängenbereich ist nur durch den Absorptionsbereich des Mediums und den Transmissionsbereich des Eintrittsfensters begrenzt. Die einzelnen Detektortypen unterscheiden sich nur durch die Art der Temperaturmessung. Heute gebräuchliche Detektoren nutzen die Thermospannung aufgedampfter Thermoelemente, die Spannungsänderungen an pyroelektrischen Kristallen und die von der Wärmeausdehnung von Gasen herrührende Druckänderung. Allen Verfahren gemeinsam sind die kleinen Ausgangssignale, welche extrem rauscharme Verstärker und meist den Einsatz von moduliertem Licht und Lock-in-Verstärkern erforderlich machen. Abb. 8.3 zeigt eine Anordnung mit thermoelektrischem und pyroelektrischem Detektor.

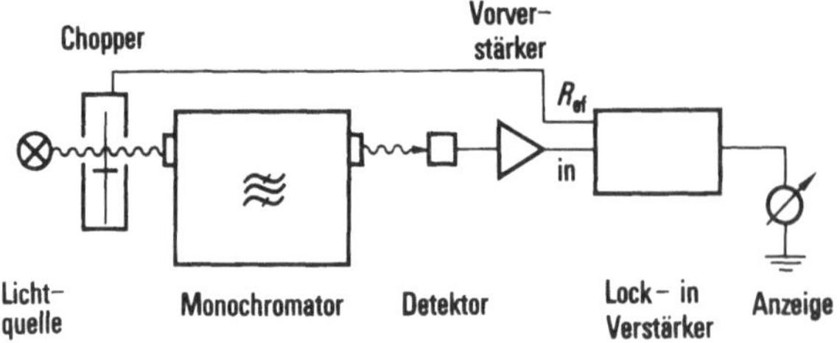

Abb. 8.3. Meßanordnung mit radiometrischem Detektor

Eine andere Gruppe von radiometrischen Detektoren erreicht die Bewertung durch Filter vor z.B. einem Siliziumdetektor. Diese Detektoren haben hohe Empfindlichkeiten bei geringem Verstärkeraufwand, allerdings auf Kosten eines eingeschränkten Wellenlängenbereichs.

8.2.4 Photometrische und radiometrische Größen (s. auch Tabelle 8.1)

Die für die Messung von Bauelementen wichtigen sender- und empfängerspezifischen Größen sind hier mit ihren Kurzbezeichnungen und Einheiten aufgeführt. Die Größen für photometrische Bewertung tragen den Index v (v = visuell), diejenigen für radiometrische Bewertung den Index e (e = Energie)[1]. Der Raumwinkel Ω wird in sr (Sterad) gemessen. 1 sr ist der Raumwinkel eines 1 m^2 großen Ausschnitts der Oberfläche einer Kugel mit 1 m Radius. Der Raumwinkel der gesamten Kugeloberfläche beträgt $4 \cdot \pi$ sr. Bei kleinen Raumwinkeln (0,01 sr) kann man annähernd setzen $\Omega = A/R^2$, wobei A die (ebene) Fläche und R der Abstand vom Meßpunkt ist, siehe auch DIN 5031, Bl. 1.

[1] Es wird die Leistung der Strahlung bewertet. Der Index e hat sich jedoch eingebürgert.

Tabelle 8.1. Die wichtigsten licht- und strahlungstechnischen Größen

	Radiometrische Bewertung		Photometrische Bewertung	
	Größe	Einheit	Größe	Einheit
sender-seitige Größen	Strahlungsfluß Φ_e	W	Lichtstrom Φ_v	lm
	Strahlstärke I_e	W/sr	Lichtstärke I_v	lm/sr = cd
	Strahldichte L_e	$W/(m^2 \cdot sr)$	Leuchtdichte L_v	$lm/(cm^2 \cdot sr)$ = sb
empfänger-seitige Größen	Bestrahlungs-stärke E_e	W/m^2	Beleuchtungs-stärke E_v	lm/m^2 = lx

8.2.5 Praktische Durchführung von Lichtmessungen

Die ideale Umgebung für Lichtmessungen aller Art wäre ein großer fremdlichtfreier Raum mit mattschwarzen Wänden, in dem der an der Messung beteiligte Sender und Empfänger völlig frei aufgestellt sind. Ähnliche Verhältnisse lassen sich durch Blenden erreichen, welche nur den Strahlengang zwischen Sender und Empfänger freilassen und alle anderen Strahlen ausblenden. Die Blenden sollten eine mattschwarze Oberfläche haben und an der den Strahl begrenzenden Öffnung aus dünnem Material bestehen, um keine Reflexionen in den Strahlengang hinein zu verursachen. Der Einfluß von Fremdlicht wird im allgemeinen durch Einbau der gesamten Anordnung in ein lichtdichtes Gehäuse ausgeschaltet. Gerade das aber begünstigt das Streulicht, und man sollte zur Abhilfe mindestens eine der Blenden sich über den gesamten inneren Querschnitt des Gehäuses erstrecken lassen. Diese blockt das Licht ab, das sich zwischen äußeren Blendenrändern und Gehäuseinnenseite ausbreitet.

Ist das Fremdlicht in seiner Intensität konstant und macht nur einen Bruchteil des Meßsignals aus, so läßt es sich in den Nullabgleich des Detektors einbeziehen, indem man bei ausgeschaltetem Lichtsender den Nullabgleich durchführt. Bestehen stärkere Störeinflüsse, die sich nicht ausschalten oder ausreichend absenken lassen, wie etwa Brummen, Rauschen, elektrische Störungen, so hilft die Verwendung von moduliertem Licht. Eine trägheitsarme Lichtquelle kann durch Modulation des Betriebsstroms, andere Lichtquellen durch eine rotierende Blende - einen "Chopper" - moduliert werden. Das elektrische Ausgangssignal des Detektors wird dann zur Anzeige in einen Lock-in-Verstärker geführt, der alle Frequenzen außerhalb der Modulationsfrequenz und in geringerem Umfang auch ihre Unter- und Oberwellen unterdrückt. Die Modulationsfrequenz soll daher kein ganzzahliger Bruchteil oder ein ganzzahliges Vielfaches der Netzfrequenz sein. Beispielsweise bei thermoelektrischen und pyroelektrischen Detektoren wird man meist einen Lock-in-Verstärker benötigen.

8.3 Messungen an Lichtsendern

Bei der Messung von Lichtsendern wie von Lichtempfängern liegt insofern immer die gleiche Meßanordnung vor, als immer ein Sender und ein Empfänger beteiligt sind. Bei der Sendermessung wird ein geeichter Detektor eingesetzt oder der zu messende Sender mit einem Standard verglichen, bei der Empfängermessung verwendet man entsprechend einen geeichten Sender oder vergleicht mit einem Referenzdetektor. Viele Meßanordnungen für Lichtsender sind daher durch Funktionswechsel von Sender und Empfänger auch für Empfänger einsetzbar.

8.3.1 Messung der senderseitigen Grundgrößen

Die drei senderseitigen Grundgrößen sind sowohl für radiometrische als auch für photometrische Bewertung definiert. Um im folgenden Text die dauernde Zweigleisigkeit zu vermeiden, werden nur die universell einsetzbaren radiometrischen Größen genannt.

Messung des Strahlungsflusses

Der Strahlungsfluß (Lichtstrom) ist die gesamte von einem Sender ausgehende Strahlungsleistung, die über den gesamten Raumwinkel verteilt ist, wenn nicht schon im Sender selbst eine Ausblendung bestimmter Richtungen erfolgt. Zu seiner Messung ist eine Integration über den Raumwinkel erforderlich, in den hinein Strahlung emittiert wird. Die Messung des Strahlungsflusses eines Senders ohne ausgeprägte Vorzugsrichtung kann in einer integrierenden sog. Ulbrichtschen Kugel erfolgen. Die Strahlung wird vom mattweißen Innenanstrich einer solchen Kugel vielfach reflektiert, so daß die gesamte Kugelinnenfläche gleichmäßig bestrahlt ist. Diese Strahldichte kann mit einem Detektor durch ein kleines Loch gemessen werden und ist proportional zum Strahlungsfluß des Senders. Bei Sendern mit ausgeprägter Vorzugsrichtung liefert die Messung der Richtcharakteristik (s. Abschnitt 8.3.3) und rechnerische Integration genauere Ergebnisse als eine stark inhomogen ausgeleuchtete Ulbricht-Kugel. Für Reihenmessungen stärker bündelnder Sender, z.B. von Lumineszenzdioden, kann ein Meßaufbau gemäß Abb. 8.4 verwendet werden. Der Prüfling wird von hinten in ein verspiegeltes Rotationsparaboloid gesteckt, so daß die Mitte der Austrittsfläche etwa im Brennpunkt sitzt. Der Photostrom der großflächigen Empfangsdiode am offenen Ende des Paraboloids ist dann proportional zum Strahlungsfluß.

Einheit des Strahlungsflusses ist das Watt (W), Einheit des Lichtstroms das Lumen (lm).

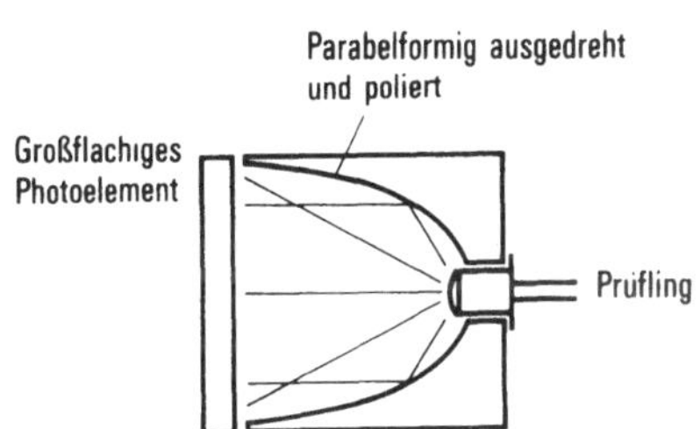

Abb. 8.4. Meßanordnung für den Strahlungsfluß stark bündelnder Sender

Messung der Strahlstärke

Die Strahlstärke (Lichtstärke) eines Senders ist der in einen bestimmten Raumwinkel hinein emittierte Strahlungsfluß. Da viele Sender eine deutliche Richtungsabhängigkeit der Strahlstärke aufweisen, muß die Richtung mit angegeben werden. Fehlt diese

Angabe, so ist meist die Strahlstärke in der Richtung stärkster Emission oder in der optischen Achse gemeint.

Bei der Messung soll der Empfänger dem Sender einen Raumwinkel kleiner als 0,01 sr darbieten. Das Meßergebnis wird dann auf einen Empfangsraumwinkel von 1 sr umgerechnet. Einheit der Strahlstärke ist w/sr, Einheit der Lichtstärke das Candela (cd). 1 Candela = 1 Lumen/sr.

Messung der Strahldichte

Die Strahldichte (Leuchtdichte) eines Senders ist die von einer Flächeneinheit ausgehende Strahlstärke. Sie ist bei Halbleitersendern im allgemeinen richtungsabhängig, so daß auch hier eine Richtungsangabe wie bei der Strahlstärke erforderlich ist.

Zur Ermittlung der Strahldichte wird die Strahlstärke gemessen und durch die Größe der emittierenden Fläche geteilt. In einigen Fällen kann es erforderlich sein, durch eine Lochblende bekannter Fläche einen Teil der Senderoberfläche auszublenden. Spezielle Meßgeräte für die Leuchtdichte (Spotmeter) bilden den Sender optisch auf eine Lochblende ab, hinter welcher der Detektor angebracht ist. Da kleine Meßwinkel erwünscht sind, ist eine kleine Blende zusammen mit einem langbrennweitigen Objektiv erforderlich (s. auch Abschnitt 8.3.5).

Einheit der Strahldichte ist $W/(m^2 \cdot sr)$. Die Einheit der Leuchtdichte ist das Stilb (sb). 1 Stilb = 1 Candela/cm^2. Ein 1 cm^2 großer Ausschnitt der Oberfläche eines Strahlers mit einer Leuchtdichte von 1 sb hat die Lichtstärke 1 cd.

8.3.2 Eichung von Lichtsendern

Geeichte Sender werden fast ausschließlich für die Ausmessung oder Eichung von Detektoren verwendet. Für diesen Zweck werden Sender mit dem Spektrum des schwarzen Strahlers bei 2856 K verwendet entsprechend Normlicht A nach DIN 5033.

Als schwarzen Strahler bezeichnet man einen Körper, der alle auf seine Oberfläche auftretende Strahlung vollständig absorbiert. Dieser Körper sendet seinerseits Strahlung aus, deren Intensität proportional zu T^4 zunimmt und deren spektrale Leistungsdichte N(λ) durch die Plancksche Strahlungsformel beschrieben wird. Die Formel gilt für die in einem Wellenlängenbereich ∂λ ausgesandte Strahlungsleistung ∂E in Abhängigkeit von absoluter Temperatur T und Wellenlänge λ. Sie lautet:

$$N(\lambda) = \frac{\partial E}{\partial \lambda} = \frac{hc^2}{\lambda^5\left[\exp\left(\frac{hc}{\lambda kT}\right) - 1\right]} \approx \frac{1{,}191 \cdot 10^{-16}}{\lambda^5\left[\exp\left(\frac{143{,}9}{\lambda T}\right) - 1\right]} \; \frac{W}{m^3} \qquad (8.3)$$

(h Plancksches Wirkungsquantum, c Lichtgeschwindigkeit, k Boltzmann-Konstante).

Abb. 8.5 zeigt den spektralen Verlauf von N(λ) bei einigen Temperaturen.

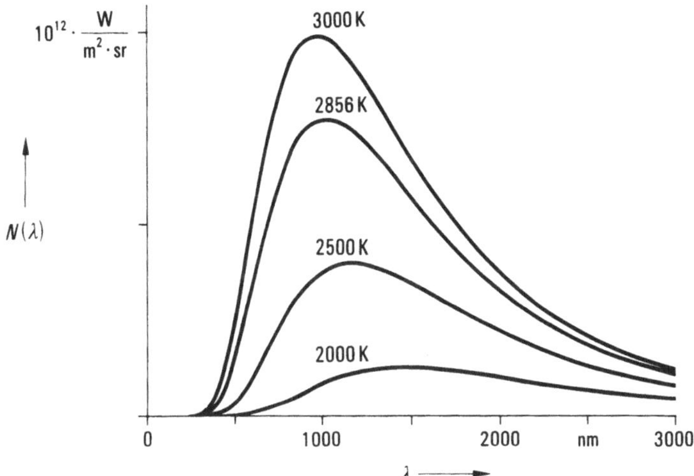

Abb. 8.5. Spektrum des schwarzen Strahlers bei verschiedenen Temperaturen

Dem Ideal einer völlig schwarzen Oberfläche kommt ein Loch in einer innen gut absorbierenden Hohlkugel recht nahe, und mit einer solchen Einrichtung werden die Eichmessungen am schwarzen Strahler durchgeführt. Lichtquellen mit unvollständiger, aber doch wellenlängenunabhängiger Absorption an der Oberfläche werden als "graue Strahler" bezeichnet. Ihre spektrale Leistungsdichte ist bei allen Wellenlängen ein konstanter Bruchteil der Leistungsdichte des schwarzen Strahlers.

Für die Abstrahlung des Spektrums des schwarzen Strahlers bieten sich mit dieser Temperatur betriebene thermische Lichtquellen an, wie etwa Wolframfaden- oder Halogenlampen. Die hohe Fadentemperatur macht Intensität und Farbtemperatur des emittierten Lichts weitgehend unabhängig von der Umgebungstemperatur und anderen Umweltbedingungen. Um den Einfluß von Zuleitungs- und Übergangswiderständen auszuschließen, wird Betrieb mit Konstantstrom empfohlen, der auf 0,1 % genau stabilisiert sein sollte. Diese Forderung ist hart, doch führt eine Zunahme des Stroms um 0,1 % zu einer Erhöhung der Lichtstärke von 0,7 % und einer Änderung der Fadentemperatur von 2 K (s. (8.9)). Bei Kauf einer der von verschiedenen Herstellern angebotenen Normlampen kann man die Betriebsbedingungen und die dabei erhaltene Lichtstärke und Farbtemperatur dem Eichschein entnehmen. Damit sind bereits alle Anforderungen für eine Eichung oder Messung von optoelektronischen Empfängern bei Normlicht A nach DIN 5033 erfüllt. Der Abstand des Empfängers vom Faden der Lampe sollte mindestens 10mal so groß sein wie die größte Abmessung des Fadens bzw. des Empfängers. Bei der meist benutzten Beleuchtungsstärke von 1000 lx ist diese Forderung lampenseitig stets erfüllt.

Wegen ihres hohen Preises wird man für den alltäglichen Gebrauch nicht die Normlampe selbst verwenden, sondern als Sekundärstandard etwa eine Halogenlampe. Die Einstellung auf die gleiche Strahlertemperatur wie die Normlampe erfolgt durch Einstellung auf gleiches Intensitätsverhältnis bei zwei verschiedenen Wellenlängen. Dazu wird an der Normlampe nach ausreichender Einlaufzeit (ca. 30 min) mit je einem schmalbandigen Filter die Intensität bei ca. 500 nm und ca. 900 nm mit einem hochlinearen Detektor gemessen. Hierfür eignet sich jede hochwertige Photodiode oder ein Photoelement im Kurzschlußbetrieb. Der Quotient der beiden Meßwerte wird notiert.

Nun wird die einzustellende Lampe ebenfalls mit den beiden Filtern gemessen und der Lampenstrom so lange verändert, bis der gleiche Quotient der beiden Meßwerte wie bei der Normlampe herauskommt. Nach einer gewissen Einlaufzeit bei diesem Strom wird noch ein letzter Feinabgleich durchgeführt. Die Eichung der

Strahlstärke kann dann mit dem Detektor ohne Filter durch Vergleich mit der Normlampe erfolgen. Eine Eichung des Sekundärstandards durch Einstellung auf gleichen Lichtstrom ist auch bei gleichem Lampentyp nicht zulässig. Nur ein Vergleich der Intensität bei zwei verschiedenen Wellenlängen gewährleistet die Einstellung der gleichen Fadentemperatur. Je nach Häufigkeit des Gebrauchs sollte das Sekundärstandard periodisch nachgeeicht werden, etwa alle 100 Brennstunden.

Sender für annähernd monochromatische Strahlung kann man aus einer mit Konstantstrom betriebenen Lampe in Verbindung mit einem schmalbandigen Filter, z.B. einem Interferenzfilter, aufbauen. Die Licht- bzw. Strahlstärke dieses Senders kann man aus dem Spektrum der Lampe und der Transmissionskurve des Filters errechnen. Einfacher und wahrscheinlich auch genauer ist aber die Messung der Licht- bzw. Strahlstärke mit einem kalibrierten Detektor, dessen Empfindlichkeit in Abhängigkeit von der Wellenlänge bekannt ist. Moderne Siliziumdetektoren weisen eine Linearität und Langzeitkonstanz auf, die sie für Eichzwecke hervorragend geeignet machen. Der Temperaturkoeffizient des Photostroms von 0,2 %/K kann durch Betrieb bei konstanter Temperatur z.B. in einem Thermostaten ausgeschaltet werden.

Bei geringeren Anforderungen an die Genauigkeit können auch Halbleiter-Senderbauelemente als Standards geeicht werden. Die Umgebungstemperatur und die vom Betriebsstrom verursachte Eigenerwärmung gehen jedoch mit 0,5 %/K in die Licht- bzw. Strahlstärke ein und erfordern eine gute Wärmeableitung und konstante Temperatur.

8.3.3 Messung der Richtcharakteristik

Die Richtcharakteristik ist für den Einsatz eines Senderbauelements von großer Bedeutung. So soll eine als Anzeige dienende Lumineszenzdiode eine breite Richtcharakteristik haben, um aus allen Richtungen gut gesehen werden zu können. Eine Infrarotdiode für eine Lichtschranke soll dagegen möglichst viel Strahlung in der Richtung zum Empfänger aussenden und daher eine schmale Richtcharakteristik aufweisen. Den prinzipiellen Aufbau einer Meßeinrichtung für die Richtcharakteristik zeigt Abb. 8.6. Es ist im allgemeinen günstiger, das zu messende Bauelement drehbar anzuordnen, als den Detektor an einem Arm herumzuschwenken, da der mechanische Aufwand kleiner ist und der Abstand des Detektors leicht verändert werden kann. Der Abstand R sollte, wie bei allen Lichtmessungen, mindestens das Zehnfache der Abmessungen des Senders oder Empfängers betragen, je nachdem, welcher größer ist. Das Gesichtsfeld des Detektors wird durch Blenden eingeengt, so daß er nur Strahlung vom zu messenden Bauelement empfangen kann.

Trotzdem sollte das Streulicht durch stumpf-schwarze Lackierung aller Oberflächen klein gehalten und das Umgebungslicht gut abgeschirmt werden. Eine gute Lösung stellt der Einbau der ganzen Anordnung in einen Kasten ausreichender Größe dar.

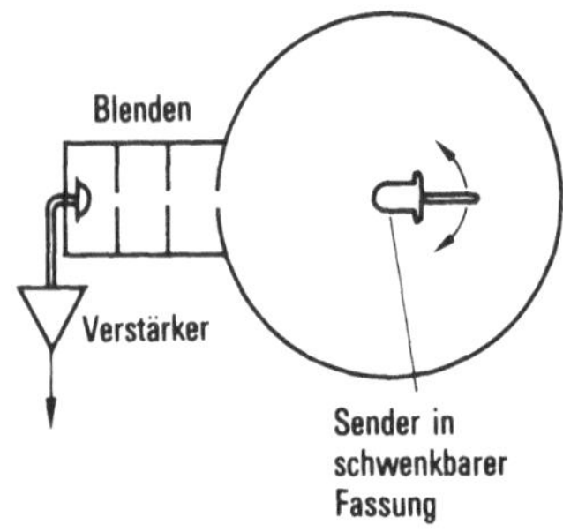

Abb. 8.6. Meßanordnung für die Richtcharakteristik

Bei der Messung von Empfängern tritt eine Lichtquelle an Stelle des Detektors und der Empfänger kommt auf die drehbare Fassung. Der Empfänger selbst wird als Detektor benutzt. Die Erfassung der Meßwerte geschieht im einfachsten Fall durch manuelles Verdrehen des Prüflings und Aufnotieren von Winkel- und Detektorsignal. Bei häufigeren Messungen ist es aber sicher kein Luxus, die Winkelstellung mit einem Potentiometer zu erfassen und Winkel- und Detektorsignal auf einem x-y-Schreiber darzustellen. Der Antrieb mit einem Motor sorgt für gleichmäßige, ruckfreie Bewegung.

Der vom Schreiber aufgezeichnete Kurvenverlauf kann unmittelbar ausgewertet werden. Eine wichtige Größe ist der Halbwinkel, bei dem die Richtcharakteristik auf die Hälfte des Wertes in Richtung der optischen Achse abgesunken ist, entsprechend 0°. Aus ihr kann bereits grob die Form der Richtcharakteristik entnommen werden. In Datenbüchern findet man jedoch oft eine andere Art der Darstellung, bei der in einem Polarkoordinationssystem die Intensität als Länge eines Radiusvektors unter dem zugehörigen Winkel aufgetragen wird. Die Intensität wird bei beiden Darstellungsarten so normiert, daß der Wert bei 0° = 1 ist. Diese Darstellung gibt einen sehr anschaulichen Eindruck der Richtcharakteristik. Abb. 8.7 zeigt die Richtcharakteristiken von drei verschiedenen Lumineszenzdioden in beiden Darstellungsarten mit eingetragenem Halbwinkel.

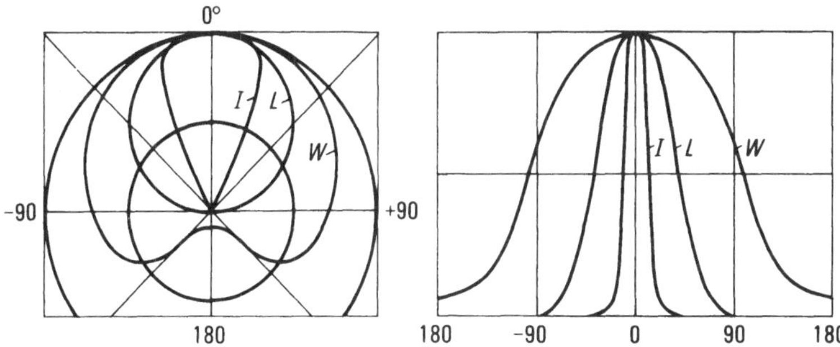

Abb. 8.7. Richtcharakteristiken von drei Lumineszenzdioden

Die mit I markierte Kurve gehört zur Infrarot-Lumineszenzdiode CQY 77, die für hohe Strahlungsleistung in der optischen Achse ausgelegt ist. Die Richtcharakteristik L stammt von der Stirnfläche der Flächenleuchtdiode (PIC-LED) CQV 36. Jedes Oberflächenelement strahlt gleichmäßig in alle Richtungen, so daß die Helligkeit proportional zur sich perspektivisch verkleinernden Fläche zurückgeht. Die Intensität ändert sich mit dem Cosinus des Winkelabstands φ von der Flächennormalen, entsprechend der Beziehung $I = I_0 \cdot \cos \varphi$. Diese Verteilung wird als Cosinus- oder auch Lambert-Verteilung bezeichnet und ist charakteristisch für alle Strahler aus stark lichtstreuendem oder absorbierendem Material. Im Polardiagramm hat die Lambert-Verteilung die Form eines Kreises durch den Koordinatenursprung, im x-y-Diagramm erscheint eine Halbwelle der Cosinusfunktion. Die Kurve W ist die Richtcharakteristik der Lumineszenzdiode CQX 13, die eine gute Sichtbarkeit aus allen Richtungen aufweist.

Je schmaler der Halbwinkel eines Bauelements ist, desto kritischer gehen kleine Winkelfehler bei der mechanischen Halterung in die in Achsrichtung gemessene Lichtstärke (bzw. Empfindlichkeit bei Empfängern) ein. Eine bewährte Konstruktion für eine Meßfassung besteht aus einer V-förmigen Nut, in welche der Prüfling federnd hineingedrückt wird. Die elektrischen Anschlüsse sollen wegen des langen Hebelarms nur kleine seitliche Kräfte auf die Anschlußdrähte ausüben können. Schwimmend gelagerte Kontaktfedern mit flexiblen Anschlußdrähten genügen dieser Forderung.

8.3.4 Ermittlung des Strahlungsflusses

Bei Sendern mit einer relativ breiten Richtcharakteristik läßt sich der Strahlungsfluß mit guter Genauigkeit in einer Ulbrichtschen Kugel messen. Sender mit einem Halbwinkel kleiner als etwa 30° leuchten das Kugelinnere so einseitig aus, daß die vielfachen Reflexionen am weißen Innenanstrich für eine gleichmäßige Lichtverteilung nicht ausreichen. Hier liefert eine numerische Integration der Richtcharakteristik $E(\varphi)$ genauere Ergebnisse. Dabei ist zu beachten, daß zu einem bestimmten Winkelbereich die Fläche einer ganzen Kugelzone gehört. Unter der Annahme, daß die räumliche Winkelverteilung rotationssymmetrisch um die optische Achse ist, muß daher die Funktion $\sin \varphi \, E(\varphi)$ aufintegriert werden (Abb. 8.8).

Für Reihenmessungen stärker bündelnder Sender kann ein Meßaufbau gemäß Abb. 8.4 verwendet werden. Die Sendediode wird in ein verspiegeltes Rotationsparaboloid gesteckt, so daß die Mitte der Austrittsfläche etwa im Brennpunkt sitzt. Der Photostrom der großflächigen Empfangsdiode am offenen Ende des Paraboloids ist dann proportional zum Strahlungsfluß.

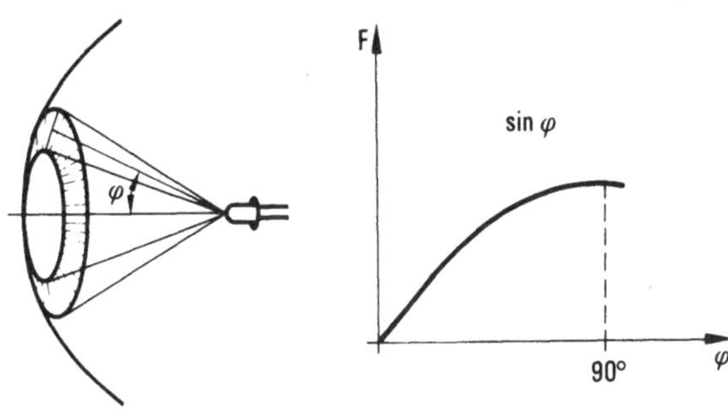

Abb. 8.8. Integration der räumlichen Winkelverteilung

8.3.5 Kontrastmessung

Der Kontrast eines lichtaussendenden Anzeigeelements ist nur bei der Beleuchtung mit Fremdlicht aus einer anderen Lichtquelle definiert. Er gibt an, um wieviel die Leuchtdichte (vgl. Abschnitt 8.3.1) der lichtaussendenden Fläche größer ist als diejenige des Streulichts vom leuchtenden Umfeld (Objektkontrast) bzw. derselben Fläche ohne Lichtaussendung (Ein/Aus-Kontrast). Zu einer Angabe des Kontrasts gehören daher unbedingt Angaben über Art, Intensität und Einfallsrichtung des Fremdlichts. Da das Fremdlicht ungehindert Zutritt zum Anzeigeelement haben muß, dürfen nur Meßgeräte verwendet werden, die in einem gewissen Abstand vom Meßobjekt angeordnet werden können. In allen Meßgeräten dieser Art wird von einem Objektiv ein Bild des Meßobjekts auf einer Blende erzeugt, hinter deren Öffnung der Detektor angeordnet ist (Abb. 8.9). Der durch dasselbe Objektiv arbeitende Sucher erlaubt ein genaues Ausrichten des empfindlichen Flecks auf die zu messende Stelle. Das vom Anzeigeelement ausgesandte Licht und das Streulicht haben gewöhnlich verschiedene spektrale Zusammensetzungen. Um den dem menschlichen Auge erscheinenden Kontrast richtig zu messen, muß der für die Messung verwendete Detektor photopisch ($V(\lambda)$-) Bewertung aufweisen. Obwohl alle Leuchtdichtemeßgeräte für einen kleinen Blickwinkel konstruiert sind, kann der Meßfleck für ein Halbleiterbauelement viel zu groß sein. In diesem Fall bringt eine Vorsatzlinse vor dem Leuchtdichtemeßgerät Abhilfe. Ihr Durchmesser soll etwas größer sein als die Front-

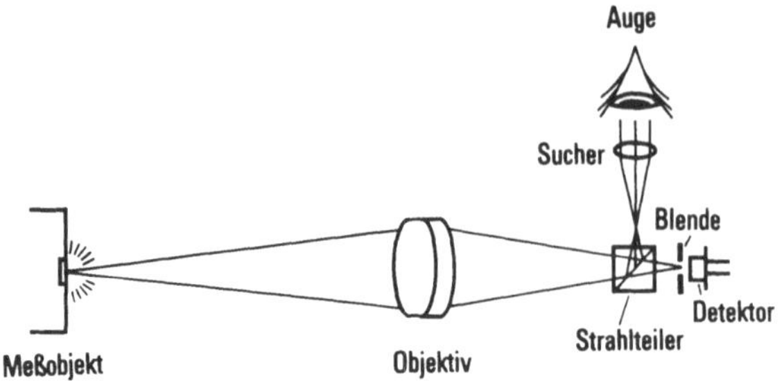

Abb. 8.9. Leuchtdichtemeßgerät

linse des Meßgeräts, um keine Abschattung zu bewirken, die das Ergebnis völlig verfälschen kann. Die Brennweite f ist so kurz zu wählen, daß die zu messende Fläche unter einem genügend großen Blickwinkel Ω erscheint.

Die mit der Vorsatzlinse erhaltenen Leuchtdichten sind, abgesehen von den Reflexionsverlusten an den beiden Oberflächen, völlig genau, da sich die Leuchtdichte bei optischen Abbildungen nicht ändert [8.2]. Bei der Berechnung des Kontrasts als Quotient zweier Leuchtdichten kürzt sich ein Korrekturfaktor ohnehin heraus.

Für eine gute Erkennbarkeit bzw. Ablesbarkeit sollte der Kontrast 5 bis 10 betragen. Höhere Kontraste sind für eine gute Ablesbarkeit z.B. von 7-Segment-Displays nicht mehr förderlich, da sich das Auge an die kleine leuchtende Fläche nicht adaptieren kann und Blendung auftritt.

8.3.6 Schaltzeitmessung

Die Lichtemission in Halbleiterbauelementen kommt durch die Bewegung und Rekombination der Ladungsträger zustande, so daß die Anstiegs- und Abfallzeiten der Lichtemission sehr kurz sind.

Die Definitionen der einzelnen Schaltzeiten in Abb. 8.10 sind, wie in der Elektronik üblich, auf die 10 % und 90 % Punkte des Ausgangssignals bezogen. Die Anstiegs- und Abfallzeiten des

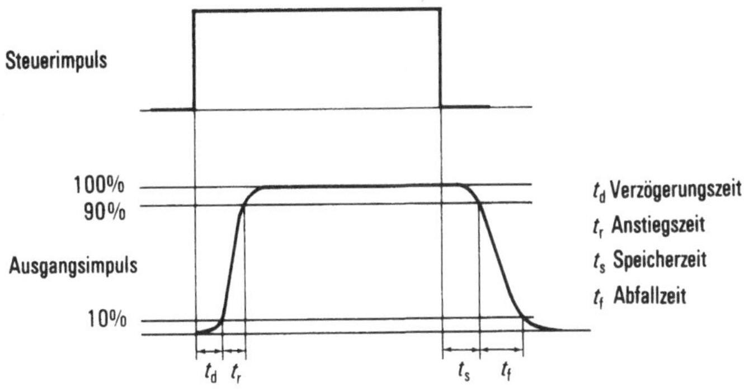

Abb. 8.10. Definition der Schaltzeiten

ansteuernden Signals sollen maximal 10 % der Schaltzeiten des geprüften Bauelements betragen. Bei der Messung von Lichtsendern ist die Schaltzeit auch etwas von der Prüfschaltung und dem zeitlichen Verlauf der Spannung am Bauelement abhängig. So ist z.B. die Ausschaltzeit einer lichtemittierenden Diode bei Anlegen einer Sperrspannung kürzer als beim einfachen Abschalten des Stroms. Beim elektrischen Schaltverhalten äußert sich dies als der beschleunigte Abbau der gespeicherten Ladung beim Anlegen einer Sperrspannung. Für genaue oder kritische Angaben ist daher eine detaillierte Beschreibung der Schaltung und der Impulsformen nötig.

Bei der Schaltzeitmessung von lichtemittierenden Dioden wird gewöhnlich die Diode über einen Vorwiderstand an den Ausgang eines Impulsgenerators mit kurzer Anstiegszeit und ausreichender Ausgangsspannung angeschlossen (Abb. 8.11). In Reihe mit der Diode liegt der Widerstand R, um das Koaxkabel vom Impulsgenerator mit seinem Wellenwiderstand Z abzuschließen (R = Z). Zwischen der Kathode und Masse liegt ein Widerstand von 1 Ω für die Strommessung.

Empfangsseitig ist eine schnelle Photodiode einzusetzen. Die Vorspannung wird direkt an der Diode mit einem induktionsarmen Kondensator abgeblockt und die Anode der Diode auf kürzestem Weg mit dem Innenleiter des Koaxkabels verbunden. Der Wellenwiderstand des Koaxkabels zum Oszillographen wirkt dabei als Arbeitswiderstand für die Photodiode. Am Oszillographen wird

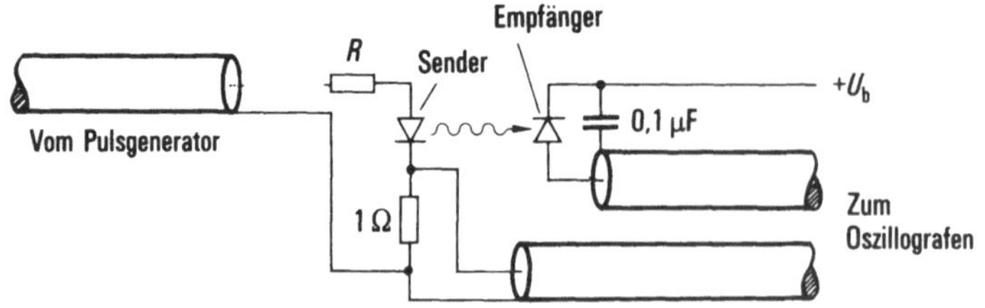

Abb. 8.11. Meßanordnung zur Schaltzeitmessung

dieses Kabel reflexionsfrei mit seinem Wellenwiderstand Z abgeschlossen. Diese Anschlußweise gewährleistet eine formgetreue Übertragung der Stromimpulse der Photodiode und bietet ihr den für kurze Schaltzeiten erforderlichen kleinen Arbeitswiderstand.

Ist die Lichtintensität zu gering, um am Oszillographen genügend Anzeige zu erbringen, so wird man zuerst versuchen, dies durch Verkleinerung des Abstands und evtl. eine Linse zur Abbildung des Senders auf den Empfänger zu beheben. Zusätzlich kann man (in Grenzen) Koaxkabel mit höherem Wellenwiderstand als den üblichen 50 Ω verwenden und am Oszillographen entsprechend hochohmiger abschließen. Eine Steigerung der Empfindlichkeit um höhere Faktoren ist mit einer schnellen Avalanche (Lawinen-)-Photodiode möglich. Eine solche Diode hat bei der passenden Betriebsspannung von einigen hundert Volt eine innere mehrhundertfache Stromverstärkung bei gleichzeitig sehr kurzen Schaltzeiten. Wegen der starken Abhängigkeit der Verstärkung von der Betriebsspannung ist auf gute Stabilisierung zu achten [8.6].

8.3.7 Messung des Temperaturverhaltens

Alle Eigenschaften von Halbleiterbauelementen sind in mehr oder minder großem Umfang temperaturabhängig. Das Problem bei der Messung des Temperaturverhaltens optoelektronischer Bauelemente in einem Klimaschrank besteht in der Notwendigkeit eines unbeeinflußten Lichtweges.

Für dieses Problem gibt es eine einfache Lösung: Man konstruiert einen kleinen Thermostaten aus einem kleinen Klotz gut wärmeleitenden Materials. Der Klotz enthält mehrere Bohrungen sowohl zur Aufnahme zu prüfender Bauelemente als auch eines Heizwiderstands und eines Temperaturfühlers. Mit einem handelsüblichen Temperaturregler kann dann die gewünschte Temperatur eingeregelt werden. Eine angelötete Rohrschlange gestattet rasche Abkühlung bei Hindurchleiten von Preßluft.

Dieser Thermostat kann in seinen Abmessungen ohne weiteres so klein gehalten werden, daß er auf einem Reiter auf die optische Bank gesetzt werden kann. Damit ist das temperierte Bauelement für alle optischen Messungen zugänglich. Soll unterhalb der Raumtemperatur gemessen werden, so kühlt man die Preßluft in einer weiteren Rohrschlange, die in einen Kälteschrank oder in flüssige Luft eingetaucht ist. Mit dem Durchfluß der Preßluft wird die Kühlleistung so eingestellt, daß der Temperaturregler über den Heizwiderstand die gewünschte Temperatur einregeln kann.

8.3.8 Farbmessung

Die in den Datenblättern zumeist angegebene Wellenlänge maximaler Emission λ_{peak} ist bei Halbleitersendern ohne Probleme mit einem Monochromator mit nachgeschaltetem Detektor meßbar. Das scharfe Maximum der spektralen Verteilung, das allen Halbleitersendern gemeinsam ist, macht Fehler durch die Wellenlängenabhängigkeit der Transmission des Monochromators und der Empfindlichkeit des Detektors vernachlässigbar.

Kritischer ist die Messung der dominanten Wellenlänge (s. Abschnitt 8.2.3) eines Senders für sichtbare Strahlung. Die einfachste Methode besteht darin, das Licht des Senders farblich mit dem durch einen Monochromator gefilterten Licht einer Glühlampe zu vergleichen. Die Wellenlänge des Monochromators wird so eingestellt, daß sein Licht farbgleich mit dem Licht des Senders erscheint. Diese Wellenlänge ist die dominante Wellenlänge des Senders. Bei dieser Messung ist zwar das menschliche Auge beteiligt, dient in diesem Fall aber nur zum Vergleich der beiden Farbtöne. Eine im Labor des Verfassers durchgeführte Meßreihe mit mehr als 10 Personen ergab im gelben Bereich des Spektrums eine Streuung von ca. $\pm 0,5$ nm. Dabei wurde gemäß

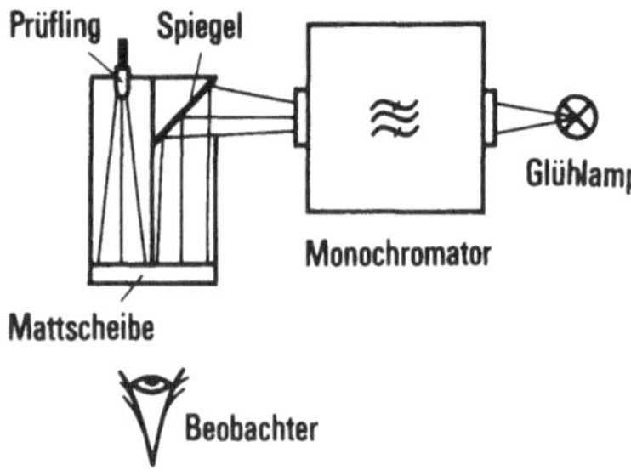

Abb. 8.12. Aufbau zur Ermittlung der dominanten Wellenlänge

Abb. 8.12 das Licht beider Quellen nebeneinander auf eine Mattscheibe geleitet und dort der Vergleich durchgeführt.

Andere Methoden zur Bestimmung der dominanten Wellenlänge sind sehr aufwendig. Bei einem Verfahren werden in einem Farbmeßkopf direkt die Amplituden der drei Normfarbwerte X, Y und Z gemessen und in einem Auswertegerät in die Normspektralwertanteile x und y umgerechnet. Aus der Farbtafel des Normvalenz-Systems kann dann die dominante Wellenlänge entnommen werden. Da der Farbmeßkopf drei Filter-Detektor-Kombinationen mit exakt abgeglichenem spektralen Verlauf enthält, ist ein solches Farbmeßgerät sehr kostspielig.

Einfacher, aber dafür zeitlich aufwendiger ist die Verwendung eines Spektroradiometers. Dieses Gerät besteht aus einer Kombination eines Monochromators mit einem nachgeschalteten Detektor, deren Empfindlichkeit im Arbeitsbereich mit enger Schrittweite der Wellenlänge angegeben ist. Man mißt nun den Sender im sichtbaren Bereich des Spektrums und erhält nach Division der Meßwerte durch die Empfindlichkeitswerte bei den Wellenlängen den Intensitätsverlauf über der Wellenlänge. Diese Intensitätswerte müssen dann punktweise mit den zu der Wellenlänge gehörenden Normspektralwerten $\bar{x}(\lambda)$, $\bar{y}(\lambda)$ und $\bar{z}(\lambda)$ multipliziert und getrennt aufsummiert werden (Abb. 8.13). Die drei Summen sind die Normfarbwerte X, Y und Z, mit denen wie oben beschrieben weiterverfahren wird. Eine Tabelle der Normfarbwertanteile findet sich in DIN 5033, Bl. 2.

Mit der heute bestehenden Möglichkeit, einen motorgetriebenen Monochromator von einem Rechner zu steuern, der auch gleich

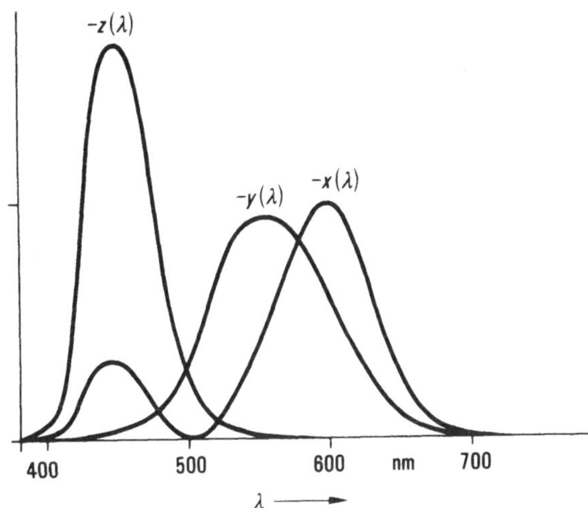

Abb. 8.13. Spektraler Verlauf der Normspektralwerte

die Ergebnisse ausrechnet, ist der mathematische Aufwand kein Hindernis mehr. Die Genauigkeit dürfte besse sein als bei Verwendung des 3-Filter-Farbmeßkopfs, da alle systematischen Abweichungen durch die im Rechner gespeicherten Koeffizienten kompensiert werden können.

Für die Messung der Wellenlänge lichtemittierender Dioden, deren Strahlung ja annähernd monochromatisch ist, gibt es noch ein anderes, wenig aufwendiges Verfahren. Bei ihm wird die Strahlung der Diode mit zwei dicht nebeneinander angeordneten Detektoren gemessen, von denen einer mit einem Filter ausgerüstet ist, das eine mit abnehmender Wellenlänge annähernd linear zunehmende Transmission aufweist. Die Ausgangssignale der beiden Detektoren führt man einem elektronischen Dividierer zu, der den Quotienten aus dem Signal des Detektors mit Filter geteilt durch das Signal des Detektors ohne Filter bildet. Sind die beiden Detektoren identisch, so kürzen sich ihre Wellenlängenabhängigkeiten im Quotienten heraus, und man erhält ein Ausgangssignal, das proportional zur Transmission des Filters bei der Wellenlänge des Senders ist. Geeicht wird das Gerät mit Dioden, deren dominante Wellenlänge mit einem anderen Verfahren gemessen wurde. Die tägliche Anwendung eines nach diesem Prinzip arbeitenden Farbmeßgeräts ergab eine ausgezeichnete

Auflösung und Reproduzierbarkeit bei schneller Arbeitsweise. Leider ist das Verfahren jedoch nur für Sender brauchbar, die innerhalb des Bereichs mit linear ansteigender Transmission emittieren und deren Spektren bei gleicher Form sich nur in der Wellenlänge unterscheiden. Diese Voraussetzungen sind bei lichtemittierenden Dioden gegeben.

8.4 Messungen an Lichtempfängern

Vieles des in den vorhergehenden Abschnitten Gesagten hat auch für die Messung von Lichtempfängern Gültigkeit. Letztlich sind alle Messungen mit und an optoelektronischen Bauelementen Messungen an Empfängern, da für die heute fast ausschließlich durchgeführte Anzeige mit elektronischen Meßgeräten die lineare, reproduzierbare Umwandlung von Lichtenergie in elektrische Signale erforderlich ist. Ein Empfänger liefert ein Ausgangssignal, das proportional zur Bestrahlungsstärke seiner empfindlichen Oberfläche ist, so daß diese Größe die primäre Größe bei allen Messungen mit und an Empfängern darstellt. Bei allen Meßgeräten für andere licht- und strahlungstechnische Größen wird durch den optischen Aufbau die zu messende Größe in eine Bestrahlungsstärke am Ort des verwendeten Detektors umgewandelt.

8.4.1 Messung der Empfindlichkeit von Empfängern

Wird die empfindliche Fläche eines Empfängers einer bestimmten Bestrahlungsstärke (Beleuchtungsstärke) ausgesetzt, so gibt er das dazugehörende Ausgangssignal ab. Bei Halbleiterempfängern, deren Ausgangssignal durch vom Licht verursachte Ladungsträger in einem pn-Übergang entsteht, ist der Ausgangsstrom über bis zu neun Dekaden proportional zur Intensität des Lichts. Dieser Proportionalitätsfaktor - die Empfindlichkeit des Empfängers - wird gemessen, indem man die Empfangsfläche einer Strahlung der gewünschten spektralen Zusammensetzung und genau bekannter Stärke aussetzt und das elektrische Ausgangssignal mißt. Andere Detektortypen erfordern zusätzlich die Angabe der Intensität.

Zur Messung bei vorgegebenen Wellenlängen wird eine Lichtquelle mit annähernd monochromatischer Strahlung benötigt. Hierfür kann eine Glühlampe mit einem nachgeschalteten Filter für die gewünschte Wellenlänge dienen. Bei häufigem Arbeiten mit derselben Wellenlänge ist ein Interferenzfilter praktisch, während beim Arbeiten über ganze Wellenlängenbereiche ein Monochromator als durchstimmbares Filter vorzuziehen ist. Für die Messung ist in jedem Fall ein bei den interessierenden Wellenlängen geeichter Detektor erforderlich, um die Intensität der ausgefilterten Strahlung festzustellen.

Man stellt durch Wahl des Interferenzfilters oder mit dem Monochromator die gewünschten Wellenlängen ein und vergleicht den zu eichenden mit dem geeichten Detektor. Für diese Art von Messungen ist natürlich ein geeichter, wellenlängenunabhängiger Detektor, z.B. einer vom thermo- oder pyroelektrischen Typ, besonders angenehm, dessen Ausgangssignal bei dem hier nur sehr geringen Temperaturhub direkt proportional zur Strahlungsleistung ist.

Die spektrale Photoempfindlichkeit S wird in den Datenbüchern auf die Leistung P bezogen, welche auf die empfindliche Fläche A des Detektors trifft ($P = E_e \cdot A$). Die Angabe erfolgt in A/W unter zusätzlicher Angabe der Wellenlänge. Eine Angabe in photometrischen Einheiten ist nicht üblich.

Für die Empfindlichkeitsmessung von Empfängern bei Beleuchtung mit dem spektralen Lichtgemisch ist nur Normlicht A genormt, welches z.B. von einer Glühlampe mit einer Fadentemperatur von 2856 K abgegeben wird. Man entnimmt dem Eichschein die Lichtstärke I_v der Lampe und berechnet aus dem Abstand R die Beleuchtungsstärke E_v am Ort des Empfängers nach der Formel $E_v = I_v/R^2$. Alternativ oder zur Kontrolle kann man auch die Beleuchtungsstärke mit einem geeichten Empfänger messen und den geeichten Empfänger durch den zu messenden Detektor ersetzen.

Aus der Beleuchtungsstärke und dem Strom kann sofort die Empfindlichkeit in A/lx oder A/W berechnet werden. Hat der gemessene Detektor keine exakte $V(\lambda)$-Charakteristik, so darf die Angabe der bei der Messung verwendeten Lichtart keinesfalls fehlen.

8.4.2 Spezielle empfängerspezifische Größen

Der bevorzugte Einsatz der Empfänger für Meßzwecke, aber auch der Wunsch nach bestmöglicher Photoempfindlichkeit hat zur Definition einiger spezieller Größen bei Empfängern geführt.

Quantenausbeute

Jedes in den Halbleiterkristall eingestrahlte Lichtquant ausreichender Energie erzeugt ein Ladungsträgerpaar. Durch Absorption von Lichtquanten außerhalb der empfindlichen Zone, Kristallfehler und andere Ursachen tragen nicht alle Ladungsträger zum Ausgangsstrom des Empfängers bei. Die Quantenausbeute η ist die Empfindlichkeit S des Empfängers bezogen auf die Empfindlichkeit S^* bei verlustloser Erfassung aller erzeugten Ladungsträger. Gemäß ihrer Definition ist die nächstmögliche Empfindlichkeit S^* bei einer bestimmten Wellenlänge gleich der Zahl der Lichtquanten pro Sekunde multipliziert mit der Elementarladung e:

$$S^* = \frac{e\lambda}{hc} \approx \frac{\lambda}{1240\,\text{nm}} \qquad \frac{\text{A}}{\text{W}} \tag{8.4}$$

(e Elementarladung, h Plancksches Wirkungsquantum, c Lichtgeschwindigkeit).

Die Quantenausbeute η ist dann bestimmbar als

$$\eta = S/S^* . \tag{8.5}$$

Das Maximum der Quantenausbeute von Si-Photodioden liegt bei Wellenlängen von 600 bis 850 nm und kann bis über 90 % betragen.

Rauschäquivalente Strahlungsleistung NEP

Die rauschäquivalente Strahlungsleistung NEP (noise equivalent power) ist die zu 100 % modulierte Strahlungsleistung, deren Photostrom gleich dem Rauschstrom des Empfängers ist. Bei optimaler Konstruktion des Empfängers rührt der Rauschstrom I_R überwiegend vom Schrotrauschen des Stroms I durch den Empfänger her. Die spektrale Dichte des Schrotrauschens beträgt

$$I_R = \sqrt{2eI} \qquad \frac{\text{A}}{\sqrt{\text{Hz}}} \; . \tag{8.6}$$

In den Datenbüchern wird die Angabe der NEP durchweg als Nachweisgrenze des Empfängers verstanden, wobei der ohne Lichteinfall fließende Dunkelstrom die Grenze bestimmt. Der davon herrührende Rauschstrom dividiert durch die Empfindlichkeit S ist die rauschäquivalente Strahlungsleistung.

$$NEP = \frac{\sqrt{2eIB}}{S} \; . \tag{8.7}$$

Nullpunktsteilheit s_0

Die Strom-Spannungs-Kennlinie einer idealen Diode wird nach Shockley [8.12] durch die Formel beschrieben:

$$\frac{I}{I_0} = \exp\left(\frac{qU}{kT}\right) - 1 \; . \tag{8.8}$$

Dabei ist I_0 der die Diode beschreibende Schwellstrom, der im pA-Bereich liegt. Bei sehr kleinen Spannungen ergibt sich

$$\frac{U}{I} = s_0 = \frac{kT}{qI_0} \; . \tag{8.9}$$

Die Nullpunktsteilheit als Steigung der U/I-Kennlinie im Spannungsnullpunkt ist um so größer, je kleiner I_0 ist. Eine Datenbuchangabe der Nullpunktsteilheit schließt auch Isolationswiderstände und Leckströme mit ein und wird gewöhnlich als fließender Strom bei einer sehr kleinen Spannung (z.B. 10 mV) gemessen.

Für Lichtmessungen bei sehr kleinen Intensitäten ist eine hohe Nullpunktsteilheit Voraussetzung.

8.4.3 Messung von Schaltzeiten

Die Messung der Schaltzeiten von Empfängern kann im selben Meßaufbau erfolgen wie die entsprechende Messung bei Sendern (vgl. Abschnitt 8.3.6). Dabei wird eine Lichtquelle benötigt, deren Ansteigszeiten deutlich kürzer als die des Empfängers sind. Ein Pulsgenerator zusammen mit einer schnellen Sendediode kann Anstiegszeiten bis herab zu einigen ns liefern. Im Handel erhältlich sind rotleuchtende Dioden auf Basis von GaAsP in sog.

Standard-Rot-Technologie ($\lambda \approx 645$ nm). Mit diesen Dioden und einem entsprechend schnellen Impulsgenerator sind Anstiegs- und Abfallzeiten des emittierten Lichts unter 10 ns zu erreichen.

Noch kürzere Schaltzeiten bis etwa unter 1 ns können mit Laserdioden und speziellen Impulsgeneratoren erreicht werden. Extrem kurze Impulse im ps-Bereich sind eine Domäne spezieller Impulslaser, die aber nur in wenigen optoelektronischen Meßlabors zur Verfügung stehen dürften.

Ein einfaches Verfahren zur Erzeugung kurzer Lichtimpulse mit sehr kurzen Anstiegszeiten ist die Entladung eines Stücks auf Hochspannung aufgeladenen Koaxkabels über eine Funkenstrecke (Abb. 8.14).

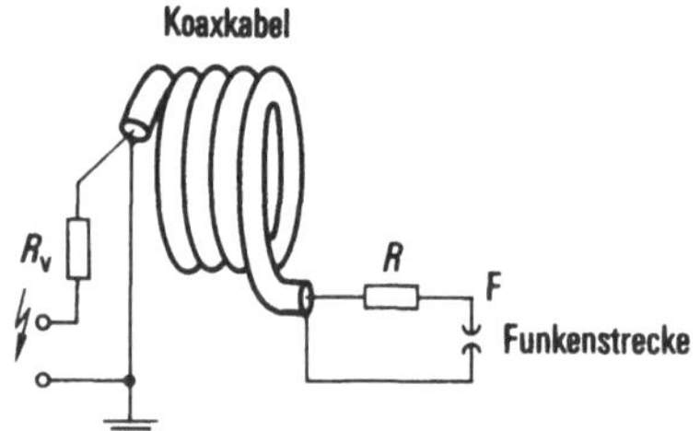

Abb. 8.14. Lichtimpulsgenerator mit Koaxkabel

Im Betrieb wird das Kabel über den hochohmigen Widerstand R_V aufgeladen, bis bei der Spannung U_Z der Überschlag an der Funkenstrecke F erfolgt. Die im Kabel gespeicherte Ladung fließt dabei über den Widerstand R und die Funkenstrecke ab. Danach beginnt sofort wieder die Aufladung für den nächsten Überschlag. Die Frequenz kann durch die Größe der Hochspannung verändert werden. Der Stromfluß und damit die Brenndauer des Funkens dauert bei Kabeln mit Polyethylenisolation $10 \cdot \ell$ ns, wobei ℓ in Metern gemessen wird. Der Widerstand R muß gleich dem Wellenwiderstand Z des Kabels sein. Für die Anstiegszeiten und Impulsform ist es von entscheidender Bedeutung, daß Induktivität und Kapazität des Widerstands R minimal sind. Erschwerend kommt der hohe, während der Entladung fließende Strom hinzu, der nach $I = U_Z/(2R)$ errechnet werden kann. In Frage kommen Kohlemassewiderstände, wie sie z.B. in Funkentstörfiltern eingesetzt werden. Bei sorgfältigem Aufbau mit kurzen Verbindungen liegen Anstiegs- und Abfallzeiten unter 1 ns. Etwas kritisch ist die sorgfältige Abschirmung.

8.4.4 Messung von Photoelementen

Photoelemente sind Photodioden, die für die Umwandlung von Strahlung in elektrische Leistung optimiert sind. Dabei sind andere Parameter wie z.B. Schaltzeiten weniger wichtig. Die Hauptdaten eines Photoelements sind der Kurzschlußstrom und die Leerlaufspannung bei mindestens einer Bestrahlungsstärke. Weitere wichtige Angaben sind die Strom-Spannungs-Kennlinie und der sie pauschal beschreibende Füllfaktor. Der Füllfaktor ist (s. Abb. 8.15) der Quotient aus der Fläche des Rechtecks mit Leerlaufspannung und Kurzschlußstrom als seinen Seiten. Eine möglichst rechteckige Form der Kennlinie ist gleichbedeutend mit hoher Stromabgabe bis fast zur Leerlaufspannung und damit hoher elektrischer Leistung.

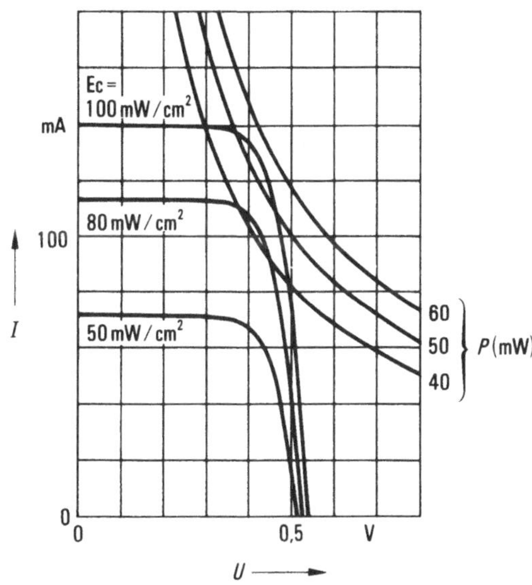

Abb. 8.15. Kennlinienfeld eines Solarelements

Solarelemente sind Photoelemente speziell zur Umwandlung von Sonnenstrahlung in elektrische Leistung. Bei ihnen werden die Daten meist bei einer Bestrahlungsstärke von 1 kW/m. angegeben, entsprechend der Strahlung der im Zenit stehenden Sonne bei klarem Himmel in Meereshöhe. Da dabei die Sonnenstrahlen die Lufthülle der Erde einmal durchlaufen haben, nennt man diese Bedingungen kurz AM1 (air mass 1).

Die Erwärmung durch die Sonnenstrahlung macht gerade bei Solarelementen eine Angabe der Daten bei erhöhter Temperatur wichtig. Sowohl bei Solar- als auch bei normalen Photoelementen ist die Angabe der Kennlinie, möglichst bei mehreren Bestrahlungsstärken, am informativsten, da man aus ihr die Stromabgabe für beliebige Spannungen entnehmen kann. Die in Abb. 8.15 mit P = const bezeichneten Hyperbeln entsprechen konstanter Leistung UI. Für jede Bestrahlungsstärke des Photo- bzw. Solarelements gibt es auf der Kennlinie einen Punkt maximaler Leistungsabgabe bei der Spannung U und dem Strom I. Der dem Innenwiderstand des Elements in diesem Punkt entsprechende Widerstand R = U/I wird optimaler Lastwiderstand für diese Bestrahlungsstärke genannt.

Für die Messung von Photo- und Solarelementen kann beispielsweise Normlicht A verwendet werden. Gerade bei Solarelementen wird jedoch eine Angabe der Werte bei Bestrahlung mit Sonnenlicht gewünscht. Hierfür eignet sich am besten ein Sonnensimulator, in dem das Licht einer Gasentladungslampe so geregelt und gefiltert wird, daß eine bestimmte Fläche mit der Bestrahlungsstärke AM1 bestrahlt wird. Die Anschaffungs- und Betriebskosten größerer Sonnensimulatoren sind jedoch beträchtlich. Einen Kompromiß stellt die Verwendung einer Lichtquelle mit nicht sonnengleichem Spektrum, aber ausreichender Intensität dar. Wenn die spektrale Empfindlichkeit der einzelnen Solarelemente in der Fertigung nur wenig schwankt, kann die Strom- und Spannungsabgabe in diejenige bei Sonnenlicht der Stärke AM1 umgerechnet werden.

Eine letzte, relativ ökonomische Lösung stellt die "Beleuchtung" des Elements mit einem Elektronenblitzgerät für photographische Zwecke dar. Das ausgesandte Spektrum ist wegen des

Einsatzes für Farbphotographie dem Sonnenspektrum gut angenähert und die Intensität ist sehr hoch. Für die Messung der Ausgangssignale bei dieser Beleuchtung reichen die Anstiegszeiten von Photo- und Solarelementen bei entsprechender elektrischer Beschaltung vollkommen aus.

8.5 Messung von Sender-Empfänger-Kombinationen

Sender-Empfänger-Kombinationen enthalten Sender und Empfänger im gleichen Gehäuse, wie z.B. Optokoppler und ein Teil der Lichtschranken. Dagegen beträgt z.B. bei Bauelementen für die Lichtwellenleitertechnik (kurz: LWL-Technik) die Entfernung zwischen Sender und Empfänger bis zu einigen Kilometern. Beide sind aber gezielt für den Anschluß an Lichtwellenleiter ausgelegt. Mit dem räumlichen Auseinanderrücken von Sender und Empfänger werden die elektrooptischen Eigenschaften der Einzelelemente von größerem Interesse für den Anwender, allein schon wegen der Austauschbarkeit jedes einzelnen Elements.

8.5.1 Messung an Optokopplern

Optokoppler enthalten in einem lichtdichten Gehäuse je einen miteinander optisch verbundenen Sender und Empfänger. Der heutige Standardtyp hat als Sender eine IR-Lumineszenzdiode und als Empfänger einen Phototransistor. Da das lichtdichte Gehäuse die Bauelemente optisch völlig von der Umwelt abschirmt, treten deren optoelektronische Eigenschaften überhaupt nicht in Erscheinung. Der Anwender kann daher einen Optokoppler meßtechnisch als "schwarzen Kasten" mit elektrischen Ein- und Ausgängen betrachten, die in irgendeiner Weise miteinander verknüpft sind. Trotzdem soll die Messung der für den Optokoppler wesentlichen Eigenschaften kurz beschrieben werden. Ein für den Anwender wichtiger Parameter ist der Koppelfaktor bzw. das Stromübertragungsverhältnis (CTR = current transfer ratio), der angibt, welcher Strom durch den Empfänger fließt, wenn der Sender von einem bestimmten Strom durchflossen wird. Die Koppelfaktoren liegen im Bereich von 20 bis 400 %, und man kann sie wie

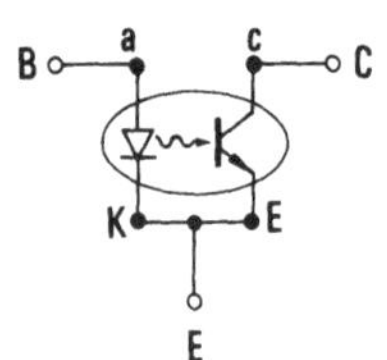

Abb. 8.16. Schaltung zur Koppelfaktormessung

die Gleichstromverstärkung B von sehr niedrigverstärkenden Transistoren messen (Abb. 8.16).

Die wichtigste Eigenschaft eines Optokopplers liegt darin, daß zwischen Sender und Empfänger keine elektrisch leitende Verbindung vorliegt. Dadurch üben Potentialunterschiede zwischen beiden keinen Einfluß auf den Betrieb aus. Diese Isolationseigenschaft wird bis zu einer gewissen Isolationsspannung garantiert.

Bei der normalen Überprüfung wird die Isolationsprüfspannung kurzzeitig angelegt und ein eventuell fließender Strom registriert. Bei der Messung der Überschlagsspannung wird die Spannung langsam erhöht, bis der Überschlag erfolgt. Dabei kann es erforderlich werden, den Koppler in Transformatorenöl einzutauchen, um einen Überschlag in Luft außen über das Gehäuse zu verhindern.

Koppler, in denen auch bei noch so geringem Strom ein Überschlag erfolgt ist, weisen danach im Inneren eine feine Brennspur auf, welche bei erneuter Spannungsbelastung als "Keim" für neue Überschläge wirkt. Solche Koppler sollten verworfen werden.

8.5.2 Messung von Lichtschranken

In der Funktionsweise sind Lichtschranken optoelektronische Koppelelemente mit veränderlicher Dämpfung der Lichtstrecke. Dem Aufbau nach unterscheidet man Gabellichtschranken mit einander zugewandtem Sender und Empfänger und Reflexlichtschranken mit in die gleiche Richtung "zielenden" Elementen. Gabellichtschranken werden durch Unterbrechung des Lichtweges angesteuert, Reflexlichtschranken durch Annäherung eines reflektierenden Gegenstands.

Für den Anwender sind weniger die Daten der Einzelelemente als vielmehr die Daten beim Zusammenwirken beider Elemente von Interesse. Diese sind der Ausgangsstrom des Empfängers in Abhängigkeit vom Abstand zum Sender, dem Senderstrom und bei Reflexlichtschranken auch die Reflexionseigenschaften des ansteuernden Gegenstands. Weiterhin ist die Empfindlichkeit des Empfängers für das im Betrieb mögliche Störlicht zu messen, dessen Photostrom mit dem Nutzsignal konkurriert. Als letztes kommen noch die Schaltzeiten in Betracht, die beim Betrieb mit Wechsellicht (gegen Störlicht) oder bei der Erfassung rascher Bewegungen wichtig sind.

8.5.3 Bauelemente für Lichtwellenleiter

Lichtwellenleiter (LWL) sind Fasern aus optisch transparentem Material, deren Kern aus hochbrechendem Material konzentrisch von einem Mantel mit niedrigerem Brechungsindex umgeben ist. Dieser Aufbau führt dazu, daß in der Faser laufendes Licht immer wieder zum Faserinneren zurückreflektiert oder gebrochen wird und nicht aus dem Fasermantel austreten kann. Je nach Verlauf der Brechzahl vom Kern zum Mantel hin unterscheidet man Stufenprofilfasern mit abruptem Brechzahlübergang und Gradientenprofilfasern mit kontinuierlichem Übergang (Abb. 8.17) [8.8].

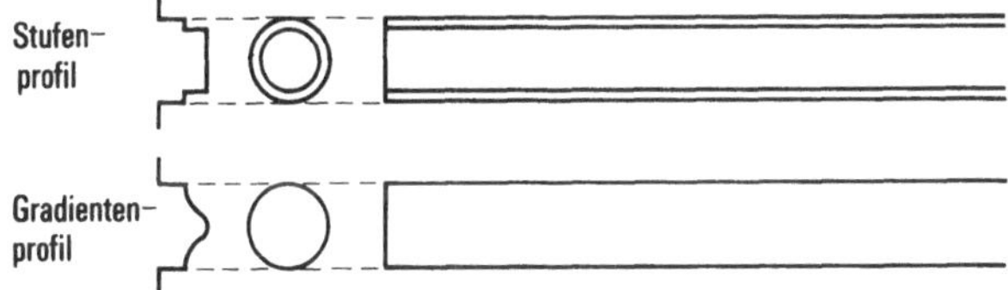

Abb. 8.17. Lichtleitfasern mit Stufen- und Gradientenprofil

Lichtverluste in der Faser können durch Absorption oder Streuung erfolgen und sind wegen der extremen Reinheit des Fasermaterials minimal. Die für den Anschluß eines Senders wichtigsten Größen sind der Durchmesser des lichtführenden Kerns und die numerische Apertur der Faser. Die numerische Apertur N.A. ist gleich dem Sinus des Maximalwinkels u, den von der Faser noch geführtes Licht mit der Faserachse einschließen darf. Grenzt das Faserende nicht an Luft, so kommt zur numerischen Apertur noch der Brechungsindex n des angrenzenden Mediums hinzu (Abb. 8.18).

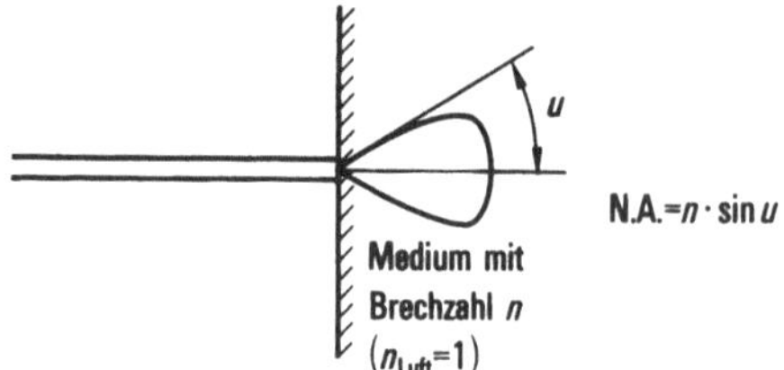

Abb. 8.18. Numerische Apertur einer Lichtleitfaser

Die wichtigsten Daten von Senderbauelementen sind die spektrale Verteilung der ausgesandten Strahlung, die Schaltzeiten, die eingekoppelte Strahlungsleistung in die Faser und die Modenverteilung der eingekoppelten Strahlung.

Die spektrale Verteilung und die Schaltzeiten werden ohne Faser wie bei "gewöhnlichen" Senderbauelementen gemessen. Wegen der Dispersion (Wellenlängenabhängigkeit der Brechzahl) des Fasermaterials ist eine geringe spektrale Breite des Spektrums erwünscht. Bei geringer Breite sind die Brechzahlunterschiede und damit die Laufzeitunterschiede der Strahlung nur klein. Das verringert das Verschmieren kurzer Impulse in der Faser.

Die eingekoppelte Leistung darf nur gleichzeitig mit der Modenverteilung beurteilt werden. Die Strahlung kann eine Gradienten- oder Stufenprofilfaser auf einer Vielzahl verschiedener Weg - den sog. Moden - durchlaufen. Die Moden lassen sich ganz grob in zwei Gruppen einteilen: Strahlung in den geführten Moden breitet sich verlustarm und mit geringer Verschmierung von Impulsen in der Faser aus. Für diese Moden gelten die vom Hersteller angegebenen Daten über Dämpfung etc. Die Leckwellen- und Strahlungsmoden (kurz "Mantelmoden") treten bei der Ausbreitung stellenweise aus dem verlustarmen Faserkern in den Mantel aus und erleiden dadurch eine weit stärkere Dämpfung. (Eine genauere Beschreibung findet sich in [8.10].)

Bei Senderbauelementen für lange LWL-Strecken darf keinesfalls die Strahlungsleistung in den Mantelmoden bei der Messung mit erfaßt werden. Am sichersten ist die Verwendung eines langen Faserabschnitts, in dem die Mantelmoden durch ihre höhere Dämpfung ausreichend abklingen. Ein anderes Verfahren besteht im Einsatz eines Modenstrippers. Dabei wird die von der Umhüllung und evtl. sogar dem Mantel befreite Faser in ein Medium hoher Brechzahl eingebettet. Das erleichtert das Austreten der Mantelmoden aus der Faser sehr stark, so daß Faserlängen von ca. 10 cm für die Beseitigung der Mantelmoden genügen.

Die eingekoppelte Leistung wird bei beiden Verfahren mit einem kalibrierten Detektor ausreichender Größe gemessen, wobei das gesamte aus dem Faserende austretende Licht erfaßt werden muß. Division der gemessenen Leistung durch die Faserdämpfung ergibt die eingekoppelte Leistung für die geführten Moden. Eine Messung direkt am Ende des Faserschwanzes von Senderbauelementen kann völlig irreführende Resultate ergeben, wenn z.B. ein großer Bruchteil der Ausgangsleistung in Mantelmoden eingekoppelt wird.

Messung von Empfängerbauelementen

Bei Empfängerbauelementen kommt es vor allem auf die Schaltzeiten und den Quantenwirkungsgrad an. Die Schaltzeiten werden wie bei anderen Empfängerbauelementen gemessen. Ebenso der Quantenwirkungsgrad, dem hier besondere Bedeutung zukommt, da man bei langen LWL-Strecken bis an die Grenzen des Verstärkerrauschens geht. Die empfindliche Fläche ist immer so groß bemessen, daß die gesamte aus der Faser austretende Strahlung erfaßt wird.

Für eine ausführliche Beschreibung der Wellenausbreitung in Lichtwellenleitern und die damit zusammenhängenden Probleme siehe [8.8] und [8.10].

Tabelle 8.2. DIN-Normen (zu beziehen über den Beuth-Verlag, Berlin und Köln)

DIN	5 031	Blatt 1	Strahlungsphysikalische Größen
DIN	5 031	Blatt 2	Empfindlichkeit von Empfängern
DIN	5 031	Blatt 3	Hellempfindlichkeitsgrad für den Normalbeobachter
DIN	5 032		Lichtmessung
DIN	5 033	Blatt 2	Farbmessung
DIN	44 020		Photoelektronische Bauelemente
DIN	44 028		Messung photoelektronischer Bauelemente
DIN	44 029		Messung von Sondereigenschaften photoelektronischer Bauelemente
DIN	44 030		Lichtschranken und Lichttaster

8.6 Literatur zu Kapitel 8

8.1 Reeb, O.: Grundlagen der Photometrie. Karlsruhe: Braun 1962.

8.2 Helbig, E.: Grundlagen der Lichtmeßtechnik. Leipzig: Akademische Verlagsges. Geest & Portig 1977.

8.3 Keitz, H.A.E.: Lichtberechnungen und Lichtmessungen. Philips Technische Bibliothek 1967.

8.4 Lang, H.: Farbmetrik und Farbfernsehen. München: Oldenbourg 1978.

8.5 Schultze, W.: Farbenlehre und Farbenmessung. Berlin: Springer 1966.

8.6 Bleicher, M.: Halbleiter Optoelektronik. Heidelberg: Hüthig 1976.

8.7 Schröder, G.: Technische Optik kurz und bündig. Würzburg: Vogel 1974.

8.8 Giallorenzi, Thomas G.: Optical communications research and technology: Fiber optics. Proc. IEEE 66 (1978) 744.

8.9 Datenbuch: Optoelektronik Halbleiter. München: Siemens AG 1981.

8.10 Grau, G.: Optische Nachrichtentechnik. Berlin: Springer 1981.

8.11 Datenblätter der Firmen EG&G, Gamma Scientific, Dr. Lange, Osram, Photo Research, Tektronix, UDT (United Detector Technology).

8.12 Shockley, W.: The theory of pn junctions in semiconductors. Bell Syst. Tech. J. 28 (1949) 435.

Sachverzeichnis

Halbleiter-Elektronik

Eine aktuelle Buchreihe für Studierende und Ingenieure

Herausgeber: **W. Heywang, R. Müller**

Band 1
R. Müller
Grundlagen der Halbleiter-Elektronik
4., neu bearbeitete Auflage. 1984. 123 Abbildungen. 203 Seiten
Broschiert DM 54,–. ISBN 3-540-12988-X

Band 2
R. Müller
Bauelemente der Halbleiter-Elektronik
2., überarbeitete Auflage. 1979. 259 Abbildungen, 6 Tabellen. 232 Seiten
Broschiert DM 68,–. ISBN 3-540-09322-2

Band 3
W. Heywang, H. W. Pötzl
Bänderstruktur und Stromtransport
1976. 119 Abbildungen. 281 Seiten
Broschiert DM 68,–. ISBN 3-540-07565-8

Band 4
I. Ruge
Halbleiter-Technologie
2., überarbeitete und erweiterte Auflage von H. Mader. 1984. 218 Abbildungen. 404 Seiten
Broschiert DM 78,–. ISBN 3-540-12661-9

Band 5
E. Spenke
pn-Übergänge
Ihre Physik in Leistungsgleichrichtern und Thyristoren
1979. 98 Abbildungen. 144 Seiten
Broschiert DM 68,–. ISBN 3-540-09270-6

Band 6
H. Schrenk
Bipolare Transistoren
1978. 109 Abbildungen. 242 Seiten
Broschiert DM 68,–. ISBN 3-540-08491-6

Band 8
G. Kesel, J. Hammerschmitt, E. Lange
Signalverarbeitende Dioden
1982. 113 Abbildungen. 224 Seiten
Broschiert DM 78,–. ISBN 3-540-11144-1

Band 9
W. Harth, M. Claassen
Aktive Mikrowellendioden
1981. 117 Abbildungen. 190 Seiten
Broschiert DM 74,–. ISBN 3-540-10203-5

Band 10
G. Winstel, C. Weyrich
Optoelektronik I
Lumineszenz- und Laserdioden
Berichtigter Nachdruck. 1981. 152 Abbildungen. 315 Seiten
Broschiert DM 74,–. ISBN 3-540-09598-5

Band 11
G. Winstel, C. Weyrich
Optoelektronik II
Photodioden, Phototransistoren, Photoleiter, Bildsensoren
1986. Etwa 69 Abbildungen. Etwa 180 Seiten
ISBN 3-540-16019-X. In Vorbereitung

Band 12
W. Gerlach
Thyristoren
Berichtigter Nachdruck. 1981. 184 Abbildungen. 426 Seiten
Broschiert DM 74,–. ISBN 3-540-09438-5

Band 13
H.-M. Rein, R. Ranfft
Integrierte Bipolarschaltungen
1980. 198 Abbildungen, 8 Tabellen. 320 Seiten
Broschiert DM 74,–. ISBN 3-540-09607-8

Band 14
H. Weiß, K. Horninger
Integrierte MOS-Schaltungen
1982. Vergriffen. Neuauflage in Vorbereitung

Band 15
R. Müller
Rauschen
1979. 188 Abbildungen. 247 Seiten
Broschiert DM 74,–. ISBN 3-540-09379-6

Band 16
W. Kellner, H. Kniepkamp
GaAs-Feldeffekttransistoren
1985. 119 Abbildungen. 274 Seiten
Broschiert DM 74,–. ISBN 3-540-13763-7

Band 17
W. Heywang
Sensorik
2., überarbeitete Auflage. 1986. 146 Abbildungen. Etwa IV, 261 Seiten
Broschiert DM 68,–. ISBN 3-540-16029-9

Band 18
W. Heywang
Amorphe und polykristalline Halbleiter
1984. 106 Abbildungen. 242 Seiten
Broschiert DM 68,–. ISBN 3-540-12981-2

Über diese Basisbände hinaus sind weitere Einzelbände erschienen bzw. in Vorbereitung (unten mit * gekennzeichnet), die den technisch wichtigen Halbleiterbauelementen, Schaltungen und Sonderthemen gewidmet sind. Alle diese von Spezialisten verfaßten Bände sind so aufgebaut, daß sie bei entsprechenden Vorkenntnissen auch einzeln verwendet werden können.

Nachstehendes Schema gibt einen Überblick über die Konzeption der Buchreihe, die bei Bedarf einen weiteren Ausbau zuläßt.

Einführung	1 Grundlagen der Halbleiter-Elektronik	2 Bauelemente der Halbleiter-Elektronik
Vertiefung	3 Bänderstruktur und Stromtransport	5 *pn*-Übergänge
Technologie	4 Halbleiter-Technologie	19 Mikrotechnologie *
Einzelhalbleiter	6 Bipolare Transistoren	7 Feldeffekttransistoren
	8 Signalverarbeitende Dioden	9 Aktive Mikrowellendioden
	10 Optoelektronik I: Lumineszenz- und Laserdioden	11 Optoelektronik II: Fotodioden und Solarzellen *
	12 Thyristoren	16 GaAs-Feldeffekt-transistoren *
Integrierte Schaltungen	13 Integrierte Bipolarschaltungen	14 Integrierte MOS-Schaltungen
Sonderthemen	15 Rauschen	17 Sensorik
	18 Amorphe und polykristalline Halbleiter	20 Meß- und Prüftechnik *